Anorganische Chemie

Anorganische Chemie

Ein praxisbezogenes Lehrbuch

von

Volker Wiskamp

2. vollständig neu bearbeitete Auflage

VERLAG EUROPA-LEHRMITTEL · Nourney, Vollmer GmbH & Co. KG
Düsselberger Straße 23 · 42781 Haan-Gruiten

Europa-Nr.: 54227

Der Autor

Prof. Dr. Volker Wiskamp lehrt an der Hochschule Darmstadt Anorganische, Analytische, Organische und Polymerchemie. Sein wissenschaftliches Hauptarbeitsgebiet ist die Didaktik und Methodik der Chemie mit den Schwerpunkten umweltfreundliches Experimentieren, Evaluation der Lehre und Verbesserung der Beziehungen zwischen Schule, Hochschule und Industrie.

2. vollständig neu bearbeitete Auflage 2010
Druck 5 4 3 2

ISBN 978-3-8085-5422-7

© 2014 by Verlag Europa-Lehrmittel, Nourney, Vollmer GmbH & Co. KG, 42781 Haan-Gruiten
http://www.europa-lehrmittel.de

Satz: Prof. Dr. V. Wiskamp, 64287 Darmstadt
Umschlaggestaltung: braunwerbeagentur, 42477 Radevormwald
Druck: Medienhaus Plump GmbH, 53619 Rheinbreitbach

Vorwort

Der Inhalt des vorliegenden Buches ist weitgehend identisch mit dem der Vorlesung über Allgemeine und Anorganische Chemie, die im ersten Semester an der Hochschule Darmstadt für angehende Chemie-Ingenieure gehalten wird und sechs Semesterwochenstunden (jeweils 45 Minuten; 16 Wochen) umfasst.

Das Buch beginnt mit einer Einführung in das Chemische Rechnen und stellt dann den Atombau, das Periodensystem der Elemente, verschiedene chemische Bindungstypen und -theorien sowie Aspekte der Energetik bei chemischen Prozessen vor.

Im zweiten Teil wird die Chemie der wichtigsten Nichtmetalle elementweise behandelt. Dabei wird der Beschreibung großtechnischer Synthesen und Verfahren etwa die gleiche Bedeutung zugemessen wie dem Erarbeiten eines grundsätzlichen Verständnisses für chemische Reaktionsabläufe, Bindungsverhältnisse in und Strukturen von Verbindungen.

Die Chemie der Metalle wird im dritten Teil hingegen mehr unter übergeordneten Aspekten wie Metallsynthesen, Legierungsbildung, Komplexchemie etc. vermittelt.

Im vierten und fünften Teil wird die den Studierenden bis zu dem Zeitpunkt vermittelte Stoffkenntnis unter anderen Gesichtspunkten beleuchtet und vertieft. Einerseits werden die toxischen und ökotoxischen Wirkungen ausgewählter Stoffe und Möglichkeiten der Therapie, Prävention und Schadensbegrenzung bzw. -beseitigung aufgezeigt, andererseits wird die Wichtigkeit solider Stoffkenntnisse als Grundlage der Qualitativen und Quantitativen Analyse betont.

Jedem Kapitel ist eine englischsprachige Zusammenfassung vorangestellt, damit die Studierenden auch mit der internationalen Fachsprache vertraut werden.

Am Ende jedes Hauptkapitels schließen sich Übungsaufgaben an, deren Lösungswege im Anhang skizziert sind, so dass sich die Studierenden auf anstehende Prüfungen vorbereiten können.

Auf einer beiliegenden CD stehen die Zusammenfassungen der einzelnen Kapitel auch auf Deutsch, ein englischsprachiges Glossar mit 168 Stichworten, ein Vokabelverzeichnis (Deutsch/Englisch und Englisch/Deutsch), ein kommentiertes Literaturverzeichnis sowie mögliche Prüfungsfragen und zwei Musterklausuren. Darüber hinaus gibt es weiterführende Kapitel über Wasserchemie, Kernchemie, Anorganische Pigmente, Werkstoffe, Baustoffe, Fasern und Polymere sowie über Metallorganik, die für die Studierenden im Hauptstudium relevant sind.

Die Vorlesung zum Buch ist eine Experimentalvorlesung. Fast alle der insgesamt 69 Experimente wurden gefilmt oder photographiert; die Filme wurden mit wissenschaftlichen Erklärungen vertont. Auf der CD können sich die Studierenden die Versuche noch einmal anschauen. Gerne können sie die Experimente im Einführungspraktikum anhand der ebenfalls auf der CD befindlichen Anleitungen auch selbst nachstellen.

Auf der CD befinden sich zusätzlich die Skripte zum Einführungspraktikum „Teil I: Allgemeine Chemie" und „Teil II: Qualitative Anorganische Analyse – das Wesentliche in Kürze", in denen die Studierenden das in der Vorlesung Gehörte von der praktischen Seite her vertiefen.

Das vorliegende Buch kann selbstverständlich auch von Chemie-Studierenden an anderen Hochschulen und von sonstigen Chemie-Interessierten als Lektüre und Repetitorium verwendet werden.

Darmstadt, im März 2010

Volker Wiskamp

Inhaltsverzeichnis

Zusätzlich auf CD:

Zusammenfassungen der Kapitel 1-5 auf Deutsch

Glossar auf Englisch und Fachvokabular (Deutsch/Englisch und Englisch/Deutsch)

Kommentiertes Literaturverzeichnis

Klausuraufgaben und zwei Musterklausuren

Experimente zu den Kapiteln 1-5 (Versuchsvorschriften, Fotos und vertonte Filme)

Skripte zum Einführungspraktikum
- Teil I: Allgemeine Chemie
- Teil II: Qualitative Anorganische Analyse – Das Wesentliche in Kürze

Weiterführende Kapitel
- Wasserchemie
- Kernchemie
- Anorganische Pigmente
- Anorganische Polymere
- Werkstoffe, Baustoffe, Fasern
- Metallorganische Chemie

Danksagungen und Informationen über den Autor

1 Allgemeine Chemie

1.1 Chemisches Rechnen

Summary

The law of mass action $\dfrac{c_C^c \cdot c_D^d}{c_A^a \cdot c_B^b} = K$ states that a chemical reaction has taken place if the mathematical product of the amounts of produced substances divided by the mathematical product of the amounts of reactants is constant. The chemical equilibrium is often very temperature-sensitive.

The main purpose of stoichiometry is to describe chemical reactions through their equations and to calculate them.

Chemical reaction equations are balanced if they have the same numbers and types of atoms on both sides, which are, however, differently structured. In a redox reaction one partner is oxidized (the oxidation number increases – loss of electrons), the other partner is reduced (the oxidation number decreases – gain of electrons). Such reactions are best developed by combining two half-reactions. It should be noted that the same number of electrons released in the oxidation half-reaction is used in the reduction half-reaction. By combining the two half-reactions, an *ionic* equation is obtained. This equation can be extended to a *full-reaction* equation.

Chemical reaction equations are the basis for stoichiometric calculations. Reactants are used as mass or volume (conversion via density: $d = m/V$). The chemical equation indicates in which molar proportion the reactants must be weighed in and how much of the products will be received (conversion: $n = m/M$. One mole of a substance always equals $6.022 \cdot 10^{23}$ particles and the molar mass M is the mass of $6.022 \cdot 10^{23}$ particles). In a chemical compound each element has a certain mass fraction $w = \dfrac{M(\text{element})}{M(\text{chemical bond})}$. If these fractions are known (e.g. from analysis), the empirical formula of the compound can be calculated.

When working with solutions, the terms mass fraction $w = \dfrac{m(\text{solute})}{m(\text{solution})}$ (10 % sodium hydroxide solution) and molar concentration (molarity) $c = \dfrac{n(\text{solute})}{V(\text{solution})}$ (1.00 M sodium hydroxide solution) play an important role. The solubility L^* indicates the maximum grams of a pure substance that can be dissolved in 100 grams of solvent, e.g. 35.9 g of sodium chloride in 100 g of water. Another important term is the solubility-product constant L. It indicates an equilibrium between a solid salt (precipitate) and its ions in solution. It provides a quantitative measure of the solubility of a slightly soluble salt e.g. $c_{Ag^+} \cdot c_{Cl^-} = 10^{-10}\,\dfrac{\text{mol}^2}{\text{l}^2}$.

A solution can be diluted or concentrated by adding or removing some of the pure solvent. It is also possible to mix solutions of different concentrations and then calculate the concentration of the new solution: $m_1 \cdot w_1 + m_2 \cdot w_2 + ... + m_i \cdot w_i = m_M \cdot w_M$; $m_M = m_1 + m_2 + ... + m_i$

The Ideal Gas Law ($PV = nRT$) is the basis for the stoichiometric calculations of gases. It states that one mole of an ideal gas has a molar volume of 22.4 liters if the temperature is 0 °C (= 273.15 K) and the pressure is 1 atmosphere (= 1.01325 bar).

The distribution of a substance in two not mixable solvents (extraction) can be calculated from the constant amount of the substance, $n(A)_{\text{complete}} = n(A)_{\text{in phase 1}} + n(A)_{\text{in phase 2}}$, and the

distribution coefficient: $K = \dfrac{c_{A \text{ in the upper phase}}}{c_{A \text{ in the lower phase}}}$

1.1.1 Das Massenwirkungsgesetz

1.1.1.1 Ein Gedankenexperiment

Beginnen wir mit einem Gedankenexperiment. Ein leerer Reaktor wird mit bestimmten Mengen der Komponenten A und B gefüllt und sofort verschlossen. Nach einer ausreichenden Zeit wird das geschlossene System geöffnet und der Inhalt analysiert. Die qualitative Analyse liefert das Ergebnis, dass sich im Reaktor vier verschiedene Stoffe A, B, C und D befinden. Durch eine (halb)quantitative Analyse wird festgestellt, dass von den neuen Stoffen C und D (Produkte) recht viel entstanden, während von den ursprünglich eingesetzten Stoffen A und B (Edukte) nur noch wenig vorhanden ist.

Ein zweites Experiment mit den isolierten Stoffen C und D wird durchgeführt. Der evakuierte Reaktor wird mit definierten Mengen der Komponenten C und D gefüllt und sofort geschlossen. Nach der gleichen, ausreichend langen Zeit wie im ersten Experiment wird das Reaktionsgefäß geöffnet und sein Inhalt analysiert. Qualitativ werden neben den beiden Ausgangsmaterialien C und D zwei Produkte A und B gefunden. Die (halb)quantitative Analyse sagt, dass von C und D noch recht viel vorhanden, während von A und B nur wenig entstanden ist.

1.1.1.2 Ableitung des Massenwirkungsgesetzes

Obwohl in beiden Gedankenexperimenten in 1.1.1.1 völlig verschiedene Ausgangsstoffe, A und B bzw. C und D, verwendet wurden, sind die Ergebnisse identisch. Da dem System ausreichend Reaktionszeit gegeben wurde, kann man einen Gleichgewichtszustand durch ein Wechselspiel von Hin- und Rückreaktion beschreiben:

Hinreaktion: A + B → C + D
Rückreaktion: C + D → A + B

Die Reaktionen laufen mit bestimmten Geschwindigkeiten v_{hin} und $v_{\text{rück}}$ ab. Diese hängen vor allem von den Anzahlen der im Reaktor (konstantes Volumen) vorhandenen Teilchen A und B bzw. C und D ab. Denn die Grundvoraussetzung für eine chemische

Reaktion ist, dass die Teilchen ausreichend heftig und mit einer günstigen räumlichen Orientierung zusammenstoßen, und die Wahrscheinlichkeit dafür ist um so größer, je mehr Teilchen beider Sorten (hohe Konzentrationen) vorhanden sind. Die Geschwindigkeit der Hinreaktion ist also proportional zu den Konzentrationen (c) von A und B, die der Rückreaktion entsprechend proportional zu den Konzentrationen von C und D:

$$v_{hin} \sim c_A \cdot c_B \qquad \text{oder} \qquad v_{hin} = k_{hin} \cdot c_A \cdot c_B$$
$$v_{rück} \sim c_C \cdot c_D \qquad \text{oder} \qquad v_{rück} = k_{rück} \cdot c_C \cdot c_D$$

wobei k_{hin} und $k_{rück}$ Proportionalitätskonstanten sind. Im Gleichgewicht, d. h., wenn die chemische Reaktion abgelaufen ist, gilt:

$$v_{hin} = v_{rück} \quad \Rightarrow \quad k_{hin} \cdot c_A \cdot c_B = k_{rück} \cdot c_C \cdot c_D \quad \Rightarrow \quad \frac{c_C \cdot c_D}{c_A \cdot c_B} = \frac{k_{hin}}{k_{rück}} = K$$

K ist die thermodynamische **Gleichgewichtskonstante**.

Im hier geschilderten Beispiel handelt es sich um den speziellen Fall, dass jeweils zwei unterschiedliche Teilchen zu zwei anderen Teilchen reagieren. Da Teilchen aber auch in anderen Zahlenverhältnissen (stöchiometrische Faktoren a, b, c, d etc.) miteinander reagieren können, lautet eine allgemeine chemische Reaktionsgleichung:

$$a\,A + b\,B + ... + \quad \rightleftharpoons \quad c\,C + d\,D + ... +$$

und das **Massenwirkungsgesetz** (MWG) dazu:

$$\frac{c_C^c \cdot c_D^d}{c_A^a \cdot c_B^b} = K$$

Chemische Reaktionen sind abgelaufen, d. h. im Zustand eines Gleichgewichtes, wenn das mathematische Produkt der Stoffmengen der entstandenen Stoffe (Produkte) geteilt durch das mathematische Produkt der Stoffmengen der eingesetzten Stoffe (Edukte) konstant ist. Stöchiometrische Faktoren gehen als Exponenten der Stoffmengen in das Massenwirkungsgesetz ein.

1.1.1.3 Gleichgewichtsverschiebungen

Mehr als das Vorliegen mehrere Stoffe nebeneinander im thermodynamischen Gleichgewicht interessiert es den Industriechemiker, dass sich die von ihm eingesetzten Edukte möglichst quantitativ umsetzen und die erwünschten Produkte in hohen Ausbeuten isolieren lassen. Deshalb versucht er Gleichgewichtszustände zu „verschieben". Wenn er mehr Ausgangsstoff in seinen Reaktor einspeist, muss sich auch mehr Produkt bilden. (Die Mathematik muss nämlich stimmen: Wenn der Nenner des MWG wegen der höheren Eduktmenge größer wird, muss auch der Zähler größer werden, d. h., es muss mehr Produkt entstehen.) Diese Vorgehensweise ist natürlich durch das Fassungsvermögen des Reaktors limitiert.

Wenn möglich, wird ein Produzent eher versuchen, eine entstehende Verbindung abzudestillieren oder auszufällen. Dadurch entfernt er diese unmittelbar nach ihrer

Bildung aus dem Reaktor und schützt sie vor der Rückreaktion. (Dadurch, dass die Konzentration der Produkte im Zähler des MWG immer sehr niedrig gehalten wird, muss auch die der Edukte im Nenner niedrig werden, um der mathematischen Gleichung gerecht zu werden. In der Chemikersprache heißt dies: Die Edukte müssen abreagieren.)

Eine ganz andere Möglichkeit, auf die Lage eines chemischen Gleichgewichtes Einfluss zu nehmen, besteht in der Wahl der Reaktionstemperatur. Gleichgewichtszustände sind nämlich stark temperaturabhängig. Eine Daumenregel lautet, dass die Reaktionsgeschwindigkeit bei einer Temperaturerhöhung um 10 Kelvin verdoppelt wird.

Ein Chemiker muss sich bei allen Operationen, die er durchführt, bewusst sein, dass jede chemische Reaktion durch ihr Massenwirkungsgesetz und ihre thermodynamische Gleichgewichtskonstante bestimmt ist. Deshalb darf das Massenwirkungsgesetz als ein Grundgesetz der Chemie aufgefasst werden.

1.1.2   Grundbegriffe zum chemischen Rechnen

Bei der Ableitung des Massenwirkungsgesetzes im Kapitel 1.1.1 wurden Begriffe wie Teilchen(zahl), Stoffmenge, Konzentration, stöchiometrischer Faktor oder Reaktionsgleichung benutzt, die im Folgenden näher erläutert und erweitert werden, so dass vor allem Reaktionsgleichungen aufgestellt und Ansätze berechnet werden können.

Wichtig ist der **Satz von der Erhaltung der Masse**: Materie kann weder gewonnen werden noch verloren gehen. Bei einer chemischen Reaktion ist die Masse der Ausgangsstoffe gleich der Masse der Endstoffe. (Die Umwandlung von Masse in Energie nach $E = m \cdot c^2$ (c ... Lichtgeschwindigkeit) spielt bei chemischen Reaktionen keine Rolle.)

Ein weiterer, für den Chemiker bedeutender Satz ist der **Satz von den konstanten und multiplen Proportionen**: Chemische Verbindungen enthalten die in ihnen gebundenen Elemente in immer gleichen Massenverhältnissen. Die Stoffmengenverhältnisse lassen sich durch kleine, ganze Zahlen ausdrücken. Eine Verbindung besteht aus mindestens zwei Atomen. Diese können identisch – dann spricht man von einer Elementverbindung, z. B. H_2, O_2, N_2 – oder verschieden sein. Im Wasser, H_2O, ist das Stoffmengenverhältnis $n(O)/n(H) = 1/2$, weil die Verbindung aus einem Atom Sauerstoff und zwei Atomen Wasserstoff zusammengesetzt ist, und das Massenverhältnis $m(O)/m(H) = 16/2 = 8$, weil die molare Masse (s. u.) von Sauerstoff 16 g/mol und die von Wasserstoff, die zweimal eingeht, 1 g/mol beträgt.

Bei chemischen Reaktionen werden **Stoffportionen** ein- und umgesetzt. Diese können als **Masse** m (Einheit kg oder g, z. B. 50 g Schwefelsäure), **Volumen** V (Einheit m^3, l oder ml, z. B. 1 Liter Wasser) oder **Stoffmenge** n (Einheit mol, z. B. 0,5 mol Soda) angegeben werden.

1 mol bezeichnet die Masse von **$6{,}022 \cdot 10^{23}$ Einzelteilchen**. (Die Zahl $6{,}022 \cdot 10^{23}$ heißt *Avogadro*-Konstante oder *Loschmidt*-Zahl. Eine andere Definition der Stoffmenge orientiert sich an dem Bezugssystem ^{12}C und lautet: 1 mol ist die Stoffmenge eines

Systems, das aus ebenso vielen Einzelteilchen besteht, wie Atome in 12 Gramm des Kohlenstoffisotops ^{12}C enthalten sind.)

Einzelteilchen sind z. B. **Atome** und ihre Untereinheiten (**Protonen, Neutronen** und **Elektronen**) **Radikale, Verbindungen** und **Ionen**. Ionen sind positiv (**Kationen**) oder negativ (**Anionen**) geladene Atome oder Atomgruppen, beispielsweise Na^+, NH_4^+, Cl^- oder SO_4^{2-}.

Die Masse von $6,022 \cdot 10^{23}$ gleichen Einzelteilchen bezeichnet man als **molare Masse** M (Einheit g/mol). Die **molaren Massen der Elemente** sind u. a. im Periodensystem (s. Kapitel 1.3) aufgelistet. Sie sind unterschiedlich genau bekannt, z. B. $M(H) = 1,0079$ g/mol, $M(Ca) = 40,08$ g/mol, $M(C) = 12,011$ g/mol, $M(O) = 15,9994$ g/mol, $M(P) = 30,97367$ g/mol, $M(Pb) = 207,2$ g/mol. Dass die molaren Massen nicht exakt ganze Zahlen aufweisen, liegt daran, dass die Elemente verschiedene **Isotope** (Atome mit gleicher Protonen und Elektronen-, aber unterschiedlicher Neutronenzahl, s. Kapitel 1.2.) in unterschiedlichen Mengenverhältnissen aufweisen.

Die **molare Masse einer Verbindung** berechnet sich durch Addition der molaren Massen der in ihr enthaltenen Atome unter Berücksichtigung der stöchiometrischen Faktoren und der Genauigkeit der molaren Massen der einzelnen Elemente, z. B.:

$$M(Ca_3(PO_4)_2) = 3 \cdot M(Ca) + 2 \cdot M(P) + 8 \cdot M(O) = (3 \cdot 40,08 + 2 \cdot 30,97 + 8 \cdot 16,00) \text{ g/mol}$$
$$= 310,18 \text{ g/mol}$$

Der **Massenanteil eines Elementes in einer Verbindung** ist definiert als

$$w = \frac{M(\text{Element})}{M(\text{Verbindung})}$$

Der Massenanteil von Natrium in Natriumchlorid berechnet sich demgemäß zu

$$w = \frac{M(Na)}{M(NaCl)} = \frac{22,99 \text{ g/mol}}{58,44 \text{ g/mol}} = 39,34 \%$$

und der von Calcium im Calciumphosphat zu

$$w = \frac{3 \cdot M(Ca)}{M(Ca_3(PO_4)_2)} = \frac{3 \cdot 40,08 \text{ g/mol}}{310,18 \text{ g/mol}} = 38,76 \%$$

Die molare Masse eines aus einem Atom entstandenen Kations ist geringer als die des entsprechenden Atoms, denn einem Na^+-Kation beispielsweise fehlt ein Elektron gegenüber dem Na-Atom. Analog gilt, dass ein aus einem Atom hervorgegangenes Anion eine größere molare Masse aufweist als das korrespondierende Atom. Ein Cl^--Anion beispielsweise verfügt über ein Elektron mehr als das Cl-Atom. Da die **Masse eines Elektrons** aber mit 1/1837,4 der Masse eines H-Atoms (s. Kapitel 1.2) im Vergleich zur Masse der Kerne der Ionen sehr klein ist, können die molaren Massen von Ionen für fast alle Ansatzberechnungen im Labor und in der industriellen Produktion in sehr guter Näherung den molaren Massen der neutralen Atome bzw. Atomgruppen gleichgesetzt werden.

Die Stoffportionen Masse, Volumen und Stoffmenge lassen sich ineinander umrechnen. Masse und Volumen eines Stoffes stehen über die **Dichte** d (Einheit kg/l oder g/ml) miteinander in Beziehung:

$$d = \frac{m}{V}$$

So berechnet sich z. B. die Masse von 100 ml konzentrierter Schwefelsäure der Dichte 1,83 g/ml zu $m = 1{,}83$ g/ml $\cdot$ 100 ml $= 183$ g.

Zwischen den Stoffportionen Masse und Stoffmenge besteht über die molare Masse folgende Beziehung:

$$n = \frac{m}{M}$$

Beispielsweise haben 100 g Soda (Na_2CO_3) die Stoffmenge $n = \dfrac{100 \text{ g}}{106 \text{ g / mol}} = 0{,}94$ mol.

Der Chemiker steht häufig vor der Aufgabe, eine Verbindung, die er aus ihm bekannten Ausgangsstoffen synthetisiert hat, durch eine Formel zu beschreiben. Er führt dazu eine **Elementaranalyse** durch, die ihm sagt, welche Massenanteile w die in der Probe enthaltenen Stoffe besitzen. Diese kann er dann in Stoffmengen n umrechnen. Deren Vergleich liefert die stöchiometrischen Faktoren der Verbindung, so dass er eine **empirische Formel** angeben kann, z. B.:

gefunden: $w(S) = 27{,}0 \%$ $\Rightarrow$ $n(S) = \dfrac{m(S)}{M(S)} = \dfrac{27{,}0 \text{ g}}{32{,}0 \text{ g/mol}} = 0{,}84$ mol

gefunden: $w(O) = 13{,}5 \%$ $\Rightarrow$ $n(O) = \dfrac{m(O)}{M(O)} = \dfrac{13{,}5 \text{ g}}{16{,}0 \text{ g/mol}} = 0{,}84$ mol

gefunden: $w(Cl) = 59{,}7 \%$ $\Rightarrow$ $n(Cl) = \dfrac{m(Cl)}{M(Cl)} = \dfrac{59{,}7 \text{ g}}{35{,}5 \text{ g/mol}} = 1{,}68$ mol

$\Sigma = 100{,}2 \% \Rightarrow$ Im Rahmen der Messgenauigkeit handelt es sich um eine einheitliche Verbindung.

Da die Elemente im molaren Verhältnis $0{,}84/0{,}84/1{,}68 = 1/1/2$ vorliegen, ergibt sich die empirische Formel $[SOCl_2]_x$. Eine Aussage über x, d. h., ob die Verbindung monomer ($SOCl_2$), dimer ($S_2O_2Cl_4$) etc. ist, kann erst erfolgen, wenn auch das Ergebnis einer **Molmassenbestimmung** der Verbindung vorliegt. Diese liefert hier den Befund: $M = 119$ g/mol, so dass die Verbindung als $SOCl_2$, Thionylchlorid, bezeichnet werden darf.

In chemischen Verbindungen haben die darin vorhandenen Elemente bestimmte **stöchiometrische Wertigkeiten**. So ist z. B. der Phosphor im PCl_3 dreiwertig, im PCl_5 hingegen fünfwertig.

Viele Verbindungen dissoziieren – beim Lösen in Wasser – in Kationen und Anionen (die Ionen liegen dann in solvatisierter Form, d. h. von Wassermolekülen umgeben, vor. Die korrekte Schreibweise, z. B. $Mg^{2+}(aq)$, wird hier und im Folgenden meistens zu Mg^{2+} vereinfacht):

$$HCl \rightarrow H^+ + Cl^-$$
$$HNO_3 \rightarrow H^+ + NO_3^-$$
$$Na_2SO_4 \rightarrow 2\,Na^+ + SO_4^{2-}$$
$$MgSO_4 \rightarrow Mg^{2+} + SO_4^{2-}$$
$$Fe_2(SO_4)_3 \rightarrow 2\,Fe^{3+} + 3\,SO_4^{2-}$$

Die resultierenden (ein- oder mehratomigen) Ionen weisen **Ladungszahlen** auf, die mit rechts oben angegebenen arabischen Zahlen beschrieben sind. Neben den Verbindungen, die praktisch vollständig dissoziieren, gibt es andere, die dies nicht oder kaum tun. Dazu gehören z. B. Wasser, Ammoniak oder verschiedene Schwefel- und Stickstoffoxide. Wenn man diese Stoffe dennoch formal in Anionen und Kationen zerlegt, gemäß:

$$H_2O \xrightarrow{\text{formal}} 2\,H^{+I} + O^{-II}$$
$$H_3N \xrightarrow{\text{formal}} 3\,H^{+I} + N^{-III}$$
$$SO_2 \xrightarrow{\text{formal}} S^{+IV} + 2\,O^{-II}$$
$$SO_3 \xrightarrow{\text{formal}} S^{+VI} + 3\,O^{-II}$$
$$NO \xrightarrow{\text{formal}} N^{+II} + O^{-II}$$
$$NO_2 \xrightarrow{\text{formal}} N^{+IV} + 2\,O^{-II}$$
$$N_2O_5 \xrightarrow{\text{formal}} 2\,N^{+V} + 5\,O^{-II}$$

ergeben sich die rechts oben angeführten **Formladungen**, die auch als **Oxidationszahlen oder -stufen** bezeichnet werden. Um sie von echten Ladungszahlen zu unterscheiden, formuliert man sie mit römischen Zahlen. Bei der formalen Trennung einer Bindung in ein Anion und ein Kation (heterolytische Spaltung) werden dem jeweils elektronegativeren Bindungspartner beide (durch den Valenzstrich symbolisierten) Bindungselektronen zugeordnet, womit er eine negative Formalladung übernimmt, während am elektropositiveren Bindungspartner eine positive Formalladung zurück bleibt:

$$E_{\text{elektopositiver}}\!-\!E_{\text{elektronegativer}} \xrightarrow{\text{formal}} E_{\text{elektropositiver}}^{\,+} + E_{\text{elektronegativer}}^{\,-}$$

Die **Elektronegativität** (nach *Pauling*) beschreibt die Kraft eines im Molekül gebundenen Atoms, Elektronen des Moleküls an sich zu ziehen. Das Fluor ist das elektronegativste Element. In all seinen Verbindungen mit anderen Elementen nimmt es deshalb die Oxidationsstufe −I ein. Um die Elekronegativität anderer Elemente mit der des Fluors vergleichen zu können, ordnete *Pauling* dem Fluor die Elektronegativität 4,0 zu. Sauerstoff hat die Elektronegativität 3,4, Schwefel 2,5, Wasserstoff 2,2, Kalium 0,8 etc.

Zur **Bestimmung von Oxidationszahlen** gibt es folgende Regeln:

- Atome in Elementverbindungen, z. B. H_2, O_2, O_3, N_2, S_8, P_4, haben die Oxidationszahl 0.
- Sind in einem Molekül zwei oder mehr Atome des gleichen Elementes gebunden, so liefert diese Bindung keinen Beitrag zur Oxidationszahl, z. B.:

$$H\!-\!O\!-\!O\!-\!H \xrightarrow{\text{formal}} H^+ + {}^-O\!-\!O^- + H^+ \xrightarrow{\text{formal}} 2\,H^{+I} + 2\,O^{-I}$$

- Wasserstoff hat meistens die Oxidationszahl +I (Ausnahme in Hydriden wie LiH: −I).
- Sauerstoff hat meistens die Oxidationszahl −II (Ausnahmen z. B.: H_2O_2: −I, OF_2: +II).
- Die Summe der Oxidationszahlen aller Atome einer ungeladenen Atomgruppe ist 0, z. B.:

H_2O: $2·(+I \text{ vom H}) + 1·(−II \text{ vom O}) = 0$
HCOOH: $2·(+I \text{ vom H}) + 2·(−II \text{ vom O}) + 1·(+II \text{ vom C}) = 0$
ClCOOH: $1·(+I \text{ vom H}) + 2·(−II \text{ vom O}) + 1·(−I \text{ vom Cl}) + 1·(+IV \text{ vom C}) = 0$

- Die Ladung eines einatomigen Ions ist gleich der Ladung des Ions, z. B. Na^{+I}, Cl^{-I}
- Bei einem mehratomigen Ion ist die Summe der Oxidationszahlen aller Atome des Ions gleich der Ladungszahl des Ions, z. B.:

SO_4^{2-}: $1·(+VI \text{ vom S}) + 4·(−II \text{ vom O}) = −2$
PO_4^{3-}: $1·(+V \text{ vom P}) + 4·(−II \text{ vom O}) = −3$

Oxidationszahlen sind u. a. bei der Benennung (**Nomenklatur**) chemischer Verbindungen wichtig, z. B.:

PCl_3	Phosphor(III)-chlorid	veraltet: Phosphor<u>tri</u>chlorid
PCl_5	Phosphor(V)-chlorid	veraltet: Phosphor<u>penta</u>chlorid
SO_2	Schwefel(IV)-oxid	veraltet:Schwefel<u>di</u>oxid
SO_3	Schwefel(VI)-oxid	veraltet: Schwefel<u>tri</u>oxid
Na_2SO_3	Natriumsulfat(IV)	veraltet: Natriumsul<u>fit</u>
Na_2SO_4	Natriumsulfat(VI)	veraltet:Natriumsul<u>fat</u>
NaClO	Natriumchlorat(I)	veraltet: Natrium<u>hypo</u>chlorit
$NaClO_2$	Natriumchlorat(III)	veraltet: Natrium<u>chlorit</u>
$NaClO_3$	Natriumchlorat(V)	veraltet: Natrium<u>chlorat</u>
$NaClO_4$	Natriumchlorat(VII)	veraltet: Natrium<u>per</u>chlorat

1.1.3   Reaktionsgleichungen

Ausgehend von der Kenntnis, welche Stoffe bei einer chemischen Reaktion eingesetzt wurden und welche neuen Stoffe entstanden sind, kann eine Reaktionsgleichung formuliert werden. Dabei ist darauf zu achten, dass auf der linken (Edukt-) und rechten (Produkt-)Seite des Reaktionspfeils die gleichen Atome in gleicher Anzahl, aber unterschiedlich miteinander verknüpft vorliegen. Bei chemischen Reaktionen können nämlich weder Atome verloren gehen noch gewonnen, sondern lediglich umgruppiert werden. (Wenn eingesetzte Atome verschwinden und neue entstehen, liegt keine chemische Reaktion, sondern eine Kernreaktion vor. Ein prominentes Beispiel dafür ist die Spaltung von Uran zu Barium und Krypton, die in einem ergänzenden Kapitel über Kernchemie auf der CD ausführlicher behandelt wird.) Deshalb müssen ggf.

stöchiometrische Faktoren vor die einzelnen chemischen Formeln gestellt werden. (Die Reaktionsgleichung sagt nichts über den Reaktionsmechanismus aus!)

Gibt man z. B. Magnesium-Späne in Salzsäure, so entweicht Wasserstoff-Gas, und es entsteht eine Magnesiumchlorid-Lösung (Versuch 1, s. CD). Es werden zwei Teilchen (oder mol) HCl für die Umsetzung eines Äquivalentes (oder mol) Magnesium benötigt:

$$Mg + 2\,HCl \rightarrow MgCl_2 + H_2$$

Trägt man Phosphor(V)-oxid in Wasser ein, so bildet sich unter heftigen Zischen Phosphorsäure (Versuch 2, s. CD):

$$P_4O_{10} + 6\,H_2O \rightarrow 4\,H_3PO_4$$

Die Hydrolyse des aus vier Phosphor und zehn Sauerstoffatomen käfigartig aufgebauten Oxids des fünfwertigen Phosphors erfordert sechs Moleküle Wasser. Dabei entstehen vier Moleküle Phosphorsäure (s. Kapitel 2.6.2).

Zwischen den beiden angeführten Reaktionen besteht ein wesentlicher Unterschied: Bei der zweiten Reaktion behalten alle beteiligten Atome ihre Oxidationsstufen, während bei der ersten Reaktion das Magnesium seine Oxidationzahl von 0 nach +II und der Wasserstoff von +I nach 0 ändern. Das Magnesium wird oxidiert (Erhöhung der Oxidationsstufe, Abgabe von Elektronen) und der Wasserstoff gleichzeitig reduziert (Erniedrigung der Oxidationsstufe, Aufnahme von Elektronen). Eine derartige Reaktion bezeichnet man als **Redoxreaktion**. Sie lässt sich in zwei Halbreaktionen aufteilen, wobei beim Oxidationsprozess genauso viele Elektronen freigesetzt wie beim Reduktionsprozess aufgenommen werden. Das additive Zusammenfassen der beiden Halbreaktionen ergibt die Ionengleichung:

Oxidation:	$Mg \rightarrow Mg^{2+} + 2\,e^-$	(Elektronenabgabe)
Reduktion:	$2\,H^+ + 2\,e^- \rightarrow H_2$	(Elektronenaufnahme)
	$Mg + 2\,H^+ \rightarrow Mg^{2+} + H_2$	(Ionengleichung)
$\Rightarrow$	$Mg + 2\,HCl \rightarrow MgCl_2 + H_2$	(vollständige Reaktionsgleichung)

Man kann Ionen nicht als solche einwiegen und isolieren, sondern nur in Form ihrer Verbindungen. Im gewählten Beispiel ist die Salzsäure die Quelle für Protonen, und die gebildeten Magnesiumionen werden in Form eines Salzes, $MgCl_2$, auskristallisiert. Die Chloridionen werden sozusagen mitgeschleppt. Unter ihrer Berücksichtigung ist das Aufstellen der vollständigen Reaktionsgleichung möglich. Die gleiche Ionengleichung resultiert, wenn Magnesium in Schwefelsäure eingetragen wird. Jetzt wird Magnesium-sulfat isoliert, und die vollständige Reaktionsgleichung lautet:

$$Mg + H_2SO_4 \rightarrow MgSO_4 + H_2$$

Deutlich komplizierter ist die Redoxgleichung, welche die Reaktion von violettem Kaliumpermanganat mit Salzsäure zu rosafarbenem Mangan(II)-chlorid und Chlor-Gas beschreibt. Das siebenwertige Mangan wird zum zweiwertigen reduziert und nimmt dabei 5 Elektronen auf. Diese stammen von fünf Chloridionen, die in Chloratome über-gehen und sich dann zu Cl_2-Molekülen zusammenschließen. Das in der einfachen Ionengleichung auftauchende Mn^{7+}-Kation ist wegen seiner extrem hohen Ladungs-dichte als solches nicht existent, sondern nur in Form eines komplexen Anions MnO_4^-.

Deshalb wird eine erweiterte Ionengleichung formuliert, die außerdem durch Hinzufügen von Protonen auf der Edukt-Seite der Tatsache Rechnung trägt, dass die formal vom reduzierten Mangan abgespaltenen und im wässrigen Medium nicht existenzfähigen O^{2-}-Anionen als neutrales Wasser abgefangen werden müssen. Eine vollständige Reaktionsgleichung resultiert schließlich, wenn die an der Reaktion beteiligten Ionen nicht als solche, sondern in Form der Verbindungen formuliert werden, die tatsächlich eingesetzt und isoliert werden:

Reduktion: $Mn^{7+} + 5\,e^- \rightarrow Mn^{2+}$
Oxidation: $5\,Cl^- \rightarrow 2{,}5\,Cl_2 + 5\,e^-$

$\rule{6cm}{0.4pt}$

$Mn^{7+} + 5\,Cl^- \rightarrow Mn^{2+} + 2{,}5\,Cl_2$ (einfache Ionengleichung)

$\Rightarrow$ $MnO_4^- + 5\,Cl^- + 8\,H^+ \rightarrow Mn^{2+} + 2{,}5\,Cl_2 + 4\,H_2O$

(erweiterte Ionengleichung)

$\Rightarrow$ $KMnO_4 + 8\,HCl \rightarrow MnCl_2 + 2{,}5\,Cl_2 + 4\,H_2O + KCl$

oder $2\,KMnO_4 + 16\,HCl \rightarrow 2\,MnCl_2 + 5\,Cl_2 + 8\,H_2O + 2\,KCl$

(vollständige Reaktionsgleichung)

1.1.4   Umsatzberechnungen

Einwaagen, Umsätze und Ausbeuten bei chemischen Reaktionen können auf Basis der jeweiligen Reaktionsgleichung berechnet werden, wenn die Reaktionspartner in 100 % reiner Form vorliegen und die Reaktionen quantitativ und ausschließlich nach der jeweils aufgestellten Reaktionsgleichung, d. h. ohne Nebenreaktionen, ablaufen. Ausbeuteverluste entstehen durch unvollständige Umsetzung der Reaktionspartner, durch Nebenreaktionen sowie durch verfahrensbedingte Verluste an Edukten und Produkten, z. B. durch Verdampfen oder Verschütten. Dies sei am Beispiel der Reaktion von Eisen und Schwefel zu Eisen(II)-sulfid (Versuch 3, s. CD) näher erläutert:

$Fe + S \rightarrow FeS$

Eine Nebenreaktion ist die Bildung von Eisendisulfid, FeS_2, aus einem Eisenatom und zwei Schwefelatomen. Verluste treten auf, weil ein Teil des Schwefels beim notwendigen Erhitzen der Ausgangsmischung an der Luft zu Schwefeldioxid, SO_2, verbrennt und weil etwas Eisen durch gebildetes FeS eingeschlossen wird und deshalb gar nicht mit dem anderen Reaktionspartner in Kontakt kommt und abreagieren kann. Die Erfahrung zeigt, dass bei einem Praktikumspräparat FeS in 80%iger Ausbeute entsteht. Mit dem Ziel, 150,0 g FeS herzustellen, berechnet man die nötigen Einwaagen folgendermaßen: Man legt die Reaktionsgleichung zugrunde, die besagt, dass 1 mol FeS (87,9 g) im Idealfall genau 1 mol Eisen (55,9 g) und 1 mol Schwefel (32,0 g) erfordert. Über den Dreisatz wird berechnet, dass für die erwünschten 150,0 g FeS dann genau 95,4 g Eisen und 54,6 g Schwefel erforderlich sind. Da die Ausbeute an FeS aber vermutlich nur 80 % betragen wird, müssen die (für eine 100%ige Ausbeute) berechneten

Einwaagen um den Faktor 100/80 erweitert werden, so dass in der Tat 119,3 g Eisen und 68,3 g Schwefel eingewogen werden sollten.

1.1.5   Herstellen von und Rechnen mit Lösungen

Eine **Lösung** (Lsg.) besteht aus (mindestens) einem **gelösten Stoff** (gel. S.) und einem **Lösungsmittel** (Lsgm.).

Der **Massenanteil** w eines Stoffes in einer Lösung bezeichnet:

$$w = \frac{m(\text{gel. S.})}{m(\text{gel. S.}) + m(\text{Lsgm.})} \qquad (\text{Angabe in \%})$$

Wenn auf einer Flasche steht: „10%ige Natronlauge", so bedeutet dies, dass 100 g der Lösung genau 10 g reines Natriumhydroxid, NaOH, enthalten. Eine solche Lösung wird durch Auflösen von 10 g NaOH-Pastillen in 90 g Wasser hergestellt.

Findet man auf dem Etikett einer Weinflasche den Vermerk: „12 Vol.-% Ethanol", so ist damit eine **Volumenkonzentration** σ gemeint, die als

$$\sigma = \frac{\text{ml (gel. S.)}}{\text{ml (Lösung)}} \qquad (\text{Angabe in \%})$$

definiert ist und angibt, dass 100 ml des Getränkes 12 ml reinen Alkohol enthalten. (Eine exakt 12 Vol.-%ige Lösung von Alkohol in Wasser erhält man nicht durch einfaches Mischen von 12 ml Ethanol und 88 ml Wasser, denn Volumina von Flüssigkeiten verhalten sich – anders als Massen – *nicht* additiv, sondern unterliegen einer geringfügigen Volumenkontraktion; Versuch 4, s. CD).

In der analytischen Chemie wird besonders häufig eine 0,1-molare NaOH- oder 0,1-molare HCl-Maßlösung zum Titrieren gebraucht. Die Angabe „0,1-molar" bezeichnet eine **Stoffmengenkonzentration** c:

$$c = \frac{n(\text{gel. S.})}{V(\text{Lsg.})} \qquad (\text{Einheit mol/l})$$

Eine 0,1-molare Natronlauge wird hergestellt, indem 0,1 mol NaOH-Pastillen eingewogen und gelöst werden und die Lösung nach dem Abkühlen auf Raumtemperatur mit Wasser auf ein Gesamtvolumen von 1 Liter aufgefüllt wird.

In Analogie zur Stoffmengenkonzentration beschreibt eine **Massenkonzentration**, wie viel Gramm gelöster Stoff sich in einem Liter Lösung befinden.

Die **Löslichkeit** L^* gibt an, wie viel g reiner Stoff sich in 100 g Lösemittel höchstens lösen:

$$L^* = \frac{\text{g (reiner Stoff)}}{100 \text{ g (Lsgm.)}}$$

Sie ist ein Maß für den Gehalt einer gesättigten Lösung. Man unterscheidet sehr gut löslich, mäßig lösliche und schlecht lösliche Stoffe. Bei 20 °C lösen sich in 100 g Wasser z. B. 35,9 g Natriumchlorid, 6,0 g Kaliumaluminiumsulfat, so genannter Kalialaun ($KAl(SO_4)_2 \cdot 12H_2O$), oder 1,0 g Bleichlorid ($PbCl_2$). Meistens nimmt die Löslichkeit mit steigender Temperatur stark zu, beim Kalialaun beträgt sie bei 60 °C bereits 53,3 g und beim Bleichlorid bei 100 °C 3,3 g pro 100 g Wasser. Dies kann zum Reinigen der Stoffe durch Umkristallisation ausgenutzt werden (Versuch 5, s. CD): Die verunreinigten Stoffe werden in heißem Wasser gerade vollständig gelöst und kristallisieren beim Abkühlen der Lösung in reiner Form wieder aus, während die Verunreinigungen in der überstehenden wässrigen Phase (Mutterlauge) gelöst bleiben. Die Löslichkeit von Natriumchlorid zeigt (ausnahmsweise) eine nur sehr geringe Temperaturabhängigkeit. Deshalb lässt sich der Stoff auch nicht umkristallisieren.

Das Lösungsverhalten sehr schwer löslicher Salze wird seltener mit der Löslichkeit L^*, als mit dem **Löslichkeitsprodukt** L beschrieben. Für den Vorgang, dass z. B. schwerlösliche Salze wie Silberchlorid oder Caciumfluorid als Bodenkörper vorliegen und als praktisch konstantes Reservoir für wenige Ionen dienen, die im überstehenden Wasser in Lösung gehen, gilt:

$$AgCl\,(s) \;\rightarrow\; Ag^+\,(aq) \;+\; Cl^-\,(aq)$$

$$\text{MWG:}\; \frac{c_{Ag^+} \cdot c_{Cl^-}}{c_{AgCl}} = K \qquad\Rightarrow\qquad c_{Ag^+} \cdot c_{Cl^-} = L \approx 10^{-10}\ \text{mol}^2/\text{l}^2$$

und

$$CaF_2\,(s) \;\rightarrow\; Ca^{2+}\,(aq) \;+\; 2\,F^-\,(aq)$$

$$\text{MWG:}\; \frac{c_{Ca^{2+}} \cdot c_{F^-}^2}{c_{CaF_2}} = K \qquad\Rightarrow\qquad c_{Ca^{2+}} \cdot c_{F^-}^2 = L \approx 10^{-12}\ \text{mol}^3/\text{l}^3$$

In den gesättigten Lösungen ist dann

$$c_{Ag^+} = c_{Cl^-} = \sqrt{L} \qquad \text{bzw.} \qquad c_{F^-} = 2 \cdot c_{Ca^{2+}} = 2\,\sqrt[3]{\frac{L}{4}}$$

Lösungen kann man durch Zusatz von reinem Lösungsmittel oder einer Lösung niedrigeren Gehaltes **verdünnen** bzw. durch Entzug von reinem Lösungsmittel oder Zusatz einer Lösung höheren Gehaltes **verstärken** (konzentrieren).

Beim **Mischen** zweier oder mehrerer Lösungen gilt, dass sich die Masse einer Mischung additiv aus den Massen der einzelnen Ausgangslösungen zusammensetzt und dass die Masse an gelöstem Stoff in der Mischung gleich der Summe der Massen an gelöstem Stoff in den Ausgangslösungen ist (Massenerhaltungssatz).

Mischt man z. B. 100 g 10%ige und 50 g 68%ige Salpetersäure, so erhält man 150 g Mischung mit 44 g reiner HNO_3, wovon 10 g aus der einen und 34 g aus der anderen Ausgangslösung stammen. Die resultierende Mischung hat einen Massenanteil

$$w(HNO_3) = 44g/150\,g = 29,3\,\%$$

Für das Rechnen mit Mischungen lautet die **allgemeine Mischungsgleichung**:

$$m_1 \cdot w_1 + m_2 \cdot w_2 + \ldots + m_i \cdot w_i = m_M \cdot w_M \quad ; \quad m_M = m_1 + m_2 + \ldots + m_i$$

Will man eine Lösung mit einem bestimmten Massenanteil gelöstem Stoff durch Mischen einer Lösung mit einem höheren und einer anderen Lösung mit einem niedrigeren Massenanteil herstellen, so kann man das Mischungsverhältnis auch mit Hilfe des **Mischungskreuzes** berechnen: Man schreibt die Massenanteile w_1 und w_2 der beiden Ausgangslösungen übereinander und die Massenkonzentration w_M der gewünschten Mischung schräg versetzt daneben. Über Kreuz bildet man die Differenzen $(w_1 - w_M)$ und $(w_2 - w_M)$, deren Absolutbeträge sich wie die Massen m_1 und m_2 der Ausgangslösungen verhalten, die gemischt werden müssen:

$$w_1 \searrow \quad \nearrow \left| w_2 - w_M \right| \quad \Rightarrow \quad m_1$$
$$\searrow w_M \nearrow$$
$$w_2 \nearrow \quad \searrow \left| w_1 - w_M \right| \quad \Rightarrow \quad m_2$$

Um beispielsweise 15%ige Salpetersäure durch Mischen von 10%iger und 68%iger herzustellen, sind die Ausgangssäuren im Massenverhältnis 5/53 zu mischen:

$$68\,\% \searrow \quad \nearrow (15 - 10) = 5$$
$$15\,\%$$
$$10\,\% \nearrow \quad \searrow (68 - 15) = 53$$

$$\Rightarrow \text{ Einwaageverhältnis: } \frac{m(68\%\text{ige HNO}_3)}{m(10\%\text{ige HNO}_3)} = \frac{5}{53}$$

1.1.6 Gase und Gasmischungen

Für ein Gas, in dem die Teilchen keinerlei Wechselwirkung miteinander eingehen, gilt das **ideale Gasgesetz**:

$$p \cdot V = n \cdot R \cdot T$$

wobei p der Druck (in bar), V das Volumen (in l), n die Stoffmenge (in mol), T die Temperatur (in K) und R die universelle Gaskonstante 0,083143 l·bar·mol^{-1}·K^{-1} sind. Bei einem definierten Normaldruck von 1,01325 bar (1 atm) und einer Normaltemperatur von 273,15 K (0 °C) hat 1 mol eines idealen Gasen das Volumen $V_M = 22,4$ l.

In Mischungen idealer Gase verhalten sich die Partialdrücke, Volumina und Stoffmengen der einzelnen Bestandteile additiv:

$$p(M) = p(A) + p(B) + \ldots$$
$$V(M) = V(A) + V(B) + \ldots$$
$$n(M) = n(A) + n(B) + \ldots$$

Weiterhin gilt, dass Druckanteil, Volumenanteil und Stoffmengenanteil einer Komponente in einer Gasmischung gleich sind:

$$\frac{p(A)}{p(M)} = \frac{V(A)}{V(B)} = \frac{n(A)}{n(B)}$$

So berechnen sich beispielsweise die Partialdrücke von Sauerstoff und Stickstoff bei einem Luftdruck von 1013,25 hPa und unter der Kenntnis der Volumenanteile von 20,95 % Sauerstoff und 78,09 % Stickstoff zu:

$$p(O_2) = 1013,25 \text{ mbar} \cdot 0,2095 = 212,28 \text{ mbar}$$
$$p(N_2) = 1013,25 \text{ mbar} \cdot 0,7807 = 791,25 \text{ mbar}$$

Es bleibt ein Restdruck von 9,72 mbar, der insbesondere auf das Vorliegen von Edelgasen zurückzuführen ist.

1.1.7 Verteilungsgleichgewichte

Versetzt man eine wässrige Iod-Lösung (KI-haltig, um das an sich kaum wasserlösliche Iod als $K[I_3]$ zu binden, vgl. Kapitel 2.3.4) mit Petrolether bzw. einem chlorierten Kohlenwasserstoff (CH_2Cl_2, $CHCl_3$, CCl_4) und schüttelt um, so beobachtet man an der violetten Farbe der oberen Petrolether-Phase bzw. der unteren Phase des chlorierten Kohlenwasserstoffs, dass ein Teil der Iods aus dem Wasser in das organische Lösemittel gewandert ist (Versuch 6, s. CD). Nach Phasentrennung kann aus der jetzt iodärmeren wässrigen Phase mit weiterem, reinen Lösemittel noch mehr Halogen extrahiert werden. Umgekehrt gelingt es, aus der abgetrennten organischen Phase mit Kaliumiodid-Lösung einen Teil der Iods ins Wasser zurückzuholen. Die Vorgänge lassen sich als Verteilungsgleichgewichte mit dazu gehörigen (*Nernst*schen) Verteilungskoeffizienten beschreiben:

$$A \text{ in Phase 1} \rightleftharpoons A \text{ in Phase 2} \qquad K = \frac{c_A \text{ in der oberen Phase}}{c_A \text{ in der unteren Phase}}$$

Unter Berücksichtigung der Tatsache, dass die Stoffmenge des verteilten Stoffes konstant bleibt, sich nach der Extraktion lediglich in zwei verschiedenen und räumlich getrennten Lösungen befindet:

$$n(A)_{\text{gesamt}} = n(A)_{\text{in Phase 1}} + n(A)_{\text{in Phase 2}} ,$$

kann man Extraktionsvorgänge, die für Stofftrennungen in Labor und Technik gleichermaßen bedeutend sind, berechnen. Dabei gilt, dass es effektiver ist, eine gegebene (wässrige) Lösung mehrmals mit kleinen Mengen eines (mit Wasser nicht mischbaren organischen) Lösemittels zu extrahieren, als nur einmal mit einer entsprechend großen Menge. Dies sei an folgendem Rechenbeispiel verdeutlicht: 1 Liter einer wässrigen Iod-Lösung mit einem Iod-Gehalt von 2 mmol wird a) einmal mit 100 ml Tetrachlormethan, b) zweimal mit je 50 ml des chlorierten Kohlenstoffs ausgeschüttelt. Es gilt:

$$\frac{c_{\text{Iod in H}_2\text{O}}}{c_{\text{Iod in CCl}_4}} = \frac{\dfrac{n(\text{Iod})_{\text{in H}_2\text{O}}}{V_{\text{H}_2\text{O}}}}{\dfrac{n(\text{Iod})_{\text{in CCl}_4}}{V_{\text{CCl}_4}}} = 0{,}0125 \quad \text{und} \quad n(\text{Iod})_{\text{in H}_2\text{O}} + n(\text{Iod})_{\text{in CCl}_4} = 2 \text{ mmol}$$

Damit berechnet sich die beim ersten Ausschütteln in die organische Phase übergehende Stoffmenge Iod zu:

a) $n(\text{Iod})_{\text{in CCl}_4} = \dfrac{2 \text{ mmol} \cdot 100 \text{ ml}}{0{,}0125 \cdot 1000 \text{ ml} + 100 \text{ml}} = 1{,}78 \text{ mmol}$

b) $n(\text{Iod})_{\text{in CCl}_4 \text{ (erste Phase)}} = \dfrac{2 \text{ mmol} \cdot 50 \text{ ml}}{0{,}0125 \cdot 1000 \text{ ml} + 50 \text{ml}} = 1{,}60 \text{ mmol}$

Während bei der Vorgehensweise a 0,22 mmol Iod in der wässrigen Phase zurück bleiben und nicht weiter extrahiert werden, werden bei der Vorgehensweise b die restlichen 0,4 mmol Iod in der wässrigen Phase einem zweiten Ausschütteln unterzogen. Dabei geht weiteres Halogen in die (zweite) organische Phase über, und zwar:

$$n(\text{Iod})_{\text{in CCl}_4 \text{ (zweite Phase)}} = \frac{0{,}4 \text{ mmol} \cdot 50 \text{ ml}}{0{,}0125 \cdot 1000 \text{ ml} + 50 \text{ml}} = 0{,}32 \text{ mmol}$$

Am Ende bleiben nur noch 0,08 mmol Iod im Wasser zurück, was deutlich weniger ist als bei der Vorgehensweise a, bei der nur einmal, aber mit der gleichen Gesamtmenge Lösemittel wie bei b extrahiert wurde.

1.1.8 Übungen (Chemisches Rechnen)

1. Stellen Sie bitte für folgende Reaktionen die Massenwirkungsgesetze auf:
    -   $2 H_2 + O_2 \rightarrow 2 H_2O$
    -   $2 KMnO_4 + 16 HCl \rightarrow 2 MnCl_2 + 2 KCl + 5 Cl_2 + 8 H_2O$
2. Stellen Sie bitte Überlegungen zur Größe der Gleichgewichtskonstanten K für eine Isomerisierungsreaktion $A \rightarrow B$ an. Eingesetzt werden $6 \cdot 10^{23}$ Einzelteilchen A (1 mol). K sei: a) = 1, b) = 10, c) = 0,1 . Wie viele Teilchen A und B liegen im Gleichgewicht vor?
3. Berechnen Sie bitte die molare Masse von Calciumcarbonat ($M(\text{Ca}) = 40{,}08$ g/mol, $M(\text{C}) = 12{,}011$ g/mol, $M(\text{O}) = 15{,}9994$ g/mol).
4. Berechnen Sie bitte die genaue molare Masse des P^{5+}-Ions.
5. Wie viel Natrium kann man bei der Elektrolyse von 2 Tonnen Steinsalz maximal gewinnen?
6. Berechnen Sie bitte die Formel einer Verbindung, die laut Elementaranalyse 28,2 % Kalium, 25,6 % Chlor und 46,2 % Sauerstoff enthält.

7. Geben Sie bitte die Oxidationsstufen aller Elemente in den Komplexen $K_3[Fe(CN)_6]$ und $[Cu(O_2C{-}CO_2)_2]^{2-}$ an.

8. Silber reagiert mit Salpetersäure zu Silbernitrat und Stickstoff(II)-oxid. Formulieren Sie bitte die vollständige Reaktionsgleichung.

9. Wie viel Gramm Kaliumiodid und Wasser sind in 125 g 8%iger Kaliumiodid-Lösung enthalten?

10. Wie viel Gramm eines technischen Kaliumbromids mit einer Reinheit von 98,1 % und wie viel Wasser müssen eingewogen werden, um 1,0 kg einer 8,0%igen KBr-Lösung herzustellen?

11. Wie viel Gramm Kristallsoda, $Na_2CO_3 \cdot 10H_2O$, und wie viel Wasser müssen eingewogen werden, um 750 g 5%ige Na_2CO_3-Lösung herzustellen?

12. Wie viel Gramm reine HNO_3 sind in 150 ml einer 8%igen Salpetersäure enthalten?

13. Wie viel ml Methanol und Wasser sind zu mischen, um 500 ml Lösung mit 46 Vol.-% Methanol zu erhalten?

14. Welche Molarität hat eine Natronlauge, die 10 g NaOH in 250 ml Lösung enthält?

15. Wie viel Kristallsoda muss eingewogen werden, um 500 ml einer 0,1-molaren Soda-Lösung herzustellen?

16. Wie viel ml müssen einer Natriumchlorid-Lösung der Massenkonzentration 100 g/l entnommen werden, um 0,1 mol Chlorid für einen folgenden Versuch zu erhalten?

17. 300 g Kaliumdichromat sollen umkristallisiert werden. Das Salz wird bei 80 °C in 411 g Wasser gerade vollständig gelöst. (Wie groß ist die Löslichkeit bei dieser Temperatur?) Wie viel Feststoff kristallisiert im Kühlschrank bei 10 °C aus, wenn die Löslichkeit bei dieser Temperatur 7,75 g pro 100 ml Wasser beträgt? Wie viel Salz bleibt in der Mutterlauge gelöst (Ausbeuteverlust)?

18. Bei Raumtemperatur lösen sich $7,8 \cdot 10^{-5}$ mol Silberchromat in einem Liter Wasser. Wie groß ist das Löslichkeitsprodukt des Salzes?

19. Welche Stoffmenge Bariumsulfat löst sich im 1 Liter Wasser, das 0,05 mol Natriumsulfat enthält? (Der Zahlenwert für das Löslichkeitsprodukt von Barium-sulfat beträgt $1,5 \cdot 10^{-9}$.)

20. 100 g 10%ige Natriumacetat-Lösung, 50 g 5%ige Natriumacetat-Lösung, 5 g reines Natriumacetat und 100 ml Wasser werden gemischt. Welche Massenkonzentration an Natriumacetat besitzt die resultierende Lösung?

21. Wie viel 98%ige Schwefelsäure ist zu wie viel Wasser zu geben, um 1 kg 20%ige Säure zu erhalten?

22. Wie viel Wasser muss verdampft werden, um aus 1 kg 10%iger Schwefelsäure 15%ige herzustellen? Welche Masse hat das Konzentrat?

23. Welches Volumen hat eine Tonne Chlor im Normalzustand?

24. Eine Tonne Kalkstein wird gebrannt. Wie viel Kubikmeter Kohlenstoffdioxid entstehen im Normalzustand?

1.2 Atomaufbau

Summary

The nucleus of an atom consists of positively charged protons and neutral neutrons. A chemical element is defined by a certain number of protons. Atoms with the same number of protons but a different number of neutrons are called isotopes. An atom contains the same number of negative electrons and positive protons.

The wave function of an electron is the mathematical expression for what is called orbital. Each orbital describes a specific distribution of electron density in space, as given by its probability density. Each orbital therefore has a characteristic energy and space.

The space in which the electrons can be found, can be described by the principal quantum number *n* (electron shell), by the azimuthal quantum number *l* (s-orbitals: electron density is concentrated spherically symmetrically; p-orbitals: electron density is concentrated on two sides, so-called lopes, of the nucleus, separated by a node at the nucleus; d- and f-orbitals: different shapes and orientations in space) and by the magnetic quantum number *m*. *Hund*'s rule states that in one orbital a maximum of two electrons can be found and they need to have an opposite spin direction. According to *Pauli*'s principle, the electrons of one atom must differ in at least one of their quantum numbers. Low-energy orbitals get occupied before high-energy orbitals.

Bausteine der **Atome** sind **Protonen**, **Neutronen** und **Elektronen**. Ein Proton hat die Masse von $1,6726 \cdot 10^{-24}$ g und ist einfach positiv geladen. Ein Neutron hat eine vergleichbare Masse von $1,6750 \cdot 10^{-24}$ g, ist aber nicht geladen. Ein Elektron ist hingegen mit einer Masse von $9,1095 \cdot 10^{-28}$ g knapp 2000mal leichter und einfach negativ geladen.

Protonen und Neutronen bilden gemeinsam den sehr kompakten, kleinen **Kern** eines Atoms, der den größten Teil der Masse des Atoms ausmacht. Der Kern wird von den Elektronen in einer **Hülle** abgeschirmt, die für die Größe des Atoms verantwortlich ist, aber nur wenig zu dessen Masse beiträgt (*Rutherford*sches Kern-Hülle-Modell). (Vgl. die Diskussion der molaren Massen von Atomen, Elektronen und Ionen im Kapitel 1.1.2.)

Ein chemisches **Element** ist durch eine bestimmte Anzahl von Protonen (Kernladungszahl oder Ordnungszahl) definiert. Ein Atom verfügt über genauso viele Protonen wie Elektronen und ist deshalb elektrisch neutral. Die Elektronen sind für die chemischen Eigenschaften des Elementes verantwortlich. Gibt ein Atom ein Elektron oder mehrere Elektronen ab, resultiert ein positiv geladenes Kation, nimmt es hingegen ein Elektron oder mehrere Elektronen auf, entsteht ein negativ geladenes Anion.

Teilchen mit gleicher Protonen-, aber unterschiedlicher Neutronenzahl bezeichnet man als **Isotope**, die zwar unterschiedliche Massen, aber praktisch identische chemische Eigenschaften haben, weil diese – wie gesagt – nicht durch den Kern, sondern durch die Elektronenhülle bestimmt werden. Vom Element Wasserstoff z. B. gibt es drei Isotope. Der Kern des Isotops $^{1}_{1}\text{H}$ besteht aus nur einem Proton. Das Teilchen wird auch Protium genannt und hat die ungefähre molare Masse 1 g/mol. Das Isotop $^{2}_{1}\text{H}$ verfügt im Kern zusätzlich über ein Neutron, das dritte Isotop $^{3}_{1}\text{H}$ sogar über zwei Neutronen. Die

Teilchen werden als Deuterium bzw. Tritium und gelegentlich mit speziellen Symbolen D bzw. T bezeichnet. Sie haben (ungefähr) die molaren Massen 2 bzw. 3 g/mol. Die Isotope des Wasserstoffs kommen in der Natur unterschiedlich häufig, aber in einem konstanten Verhältnis vor, und zwar Protium zu 99,985 %, Deuterium zu 0,015 % und Tritium in Spuren, so dass es verständlich ist, dass die molare Masse der Isotopenmischung mit 1,0079 g/mol etwas, aber nur geringfügig, größer ist als die molare Masse des reinen Hauptisotops. Von Chlor und Brom gibt es jeweils zwei Isotope, die oft vorkommen, und zwar $^{35}_{17}$Cl zu 75,77 % und $^{37}_{17}$Cl zu 24,23 % bzw. $^{79}_{35}$Br zu 50,69 % und $^{81}_{35}$Br zu 49,31 %, so dass sich die molaren Massen der Elemente (näherungsweise) berechnen lassen, gemäß:

$$M(\text{Cl}) = (0{,}7577 \cdot 35 \; + \; 0{,}2423 \cdot 37) \; \text{g/mol} = 35{,}5 \; \text{g/mol}$$
$$M(\text{Br}) = (0{,}5069 \cdot 79 \; + \; 0{,}4931 \cdot 81) \; \text{g/mol} = 80{,}0 \; \text{g/mol}$$

Von den verschiedenen Uranisotopen hat $^{235}_{92}$U (0,72 % natürlicher Anteil) für die Energiegewinnung durch Kernspaltung – dies ist kein chemischer Prozess! – große Bedeutung (s. Kapitel 1.5).

Nach dem *Bohr*schen **Atommodell** umkreisen die Elektronen eines Atoms den Kern auf Bahnen in einem bestimmten Abstand. Auf der kernnahen ersten Bahn (*K*-Schale) haben 2 Elektronen, auf der nächsten Bahn (*L*-Schale) mit etwas größerem Abstand zum Kern 8 Elektronen, auf der dritten Bahn (*M*-Schale) 18 Elektronen und auf der vierten Bahn (*N*-Schale) 32 Elektronen Platz. Der Abstand eines Elektrons vom Kern ist ein Maß für die Energie des Elektrons. Je weiter es vom Kern entfernt ist, desto energiereicher ist es. Interessant am *Bohr*schen Modell ist, dass es klar betont, dass es auf atomarer Ebene nur konkrete Energieniveaus, aber kein Energie-Kontinuum gibt, Elektronen also nur ganz bestimmte Energiezustände einnehmen können (**Quantelung der Energie**).

Mit der *Bohr*schen Theorie konnten die spektroskopischen Eigenschaften des Wasserstoffs (Anhebung des Elektrons auf höhere Energieniveaus (Schalen) durch Energiezufuhr und Entsendung von Licht bestimmter Wellenlängen bei der Rückkehr des Elektrons auf die erste Schale, d. h. in seinen Grundzustand) richtig erklärt werden, nicht jedoch die chemischen und physikalischen Eigenschaften anderer Elemente mit mehreren Elektronen. Sie wurde deshalb vom **wellenmechanischen Atommodell**, das von *Schrödinger* und *Heisenberg* formuliert wurde, abgelöst. Dessen Grundlage ist die Tatsache, dass ein Elektron nicht nur die Eigenschaft von Materie hat – es hat ja eine definierte Masse –, sondern auch die einer elektromagnetischen Welle (**Dualismus: Teilchen/Welle**). Die Wellenfunktion für ein Elektron eines Atoms ist der mathematische Ausdruck für das, was **Orbital** genannt wird, und ein Maß für die größtmögliche Aufenthaltswahrscheinlichkeit des Elektrons in einem Atom (s. Abbildung 1.2-1).

Die Aufenthaltsbereiche der Elektronen lassen sich durch drei **Quantenzahlen** beschreiben. Die **Hauptquantenzahl** n (n = 1, 2, 3, ...) bezeichnet die Schale, zu der ein Elektron gehört. Sie entspricht in etwa einer Bahn (*K*, *L*, *M*, *N*) des *Bohr*schen Atommodells. Je größer n ist, um so weiter ist die Schale vom Kern entfernt und um so energiereicher sind die Elektronen der Schale. Jede Schale n hat eine gleiche Anzahl n Unterschalen, die mit **Nebenquantenzahlen** l (l = 0, 1, 2, ..., (n − 1)) benannt werden.

Der Zustand $l = 0$ bezeichnet ein s-Orbital, der Zustand $l = 1$ ein p-Orbital, der Zustand $l = 2$ ein d-Orbital und der Zustand $l = 3$ schließlich ein f-Orbital (s. Abbildung 1.2-1). Pro Unterschale gibt es mehrere Orbitale, die durch die **Magnetquantenzahl** m unterschieden werden ($m = -l, -(l-1), ..., 0, ..., +(l-1), +l$). So gibt es auf einer Unterschale maximal ein s-Orbital, drei p-Orbitale, fünf d-Orbitale und sieben f-Orbitale.

Die Grenzfläche eines **s-Orbitals** ist eine Kugel. D. h., die Wahrscheinlichkeit, ein Elektron irgendwo in dieser Kugel mit dem Atomkern als Zentrum zu finden, ist sehr hoch. Das s-Orbital der ersten Schale eines Atoms ist deutlich kleiner als das der zweiten Schale etc.

Ein **p-Orbital** hat die Form einer Hantel. Man findet ein Elektron sehr wahrscheinlich in der einen oder anderen Hälfte (mit den Vorzeichen + und − oder schraffiert und unschraffiert gekennzeichnet), nicht jedoch im Mittelpunkt (Knotenpunkt) der Hantel, der räumlich gesehen im Atomkern liegt. Die drei p-Orbitale auf einer Schale sind energiegleich (dreifache Entartung), aber unterschiedlich im Raum ausgerichtet. Das p_x-Orbital liegt auf der x-Achse eines dreidimensionalen Koordinatensystems, wobei sich der Knotenpunkt im Ursprung des Koordinatensystems befindet. Das p_y-Orbital liegt entsprechend auf der y-Achse, das p_z-Orbital auf der z-Achse.

Die fünf **d-Orbitale** einer Schale sind ebenfalls energiegleich (fünffache Entartung), haben aber andere Ausrichtungen im Raum und unterschiedliche Geometrien. Vier d-Orbitale sehen wie Doppelhanteln (oder Rosetten) aus. Beim $d_{x^2-y^2}$-Orbital liegen die vier Orbitallappen, in denen sich das Elektron sehr wahrscheinlich befindet, auf der x- und der y-Achse. Das d_{xy}-Orbital liegt auch in der xy-Ebene, die Orbitallappen erstrecken sich aber nicht entlang der Achsen, sondern sind gegenüber diesen um 45° versetzt. Das d_{xz}-Orbital befindet sich in der xz-Ebene, das d_{yz}-Orbital in der yz-Ebene. Auch bei diesen Orbitalen liegen die Lappen nicht auf den jeweiligen Achsen, sondern sind gegenüber diesen um 45° verdreht. Das d_{z^2}-Orbital besteht aus einer (größeren) Hantel, die auf der z-Achse liegt, und einem sie umgebenden (kleineren) Ring in der xy-Ebene.

Auch die sieben **f-Orbitale** einer Schale sind energiegleich (siebenfache Entartung) und geometrisch kompliziert. Sie werden hier nicht weiter behandelt.

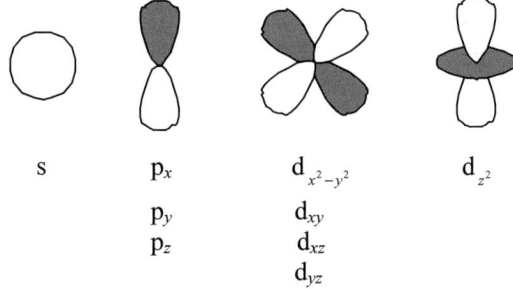

s p_x $d_{x^2-y^2}$ d_{z^2}

           p_y d_{xy}

           p_z d_{xz}

                          d_{yz}

Abb. 1.2-1. Grenzflächendarstellungen von Orbitalen

In einem Orbital haben maximal zwei Elektronen Platz. Ein einzelnes Elektron dreht sich ständig um seine eigene Achse und erzeugt dadurch ein Magnetfeld. Dabei kann es in die eine oder andere Richtung kreisen, was durch die **Spinquantenzahl** $s = +1/2$ (↑)

bzw. $s = -1/2$ ($\downarrow$) ausgedrückt wird. Wenn zwei Elektronen ein gemeinsames Orbital besetzen, müssen sie entgegengesetzten Spin haben, damit sich ihre magnetischen Momente gegenseitig kompensieren ($\uparrow\downarrow$, gepaarte Elektronen). Sie orientieren sich damit ähnlich wie zwei nebeneinander liegende Stabmagneten, je Nordpol neben Südpol.

In Tabelle 1.2-1 ist die Besetzung der ersten vier Schalen eines Atoms mit Elektronen zusammengefasst.

Tab. 1.2-1. Die ersten vier Schalen eines Atoms

Schale n	Unterschale l	Orbital m	Unterschalenbezeichnung	Anzahl der Orbitale pro Unterschale	max. Anzahl der Elektronen pro Unterschale	Elektronen pro Schale
1	0	0	1s	1	2	2
2	0	0	2s	1	2	8
	1	$0, \pm 1$	2p	3	6	
3	0	0	3s	1	2	18
	1	$0, \pm 1$	3p	3	6	
	2	$0, \pm 1, \pm 2$	3d	5	10	
4	0	0	4s	1	2	32
	1	$0, \pm 1$	4p	3	6	
	2	$0, \pm 1, \pm 2$	4d	5	10	
	3	$0, \pm 1, \pm 2, \pm 3$	4f	7	14	

Nach dem *Pauli*-**Prinzip** müssen sich die Elektronen eines Atoms in mindestens einer ihrer Quantenzahlen unterscheiden. Ihre Verteilung auf die verschiedenen Orbitale bezeichnet man als **Elektronenkonfiguration** des Atoms. Es wurde bereits darauf hingewiesen, dass innerhalb einer Schale das s-Orbital energieärmer ist als die p-Orbitale, diese energieärmer als die d-Orbitale und diese wiederum energieärmer als die f-Orbitale sind. Es ergeben sich aber Überschneidungen in der energetischen Abfolge der Unterschalen verschiedener Schalen, die von Element zu Element verschieden sein können. Bei den meisten Atomen hat beispielsweise das 4s-Orbital eine geringere Energie als die 3d-Orbitale. Im Großen und Ganzen gilt die in der Abbildung 1.2-2 gezeigte Abfolge, nach der die Besetzung der Orbitale mit Elektronen von unten nach oben erfolgt (**Aufbauprinzip**).

So besetzt das einzige Elektron des Wasserstoffs, $_1$H, das 1s-Orbital. Die beiden Elektronen des Heliums, $_2$He, besetzen gemeinsam das 1s-Orbital unter Spinpaarung. Damit ist die erste Schale mit Elektronen voll besetzt (**Edelgaskonfiguration**). Bei den Elementen Lithium, $_3$Li, und Beryllium, $_4$Be, wird das 2s-Orbital mit einem Elektron halb bzw. mit zwei Elektronen voll besetzt. Beim Bor, $_5$B, geht das fünfte Elektron in eins der 2p-Orbitale. Beim Kohlenstoff, $_6$C, besetzt das sechste Elektron ein anderes 2p-Orbital als das fünfte. Dies ist in Einklang mit der *Hund*schen **Regel**, die vorschreibt, dass entartete (energiegleiche) Orbitale erst mit Elektronen jeweils halb besetzt werden müssen, bevor eine Doppelbesetzung unter Spinpaarung erfolgt. Beim Stickstoff, $_7$N, sind die drei p-Orbitale der zweiten Schale mit jeweils einem Elektron gleichermaßen halb besetzt. Erst beim Sauerstoff, $_8$O, wird ein 2p-Orbital doppelt belegt. Beim Edelgas Neon, $_{10}$Ne, ist die zweite Schale mit maximal acht Elektronen voll besetzt. Titan, $_{22}$Ti, hat nach der Abbildung 1.2-2 die Elektronenkonfiguration $1s^2\ 2s^2\ 2p^6\ 3s^2\ 3p^6\ 3d^2\ 4s^2$, abgekürzt [Ar] $3d^2\ 4s^2$. Für Chrom, $_{24}$Cr, würde man die Konfiguration [Ar] $3d^4\ 4s^2$ erwarten, beobachtet aber [Ar] $3d^5\ 4s^1$. Dies ist mit der besonderen Stabilität einer **halb besetzten Unterschale** zu erklären (hier eine mit fünf Elektronen halb besetzte d-Schale). Aus dem gleichen Grund weist beispielsweise das Gadolinium, $_{64}$Gd, nicht die nach der Abbildung 1.2-2 erwartete Konfiguration [Xe] $4f^8\ 6s^2$, sondern [Xe] $4f^7\ 5d^1\ 6s^2$ auf (mit sieben Elektronen halb besetzte f-Schale). Weiterhin gilt, dass auch **voll besetzte Unterschalen** besonders stabil sind. So findet man z. B. für Kupfer, $_{29}$Cu, [Ar] $3d^{10}\ 4s^1$ und nicht [Ar] $3d^9\ 4s^2$.

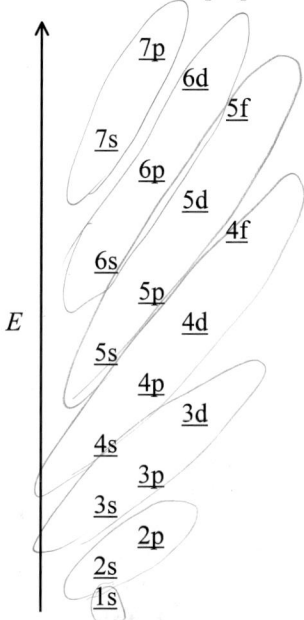

Abb. 1.2-2. Energieniveaus der Atomorbitale (nicht maßstäblich)

1.2.1 Übungen (Atomaufbau)

1. Wie viele Protonen, Neutronen und Elektronen besitzt Cu^{2+}?
2. Vom Magnesium gibt es die drei Isotope $^{24}_{12}$Mg (78,99 %), $^{25}_{12}$Mg (10,00 %) und $^{26}_{12}$Mg (11,01 %). Berechnen Sie bitte die ungefähre molare Masse der natürlich vorkommenden Isotopenmischung.
3. Was besagen *Pauli*-Prinzip und *Hund*sche Regel?
4. Definieren Sie bitte den Begriff „Orbital".

1.3 Periodensystem der Elemente

Summary

In the periodic table of the elements, the atoms are sorted by their atomic numbers and their electron configurations. In the horizontal line the elements of a period can be found. The elements in the vertical column are known as a group (main group elements, noble gases, transition element, f-block elements).

An element's place in the periodic table explains many of its chemical properties. For example halogens have a high electronegativity. By accepting an electron they can achieve the stable configuration of the following noble gas. Contrary to this, the alkali metals have very little ionization energy. This means that they prefer to donate an electron. In this way they can become isoelectronic with the noble gas of the preceding period. The size of an atom is also very important for its chemical properties and especially for its coordination chemistry. The radius of an atom increases from right to left and from top to bottom in the periodic table of the elements. An anion is larger and a cation is smaller than the corresponding atom. The atoms that are situated on the diagonal line in the table of the elements (e.g. Be, Al, Ge, Sb or B, Si, As, Te) have similar chemical properties because they have a similar electronegativity. These elements also divide the table of the elements into two groups, metals and non-metals. On the right-hand side at the top there are mainly non-metals and on the left-hand side at the bottom there are mainly elements with metal properties.

1.3.1 Aufbau des Periodensystems

Im Periodensystem (Abbildung 1.3.1-1) sind die Elemente nach ihren Ordnungszahlen (von links nach rechts und von oben nach unten steigend) und ihren Elektronen-konfigurationen geordnet. In den waagerechten Zeilen stehen Elemente einer **Periode**. Die Perioden sind durchlaufend von oben nach unten nummeriert (1-7). Die senkrechten Spalten beinhalten Elemente einer **Gruppe**.

Die erste Periode enthält nur die beiden Elemente Wasserstoff und Helium, deren Elektronenhüllen lediglich aus dem halb bzw. voll besetzten 1s-Orbital bestehen.

Die zweite Periode beginnt mit Lithium und Beryllium, deren 2s-Orbital halb- bzw. voll besetzt ist, gefolgt von Bor, Kohlenstoff, Stickstoff, Sauerstoff, Fluor und Neon, bei denen die drei 2p-Orbitale sukzessive mit Elektronen gefüllt werden.

In der dritten Periode werden beim Natrium und Magnesium das 3s-Orbital und anschließend beim Aluminium, Silicium, Phosphor, Schwefel, Chlor und Argon die drei 3p-Orbitale gemäß *Pauli*-Prinzip und *Hund*scher Regel mit Elektronen aufgefüllt. Am Anfang der vierten Periode begegnen uns die Elemente Kalium und Calcium, bei denen das 4s-Orbital mit Elektronen besetzt wird. Die bis jetzt angeführten Elemente nennt man **Hauptgruppenelemente** (Gruppennummern 1, 2, 13-18 oder (I-VII) A und 0).

Hauptgruppenelemente

	1 I A	2 II A	3-12		13 III A	14 IV A	15 V A	16 VI A	17 VII A	18 0
1	$_1$H									$_2$He
2	$_3$Li	$_4$Be			$_5$B	$_6$C	$_7$N	$_8$O	$_9$F	$_{10}$Ne
3	$_{11}$Na	$_{12}$Mg			$_{13}$Al	$_{14}$Si	$_{15}$P	$_{16}$S	$_{17}$Cl	$_{18}$Ar
4	$_{19}$K	$_{20}$Ca	10 3d-Elemente		$_{31}$Ga	$_{32}$Ge	$_{33}$As	$_{34}$Se	$_{35}$Br	$_{36}$Kr
5	$_{37}$Rb	$_{38}$Sr	10 4d-Elemente		$_{49}$In	$_{50}$Sn	$_{51}$Sb	$_{52}$Te	$_{53}$I	$_{54}$Xe
6	$_{55}$Cs	$_{56}$Ba	10 5d-Elemente		$_{81}$Tl	$_{82}$Pb	$_{83}$Bi	$_{84}$Po	$_{85}$At	$_{86}$Rn
7	$_{87}$Fr	$_{88}$Ra	10 6d-Elemente							

Übergangselemente

	3 III B		4 IV B	5 V B	6 VI B	7 VII B	8 ----	9 VIII B	10 ----	11 I B	12 II B
4	$_{21}$Sc		$_{22}$Ti	$_{23}$V	$_{24}$Cr	$_{25}$Mn	$_{26}$Fe	$_{27}$Co	$_{28}$Ni	$_{29}$Cu	$_{30}$Zn
5	$_{39}$Y		$_{40}$Zr	$_{41}$Nb	$_{42}$Mo	$_{43}$Tc	$_{44}$Ru	$_{45}$Rh	$_{46}$Pd	$_{47}$Ag	$_{48}$Cd
6	$_{57}$La	14 Lanthanoide	$_{72}$Hf	$_{73}$Ta	$_{74}$W	$_{75}$Re	$_{76}$Os	$_{77}$Ir	$_{78}$Pt	$_{79}$Au	$_{80}$Hg
7	$_{89}$Ac	14 Actinoide	$_{104}$Db	$_{105}$Il							

Innere Übergangselemente

6	$_{58}$Ce	$_{59}$Pr	$_{60}$Nd	$_{61}$Pm	$_{62}$Sm	$_{63}$Eu	$_{64}$Gd	$_{65}$Tb	$_{66}$Dy	$_{67}$Ho	$_{68}$Er	$_{69}$Tm	$_{70}$Yb	$_{71}$Lu
7	$_{90}$Th	$_{91}$Pa	$_{92}$U	$_{93}$Np	$_{94}$Pu	$_{95}$Am	$_{96}$Cm	$_{97}$Bk	$_{98}$Cf	$_{99}$Es	$_{100}$Fm	$_{101}$Md	$_{102}$No	$_{103}$Lr

Abb. 1.3.1-1. Periodensystem der Elemente

In der vierten Periode folgen auf das Calcium die ersten zehn **Übergangselemente** (Übergangsmetalle, Nebengruppenelemente; Gruppennummern 3-12 oder III-VIII B, I B und II B), bei denen die Besetzung der fünf 3d-Orbitale erfolgt. Erst dann geht die Besetzung der drei 4p-Orbitale beim Hauptgruppenelement Gallium weiter und endet beim **Edelgas** Krypton.

Die fünfte Periode ist ähnlich aufgebaut wie die vierte. Nach den Hauptgruppen-elementen Rubidium und Strontium, bei denen das 5s-Orbital aufgefüllt wird, folgt die zweite Serie von Übergangselementen, bei denen die 4d-Schale mit Elektronen besetzt wird, bevor die Periode mit sechs weiteren Hauptgruppenelementen (Indium bis Xenon) unter Auffüllung der 5p-Orbitale abgeschlossen wird.

Die sechste Periode ist noch komplizierter aufgebaut. Sie beginnt mit Cäsium und Barium unter Besetzung des 6s-Orbitals. Es folgt das Übergangsmetall Lanthan, $_{57}$La, mit der Konfiguration [Xe] $5d^1$ $6s^2$ und danach der erste Block von 14 f-Elementen (innere Übergangselemente), beginnend mit Cer und endend mit Lutetium, den **Lanthanoiden**, bei denen die sieben 4f-Orbitale aufgefüllt werden. Erst dann geht es mit neun Übergangselementen (Hafnium bis Quecksilber; Besetzung der 5d-Orbitale) und sechs Hauptgruppenelementen (Thallium bis Radon; Besetzung der 6p-Orbitale) weiter.

Die siebte Periode ist analog der sechsten aufgebaut. Nach den beiden Hauptgruppenmetallen Francium und Radium (Besetzung des 7s-Orbitals) folgt mit dem Actinium ein Übergangselement und danach der zweite Block von 14 f-Elementen, den **Actinoiden** (Thorium bis Lawrencium; Besetzung der 5f-Orbitale). Die Reihe der anschließenden Übergangselemente (Besetzung der 6d-Orbitale) ist noch nicht abgeschlossen.

1.3.2   Elektronenkonfiguration und Eigenschaften der Atome

Aus den Elektronenkonfigurationen lassen sich oftmals wichtige Eigenschaften der einzelnen Atome ableiten. Ein Bestreben der Atome ist es nämlich, durch Aufnahme oder Abgabe von Elektronen **stabile Konfigurationen**, insbesondere volle (Edelgas-) oder halb volle Schalen zu realisieren.

Durch Aufnahme eines Elektrons kann z. B. Fluor die Neon-, Chlor die Argon-, Brom die Krypton- und Iod die Xenon-Konfiguration erreichen. Damit ist das Charakteristischste der vier Elemente, welche die Gruppe der **Halogene** bilden, beschrieben: Sie bevorzugen in ihren Verbindungen den anionischen Zustand X^- oder zumindest die Oxidationszahl –I (s. Kapitel 2.3).

Den **Alkalimetallen** Lithium, Natrium, Kalium, Rubidium und Cäsium ist gemeinsam, dass sie durch Abgabe eines Elektrons die Konfiguration des Edelgases der jeweils voran gegangenen Schale, also des Heliums, Neons, Argons, Kryptons bzw. Xenons, erreichen möchten und sich vor allem dadurch auszeichnen, in ihren Verbindungen als Kation M^+ vorzuliegen.

Die **Erdalkalimetalle** Beryllium, Magnesium, Calcium, Strontium und Barium geben ihre beiden Valenzelektronen gerne ab, so dass sie als M^{2+}-Kationen **isoelektronisch** mit den Edelgasen der voran gegangenen Schale werden.

Bor und Aluminium nehmen in ihren Verbindungen durch Abgabe ihrer drei Valenzelektronen die Oxidationsstufe +III ein, Sauerstoff und Schwefel werden durch Aufnahme zweier Elektronen isoelektronisch mit Neon und Argon und liegen z. B. als O^{2-}- bzw. S^{2-}-Anionen in den Metalloxiden bzw. -sulfiden vor. Kohlenstoff und Stickstoff können durch Aufnahme von vier bzw. drei Elektronen die Neonschale auffüllen. Das Vorliegen hochgeladener Anionen wie C^{4-}, z. B. in den Methaniden (s.

Kapitel 2.7.6), oder N^{3-}, z. B. in den Nitriden (s. Kapitel 2.5.1), ist recht selten. Häufiger werden kovalente Verbindungen angetroffen, in denen die Elemente die Oxidationsstufen –IV bzw. –III haben, z. B. Methan, CH_4, oder Ammoniak, NH_3. Formal können Kohlenstoff und Stickstoff ihre vier bzw. fünf Valenzelektronen auch komplett abgeben, dadurch ihre äußere Elektronenhülle abbauen und mit dem Helium isoelektronisch werden. Die hochgeladenen Kationen C^{4+} und N^{5+} gibt es jedoch nicht. Dennoch gibt es die Elemente in den Oxidationsstufen +IV bzw. +V beispielsweise im Kohlenstoffdioxid, CO_2, oder in der Salpetersäure, HNO_3 (s. Kapitel 2.7 bzw. 2.5).

Das Blei steht wie der Kohlenstoff in der vierten Hauptgruppe (IV A), so dass es in seinen Verbindungen die übliche Gruppenwertigkeit aufweisen sollte. Blei(IV)-Verbindungen sind jedoch selten, z. B. PbO_2. In der Regel liegt das Element als Pb^{2+} vor, hat also lediglich seine beiden äußeren 6p-Elektronen abgegeben. Laut Abbildung 1.2-2 müssten weitere Elektronen den 5d- oder 4f-Orbitalen und nicht dem energieärmeren 6s-Orbital entnommen werden, was nicht so günstig wäre, da die Vollbesetzung der d- und f-Niveaus aufgehoben werden müsste. Ähnlich zu verstehen ist, warum Thallium und Bismut überwiegend als Tl^+ bzw. Bi^{3+} und nicht als Tl^{3+} bzw. Bi^{5+} mit den normalen Gruppenwertigkeiten +III bzw. +V vorkommen.

Zink existiert praktisch nur als Zn^{2+}. Dies ist verständlich, weil die Abgabe der beiden 4s-Elektronen zu einer Konfiguration mit gefüllter 3d-Schale führt. Für Titan ist die Oxidationsstufe +IV besonders günstig. Durch Abgabe der beiden 4s- und der beiden 3d-Elektronen ergibt sich nämlich die Argon-Konfiguration. Wenn Mangan seine beiden 4s-Elektronen abgibt, hat es als Mn^{2+} die Konfiguration [Ar] $3d^5$, also eine halbgefüllte, stabile d-Schale. So ist die wichtige Oxidationszahl +II des Elementes verständlich. Die andere wichtige Oxidationsstufe +VII, z. B. im $KMnO_4$, resultiert, wenn auch die fünf 3d-Elektronen abgegeben werden und die Argon-Konfiguration realisiert wird. Analog ist die wichtige Oxidationsstufe +VI des Chroms durch Abgabe seiner beiden 4s- und seiner vier 3d-Elektronen zu erklären.

Bei den Lanthanoiden dominiert die Oxidationsstufe +III, außer beim Cer und Europium. Wenn das Cer nämlich seine beiden 4f- und seine beiden 6s-Elektronen abgibt, wird es vierwertig und isoelektronisch mit dem Xenon. Europium bevorzugt hingegen die Formalladung +II, also die Konfiguration [Xe] $4f^7\ 6s^2$ mit einer halb besetzten, stabilen f-Schale.

Neben der Oxidationsstufe ist die **Größe** eines Atoms bzw. eines daraus hervorgegangnen Ions für die chemischen Eigenschaften maßgeblich verantwortlich. Große Teilchen können nämlich mehr und größere andere Elemente an sich binden als kleine. Z. B. kann das größere Iod mit sieben Fluoratomen eine Verbindung IF_7 eingehen, während das kleinere Brom maximal fünf Fluoratome zu BrF_5 binden kann, oder das kleinere Lithiumkation bindet in seiner ersten Koordinationssphäre genau vier Wassermoleküle, während das größere Natriumkation 10-11 Wassermolekülen Platz zum Anlagern bietet.

Es gilt, dass innerhalb einer Periode die **Atomradien** von links nach rechts abnehmen, da in der gleichen Richtung die Kernladungszahlen steigen und die größer werdenden Kernladungen die Elektronenhüllen stärker zusammenziehen. Innerhalb einer Gruppe steigen die Atomradien von oben nach unten, weil immer mehr Elektronenhüllen aufgebaut werden.

Die Übergangselemente der fünften Periode sind erwartungsgemäß größer als die der vierten. Dann taucht aber eine scheinbare Unregelmäßigkeit auf, denn die Übergangsmetalle der sechsten Periode haben praktisch die gleiche Größe wie die entsprechenden Elemente der fünften Periode. Demzufolge weisen Zirconium und Hafnium, Niob und Tantal oder Molybdän und Wolfram sehr ähnliche Eigenschaften auf. Dieses Phänomen ist dadurch zu erklären, dass nach dem Lanthan und vor dem Hafnium die erste Serie von 14 f-Elementen ins Periodensystem eingeschoben wird. Die damit verbundene Zunahme der Kernladung führt auch zu einer stärkeren Kontraktion der Elektronenhülle (**Lanthanoiden-Kontraktion**), so dass schließlich beim 6d-Element Hafnium (zufälligerweise) wieder eine Atomgröße wie beim 5d-Element Zirconium resultiert.

Ein Kation ist grundsätzlich kleiner, ein Anion größer als ein entsprechendes Atom, da eine Elektronenhülle abgebaut bzw. erweitert wird. Ein in einer Periode weiter links stehendes Element gibt leichter ein Elektron ab, als ein weiter rechts stehendes. Außerdem erfordert es weniger Energie, ein Elektron beispielsweise aus einem großen, als aus einem kleinen Alkalimetall zu entfernen. So beträgt die erste molare **Ionisierungsenergie** ($M \rightarrow M^+ + e^-$) für das größere Cäsium nur 375 kJ/mol, für das kleinere Lithium hingegen 520 kJ/mol. Für ein weiter rechts in einer Periode stehendes Element ist es leichter, ein Elektron aufzunehmen, als für ein weiter links stehendes. Außerdem nimmt beispielsweise ein kleineres Halogen leichter ein Elektron auf (negativere molare **Elektronenaffinität**) als ein großes. So wird beim Übergang $F + e^- \rightarrow F^-$ eine Energie von 332 kJ/mol frei, beim analogen Übergang $I + e^- \rightarrow I^-$ hingegen nur eine Energie von 295 kJ/mol. Anders ausgedrückt: rechts oben im Periodensystem stehen die besonders elektronegativen, links unten die besonders elektropositiven Elemente.

Linien, die Elemente mit etwa gleicher **Elektronegativität** miteinander verbinden, erstrecken sich vom Beryllium (1,5) über das Aluminium (1,5) und Germanium (1,8) zum Antimon (1,9) und vom Bor (2,0) über das Silicium (1,8) und Arsen (2,0) zum Tellur (2,1). Da die Elektronegativität einen besonders starken Einfluss auf das reaktive Verhalten eines Elementes und die Polarität seiner Bindungen zu anderen Elementen hat (s. Kapitel 1.1.2), ergeben sich zwischen den Elementen auf einer Diagonalen im Periodensystem oftmals auffallende gemeinsame Eigenschaften (**Schrägbeziehungen**). So sind z. B. die Hydroxide des Berylliums und Aluminiums typische Ampholyte, oder Bor und Silicium bilden besonders stabile Sauerstoffsäuren. Die genannten Diagonalen teilen auch das Periodensystem: Rechts oben stehen Elemente mit nicht-metallischem (s. Kapitel 2), links unten solche mit überwiegend metallischem (s. Kapitel 3) Charakter.

1.3.3 Übungen (Periodensystem)

1. Unterscheiden Sie bitte die Begriffe „Hauptgruppenelement", „Edelgas", „Nebengruppenelement" und „inneres Übergangselement".

2. Wie viele Elemente können jeweils die folgenden Quantenzahlen haben?
   a) $n = 3$
   b) $n = 2, l = 1$
   c) $n = 4, l = 2, m = 3$
3. Ermitteln Sie bitte die Elektronenkonfigurationen von Cs, Ba, I, Zn, Ag, Ce und Eu, und begründen Sie die besonders stabilen Oxidationsstufen der Elemente.
4. Welche Oxidationsstufen erwarten Sie beim Vanadium und Zinn?
5. Wieso kann Cu^{2+} oxidierend wirken?
6. Mit welchen Stichworten kann man die chemische Artverwandtschaft zwischen Zirkonium und Hafnium bzw. Beryllium und Aluminium beschreiben?
7. Die erste molare Ionisierungsenergie beträgt für Natrium 490 kJ/mol und für Magnesium 735 kJ/mol. Die zweite molare Ionisierungsenergie beträgt für Natrium 4560 kJ/mol und für Mg 1445 kJ/mol. Kommentieren Sie bitte diese Daten.
8. Meinen Sie, ob man ein Edelgas oxidieren kann?
9. Unterscheiden Sie bitte die Begriffe „Elektronenaffinität" und „Elektronegativität".

1.4 Chemische Bindung

Summary

Chemical bonds can be divided into three main groups: ionic bonds, covalent bonds and metallic bonds. Ionic bonds are formed by the electrostatic attraction of positively charged cations and negatively charged anions. The different ions alternately take up the places in a three-dimensional lattice. In a covalent bond two atoms share an electron pair. In the electron-sea model of metallic bonding the metal is pictured as an array of metal cations in a "sea" of valence electrons. The electrons bond to the metal by an electrostatic attraction to the cations, and they are uniformly distributed throughout the structure. However, the electrons are mobile, and no individual electron is confined to any particular metal ion.
The molecular orbital theory describes the bondings of atoms to a molecule. The wave functions of the n atomic orbitals are combined to n/2 bonding orbitals and n/2 antibonding orbitals. The bonding orbitals stabilize the molecule while the antibonding orbitals destabilize it. σ-bonds and σ*-antibonds result from the interaction of the atomic orbitals taking place on the internuclear axis. π-bonds and π*-antibonds result from the interaction taking place above and below the internuclear axis. The allocation of electrons in the molecular orbital energy diagram occurs in accordance with *Pauli*'s principle and *Hund*'s rule. With the help of the molecular orbital-diagram, the bond order can be calculated and the magnetic properties of a molecule can be predicted.
One atom often combines its different atomic orbitals to achieve the same number of identical hybrid orbitals for a better interaction with other atoms. For example the central atom in a tetrahedral molecule (coordination number 4) is sp^3-hybridizised and in an octahedral molecule (coordination number 6) it is sp^3d^2-hybridizised.

1.4.1 Ionenbindung

In den vorigen Kapiteln wurde bereits mehrfach von Verbindungen gesprochen. Gleiche oder verschiedene Elemente verknüpfen sich über chemische Bindungen, um günstige Elektronenkonfigurationen zu realisieren.

Es ist leicht verständlich, dass Natrium mit Chlor reagiert:

$$Na + 0,5\,Cl_2 \rightarrow NaCl$$

Triebkraft der Reaktion ist, dass das Natrium sein einsames Valenzelektron abgibt und als Na^+-Kation eine Neon-Konfiguration erreicht. Durch die Aufnahme des vom Natrium abgegebenen Elektrons nimmt das Chlor gleichzeitig die Konfiguration des Argons an. Die resultierenden positiv und negativ geladenen Teilchen ziehen sich elektrostatisch an und ordnen sich in einem Ionengitter (**ionische Bindung**). Beim Natriumchlorid werden die Gitterplätze, Ecken von aneinandergesetzten Würfeln, immer alternierend von einem Kation und einem Anion eingenommen. Jedes Ion ist also oktaedrisch von sechs Gegenionen umgeben. Da die Chloridionen mit einem Durchmesser von 181 pm fast doppelt so groß sind wie die Natriumionen (Durchmesser 98 pm), ergibt sich eine günstige **Kugelpackung** (s. Abbildung 1.4.1-1).

Neben dem NaCl-Gitter existieren zahlreiche andere Gittertypen. Als Beispiel sei hier nur der Zinkblende-Typ angeführt, in dem jedes Zn^{2+}-Kation tetraedrisch von vier S^{2-}-Anionen und jedes S^{2-}-Anion tetraedrisch von vier Zn^{2+}-Kationen umgeben ist (s. Abbildung 1.4.1-1).

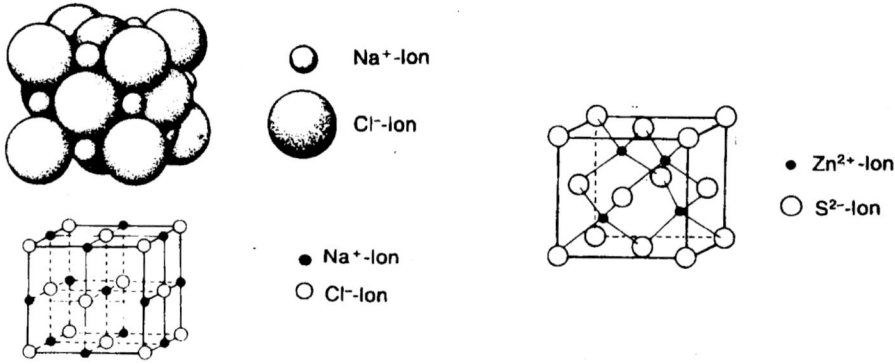

Abb. 1.4.1-1. Strukturen von NaCl (links) und ZnS (rechts)

Mit den Anzahlen 6 und 4 nächster Nachbarn und den Oktaeder- und Tetraeder-Strukturen sind die beiden wichtigsten **Koordinationszahlen und -polyeder** vorgestellt, die es in der Chemie gibt.

Ionische Verbindungen liegen in der Regel dann vor, wenn ein Bindungspartner besonders elektropositiv, der andere besonders elektronegativ ist. Anders ausgedrückt: Vor allem Verbindungen zwischen Metallen und Nichtmetallen zeigen ionischen

Charakter. Gleich oder ähnlich elektronegative bzw. elektropositive Elemente gehen hingegen andere Bindungen miteinander ein.

1.4.2 Kovalente Bindung

Typische Nichtmetalle bevorzugen untereinander die **kovalente Bindung**, bei der sich zwei Atome gemeinsame Elektronen teilen. So reagieren zwei Wasserstoffatome zu H_2 oder zwei Chloratome zu Cl_2 (**Einfachbindung**):

$$2\ H\cdot\ \longrightarrow\ H{-}H$$

$$2\ |\overline{Cl}\cdot\ \longrightarrow\ |\overline{Cl}{-}\overline{Cl}|$$

Jeder Strich in den *Lewis*-Schreibweisen symbolisiert zwei (spingepaarte) Elektronen. Die durch den Strich zwischen zwei Atomen dargestellten Bindungselektronen gehören beiden Elementen, die rechts und links, über und unter einem Elementsymbol gezeichneten Striche geben die nichtbindenden, freien Elektronenpaare an, die nur jeweils einem Atom angehören. Im Diwasserstoff-Molekül verfügt also jedes H-Atom über zwei Elektronen und hat die Heliumkonfiguration. Jedes Cl-Atom im Dichlor-Molekül hat acht Valenzelektronen zur Verfügung und damit die Konfiguration des Edelgases Argon.

Zwei Sauerstoffatome mit ihren jeweils sechs Valenzelektronen können sich durch eine **Doppelbindung** gegenseitig zu einer Neonkonfiguration verhelfen:

$$2\ \langle O:\ \longrightarrow\ \langle O{=}O\rangle$$

Analog gehen zwei Stickstoffatome, die jeweils 5 Valenzelektronen besitzen, eine **Dreifachbindung** ein:

$$2\ |\dot{\underset{.}{N}}\cdot\ \longrightarrow\ |N{\equiv}N|$$

Die Übergänge zwischen einer reinen Ionenbindung und einer reinen kovalenten Bindung sind fließend. In einer ionischen Bindung wirkt das Kation nämlich auf die negative Ladungswolke des Anions anziehend, was eine **Deformation der Elektronenhülle** des Anions zur Folge hat. Diese ist um so stärker ausgeprägt, je größer und negativer die Ladung des Anions („weicher" Charakter) und je kleiner und positiver geladen das Kation („harter" Charakter) sind. Es resultieren **polarisierte Bindungen**:

$$\overset{\delta^+}{A}{-}\overset{\delta^-}{B}$$

So ist ein Iodidanion, I^-, leichter zu deformieren als ein Fluoridanion, F^-, ein Sulfidanion, S^{2-}, leichter als ein Oxidanion, O^{2-}. Das kleine Li^+-Kation wirkt stärker polarisierend als das große Cs^+, das einwertige K^+ schwächer als das vierwertige Ti^{4+}. Deshalb sind Lithiumhalogenide kovalenter als Cäsiumhalogenide; KCl ist ein ionisch aufgebauter Feststoff, $TiCl_4$ hingegen eine destillierbare Flüssigkeit mit überwiegend kovalentem Charakter der Ti–Cl-Bindungen.

1.4.3 Metallische Bindung

Gleiche oder unterschiedliche Metalle gehen die **metallische Bindung** ein (s. Abbildung 1.4.3-1). Dabei geben die Metallatome ihre wenigen Valenzelektronen ab. Die verbleibenden, positiv geladen Rümpfe haben Edelgaskonfigurationen oder andere energiegünstige Konfigurationen mit halb oder voll besetzten Orbitalen und besetzen die Plätze eines dreidimensionalen Gitters. Sie werden durch die abgegebenen Elektronen, die sich in den Gitterhohlräumen frei bewegen können und allen Metallen gleichermaßen angehören, elektrostatisch zusammengehalten (**Elektronengas-Modell**).

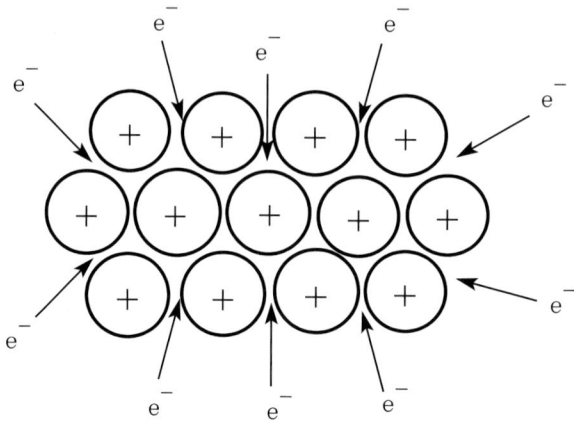

Abb. 1.4.3-1. Elektronengasmodell zur Beschreibung der metallischen Bindung

1.4.4 Molekülorbitaltheorie

Eine genauere Beschreibung der kovalenten Bindung als die nach *Lewis* (s. Kapitel 1.4.2) geht davon aus, dass die im Molekül vorliegenden Atome ihre Atomorbitale zu **Molekülorbitalen** kombinieren. Die Grundregel der MO-Theorie lautet, dass aus *n* Atomorbitalen auch *n* Molekülorbitale entstehen, deren eine Hälfte bindenden (additive Linearkombination der Atomorbitale) und deren andere Hälfte antibindenden (subtraktive Linearkombination der Atomorbitale) Charakter hat. **Bindende Molekülorbitale** weisen eine besonders hohe Elektronendichte zwischen den Kernen der an der Bindung beteiligten Atome auf. Bei **antibindenden Molekülorbitalen** (mit einem Sternchen gekennzeichnet) findet man hohe Elektronendichte eher in den peripheren Bereichen des Moleküls und nicht zwischen den Kernen der Bindungspartner.

Beim Wasserstoff erfolgt die Annäherung bzw. Abstoßung der 1s-Orbitale entlang der Kern-Kern-Verbindungsachse. Eine derartige Wechselwirkung bezeichnet man als σ-**Bindung** bzw. σ*-**Antibindung** (s. Abbildung 1.4.4-1).

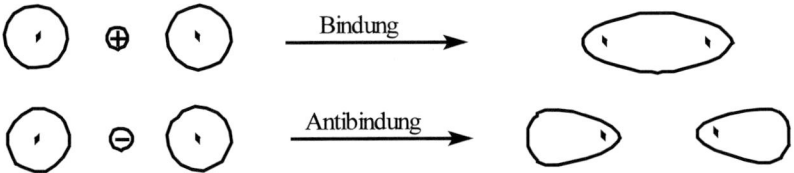

Abb. 1.4.4-1. Linearkombination der 1s-Orbitale zweier H-Atome zu einem bindenden (oben) und einem antibindenden (unten) Molekülorbital

Eine Bindung stabilisiert ein Molekül um den gleichen Energiebetrag, um den eine Antibindung das Molekül destabilisiert. Anders ausgedrückt: Gegenüber den Ausgangs-Atomorbitalen ist ein bindendes Molekülorbital energieärmer, ein antibindendes entsprechend energiereicher (s. Abbildung 1.4.4-2).

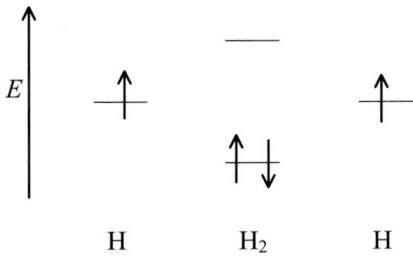

$$E$$

H H_2 H

Abb. 1.4.4-2. MO-Schema von H_2

Die beiden Elektronen, die aus den beiden H-Atomen stammen, besetzen nach dem *Pauli*-Prinzip und der *Hund*schen Regel von den beiden Molekülorbitalen des H_2-Moleküls das energieärmere bindende unter Spinpaarung. Das energiereichere antibindende Molekülorbital bleibt unbesetzt. Insgesamt erfahren die Elektronen gegenüber ihrem Ausgangszustand in den getrennten Atomen einen Energiegewinn. Deshalb ist das H_2-Molekül deutlich stabiler als zwei nebeneinander vorliegende H-Atome. Anders formuliert: Zwei H-Atome reagieren besonders leicht miteinander, weil ihre Kombination mit Energiefreisetzung verbunden ist.

Der Begriff Einfachbindung korreliert mit der **Bindungsordnung** 1 von H_2, die sich nach der allgemeinen Formel

$$BO = \frac{(\text{Zahl der El. in bindenden MO}) - (\text{Zahl der El. in antibindenden MO})}{2}$$

berechnet, gemäß:

$$\text{Bindungsordnung } (H_2) = \frac{2-0}{2} = 1 \ \dots \ \text{Einfachbindung}$$

Im Disauerstoff sind zwei O-Atome über eine Doppelbindung miteinander verknüpft (O=O).

Nach der MO-Theorie müssen die Atomorbitale zweier Sauerstoffatome zu einer gleichen Anzahl von Molekülorbitalen kombiniert werden. Jedes Sauerstoffatom verfügt auf seiner Valenzschale über ein energieärmeres s- und drei energiereichere, aber gleichwertige p-Orbitale und über insgesamt 6 Valenzelektronen. Die s-Orbitale zweier Sauerstoffatome werden wie beim Wasserstoff im Sinne einer σ-Bindung und einer σ*-Antibindung kombiniert. Bei den p-Orbitalen ergeben sich unterschiedliche Kombinationsmöglichkeiten. Wenn man im Koordinatensystem z. B. die *x*-Achse willkürlich als Kern-Kern-Verbindungslinie festlegt, so werden die p_x-Orbitale der beiden Sauerstoffatome σ- und σ*-Bindungen eingehen. Die p_y- und p_z-Orbitale müssen hingegen parallel zur Kern-Kern-Verbindungsachse in Wechselwirkung treten, so dass **π-Bindungen** mit Elektronenwolken oberhalb und unterhalb der Kernverbindungslinie und **π*-Antibindungen** resultieren (s. Abbildung 1.4.4-3).

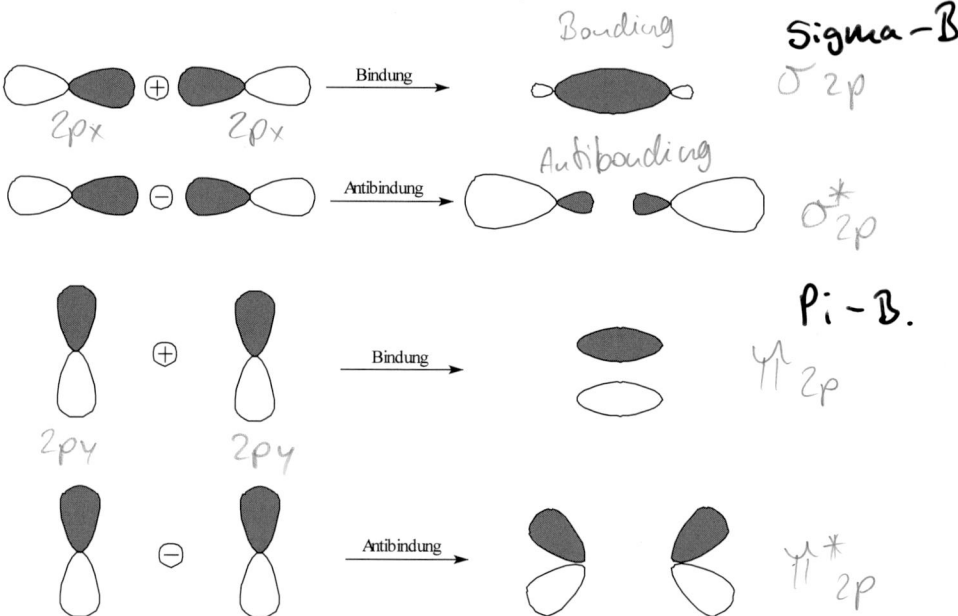

Abb. 1.4.4-3. Linearkombinationen (oben σ, unten π) von p-Orbitalen

In der Abbildung 1.4.4-4 ist das Molekülorbitalschema von Disauerstoff gezeigt. Die insgesamt acht Molekülorbitale sind mit den insgesamt 12 Valenzelektronen der beiden Sauerstoffatome von unten nach oben aufgefüllt. Die beiden π*-Molekülorbitale sind mit jeweils einem Elektron nur halb besetzt. Deshalb ist Disauerstoff ein **Diradikal** und zeigt **paramagnetisches Verhalten**. (Diese Eigenschaft kann aus der *Lewis*-Formel

⟨O=O⟩

nicht abgeleitet werden!) Das σ_p*-Molekülorbital ist unbesetzt.

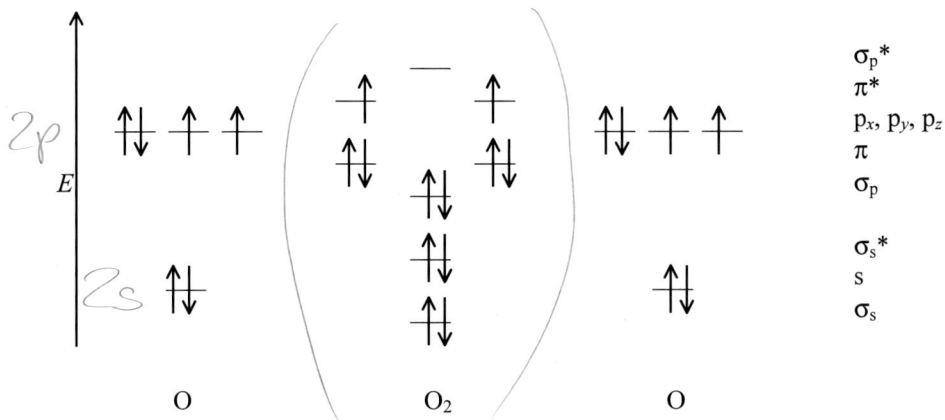

Abb. 1.4.4-4. MO-Schema von Disauerstoff (die 1s-Orbitale sind weggelassen)

Die Bindungsordnung des Disauerstoffs berechnet sich zu:

$$\text{Bindungsordnung}(O_2) = \frac{8-4}{2} = 2 \quad \dots \quad \text{Doppelbindung}$$

1.4.5 Hybridisierungen

Ob sich Atome zu Molekülen verbinden, hängt nicht nur von der frei werdenden Bindungsenergie, sondern auch vom räumlichen Aufbau des Moleküls ab. Die **Substituenten** versuchen in der Regel, den Raum um ihr **Zentralatom** möglichst symmetrisch und unter Berücksichtigung eventuell vorhandener freier Elektronenpaare des Zentralatoms auszunutzen.

So verteilen sich z. B. die vier H-Atome des Methans, CH$_4$, tetraedrisch um das zentrale C-Atom und sind alle gleichermaßen über eine kovalente Einfachbindung an dieses gebunden. Der Kohlenstoff kann die Vierbindigkeit nur realisieren, wenn er über vier artgleiche und halb besetzte Orbitale verfügt, die mit den vier halb besetzten 1s-Orbitalen der vier H-Atome im Sinne von σ-Bindungen überlappen können. Deshalb fasst er seine unterschiedlichen 2s- und 2p-Orbitale zu vier energiegleichen so genannten **sp^3-Hybridorbitalen** zusammen (s. Abbildung 1.4.5-1). Jedes davon hat (vereinfacht) die Form einer Keule oder halben Hantel und weist vom Kern des C-Atoms aus in die Ecken eines **Tetraeders**.

σ -Bindung = Verläuft entlang der Kern-Kern-Achse

π-Bindung= Verläuft parallel zur Kern-Kern-Achse

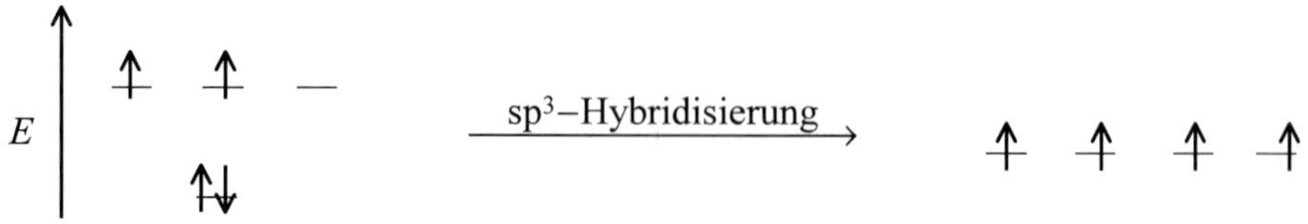

E ↿   ↿   —

⇵

$\xrightarrow{\quad\text{sp}^3-\text{Hybridisierung}\quad}$

↿   ↿   ↿   ↿

Abb. 1.4.5-1. sp^3-Hybridisierung des Kohlenstoffs

Der Phosphor im PCl$_5$ muss über fünf energiegleiche halb besetzte Orbitale verfügen, um fünf kovalente Einfachbindungen vom σ-Typ zu fünf Chloratomen eingehen zu können. Er fasst deshalb sein 3s-Orbital, seine drei 3p- und eins seiner leeren 3d-Orbitale zu fünf energiegleichen **sp^{3}d-Hybridorbitalen** zusammen (s. Abbildung 1.4.5-2). Diese zeigen in die Ecken einer **trigonalen Bipyramide**.

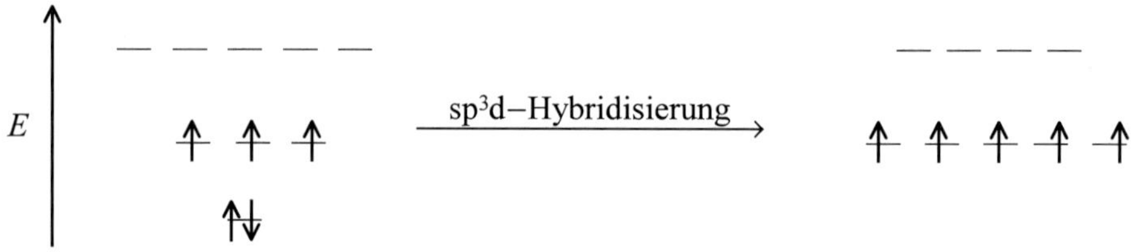

E — — — — —   — — — —

↿   ↿   ↿

⇵

$\xrightarrow{\quad\text{sp}^3\text{d}-\text{Hybridisierung}\quad}$

↿   ↿   ↿   ↿   ↿

Abb. 1.4.5-2. sp^{3}d-Hybridisierung des Phosphors

Eine **sp^{3}d^2-Hybridisierung**, d. h. die Zusammenfassung von einem s-, drei p- und zwei d-Orbitalen zu sechs energiegleichen Hybridorbitalen, liegt beispielsweise im SF$_6$ vor (s. Abbildung 1.4.5-3). Die sechs halb besetzten Hybridorbitale weisen in die Ecken eines **Oktaeders** (tetragonale Bipyramide) und gehen mit sechs Fluoratomen sechs σ-Bindungen ein.

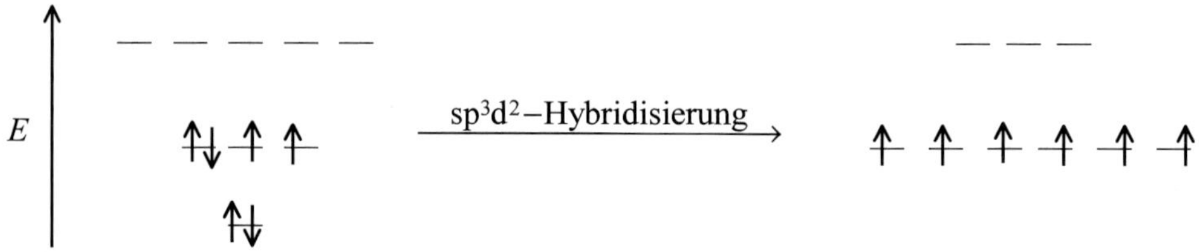

E — — — — —   — — —

⇵ ↿ ↿

⇵

$\xrightarrow{\quad\text{sp}^3\text{d}2-\text{Hybridisierung}\quad}$

↿   ↿   ↿   ↿   ↿   ↿

Abb. 1.4.5-3. sp^{3}d^2-Hybridisierung des Schwefels

Die Doppelbindung, beispielsweise im Ethen, H$_2$C=CH$_2$, geht aus einer **sp^2-Hybridisierung** der beiden C-Atome hervor (s. Abbildung 1.4.5-4). Die drei halb besetzten Hybridorbitale zeigen in die Ecken eines **gleichseitigen Dreiecks** und stehen für σ-Bindungen mit zwei H-Atomen und einem C-Atom zur Verfügung. Das noch vorhandene p-Orbital ist (entgegen dem *Pauli*-Prinzip) mit einem Elektron halb besetzt und geht mit dem entsprechenden p-Orbital des zweiten C-Atoms im Ethen eine π-Bindung ein.

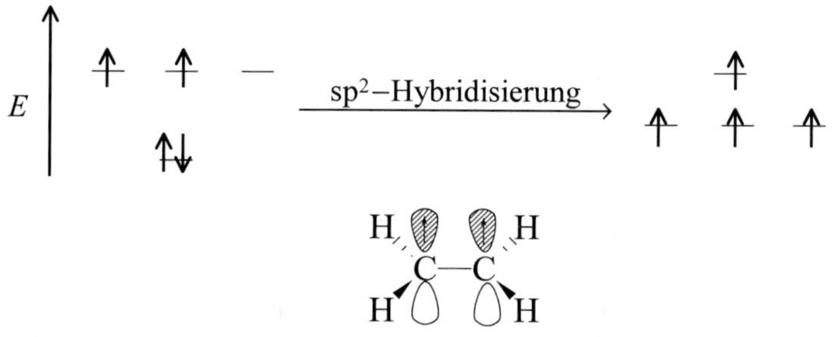

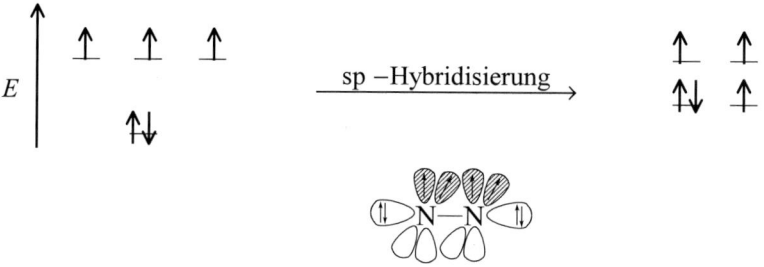

Abb. 1.4.5-4. sp^2-Hybridisierung des Kohlenstoffs im Ethen und Struktur des Moleküls

Die Dreifachbindung, z. B. im Distickstoff, kommt zustande, wenn zwei sp-hybridisierte N-Atome mit ihren halb besetzten **sp-Hybridorbitalen** eine σ-Bindung und mit ihren halb besetzten p-Orbitalen zwei π-Bindungen, die um 90° gegeneinander verdreht sind, eingehen. Ein doppelt besetztes sp-Hybrid zeigt in die zum angebundenen N-Atom entgegengesetzte Richtung und ist nicht-bindend (s. Abbildung 1.4.5-5).

Abb. 1.4.5-5. sp-Hybridisierung des Stickstoffs im N$_2$ und Struktur der Moleküls

1.4.6 Übungen (Chemische Bindung)

1. Beschreiben Sie bitte die grundsätzlichen Unterschiede zwischen der ionischen, der kovalenten und der metallischen Bindung.
2. Welche Koordinationszahl hat das Natrium im Kochsalz und das Zink in der Zinkblende?
3. Welche wichtige Eigenschaft des Disauerstoffs geht aus der *Lewis*-Schreibweise nicht hervor?
4. Beschreiben Sie bitte die Bindungsverhältnisse im Distickstoff
   - ausgehend von den Atomorbitalen der beiden N-Atome,
   - ausgehend vom Konzept der Hybridisierung.
5. Welche Verbindung ist polarer und wieso
   - LiH oder KH,
   - MgO oder Al$_2$O$_3$?

6. Welche sehr wichtige Eigenschaft der Metalle lässt sich anhand des Elektronengasmodells direkt voraussagen?
7. Definieren Sie bitte die Begriffe „Bindung", „Antibindung", „σ-Bindung", „π-
   Bindung", „Bindungsordnung".
8. Wie lautet die Grundregel der MO-Theorie?
9. Beschreiben Sie bitte anhand von Energiediagrammen die Begriffe „sp-, sp^2-, sp^3-,
   sp^{3}d-, sp^{3}d^2- und sp^{3}d^3-Hybridisierung". Welche Koordinationspolyeder sind mit
   den genannten Hybridisierungen verbunden?

1.5 Energetik

Summary

The first law of thermodynamics states that energy can not be gained or lost. It can only be
changed into a different form. Chemical energy, for instance, can be converted into heat
(combustion energy), light (photoreaction; $E = h \cdot \nu$) or electricity (batteries). During a nuclear
reaction, mass is lost and is converted into energy ($E = m \cdot c^2$). The second law of
thermodynamics is about entropy S. It reflects the state of disorder in a system which seeks a
maximum.

A chemical reaction takes place voluntarily if the change of free enthalpy (ΔG) is negative
(exergonic reaction). The reaction is exothermal if the change of enthalpy (ΔH) is negative. This
means that heat is released to the surroundings. If, on the other hand, energy is used from the
surroundings, the reaction is called endothermal. Free enthalpy, enthalpy and entropy are
related in the following way: $\Delta G = \Delta H - T \cdot \Delta S$ (Gibbs-Helmholtz-equation). If $\Delta G = 0$ the system is
in the state of equilibrium.

In many reactions gases are released. The mathematical product of the gases pressure and
volume ($P \cdot \Delta V$) equals an energy which is released to the surroundings.

Hess's law states that if a reaction is carried out in a series of steps (via intermediates), the
change of enthalpy for the reaction will be equal to the sum of enthalpy changes for the
individual steps.

Die Gesamtenergie des Universums ist zwar konstant, kann sich aber von einer Form in
eine andere umwandeln (**erster Hauptsatz der Thermodynamik**).

Wenn ein Mensch Fahrrad fährt, haben er und sein Rad eine kinetische Energie, die
von der gemeinsamen Masse von Fahrer und Rad sowie der Fahrgeschwindigkeit ab-
hängt: $E_{kin} = \frac{1}{2} \cdot m \cdot v^2$. Diese Bewegungsenergie erzeugt der Mensch, indem er Arbeit
leistet. Dies wiederum kann er tun, weil er in seinem Körper seine zuvor aufgenommene
Nahrung, z. B. Kohlenhydrate, mit dem eingeatmeten Luftsauerstoff verbrennt (s.
Kapitel 2.2.4). Beim Radfahren wird also Verbrennungswärme in Bewegungsenergie
umgewandelt. Seine Nährstoffe und den Sauerstoff liefern die grünen Pflanzen dem
Menschen – aus Kohlenstoffdioxid und Wasser –, was allerdings nur möglich ist, weil

die für diese chemische Synthese erforderlich Energie in Form von Licht ($E = \mathbf{h} \cdot \nu$) von der Sonne kommt.

Dieses Beispiel verdeutlicht, dass „Alles mit Allem zusammen hängt" und dass sich lebende Systeme in einem ständigen Energieaustausch mit ihrer Umgebung befinden – oder anders ausgedrückt, dass sie sich *nicht* im Zustand eines chemischen Gleichgewichtes (s. Kapitel 1.1.1) befinden. (Ein solcher darf in diesem Zusammenhang mit dem Begriff „Tod" übersetzt werden.)

Bei chemischen Reaktionen erfolgt sehr oft ein Wärmeaustausch mit der Umgebung. Bei der Verbrennung von Kohle wird es warm; umgekehrt muss Kalkstein auf fast 1000 °C erhitzt werden, bevor er zu Calciumoxid und Kohlenstoffdioxid zerfällt, – um nur zwei Beispiele zu nennen.

$C + O_2 \rightarrow CO_2$ **exotherme Reaktion**: $\Delta H < 0$ J/mol

$CaCO_3 \rightarrow CaO + CO_2$ **endotherme Reaktion**: $\Delta H > 0$ J/mol

Der Wärmeaustausch mit der Umgebung wird als Änderung (Δ) der **Enthalpie** (H) bezeichnet und in J/mol oder kJ/mol angegeben. Ein negatives Vorzeichen von ΔH bedeutet, dass bei der entsprechenden Reaktion Wärme an die Umgebung abgegeben (freigesetzt) wird. Umgekehrt bedeutet ein positives Vorzeichen von ΔH, dass bei dem Prozess Wärme von der Umgebung aufgenommen wird.

Das alte, aber sehr anschauliche **Energiemaß für die Wärme** ist die **Kalorie**: Eine Kalorie ist die Wärmemenge, die nötig ist, um 1 g Wasser von 14,5 °C auf 15,5 °C zu erwärmen. Die Umrechnung in Joule erfolgt gemäß: 1 cal = 4,184 J.

Wenn man 100 g heißes Wasser ausreichend lange im Zimmer stehen lässt, kühlt es sich auf dessen Temperatur ab. Stellt man 100 g Eis aus dem Tiefkühlschrank in das Zimmer und gibt der Stoffportion Zeit, so wandelt sie sich ebenfalls im Wasser mit Raumtemperatur um (Abbildung 1.5-1).

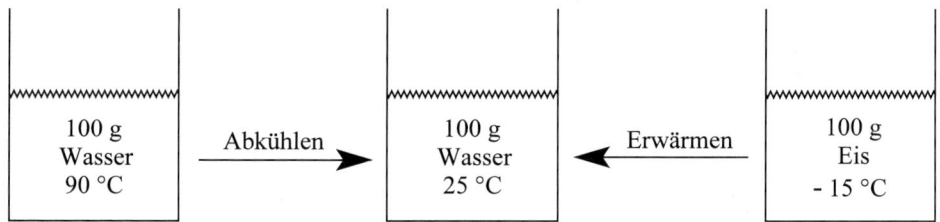

Abb. 1.5-1. Innere Energie – eine Zustandsfunktion

In beiden Experimenten findet ein Wärmeaustausch mit der Raumluft statt. Im ersten Fall wird diese erwärmt – sie bekommt also mehr Energie. Im zweiten Fall wird die Umgebungsluft abgekühlt – ihr wird Energie entzogen. (Die Energie eines Gases wird durch das ideale Gasgesetz beschrieben: $P \cdot V = n \cdot R \cdot T$ (s. Kapitel 1.1.6). Das mathematische Produkt aus Druck (Kraft pro Fläche) und Volumen (m^3) hat nämlich die Einheit der Energie: Nm = J.)

Die in den beiden Experimenten resultierende Portion von 100 g Wasser mit Raumtemperatur hat eine bestimmte **Innere Energie** (U). Diese ist eine Zustandsfunktion. Sie hängt nur vom augenblicklichen Zustand des Systems ab und *nicht* vom Weg, auf dem dieses System in seinen Zustand gelangt ist.

Viele chemische Reaktionen verlaufen über **Zwischenprodukte**. Beispielsweise die Verbrennung von Kohlenstoff. Das Zwischenprodukt dabei ist Kohlenstoffmonoxid, CO.

$$C \text{ (Graphit)} + O_2 \text{ (g)} \quad \rightarrow \quad CO \text{ (g)} + 0,5 \, O_2 \text{ (g)} \qquad \Delta H_1 = -110,5 \text{ kJ/mol}$$
$$CO \text{ (g)} + 0,5 \, O_2 \text{ (g)} \quad \rightarrow \quad CO_2 \text{ (g)} \qquad \Delta H_2 = -283,0 \text{ kJ/mol}$$

$$C \text{ (Graphit)} + O_2 \text{ (g)} \quad \rightarrow \quad CO_2 \text{ (g)} \qquad \Delta H_{gesamt} = -393,5 \text{ kJ/mol}$$

Die Enthalpieänderung für den Gesamtprozess setzt sich additiv aus den Enthalpieänderungen seiner Teilschritte zusammen (**Satz von** *Hess*).

Wenn man Soda (Na_2CO_3) oder Bicarbonat ($NaHCO_3$) mit einer Säure (z. B. Salzsäure oder Essigsäure) versetzt, beobachtet man eine spontane, heftige Reaktion:

$$Na_2CO_3 \text{ (s)} + 2 \, HCl \text{ (aq)} \quad \rightarrow \quad 2 \, NaCl \text{ (aq)} + CO_2 \text{ (g)} + H_2O$$
$$NaHCO_3 \text{ (s)} + HCl \text{ (aq)} \quad \rightarrow \quad NaCl \text{ (aq)} + CO_2 \text{ (g)} + H_2O$$

Das Gas Kohlenstoffdioxid wird freigesetzt und kann **Volumenarbeit** ($P{\cdot}\Delta V$) leisten (Versuch 7, s. CD).

Reaktionsenthapie, innere Energie und Volumenarbeit hängen folgendermaßen zusammen:

$$\Delta H = \Delta U + P{\cdot}\Delta V$$

Wenn man einen Kolben, der mit Sauerstoff gefüllt (1 bar) ist, mit einem zweiten Kolben, der Stickstoff enthält (1 bar), verbindet, wird man nach einiger Zeit eine Gleichverteilung der beiden Gase auf die beiden Kolben feststellen. Dieser Prozess ist mit *keinem* Wärmeaustausch mit der Umgebung verbunden; er verläuft trotzdem freiwillig.

Der **zweite Hauptsatz der Thermodynamik** besagt, dass sich bei einer spontanen Zustandsänderung die **Entropie** (ΔS) vergrößert, dass sich somit immer nur ein Zustand mit geringerer Ordnung einstellt. Nicht ganz so wissenschaftlich ausgedrückt heißt dies, dass das Chaos automatisch immer größer wird. Jeder kennt das: Auf dem Schreibtisch herrscht im Nu ein wildes Durcheinander; das Aufräumen erfordert Energie.

Im Kapitel 2.2.1 wird erläutert, wie energieaufwändig die Zerlegung der Luft, eines Gasgemisches, in ihre Komponenten – hauptsächlich Sauerstoff und Stickstoff – ist (*Linde*-Verfahren).

In der *Gibbs-Helmholtz*-Gleichung sind der erste und der zweite Hauptsatz der Thermodynamik zusammengefasst:

$$\Delta G = \Delta H - T{\cdot}\Delta S$$

ΔG ist die Änderung der **freien Enthalpie** und beschreibt die Triebkraft eines chemischen Prozesses:

- Wenn $\Delta G < 0$ ist, läuft die Reaktion freiwillig ab (**exergonische Reaktion**).
- Wenn $\Delta G > 0$ ist, läuft die Reaktion nicht freiwillig ab (**endergonische Reaktion**). (In umgekehrter Richtung verläuft sie jedoch freiwillig.)
- Wenn $\Delta G = 0$ ist, ist das System im **Gleichgewicht**.

Mit der freien Enthalpie werden zwei Faktoren berücksichtigt, welche die Freiwilligkeit des Ablaufes einer chemischen Reaktion bestimmen:

1. Bei einer Reaktion wird ein **Energieminimum** angestrebt. Wenn das System Wärme an die Umgebung abgibt, ist der Wert für ΔH negativ und trägt zu einem negativen Wert für ΔG bei.
2. Bei einer Reaktion wird ein **Maximum an Unordnung** angestrebt. Ein positiver Wert für ΔS, d. h. eine Zunahme der Unordnung im System, trägt aufgrund des Energieterms $- T \cdot \Delta S$ zu einem negativen Wert für ΔG bei. (Die Temperatur, T, hat in der Regel einen großen Einfluss auf den Verlauf einer chemischen Reaktion!)

Abschließend zum Thema Energetik, das die Anorganische Chemie – und nicht nur diesen Teil der Chemie – wie ein roter Faden durchzieht, soll kurz auf elektrische Energie und Kernenergie eingegangen werden.

Eine **Batterie** beinhaltet eine elektronenreichere und eine elektronenärmere chemische Verbindung, die räumlich voneinander getrennt sind. Beim Kurzschluss mit einem elektrisch leitenden Kabel kommt es zu einem Stromfluss. Elektronen bewegen sich dann von der elektronenreicheren Verbindung zur elektronenärmeren. Es findet also eine Redoxreaktion statt: Die elektronenreichere Verbindung – am Minuspol – wird oxidiert (Elektronenabgabe), während die elektronenärmere – am Pluspol – reduziert wird (Elektronenaufnahme). Insgesamt wird in einer Batterie chemische Energie als elektrische Energie (= Spannung · Stromstärke · Zeit) genutzt. (Im Kapitel 3.3 wird die **Elektrochemie** ausführlicher behandelt.)

Bei **Kernreaktionen** wird Masse in Energie umgewandelt:

$$\Delta E = \Delta m \cdot c^2$$

In dieser von *Albert Einstein* aufgestellten Gleichung ist Δm der so genannte **Massendefekt**; c ist die Lichtgeschwindigkeit.

Das Auftreten eines Massendefektes lässt sich exemplarisch an der Entstehung eines Heliumatoms aus seinen Elementarteilchen verdeutlichen. Die *theoretische* Masse eines Heliumatoms ergibt sich aus der Summe der Ruhemassen seiner beiden Protonen ($2 \cdot 1{,}67262 \cdot 10^{-27}$ kg), seiner beiden Neutronen ($2 \cdot 1{,}67493 \cdot 10^{-27}$ kg) und seiner beiden Elektronen ($2 \cdot 9{,}10939 \cdot 10^{-31}$ kg) zu $6{,}69692 \cdot 10^{-27}$ kg. Die tatsächlich *gefundene* Masse eines Heliumatoms beträgt allerdings nur $6{,}64648 \cdot 10^{-27}$ kg. Bei der Vereinigung von zwei Protonen, zwei Neutronen und zwei Elektronen zu einem Heliumatom geht also Masse verloren: $\Delta m = 0{,}05044 \cdot 10^{-27}$ kg. Nach der Einstein-Gleichung entspricht dieser

Massendefekt einer Energie $\Delta E = 0{,}05044{\cdot}10^{-27}$ kg $\cdot$ $(2{,}998{\cdot}10^8)^2$ m^2/s^2 = $4{,}533{\cdot}10^{-12}$ J pro Heliumatom. Auf ein mol Helium ($6{,}022{\cdot}10^{23}$ Teilchen) – das sind nur ca. 4 g – hochgerechnet ist das eine Energiemenge von $2{,}73{\cdot}10^{12}$ J/mol. Diese entspricht dem Energiegehalt von etwa 1,3 Milliarden Tafeln Schokolade (!), wenn man für 100 g dieser Süßigkeit einen Energiewert von etwa 2100 J zugrunde legt.

Das Beispiel belegt, dass bei Kernreaktionen eine ganz andere Größenordnung von Energie frei wird als bei exergonischen chemischen Reaktionen.

Auch die von *Otto Hahn* entdeckte **Spaltung des Uran-Isotops U-235** ist mit einem Massendefekt verbunden. Ihre Bedeutung für die friedliche und militärische Nutzung der Kernenergie wird in einem ergänzenden Kapitel auf der CD behandelt.

1.5.1 Übungen (Energetik)

1. Erläutern Sie bitte an einem Beispiel, wieso die Innere Energie eines Systems eine Zustandsfunktion ist.
2. Welche Temperatur stellt sich ein beim Mischen von
   a) 50 g Wasser der Temperatur $T = 70$ °C und 50 g Wasser der Temperatur 20 °C?
   b) 100 g Wasser der Temperatur $T = 80$ °C und 50 g Wasser der Temperatur 20 °C?
3. Jedes Lebewesen ist ein hoch geordnetes System. Wie wird diese Ordnung aufrecht erhalten?
4. Kann eine endotherme Reaktion exergonisch sein?
5. Bei der Reaktion von Natriumhydrogencarbonat mit Essigsäure beobachtet man eine heftige Reaktion (Versuch 7, s. CD). Die Reaktionsmischung kühlt sich etwas ab. Erklären Sie dieses Phänomen bitte.
6. Wie kann man die Verbrennungswärme von Graphit zu Kohlenstoffdioxid experimentell messen?
7. Welche berühmten Formeln wurden von *Max Planck* und *Albert Einstein* aufgestellt?
8. Erläutern Sie bitte die Zusammenhänge zwischen den Begriffen Kraft, Energie, Leistung und den dazu gehörigen Maßeinheiten.

2 Chemie der Nichtmetalle

2.1 Wasserstoff

Summary

Hydrogen, H_2, is the smallest diatomic molecule. It can thus not be found in nature because it is too reactive. Technically it can be produced from natural gas, CH_4, (steam reforming) or from coal (coal gasification). The two substances both react with water to form carbon monoxide and hydrogen. For this reaction high temperature (approx. 1000 °C) is required. After converting carbon monoxide, CO, into carbon dioxide, CO_2, it is possible to wash the latter out of the gas mixture. As an alternative, hydrogen and oxygen are produced by the electrolysis of water. This process is expensive and requires a lot of energy, but the two gases are obtained with a very high degree of purity.

In most of its compounds, hydrogen interacts with another element over a covalent bond. In the majority of cases, this is a single bond in which hydrogen has the oxidation state +I. Hydrogen can also fill the cavities in a metal lattice or it can react with alkali and alkaline earth metals to form salt-like compounds in which it becomes a hydride anion, H^-.

Am Anfang war der Wasserstoff .... Könnte die Genesis so beginnen? In der Tat ist der Gedanke faszinierend, Wasserstoff als kleinstes Atom, bestehend aus nur einem Proton und einem Elektron als den Ursprung größerer Atome zu verstehen, zumal in der Sonne, die etwa zur Hälfte aus Wasserstoff besteht, dieser bereits zu Helium kernverschmolzen wird, wobei die Energie frei wird, die unserem Planeten Licht und Wärme liefert (siehe Kasten).

In der Sonne werden in jeder Sekunde ca. 564 Millionen Tonnen Wasserstoff zu ca. 460 Millionen Tonnen Helium „verschmolzen". Der Unterschied in der Masse, ca. 4 Millionen Tonnen, wird nach der *Einstein*-Formel $E = m \cdot c^2$ als Energie frei und abgestrahlt. Diese Kernfusionsreaktion der Sonne liefert in jeder Sekunde die Energiemenge von $4 \cdot 10^{26}$ J. Wenn wir zum Vergleich den gesamten Energiewert aller fossilen Energieträger, also Kohle, Öl und Erdgas, addieren, den die Erde im Laufe von Jahrmillionen angesammelt hat, so beträgt die Summe des Energiegehaltes all dieser Bodenschätze auf unserer Erde geschätzt etwa $4 \cdot 10^{22}$ J. In der Sonne wird also in jeder Sekunde 10000mal mehr Energie freigesetzt als der gesamte angesammelte Energievorrat auf der Erde ausmacht.

<u>Aus:</u> *Christoph Buchal:* Energie. – Forschungszentrum Jülich, 2007

Auf der Erde kommt Wasserstoff in atomarer Form nicht vor. Selbst H_2, die einfachste Elementverbindung, in der zwei H-Atome über eine kovalente Einfachbindung miteinander verknüpft sind (s. Kapitel 1.4, insbesondere die Abbildungen 1.4.4-1 und 1.4.4-2), ist in der Natur nicht existent, da sie zu reaktiv ist und mit allgegenwärtigen potentiellen Reaktionspartnern, z. B. dem Sauerstoff aus der Luft oder anderen ungesättigten Verbindungen, zu stabileren Stoffen abreagieren würde. Zahlreiche Verbindungen auf der Erde enthalten demzufolge chemisch gebundenen Wasserstoff. An erster Stelle sind Wasser, Kohlenwasserstoffe und Kohlenhydrate zu nennen. Insgesamt sind 15 % aller Atome Wasserstoffatome.

2.1.1   Technische Synthesen von Wasserstoff

Großtechnische Prozesse zur Wasserstoffgewinnung sind das **Steam-Reforming** und die **Kohlevergasung**. Beim ersten Verfahren werden die kleinen Alkane, die aus der Petrochemie (Erdöl- und Erdgasaufbereitung) kommen, mit Wasserdampf bei Temperaturen zwischen 800-1000 °C an einem Metallkatalysator zu CO und H_2 umgesetzt. Beim zweiten Verfahren wird Wasserdampf bei ähnlich hoher Temperatur über glühende Kohle geleitet, um die gleichen Endprodukte zu erzeugen:

$$\text{Steam-Reforming:} \quad CH_4 + H_2O \xrightarrow{\text{[Kat.], 800-1000 °C}} CO + 3\,H_2$$

$$\text{Kohle-Vergasung:} \quad C + H_2O \xrightarrow{\text{800-1000 °C}} CO + H_2$$

Die hohen Temperaturen sind erforderlich, um die nötige Aktivierungsenergie aufzubringen, damit der Kohlenstoff überhaupt den Sauerstoff aus dem Wasser übernimmt. Dabei entsteht CO und nicht das andere denkbare Oxid des Kohlenstoffs, CO_2, denn bei Temperaturen oberhalb 700 °C ist praktisch nur das Oxid des zweiwertigen Kohlenstoffs existent, während sich das des vierwertigen eher bei niedrigeren Temperaturen bildet (vgl. Kapitel 2.7.4).

Das Synthesegasgemisch aus Kohlenstoffmonoxid und Wasserstoff muss getrennt werden. Wünschenswert wäre eine Separation durch Gaswäsche. Dies ist aber nicht möglich, da sowohl das CO als auch H_2 in Wasser, Säuren und Laugen unlöslich sind. Wenn das CO aber zunächst in CO_2 übergeführt wird, kann dieses Anhydrid der Kohlensäure mit Wasser oder noch besser mit einer Base ausgewaschen werden. H_2 bleibt als einziges Gas zurück und wird in komprimierter Form in den Handel gebracht. Bei der so genannten **CO-Konvertierung** wird das CO/H_2-Gemisch bei einer Temperatur unter 500 °C, also bei einer Temperatur, bei der CO_2 gegenüber CO bevorzugt entsteht, an einem Katalysator mit Wasserdampf zur Reaktion gebracht:

$$(CO + n\,H_2) + H_2O \xrightarrow{\text{[Kat.], 500 °C}} CO_2 + (n + 1)\,H_2$$

Eine andere Möglichkeit der Wasserstoff-Gewinnung besteht in der **Elektrolyse von Wasser**. Wird Wasser, dem zwecks Erhöhung der Leitfähigkeit etwas Schwefelsäure zugesetzt wird, elektrolysiert, so bildet sich am Minuspol, der Katode, wo die H^+-

Kationen hin wandern, Wasserstoff und am Pluspol, der Anode, wo sich entsprechend die OH$^-$-Ionen hin bewegen, gleichzeitig Sauerstoff:

Katode (Minuspol): $4\,H^+ + 4\,e^- \rightarrow 2\,H_2$ \qquad (Reduktion = Elektronenaufnahme)

Anode (Pluspol): \quad $4\,OH^- \rightarrow O_2 + 2\,H_2O + 4\,e^-$ \quad (Oxidation = Elektronenabgabe)

$$2\,H_2O \rightarrow 2\,H_2 + O_2$$

Katoden- und Anodenraum müssen durch ein Diaphragma getrennt sein, damit die Gase in reiner Form und nicht als hoch explosives Knallgasgemisch erhalten werden.

Das Verfahren hat den großen Vorteil, dass Wasserstoff und Sauerstoff von jeweils sehr großer Reinheit entstehen. Nachteilig ist der große Bedarf an elektrischer Energie. (Immerhin muss die sehr stabile Verbindung H_2O in die Elemente zerlegt werden!) Es ist daher verständlich, dass Wasserelektrolysen nur dort betrieben werden, wo billiger Strom zur Verfügung steht, z. B. in Elektrizitätswerken an Talsperren.

Nicht vergessen werden sollte ein weiteres Elektrolyseverfahren, dass zwar primär nicht für die Wasserstoffgewinnung entwickelt wurde, bei der das Element aber automatisch entsteht: die **Chloralkalielektrolyse**. Hier wird eine wässrige Natriumchlorid-Lösung elektrolysiert. An der Anode bildet sich Chlor, in der Zelle bleibt Natronlauge zurück, und an der Katode fällt mit Wasserstoff ein weiteres wertvolles Produkt an (vgl. Kapitel 2.3.2.2):

$$2\,NaCl + 2\,H_2O \xrightarrow{\text{Elektrolyse}} Cl_2 + H_2 + 2\,NaOH$$

2.1.2 Sonstige Synthesen von Wasserstoff

Metalle, die nach der elektrochemischen Spannungsreihe (s. Kap. 3.3.1) ein kleineres Redoxpotential besitzen als Wasserstoff, also unedler sind als dieser, können Protonen zu nullwertigem Wasserstoff reduzieren (Versuch 1, s. CD):

$$M + n\,H^+ \rightarrow M^{n+} + n/2\,H_2$$

Während das besonders unedle Natrium sehr heftig (Explosionsgefahr!) mit Wasser reagiert,

$$2\,Na + 2\,H_2O \rightarrow 2\,NaOH + H_2$$

setzt sich das nicht ganz so unedle Zink nicht mit reinem Wasser um. Die Wasserstoff-Entwicklung beginnt erst, wenn eine Säure, z. B. Salzsäure, zugegeben wird, weil eine höhere Protonenkonzentration die Verschiebung des Gleichgewichts der Reaktion

$$Zn + 2\,HCl \rightarrow ZnCl_2 + H_2$$

nach rechts fördert. Die Reaktion wurde früher zur Entwicklung von H_2 im Labor mit einem *Kipp*schen Apparat ausgenutzt.

Das unedle Aluminium ist an seiner Oberfläche von einer schützenden Oxidschicht bedeckt, so dass es mit Wasser nicht reagiert. In Gegenwart einer Base wird die Oxidschicht jedoch aufgelöst und das Metall einer Oxidation zugänglich. Eine zusätzliche Triebkraft der Reaktion ist die Bildung des Tetrahydroxialuminats (Versuch 8, s. CD):

$$2\,Al\ +\ 6\,H_2O\ +\ 2\,NaOH\ \rightarrow\ 2\,Na[Al(OH)_4]\ +\ 3\,H_2$$

Halbedelmetalle wie Kupfer oder Edelmetalle wie Gold reagieren nicht mit Protonen.

2.1.3   Typen von Wasserstoffverbindungen

Wasserstoffverbindungen lassen sich in **kovalente, ionische** und **metallische Verbindungen** unterteilen.

Am häufigsten sind die Verbindungen, bei denen sich der Wasserstoff mit einem anderen Element ein Elektronenpaar im Sinne einer kovalenten Einfachbindung teilt (E–H). Je nach Elektronegativität bzw. -positivität des entsprechenden Elementes kann die Bindung mehr oder weniger polarisiert sein und der Wasserstoff in der Oxidationsstufe +I oder −I vorliegen:

$\overset{\delta^-}{E}-\overset{\delta^+}{H}$ ...   z. B. HF, HCl, H_2O, H_2S, NH_3, CH_4

$\overset{\delta^+}{E}-\overset{\delta^-}{H}$ ...   z. B. AsH_3, SiH_4

Der erste Fall kommt dabei weitaus häufiger vor.

In ionischen Hydriden liegt der Wasserstoff in der für ihn etwas selteneren Oxidationsstufe −I als H^- vor, welches aufgrund des mit zwei Elektronen voll besetzten 1s-Orbitals isoelektronisch mit dem Edelgas Helium ist. Die Stoffe zeichnen sich durch einen ionisch aufgebauten festen Aggregatzustand aus (s. Abbildung 2.1.3-1):

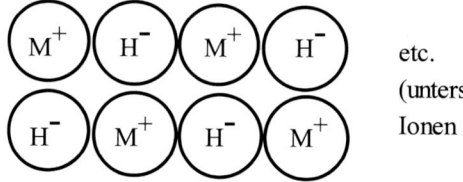 etc.

(unterschiedliche Größen der Ionen sind nicht berücksichtigt)

Abb. 2.1.3-1. Struktur ionischer Hydride

Beispiele sind Kalium- und Calciumhydrid, die durch Einleiten von Wasserstoff in die entsprechende Metallschmelze resultieren:

$$2\,K\ +\ H_2\ \rightarrow\ 2\,KH$$
$$Ca\ +\ H_2\ \rightarrow\ CaH_2$$

Die Salze reagieren heftig mit Wasser. Dies ist verständlich, da die Hydridionen und die Protonen aus dem Wasser zu nullwertigem Wasserstoff synproportionieren können:

$$H^- + H^+ \rightarrow H_2$$

Zurück bleiben die Metallhydroxide:

$$KH + H_2O \quad \rightarrow \quad KOH + H_2$$
$$CaH_2 + 2\,H_2O \rightarrow Ca(OH)_2 + 2\,H_2$$

Die letzte Reaktion kann z. B. im Organischen Praktikum zum Absolutieren, d. h. zum Entfernen von Wasser, von Lösungsmitteln wie Ether, Toluen oder Benzin ausgenutzt werden.

Die dritte Klasse von Wasserstoffverbindungen sind die metallischen Hydride, die als Legierungen von Metallen mit Wasserstoff zu beschreiben sind und dadurch zustande kommen, dass sich die sehr kleinen Wasserstoffatome in die Hohlräume der dicht gepackten, viel größeren Metallatome einlagern (s. Abbildung 2.1.3-2 und vgl. Kapiel 3.2.1).

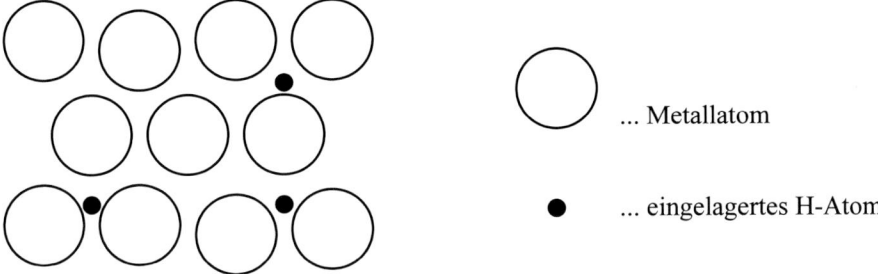

Abb. 2.1.3-2. Struktur metallischer Hydride

Es handelt sich um nicht-stöchiometrische Verbindungen, was verständlich ist, da die Anzahl der vorhandenen Lücken im Metallverband je nach Menge des angebotenen Wasserstoffs mehr oder weniger ausgenutzt werden kann (Wasserstoffspeicher). Behandelt man z. B. Titan mit Wasserstoff, so kann der H-Gehalt je nach Angebot zwischen 0 und 1,8 H-Atomen pro Titanatom schwanken:

$$Ti + H_2 \rightarrow TiH_{(0-1,8)}$$

Die Eigenschaften der Metalle, z. B. ihre gute Leitfähigkeit (vgl. Kapitel 3.1), werden zwar durch den eingelagerten Wasserstoff etwas modifiziert, bleiben aber im Wesentlichen erhalten.

Eine Methode zur Darstellung von Reinst-Wasserstoff basiert auf dem hohen Diffusionsvermögen von Wasserstoff durch Metalle, wobei metallische Hydride als Zwischenstufen durchlaufen werden. Der Roh-Wasserstoff wird auf eine Palladiumfolie gegeben, in die nur die kleinen H_2-Moleküle unter Zerfall in H-Atome hinein diffundieren, um an der anderen Seite der Folie als hoch reiner Wasserstoff heraustreten, während die Verunreinigungen, z. B. Kohlenstoffmonoxid, Kohlenstoffdioxid, Wasser, Alkane etc. zu groß sind, um sich durch das Metallgitter zwängen zu können und daher auf der Eingangsseite zurückbleiben.

2.1.4 Verwendung von Wasserstoff

Größter Abnehmer von Wasserstoff ist die *Haber-Bosch*-Synthese von Ammoniak (s. Kapitel 2.5.2):

$$N_2 + 3\,H_2 \;\rightarrow\; 2\,NH_3 \quad (+\,33{,}4\,kJ)$$

Zunehmende Bedeutung kommt der **Knallgasreaktion** (Versuch 9, s. CD) zu:

$$O_2 + 2\,H_2 \;\rightarrow\; 2\,H_2O \quad (+\,572{,}0\,kJ)$$

Wasserstoff ist nämlich eine gespeicherte Form von Energie (keine Primärenergie!). Durch gezieltes Zusammenbringen und Entzünden (Zufuhr von Aktivierungsenergie) von Sauerstoff und Wasserstoff kann die beim Entstehen des sehr stabilen Wassers freigesetzte Reaktionswärme ausgenutzt werden (s. Abbildung 2.1.4-1).

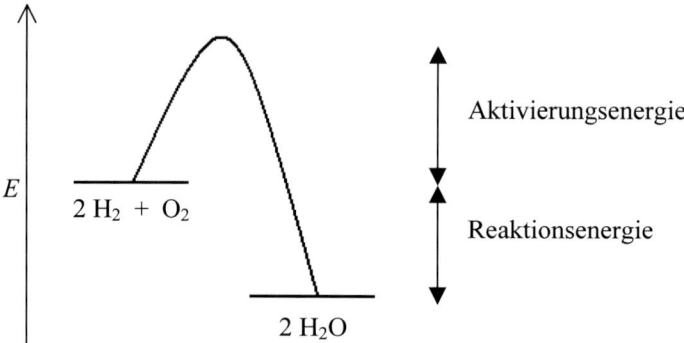

Abb. 2.1.4-1. Energieprofil der Knallgasreaktion

Die **Chlorknallgasreaktion**

$$Cl_2 + H_2 \;\rightarrow\; 2\,HCl$$

verläuft nicht ganz so exergonisch ($\Delta G_{25°C} = -95{,}3$ kJ/mol) und exotherm ($\Delta H_{25°C} = -92{,}4$ kJ/mol) wie die Reaktion von Wasserstoff und Sauerstoff und ist die Methode der Wahl zur Herstellung hoch reiner Salzsäure. Analog werden Brom- und Iodwasserstoff aus den Elementen hergestellt (vgl. Kapitel 2.3.5.1).

Bei der Wasserstoffperoxidsynthese nach dem Anthrachinonverfahren (s. Kapitel 2.2.5.1) wird Wasserstoff als Reduktionsmittel benötigt, genauso wie bei der Gewinnung bestimmter Metalle, z. B. Molybdän und Wolfram, aus deren Oxiden (vgl. Kapitel 3.5.2):

$$MO_3 + 3\,H_2 \;\rightarrow\; M + 3\,H_2O \; ; \quad M = Mo \; oder \; W$$

Auch die Organische Chemie kommt ohne Wasserstoff nicht aus. Olefinische Doppelbindungen lassen sich z. B. mit Wasserstoff katalytisch **hydrieren**:

$$R\underset{R}{\overset{R}{\diagdown}}C=C\underset{R}{\overset{R}{\diagdown}} + H_2 \xrightarrow{[Kat.]} R\underset{R}{\overset{H}{\underset{|}{\overset{|}{C}}}}-\underset{R}{\overset{H}{\underset{|}{\overset{|}{C}}}}R$$

Bei der Margarine-Herstellung (Lebensmittelindustrie) werden beispielsweise ungesättigte Fettsäuren mit (hoch reinem) Wasserstoff in gesättigte Fettsäuren übergeführt.

Kohlenmonoxid kann mit Wasserstoff – je nach Wahl der Reaktionsbedingungen und Katalysatoren – zu künstlichem Benzin (Alkangemisch; *Fischer-Tropsch*-Synthese) oder zu Methanol umgesetzt werden (zum Reaktionsmechanismus siehe das Kapitel Metallorganik auf der CD):

$$n\ CO\ +\ 2n\ H_2 \xrightarrow{[Kat.]} [CH_2]_n\ +\ n\ H_2O$$
$$CO\ +\ 2\ H_2 \xrightarrow{[Kat.]} H_3COH$$

Schließlich dient der Einsatz von Wasserstoff beim hydrierenden Cracken von Erdöl dazu, den Anteil an gesättigten Kohlenwasserstoffen zu erhöhen.

2.1.5 Übungen (Wasserstoff)

1. Zeichnen Sie bitte das MO-Schema von H_2, und skizzieren Sie das Aussehen des σ- und σ^*-Molekülorbitals.
2. Beschreiben Sie bitte drei technische Verfahren zur H_2-Herstellung.
3. Wie und warum reagiert Aluminium mit Natronlauge?
4. Welche grundsätzlich verschiedenen Typen von Wasserstoffverbindungen kennen Sie? Nennen Sie bitte jeweils ein Beispiel.
5. Zeichnen Sie bitte das Energieprofil der Chlorknallgasreaktion.

Rechenaufgabe

6. Bei einem Demonstrationsexperiment zur Elektrolyse von Wasser entstanden 50 ml Knallgas unter 991 hPa bei 19 °C. Wie viele mg Wasser wurden zersetzt?

2.2 Sauerstoff

Summary

On an industrial scale, oxygen is produced in two different ways: through a fractional distillation of liquefied air (*Linde* process) or by the electrolysis of water. It is a strong oxidant and therefore it can convert many substances into oxides with covalent (e.g. CO_2 or SO_2) or ionic bonds (e.g. MgO or Fe_2O_3).

In O_2, two oxygen atoms are combined by a double bond. If this bond is broken by heat or light, two oxygen radicals are the result. One oxygen radical can react with a dioxygen molecule to form ozone, O_3. Ozone is an allotropic modification of oxygen. As the atoms in ozone are only connected via a 1.5-bond, this substance is much more reactive than dioxygen. In fact, ozone is the second strongest oxidant after fluorine. In water technology ozone is used as an oxidant. In the atmosphere surrounding our earth ozone functions as a filter. It filters out the intense UV and cosmic radiation.

The most important compound of oxygen is water. It is an angled molecule with a strong dipole moment. Because of this, water molecules interact with each other by forming hydrogen bonds when they are in the liquid and solid state. Water is a good solvent for many inorganic acids, bases and salts, and it is dissociated into H^+ and OH^- to a small amount. The negative log in base 0 of the aquated hydrogen in concentration is pH.

In water and in dioxygen, oxygen can achieve its two most stable oxidation states ± 0 and – II. In hydrogen peroxide, an oxygen atom has the oxidation state –I. This compound is produced mainly technically in the anthraquinone process. It can be used both as oxidant and reducer. With a strong oxidant (NaOCl, $KMnO_4$) it has the properties of a reducer and – vice versa – with a reducer (SO_2, NO_2^-, CN^-, S^{2-}) it has the properties of an oxidant.

Sauerstoff ist auf der Erde mengenmäßig ein bedeutendes Element, was verständlich ist, wenn man bedenkt, dass allein die Luft ca. 20 Vol.-% Disauerstoff, ein Molekül, in dem zwei Sauerstoffatome über eine Doppelbindung miteinander verknüpft sind (s. Kapitel 1.4.2, insbesondere die Abbildungen 1.4.4-3 und 1.4.4-4), enthält und der Massenanteil von Sauerstoff im Wasser, H_2O, 89 % beträgt.

2.2.1   Gewinnung von Sauerstoff

Die Elektrolyse von Wasser liefert neben Wasserstoff auch sehr reinen Sauerstoff (vgl. Kapitel 2.1.1).

Große Mengen Sauerstoff werden einfacher und billiger aus der Luft gewonnen. Nach dem *Linde*-**Verfahren** wird die Luft zunächst verflüssigt. Dies geschieht, indem sie komprimiert und die Kompressionswärme abgeführt wird. Beim anschließenden Entspannen des komprimierten Gases kühlt es sich ab. Der Vorgang wird mehrfach wiederholt, bis das Gas kondensiert. Die resultierende Flüssigkeit wird einer fraktionierten Destillation unterzogen, bei der Stickstoff als niedrigst siedende Komponente (Siedepunkt = −196 °C) zuerst übergeht, gefolgt von Sauerstoff (Siedepunkt = −183 °C). Aus dem Destillationsrückstand können durch weitere Destillation die Edelgase gewonnen werden.

Zur Zeit zielen zahlreiche Forschungsarbeiten darauf ab, die Komponenten der Luft ohne den großen Energieaufwand bei der Kompression und Destillation durch selektive Diffusion durch geeignete **Membrane** voneinander zu trennen.

Technisch veraltet, aber von theoretischer Bedeutung ist das *Brin*sche Verfahren. Dieses basiert auf dem Prinzip, dass der Sauerstoff als reaktivste Komponente der Luft dieser durch eine chemische Reaktion entzogen werden kann. Aus der resultierenden Sauerstoffverbindung wird er dann durch Umkehr der Bildungsreaktion wieder freigesetzt: Bariumoxid wird bei etwa 500 °C mit Luft behandelt. Dabei entsteht weißes, festes Bariumperoxid. Die Reaktion ist als eine Komproportionierung von oxidischem (Oxidationsstufe −II) und elementarem (Oxidationsstufe ±0) zu peroxidischem (Oxidationsstufe −I) Sauerstoff zu verstehen. Übrig bleibt eine Mischung des wegen seiner Dreifachbindung besonders reaktionsträgen Distickstoffs und der anderen Komponenten der Luft. Das Bariumperoxid wird isoliert und bei einer höheren Temperatur von ca. 700 °C wieder zu Bariumoxid und Disauerstoff (Disproportionierung) gespalten:

$$2\ BaO\ +\ O_2\ \underset{700\ °C}{\overset{500\ °C}{\rightleftharpoons}}\ 2\ BaO_2$$

2.2.2 Atmung

Nach ähnlichen Gesetzmäßigkeiten wie das *Brin*sche Verfahren verläuft die Atmung. Der eingeatmeten Luft, in welcher der Sauerstoff in der (unter Normalbedingungen) maximalen Konzentration vorliegt, wird dieser als reaktionsfreudigste Komponente durch Anbindung an das zweiwertige Eisen des **Hämoglobins** (s. Abbildung 3.7.2-1) entzogen. Das O_2-beladene Biomolekül gelangt mit dem Blut ins Körperinnere. Dort herrscht ein Sauerstoffmangel, so dass der O_2-Ligand vom Eisen dekomplexiert wird und für Stoffwechselvorgänge (Verbrennungsreaktionen) zur Verfügung steht. Das jetzt unbeladene Hämoglobin wird zur Lunge zurück transportiert und steht für eine neue Aufnahme von Luftsauerstoff zur Verfügung:

$$HbFe^{II}\ +\ O_2\ \underset{\text{niedrige } O_2\text{-Konzentration (Körper)}}{\overset{\text{hohe } O_2\text{-Konzentration (Lunge)}}{\rightleftharpoons}}\ HbFe^{II}\ O_2$$

2.2.3 Weitere Methoden zur Gewinnung von Sauerstoff

Sauerstoff kann aus einer Reihe von Verbindungen freigesetzt werden, insbesondere wenn diese erwärmt werden. So zerfallen z. B. die Oxide von Halbedelmetallen und Edelmetallen in das jeweilige Metall und Sauerstoff:

$$2\,Ag_2O \xrightarrow{\Delta T} 4\,Ag + O_2$$
$$2\,HgO \xrightarrow{\Delta T} 2\,Hg + O_2$$

Nitrate gehen in Nitrite, Chlorate in Chloride und Sauerstoff über (Versuch 10, s. CD):

$$2\,KNO_3 \xrightarrow{\Delta T} 2\,KNO_2 + O_2$$
$$2\,KClO_3 \xrightarrow{\Delta T} 2\,KCl + 3\,O_2$$

Wasserstoffperoxid disproportioniert zu Wasser und Sauerstoff:

$$2\,H_2O_2 \rightarrow 2\,H_2O + O_2$$

Die letzte Reaktion läuft selbst in der Siedehitze nur sehr langsam ab, wird aber durch viele Übergangsmetallverbindungen, insbesondere Braunstein, MnO_2, katalysiert (Versuch 11, s. CD).

2.2.4 Reaktionen von Sauerstoff

Sauerstoff ist das Element für **Verbrennungen**. In einer besonders exergonischen Reaktion entsteht aus Sauerstoff und Wasserstoff das stabile Wasser (Knallgasreaktion; s. Kapitel 2.1.4 und Versuch 9, s. CD):

$$2\,H_2 + O_2 \rightarrow 2\,H_2O \quad (+ 572{,}0\,kJ)$$

Auf der Verbrennung von Kohle basiert die Energiegewinnung im Kohleofen, auf der von Kohlenwasserstoffen die Erdgasheizung:

$$C + O_2 \rightarrow CO_2 \qquad\qquad (+ 394{,}2\,kJ)$$
$$CH_4 + 2\,O_2 \rightarrow CO_2 + 2\,H_2O \quad (+ 891{,}8\,kJ)$$

Schwefel verbrennt mit fahlblauer Flamme zu Schwefeldioxid:

$$S_8 + 8\,O_2 \rightarrow 8\,SO_2$$

Diese Reaktion ist im Vorfeld der Schwefelsäureproduktion (s. Kapitel 2.4.6) und im Zusammenhang mit dem sauren Regen (s. Kapitel 4.2.1) von großer Bedeutung.

Kohlenstoffdioxid und Schwefeldioxid sind Verbindungen, in denen der Sauerstoff über eine Doppelbindung kovalent an das Zentralatom gebunden ist.

Weißer Phosphor verbrennt mit heller Flamme und starker Rauchentwicklung zu Phosphor(V)-oxid:

$$P_4 + 5\,O_2 \quad\rightarrow\quad P_4O_{10}$$

Dies ist eine käfigartige Verbindung, in der die Phosphoratome über Sauerstoffbrücken miteinander verknüpft sind (s. Abbildung 2.6.1-3).

Auch Metalle verbrennen zu den entsprechenden Oxiden, z. B. (Versuch 12, s. CD)

$$4\,Fe + 3\,O_2 \quad\rightarrow\quad 2\,Fe_2O_3$$
$$4\,Al + 3\,O_2 \quad\rightarrow\quad 2\,Al_2O_3$$
$$2\,Mg + O_2 \quad\rightarrow\quad 2\,MgO$$

Diese Stoffe sind ionisch aufgebaut. Im Kristallgitter liegen neben den Metallkationen Oxid-Anionen (O^{2-}) vor. Die Verbindungen sind besonders stabil, weil der Sauerstoff in ihnen seine äußere Elektronenhülle mit acht Elektronen voll besetzt hat und daher isoelektronisch mit dem Edelgas Neon ist.

Von besonderem technischen Interesse ist das so genannte **Rösten**. Hierbei werden die in der Natur häufig vorkommenden Metallsulfide mit Luftsauerstoff beim Erhitzen in die entsprechenden Oxide übergeführt und der sulfidische Schwefel zu Schwefeldioxid oxidiert, z. B.:

$$2\,ZnS + 3\,O_2 \xrightarrow{\Delta T} 2\,ZnO + 2\,SO_2$$
$$\qquad\qquad\qquad \Downarrow \qquad \Downarrow$$
$$\qquad\qquad\quad Zn \qquad H_2SO_4$$

Aus den erhaltenen Metalloxiden werden anschließend die entsprechenden Metalle gewonnen (s. Kapitel 3.5.1), das entstandene Schwefeldioxid wird in die Schwefelsäureproduktion eingeschleust (s. Kapitel 2.4.6).

Manche Verbrennungen laufen sehr langsam ab. Man spricht dann von stillen Verbrennungen oder **Autoxidationen**. Dazu gehören das Rosten von Metallen, das Vermodern von Holz, der Abbrand von Kohlehalden oder Verdauungsprozesse, die für Kohlenhydrate durch folgende Reaktionsgleichung beschrieben werden können:

$$C_n(H_2O)_n + n\,O_2 \quad\rightarrow\quad n\,CO_2 + n\,H_2O + Energie$$

Die Umkehrreaktion bewirkt die Natur in Form der **Photosynthese**. Grüne Pflanzen verwandeln das aus dem Boden und der Luft aufgenommene Wasser und Kohlenstoffdioxid in Gegenwart des Katalysators Chlorophyll und unter Aufnahme von Lichtenergie, die von der Sonne kommt, in höhere Kohlenhydrate und Sauerstoff um.

Abschließend zum Thema Verbrennungen seien die der Alkalimetalle angeführt. Lithium, Natrium und Kalium liefern bei der Einwirkung von Luftsauerstoff unterschiedliche Hauptprodukte:

$$4\,Li + O_2 \rightarrow 2\,Li_2O \quad \dots \quad O^{2-} \quad \dots \quad \text{Oxid}$$
$$2\,Na + O_2 \rightarrow Na_2O_2 \quad \dots \quad O_2^{2-} \quad \dots \quad \text{Peroxid}$$
$$K + O_2 \rightarrow KO_2 \quad \dots \quad O_2^{-} \quad \dots \quad \text{Hyperoxid}$$

Die salzartigen Produkte bestehen aus den einwertigen Kationen und unterschiedlichen Anionen. Diese leiten sich formal vom Disauerstoff durch stufenweise Reduktion ab:

$$O_2 \xrightarrow{\ e^-\ } O_2^- \xrightarrow{\ e^-\ } O_2^{2-} \xrightarrow{\ 2\,e^-\ } 2\,O^{2-}$$

Die Bindungsverhältnisse im Disauerstoff wurden bereits im Kapitel 1.4.4 diskutiert. Die Stabilität des Oxid-Anions ist leicht verständlich, wenn man bedenkt, dass durch Einbringen von zwei zusätzlichen Elektronen in die beiden halb besetzten p-Orbitale des Sauerstoffatoms eine Edelgaskonfiguration erreicht wird. Die Bindungsverhältnisse im Hyperoxidmono- und Peroxiddianion lassen sich am besten verstehen, wenn in das Molekülorbitalschema des Disauerstoffs ein weiteres Elektron bzw. zwei weitere Elektronen gesteckt werden. Diese sind in den halb besetzten π^*-Antibindungen des Disauerstoffs unter Spinpaarung unterzubringen (s. Abbildung 2.2.4-1).

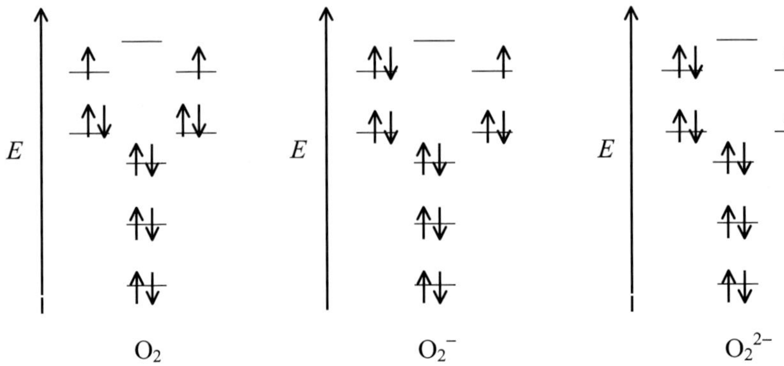

Abb. 2.2.4-1. Molekülorbital-Schemata von O_2, O_2^- und O_2^{2-}

Das Hyperoxidanion ist gegenüber dem Disauerstoff nur noch ein Monoradikal, die Sauerstoffatome sind über eine 1,5fach-Bindung miteinander verknüpft. Das Peroxidanion hat keine ungepaarten Elektronen und daher auch keinen radikalischen Charakter mehr; die beiden Sauerstoffatome hängen über eine Einfachbindung zusammen, was auch in der zunehmenden Bindungslänge zum Ausdruck kommt:

$$BO\,(O_2) \quad = \frac{8-4}{2} = 2 \qquad O{=}O \quad ...\ \text{Doppelbindung} \qquad d(O{-}O) = 121\ \text{pm}$$

$$BO\,(O_2^-) \quad = \frac{8-5}{2} = 1{,}5 \qquad [O{-}O]^- \quad ...\ \text{1,5fach Bindung} \qquad d(O{-}O) = 128\ \text{pm}$$

$$BO\,(O_2^{2-}) \quad = \frac{8-6}{2} = 1 \qquad [O{-}O]^{2-} \quad ...\ \text{Einfachbindung} \qquad d(O{-}O) = 149\ \text{pm}$$

2.2.5 Wasserstoffperoxid

2.2.5.1 Synthesen von Wasserstoffperoxid

Beim *Brin*schen Verfahren zur Sauerstoffgewinnung aus der Luft (s. Kapitel 2.2.1) fällt Bariumperoxid an. Daraus kann mit Schwefelsäure Wasserstoffperoxid freigesetzt werden:

$$BaO_2 + H_2SO_4 \rightarrow BaSO_4 + H_2O_2$$

Triebkraft der Reaktion ist die Bildung des schwerlöslichen Bariumsulfats, das ausfällt, so dass das Gleichgewicht der Reaktion nach rechts verschoben wird.

Weitere Lieferanten für Wasserstoffperoxid sind Natriumperoxid, das Hauptprodukt der Verbrennung von Natrium mit Luftsauerstoff, und Peroxodischwefelsäure, die bei der anodischen Oxidation von Schwefelsäure entsteht und mit Wasser zu Schwefelsäure und Wasserstoffperoxid hydrolysiert:

$$Na_2O_2 + 2\,H_2O \rightarrow 2\,NaOH + H_2O_2$$

Die größte Menge Wasserstoffperoxid wird nach den **Anthrachinon-Verfahren** hergestellt. Dabei wird in der ersten Stufe ein Dihydroanthrachinon mit Sauerstoff zu einem Anthrachinon oxidiert. Das dabei gleichzeitig gebildete Wasserstoffperoxid wird ausgewaschen und kommt überwiegend als etwa 30%ige Lösung (Perhydrol) in den Handel. Die Rückgewinnung des wertvollen Dihydroanthrachinons erfolgt durch katalytische Hydrierung der Dicarbonylverbindung. Das Diketon wird dabei zum Dialkohol reduziert und das aromatische System des mittleren Rings der Verbindung wieder hergestellt:

Die Bruttoreaktionsgleichung des Prozesses lautet:

$$H_2 + O_2 \rightarrow H_2O_2$$

Sie besagt aber nicht, dass Wasserstoff und Sauerstoff direkt miteinander reagieren. Dann entstünde nämlich Wasser, und nicht Wasserstoffperoxid! In der Tat kommen die Stoffe bei dem zweistufigen Verfahren gar nicht miteinander in Kontakt.

2.2.5.2 Nachweis von Wasserstoffperoxid

Ob eine Lösung Wasserstoffperoxid enthält, kann durch Zusatz einer schwefelsauren Titanylsulfat-Lösung geprüft werden. Bei Anwesenheit von Wasserstoffperoxid bildet sich ein gelber Peroxokomplex (Versuch 13, s. CD):

$$[TiO]SO_4 + H_2O_2 \rightarrow [TiO_2]SO_4 + H_2O \, .$$

Es handelt sich hier um eine Substitutionsreaktion, bei der das in der Ausgangs-verbindung am vierwertigen Titan gebundene Oxid (O^{2-}) gegen ein Peroxid (O_2^{2-}) aus-getauscht wird.

2.2.5.3 Reaktionen von Wasserstoffperoxid

Im Wasserstoffperoxid hat der Sauerstoff die mittlere Oxidationsstufe −I. Da es beim Sauerstoff aber die stabileren Oxidationsstufen −II (Edelgaskonfiguration) und ±0 (Doppelbindung im Disauerstoff) gibt, ist es verständlich, dass H_2O_2 sowohl Elektronen aufnehmen und dabei zu Wasser reduziert, als auch Elektronen abgeben und dabei zu Disauerstoff oxidiert werden kann:

$$H_2O_2 + 2\,H^+ + 2\,e^- \rightarrow 2\,H_2O \qquad \text{(Reduktion)}$$
$$H_2O_2 \rightarrow O_2 + 2\,H^+ + 2\,e^- \qquad \text{(Oxidation)}$$

Vom Wasserstoffperoxid ist also eine ausgeprägte Redoxchemie zu erwarten. Gegenüber starken Oxidationsmitteln wirkt es selbst als Reduktionsmittel. So kann es Hypochlorit zu Chlorid oder violettes Permanganat im sauren Medium zu farblosem Mangan(II)-salz bzw. im neutralen oder alkalischen Medium zu Braunstein reduzieren (Versuche 14 und 15, s. CD):

$$NaOCl + H_2O_2 \rightarrow NaCl + H_2O + O_2$$
$$2\,KMnO_4 + 5\,H_2O_2 + 3\,H_2SO_4 \rightarrow 2\,MnSO_4 + K_2SO_4 + 5\,O_2 + 8\,H_2O$$
$$2\,KMnO_4 + 3\,H_2O_2 \rightarrow 2\,MnO_2 + 2\,KOH + 3\,O_2 + 2\,H_2O$$

Die Reaktionen spiegeln Anwendungsmöglichkeiten von Wasserstoffperoxid im Umweltschutz wider. Starke Oxidationsmittel wie Hypochlorit oder Permanganat sind wassergefährdende Substanzen. Wenn sie in einem Abwasser vorliegen, müssen sie reduziert und damit in eine ungiftige Form gebracht werden, bevor kanalisiert werden darf. Vorteilhaft bei der Reduktion mit Wasserstoffperoxid ist, dass das Wasser nicht zusätzlich aufgesalzt und dass als Folgeprodukt nur Disauerstoff in die Luft entweicht.

Häufiger als in den gerade genannten Beispielen, wo Wasserstoffperoxid als Reduktionsmittel verwendet wird, ist sein Einsatz als Oxidationsmittel, z. B. im Umweltschutz, um organische Wasserinhaltsstoffe, beispielsweise Farbstoffe, oxidativ zu zerstören (Versuch 16, s. CD), giftiges Nitrit in mindergiftiges Nitrat, Cyanid in Cyanat oder Sulfid in Schwefel bzw. Sulfat umzuwandeln (Versuch 17, s. CD):

$$HNO_2 + H_2O_2 \rightarrow HNO_3 + H_2O$$
$$KCN + H_2O_2 \rightarrow KOCN + H_2O$$
$$H_2S + H_2O_2 \rightarrow S + 2\,H_2O \qquad bzw.$$
$$H_2S + 4\,H_2O_2 \rightarrow H_2SO_4 + 4\,H_2O$$

Auch hier ist es vorteilhaft, dass keine Aufsalzung des Abwassers resultiert und das Folgeprodukt des Wasserstoffperoxids lediglich Wasser ist.

Bestimmte Metalle können von Wasserstoffperoxid aus ihren niedrigen Oxidationsstufen in höhere übergeführt werden, z. B. (Versuche 18-20, s. CD):

$$2\,CrCl_3 + 3\,H_2O_2 + 10\,KOH \rightarrow 2\,K_2CrO_4 + 6\,KCl + 8\,H_2O$$
(grün)   (gelb)

$$MnSO_4 + H_2O_2 + 2\,NaOH \rightarrow MnO_2 + Na_2SO_4 + 2\,H_2O$$
(farblos)   (braun)

$$2\,FeSO_4 + H_2O_2 + H_2SO_4 \rightarrow Fe_2(SO_4)_3 + 2\,H_2O$$
(blassgrün)   (gelbbraun)

Ohne Reaktionspartner zerfällt Wasserstoffperoxid selbst nur sehr langsam im Sinne einer Disproportionierungsreaktion zu Wasser und Sauerstoff (vgl. Versuch 11, s. CD):

$$2\,H_2O_2 \rightarrow 2\,H_2O + O_2$$

2.2.6 Ozon

Neben dem Disauerstoff kommt in der Luft in kleinen Mengen eine weitere Modifikation des Elementes Sauerstoff vor, das Ozon, O_3. (Das Phänomen des Vorliegens eines Elementes in einem Aggregatzustand in verschiedenen Formen bezeichnet man als **Allotropie**.) Ozon ist ein gewinkeltes Molekül, in dem die Sauerstoffatome über 1,5fach-Bindungen miteinander verknüpft sind. In der Formelsprache nach *Lewis* lässt sich dieser Sachverhalt durch zwei gleichwertige Resonanzstrukturen beschreiben (s. Abbildung 2.2.6-1).

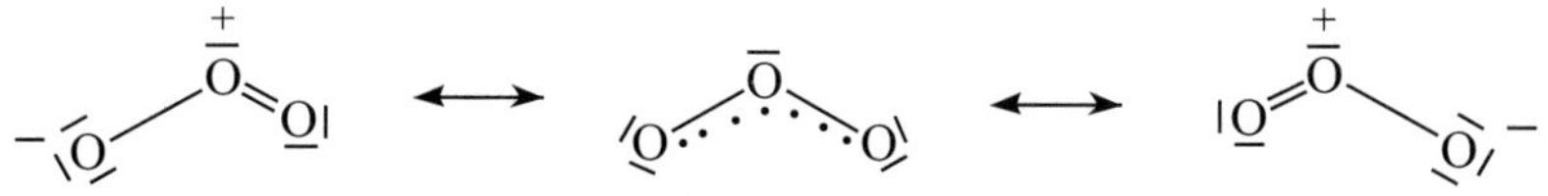

Abb. 2.2.6-1. Mesomere Grenzstrukturen und wirkliche Struktur von Ozon

Durch die Formulierung eines Zwitterions (dreibindiger Sauerstoff als Träger einer positiven und einbindiger Sauerstoff als Träger einer negativen Ladung) ist es möglich, die Elektronen im Molekül so zu verteilen, dass jedem Sauerstoffatom ein Elektronenoktett zukommt. Auf den ersten Blick impliziert die Schreibweise zwar, dass das Molekül eine kurze Sauerstoff-Sauerstoff-Doppelbindung und eine lange -Einfachbindung hat, doch ist es offensichtlich, dass die in Abbildung 2.2.6-1 gezeigten Formeln lediglich extreme Formulierungen des Moleküls O_3 darstellen und dass sich im Mittel gleichwertige Sauerstoff-Sauerstoff-Bindungen der Bindungsordnung 1,5 ergeben.

Ozon ist wegen der geringeren Bindungsordnung als im Disauerstoff instabiler und wesentlich reaktiver als dieser und nach dem Fluor das stärkste Oxidationsmittel, das es gibt. In dieser Funktion wird es in zunehmendem Maße zur Desinfektion von Trinkwasser und zur oxidativen Aufbereitung von Abwasser eingesetzt (s. das ergänzende Kapitel über Wasserchemie auf der CD).

Ozon entsteht, wenn sich ein Sauerstoffradikal an ein Disauerstoffmolekül addiert. Sauerstoffradikale wiederum resultieren, wenn Disauerstoff durch Einwirkung ausreichend hoher Energie gespalten wird:

$$0,5\ O_2 \xrightarrow{\text{Energie}} O \xrightarrow{O_2} O_3$$

Diese kann in Form einer elektrischen Glimmentladung oder durch energiereiche Strahlung aufgebracht werden. Zur technischen Darstellung von Ozon wird reiner Sauerstoff durch ein elektrisches Hochspannungsfeld geleitet. Ein mit Ozon angereicherter Sauerstoffstrom verlässt dann den Generator. In der Natur entsteht Ozon etwa 30 Kilometer über der Erdoberfläche. Dort ist der Anteil an UV- und kosmischer Strahlung besonders hoch, so dass O_2-Moleküle in Radikale zerlegt werden und Ozon entsteht. Damit ist gleichzeitig die wichtige Funktion der Ozonschicht zum Schutz des Lebens auf der Erde vor zu intensiver, energiereicher Strahlung erklärt. Besonders gefährlich ist es daher, wenn die Ozonschicht durch in die obere Luftschicht gelangte Radikale, z. B. Chlorradikale, die u. a. aus dem photochemischen Zerfall chlorierter Kohlenwasserstoffe stammen, zerstört wird (s. Kapitel 4.2.3), gemäß:

$$O_3\ +\ |\overline{\underline{Cl}}\cdot\ \longrightarrow\ O_2\ +\ |\overline{\underline{Cl}}-\overline{\underline{O}}\cdot$$

$$\llcorner\longrightarrow\ \text{Folgereaktionen}$$

2.2.7 Wasser

2.2.7.1 Wasserstoffbrückenbindung

Der Sauerstoff im Wasser ist sp^3-hybridisiert. Infolge der Abstoßung der beiden einsamen Elektronenpaare verengt sich der Winkel zwischen den drei Atomen des Moleküls auf 104,5°. (Vgl.: Der Winkel in einem idealen Tetraeder, z. B. CH_4, beträgt 109,5°.) Da am elektronegativen Sauerstoff eine größere Ladungsdichte herrscht als in der Nähe der elektropositiveren Wasserstoffatome, hat das Wassermolekül einen ausgeprägten **Dipolcharakter**. Die Konsequenz ist, dass sich Wassermoleküle im flüssigen und festen Zustand elektrostatisch anziehen und Wasserstoffbrücken ausbilden (Abbildung 2.2.7-1).

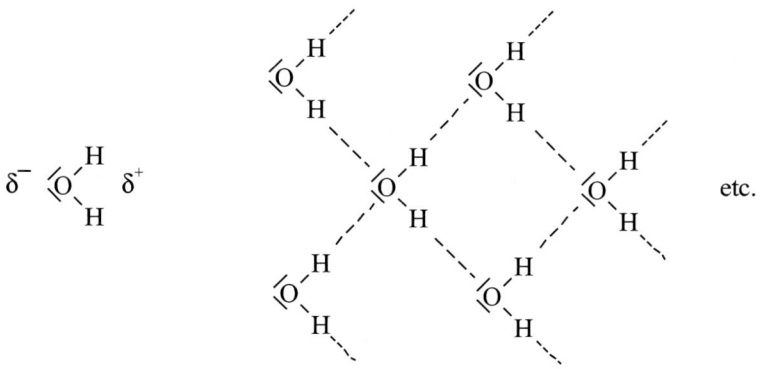

Abb. 2.2.7-1. Dipolcharakter des Wassers und Assoziation von Wassermolekülen über Wasserstoffbrückenbindungen

Diese sind zwar deutlich schwächer als die kovalenten Bindungen zwischen Sauerstoff und Wasserstoff, aber in ihrer Stärke keineswegs zu unterschätzen. Um Wasser in die Gasphase zu bringen, in der die Moleküle keinerlei Interaktionen aufweisen, müssen die Wasserstoffbrückenbindungen nämlich gespalten werden. Dazu ist Energie erforderlich, so dass es verständlich ist, dass der Siedepunkt von Wasser (unter Normaldruck) mit 100 °C sehr hoch liegt.

Ganz allgemein gilt, dass kleine Moleküle mit starkem Dipolmoment (H_2O, HF, NH_3) deutlich höhere Siedepunkte haben als vergleichbare größere Moleküle mit schwachem Dipolmoment (H_2S, HCl, PH_3).

2.2.7.2 Dissoziation des Wassers

Wasser ist zu einem sehr geringen Teil in ein Proton und ein Hydroxidion dissoziiert:

$$H_2O \rightarrow H^+ + OH^- \qquad \text{genauer:} \quad 2\,H_2O \rightarrow H_3O^+ + OH^-$$

Der Einfachheit halber wird im Folgenden das Hydroniumkation H_3O^+ als – eigentlich in Wasser nicht existentes – Proton, H^+, formuliert.

Das Massenwirkungsgesetz der Dissoziation

$$\frac{c_{H^+} \cdot c_{OH^-}}{c_{H_2O}} = K$$

kann man unter der berechtigten Annahme, dass die Wasserkonzentration mit 55,5 mol/l praktisch konstant ist, vereinfachen und erhält das **Ionenprodukt des Wassers**:

$$c_{H^+} \cdot c_{OH^-} = L = 10^{-14}\ \text{mol}^2/\text{l}^2$$

In neutralem Wasser ist bei Raumtemperatur

$$c_{H^+} = c_{OH^-} = 10^{-7} \text{ mol/l}$$

oder

$$\mathbf{pH} = \mathbf{-log}\, c_{H^+} = 7$$

2.2.7.3 Wasser als Lösungsmittel

Wasser ist ein wichtiges Lösungsmittel z. B. für Säuren, Basen und Salze.

Eine **Säure** ist ein Stoff, der in Wasser gelöst Protonen, eine **Base** umgekehrt ein Stoff, der OH$^-$-Ionen liefert, z. B.:

$$HCl \xrightarrow{\text{in Wasser}} \mathbf{H^+} + Cl^-$$

$$NaOH \xrightarrow{\text{in Wasser}} Na^+ + \mathbf{OH^-}$$

Saures Wasser weist entsprechend pH < 7 ($c_{H^+} > 10^{-7}$ mol/l), basisches (oder alkalisches) Wasser pH > 7 ($c_{OH^-} > 10^{-7}$ mol/l) auf.

Löst man z. B. 0,1 mol HCl-Gas mit Wasser zu 1 Liter Salzsäure, so resultiert (unter der Annahme einer vollständigen Dissoziation des Chlorwasserstoffs) pH = 1. Löst man 0,1 mol festes NaOH mit Wasser zu 1 Liter Natronlauge auf, so ergibt sich (ebenfalls unter der Annahme einer vollständigen Dissoziation des gelösten Stoffes) pH = 13.

Neben starken, d. h. praktisch vollständig dissoziierten Säuren und Basen gibt es auch schwache wie Essigsäure oder Ammoniak:

$$HOAc \rightarrow H^+ + OAc^- \qquad \frac{c_{H^+} \cdot c_{OAc^-}}{c_{HOAc}} = K_S = 1{,}8\cdot 10^{-5} \text{ mol/l}$$

$$NH_3 + H_2O \rightarrow NH_4^+ + OH^- \qquad \frac{c_{OH^-} \cdot c_{NH_4^+}}{c_{NH_3}} = K_B = 1{,}8\cdot 10^{-5} \text{ mol/l}$$

Löst man 0,1 mol Eisessig (100%ige Essigsäure) oder 0,1 mol NH$_3$-Gas mit Wasser zu 1 Liter Lösung, so resultiert pH = 2,87 bzw. pH = 11,11.

In Analogie zur Definition des pH-Wertes bezeichnen:

$$\mathbf{p}K_S = \mathbf{-log}\, K_S \quad \text{und} \quad \mathbf{p}K_B = \mathbf{-log}\, K_B$$

Es gilt: Je größer K_S ist (bzw. je kleiner pK_S ist), desto stärker ist die Säure. Je größer K_B ist (bzw. je kleiner pK_B ist), desto stärker ist die Base.

Die Säurestärke lässt sich auch mit Hilfe des **Dissoziationsgrades** α beschreiben:

$$\text{Dissoziationsgrad } \alpha = \frac{\text{Anzahl der dissoziierten Teilchen}}{\text{Anzahl der eingesetzten Teilchen}} \quad ; \quad 0 < \alpha < 1$$

Zwischen (thermodynamischer) Säurestärke K_S, Einwaage c_0 einer Säure und α besteht folgender Zusammenhang:

$$K_S = \frac{\alpha^2 \cdot c_0}{1 - \alpha} \qquad \textbf{(\textit{Ostwald}sches Verdünnungsgesetz)}$$

Dieser lässt sich für schwache Elektrolyte ($\alpha < 5\ \%$) näherungsweise zu $K_S = \alpha^2 \cdot c_0$ vereinfachen. Bei schwachen Elektrolyten steigt der Dissoziationsgrad mit zunehmender Verdünnung (niedrigerem c_0). So ist z. B. $\alpha_{\text{0,1-molare HOAc}} = 1{,}34\ \%$ und $\alpha_{\text{0,01-molare HOAc}} = 4{,}24\ \%$.

Salze entstehen bei der Reaktion von einer Säure mit einer Base, z. B.:

$$HCl + NaOH \rightarrow NaCl + H_2O$$

Löst man ein Salz einer starken Säure und starken Base, z. B. Natriumchlorid, in Wasser, so liegt der pH-Wert bei 7. Eine Lösung eines Salzes einer starken Base und einer schwachen Säure, z. B. Natriumacetat, reagiert hingegen leicht alkalisch und umgekehrt eine Lösung eines Salzes einer starken Säure und einer schwachen Base, z. B. Ammoniumchlorid, leicht sauer.

Kombinationen aus dem Salz einer starken Base und einer schwachen Säure mit der entsprechenden schwachen Säure, z. B. Natriumacetat/Essigsäure, oder aus dem Salz einer starken Säure und einer schwachen Base und der entsprechenden schwachen Base, z. B. Ammoniumchlorid/Ammoniak, bezeichnet man als **Puffer**. Derartige Systeme wirken als Säure- und Base-Fänger.

Gibt man zum NaOAc/HOAc-Puffer eine kleine Menge Salzsäure, so werden deren Protonen durch die in der Lösung vorliegenden Acetationen unter Ausbildung wenig dissoziierter Essigsäure abgefangen, und der pH-Wert der Lösung bleibt nahezu unverändert. Wird der Puffer umgekehrt mit wenig Natronlauge versetzt, so neutralisiert die vorhandene Essigsäure die zugegebenen OH⁻-Ionen. Auch in diesem Fall bleibt der pH-Wert praktisch konstant:

$$OAc^- + H^+_{\text{(zugesetzt)}} \rightarrow HOAc$$
$$HOAc + OH^-_{\text{(zugesetzt)}} \rightarrow OAc^- + H_2O$$

Der NH$_4$Cl/NH$_3$-Puffer funktioniert folgendermaßen: Zugesetzte Säure (HCl) wird vom vorliegenden Ammoniak unter Bildung von Ammonium abgefangen, zugesetzte Base (NaOH) reagiert mit vorliegendem Ammonium zu Ammoniak und Wasser. Sie wird dadurch ebenfalls beseitigt:

$$NH_3 + H^+_{\text{(zugesetzt)}} \rightarrow NH_4^+$$
$$NH_4^+ + OH^-_{\text{(zugesetzt)}} \rightarrow NH_3 + H_2O$$

In beiden Fällen ändert sich der pH-Wert nur unwesentlich.

Ein rechnerischer Zusammenhang zwischen dem pH-Wert, dem Stoffmengenverhältnis der korrespondierenden Säure und Base des Puffersystems und der dem System zugrunde liegenden Säuredissoziationskonstanten wird durch die **Puffergleichung** nach *Hasselbalch* und *Henderson* beschrieben:

$$pH = pK_S + \log\frac{c(\text{Base})}{c(\text{Säure})}$$

2.2.8 Übungen (Sauerstoff)

1. Beschreiben Sie bitte ein physikalisches und ein chemisches Verfahren zur Gewinnung von Sauerstoff aus Luft.
2. Was versteht man unter „Allotropie"?
3. Beschreiben Sie bitte den Unterschied zwischen einer σ- und einer π-Bindung.
4. Beschreiben Sie bitte die Bindungsverhältnisse im Hyperoxid mit der MO-Theorie und die im Ozon mit Hilfe von Resonanzstrukturen.
5. Wieso ist Wasser bei Raumtemperatur flüssig, Schwefelwasserstoff hingegen ein Gas?
6. Beschreiben Sie bitte das Prinzip der Atmung.
7. Wie funktioniert die Photosynthese?
8. Nennen Sie bitte drei Beispiele für stille Verbrennungen und geben Sie Reaktionsgleichungen an.
9. Beschreiben Sie bitte drei unterschiedliche Verfahren zur Herstellung von Wasserstoffperoxid.
10. Wie kann man Wasserrstoffperoxid qualitativ nachweisen?
11. Was versteht man unter „Rösten"?

Experimente

12. Was passiert beim Erhitzen von Kaliumchlorat bzw. Kaliumnitrat bzw. Wasserstoffperoxid?
13. Was passiert, wenn eine schwefelsaure Lösung von Kaliumpermanganat bzw. Kaliumiodid mit Wasserstoffperoxid-Lösung versetzt wird (Beobachtungen, Reaktionsgleichungen).
14. Was passiert, wenn eine verdünnte Wasserstoffperoxid-Lösung mit etwas Braunstein versetzt wird?
15. Was ist zu beobachten, wenn eine Chrom(III)-chlorid-Lösung (Farbe?) in eine alkalische Wasserstoffperoxid-Lösung geschüttet wird?
16. Interpretieren Sie bitte folgenden Versuch: Eine Soda-Lösung wird mit einigen Tropfen Bleinitrat-Lösung versetzt. Es entsteht ein weißer Niederschlag. Bei Zugabe eines Tropfens Natiumsulfid-Lösung wird der Niederschlag schwarz, beim anschließenden Zugeben von Wasserstoffperoxid-Lösung wieder weiß.

Rechenaufgaben

17. Formulieren Sie bitte das Massenwirkungsgesetz für die Knallgasreaktion und skizzieren Sie das Energieprofil der Reaktion.
18. Welchen pH-Wert hat eine 0,01-molare Natronlauge?
19. Berechnen Sie bitte die pH-Werte, die resultieren, wenn
   - 0,1 mol Eisessig
   - 0,1 mol Ammoniak-Gas
   zu einem Liter mit Wasser gelöst werden.

20. Ammoniak dissoziiert in Wasser geringfügig zu Ammonium und Hydroxid.
    Ammonium dissoziiert in Wasser geringfügig zu H^+ und Ammoniak.
    Leiten Sie bitte rechnerisch einen Zusammenhang zwischen den beiden Aussagen
    ab.
21. Leiten Sie bitte das *Ostwald*sche Verdünnungsgesetz am Beispiel der Essigsäure ab.
22. Genau betrachtet, ist 0,1-molare Salzsäure zu 92 % dissoziiert. Berechnen Sie bitte
    den pH-Wert der Lösung und die Säurekonstante.
23. Begründen Sie bitte, wieso eine Natriumchlorid-Lösung neutral und eine
    Natriumacetat-Lösung leicht alkalisch reagiert.
24. Welchen pH-Wert hat eine 0,1-molare Ammoniumchlorid-Lösung?
25. Eine Pufferlösung enthält 1 mol/l HOAc und 1 mol/l NaOAc.
    Welcher pH-Wert resultiert nach Zugabe von
    - 0,01 mol/l HCl
    - 0,1 mol/l HCl
    - 0,01 mol/l NaOH
    - 0,1 mol/l NaOH?
26. Wodurch unterscheidet sich ein Puffer mit 1 mol/l HOAc und 1 mol/l NaOAc von
    einem Puffer mit 0,1 mol/l HOAc und 0,1 mol/l NaOAc?
27. Wieso ändert sich der pH-Wert einer Lösung, die 1 mol NH_4Cl und 1 mol NH_3
    enthält, bei Zugabe von 0,1 mol NaOH bzw. 0,1 mol HCl praktisch nicht?
28. Wie viel Ammoniumchlorid muss einer 0,1-molaren Ammoniak-Lösung zugesetzt
    werden, um pH = 9 einzustellen?
29. Eine 0,1-molare Ameisensäure hat einen pH-Wert 2,38. Berechnen Sie bitte den
    Dissoziationsgrad der Ameisensäure und ihre Säurekonstante.

2.3 Halogene

Summary

Fluorine, F_2, is the strongest oxidant. Because of this it can only be prepared electrochemically through an anodic oxidation. In practice, the element is formed by electrolytic oxidation of a solution of anhydrous hydrogen fluoride in melted potassium fluoride. Chlorine, Cl_2, is produced by the electrolysis of melted sodium chloride (important for the production of sodium) or by the electrolysis of an aqueous sodium chloride solution (diaphragm process, amalgamation process or membrane process). Bromine, Br_2, and iodine, I_2, are prepared from their salts with the help of chlorine. Halogens are strong oxidants. Their oxidation power decreases as we proceed down the group: $F_2 > Cl_2 > Br_2 > I_2$.

Hydrogen fluoride, HF, is prepared through the reaction of calcium fluoride with the non-volatile concentrated sulfuric acid. The other hydrogen halides, HCl, HBr, and HI, are synthesized in a radical chain reaction out of the elements (H_2 and X_2). The aqueous solutions of the gases are called hydrohalic acids (e.g. hydrochloric acid).

In most of their compounds halogens have the oxidation state –I. In compounds with metals they can form ionic (e.g. NaCl) or covalent bonds (e.g. $SiCl_4$). Aluminum chloride and boron chloride are typical *Lewis* acids. They stabilize themselves through a dimer (Al_2Cl_6) or by forming pπ-pπ double bonds (BCl_3) between the metal and the chlorine substituents.

The interhalogens XY_n (n = 1,3,5,7) are formed between two different halogen elements. Chlorine, bromine, and iodine form a series of oxyacids, in which the halogen atom is in a positive oxidation state. These compounds (e.g. perchloric acid, $HClO_4$) and their salts (e.g. sodium hypochlorite, NaOCl, or potassium chlorate, $KClO_3$) are strong oxidizing agents.

2.3.1   Fluor

2.3.1.1   Vorkommen und Herstellung von Fluor

Fluor kommt in der Natur wegen seiner hohen Reaktivität nicht im elementaren, sondern in Form von Salzen vor, in der es als Fluorid vorliegt und über eine mit acht Valenz-elektronen gefüllte äußere Elektronenhülle verfügt (isoelektronisch mit dem Edelgas Neon). Wichtige Salze sind Flussspat, CaF_2, Kryolith, Na_3AlF_6 (s. Kapitel 3.5.4.2), sowie Fluorapatit, ein Doppelsalz von Calciumphosphat und -fluorid (s. Kapitel 2.6.1) der ungefähren Zusammensetzung $Ca_5(PO_4)_3F$.

Fluor ist das stärkste chemische Oxidationsmittel. Deshalb gibt es keinen anderen Stoff, der dazu in der Lage wäre, Fluorid zu Fluor zu oxidieren. Die Herstellung des Elementes kann nur elektrochemisch durch anodische Oxidation erfolgen. Zunächst wird aus Calciumfluorid und Schwefelsäure **Fluorwasserstoff** erzeugt:

$$CaF_2 + H_2SO_4 \rightarrow CaSO_4 + 2\,HF$$

Dieser verlässt die Reaktionsmischung als Gas, so dass das Gleichgewicht der Reaktion nach rechts verschoben wird. Fluorwasserstoff wird entweder komprimiert und in verflüssigter Form direkt in den Handel gebracht oder in Wasser gelöst als **Flusssäure** verkauft.

HF ist ein kleines Molekül mit starkem Dipolmoment, das ähnlich wie Wasser über Wasserstoffbrückenbindungen (vgl. Abbildung 2.2.7-1) assoziiert:

$$\overset{\delta^+\ \ \delta^-}{H-F} \cdots \overset{\delta^+\ \ \delta^-}{H-F} \cdots \overset{\delta^+\ \ \delta^-}{H-F} \qquad etc.$$

Es hat demzufolge einen im Vergleich zu den anderen Halogenwasserstoffen relativ hohen Siedepunkt von 19 °C. In Wasser gelöst ist Fluorwasserstoff eine schwache Säure (etwas stärker als Essigsäure), die nur zu einem geringen Anteil in Protonen und Fluorid-ionen dissoziiert:

$$HF \rightarrow H^+ + F^- \ ; \quad K_S = \frac{c_{H^+} \cdot c_{F^-}}{c_{HF}} = 6{,}8 \cdot 10^{-4}\,mol/l$$

Flusssäure muss besonders vorsichtig gehandhabt werden. Ein Hautkontakt ist sehr gefährlich, weil Fluorwasserstoff schnell durch das Körpergewebe diffundiert und die

Calciumionen im Blut als Calciumfluorid ausfällt bzw. die Knochensubstanz unter Ausbildung dieses Stoffes zerstört (s. Kapitel 4.1.4).

Aus Fluorwasserstoff wird Fluor gewonnen. Das Gas wird dazu in eine Kaliumfluorid-Schmelze eingeleitet, in der es sich unter Ausbildung komplexer Anionen löst:

$$K^+|\overline{\underline{F}}|^- \xrightarrow{HF} K^+\left[|\overline{\underline{F}}|----H-F\right]^- \xrightarrow{HF} K^+\left[F-H----|\overline{\underline{F}}|----H-F\right]^-$$

$$\xrightarrow{HF} K^+\left[F-H----|\overline{\underline{F}}|----H-F\right]^- \xrightarrow{HF} K^+\left[F-H----|\overline{F}|----H-F\right]^-$$

In der Salzschmelze liegen bewegliche Ionen vor, so dass ein Stromfluss möglich ist. An der Anode entsteht Fluor, an der Katode Wasserstoff:

Anode (Pluspol):	$2\,F^- \;\rightarrow\; F_2 + 2\,e^-$	... Oxidation
Katode (Minuspol):	$2\,H^+ + 2\,e^- \;\rightarrow\; H_2$	... Reduktion

$$2\,HF \;\rightarrow\; F_2 + H_2$$

2.3.1.2 Reaktionen von Fluor

Fluor kann viele Elemente in ihren höchstmöglichen Oxidationszustand überführen, z. B.:

$$S\; + 3\,F_2 \;\rightarrow\; SF_6$$
$$2\,P + 5\,F_2 \;\rightarrow\; 2\,PF_5$$
$$C\; + 2\,F_2 \;\rightarrow\; CF_4$$

Viele Reaktionen verlaufen explosionsartig, z. B.:

$$H_2\; + F_2 \;\rightarrow\; 2\,HF$$
$$2\,Na + F_2 \;\rightarrow\; 2\,NaF$$
$$Ca\; + F_2 \;\rightarrow\; CaF_2$$

Die Reaktionen mit Nichtmetallen liefern Fluoride, in denen das Fluor über eine kovalente Einfachbindung an das jeweilige Nichtmetall gebunden ist. Die Bindung hat je nach Elektropositivität des Nichtmetalls einen mehr oder weniger stark ausgeprägten Dipolcharakter:

$\overset{\delta^+}{} \overset{\delta^-}{}$

E–F

Mit Metallen entstehen salzartige Fluoride, in denen das Fluorid die Funktion des Anions in einem Ionengitter übernimmt.

Elementares Fluor kann z. B. in Kupfer- oder Nickelgefäßen aufbewahrt werden. Die Metalle reagieren an ihren Oberflächen mit Fluor unter Ausbildung einer CuF_2- bzw. NiF_2-Schicht, die verhindert, dass weiteres Fluor an das tiefer liegende Metall gelangt. Die Salzschicht schützt das Metall also vor einer Durchoxidation. Dieses Phänomen bezeichnet man als **Passivierung**.

Fluororganische Verbindungen zeichnen sich durch eine besondere Stabilität der kovalenten Kohlenstoff-Fluor-Bindung aus und haben daher interessante Materialeigenschaften, z. B. Perfluorpolyethen (Teflon®), $[CF_2{-}CF_2]_n$, das als hochtemperaturbeständiger Werkstoff, insbesondere als Beschichtungsmaterial, zum Einsatz kommt.

2.3.2 Chlor

2.3.2.1 Gewinnung von Natriumchlorid

Der Rohstoff für die Chlor- und Natriumchemie gleichermaßen ist Natriumchlorid. Das Salz kann in Steinsalzstöcken bergmännisch abgebaut oder mit Wasser aus den Lagerstätten herausgelöst werden. Im letzteren Fall wird die resultierende Salzsole durch Eindampfen vom Wasser getrennt. Auch das im Meerwasser mit einem Massenanteil von etwa 3 % vorhandene Natriumchlorid wird in großen Mengen gewonnen. Dazu wird das Meerwasser in flachen Becken, so genannten „Salzgärten", durch Sonneneinstrahlung eingedampft.

2.3.2.2 Technische Gewinnung von Chlor

Bei der **Schmelzflusselektrolyse von Natriumchlorid** wird in einer *Downs*-Zelle (s. Abbildung 3.5.4.2-1) Natriumchlorid, dem Calciumchlorid zur Erniedrigung des Schmelzpunktes (808 °C) zugesetzt ist, bei einer Temperatur um 600 °C geschmolzen. An einer Kohle-Anode wird Chlor gebildet, abgepumpt, durch Kompression verflüssigt und in Druckflaschen abgefüllt. An einer in die Zelle ringförmig eingelegten Eisen-Katode wird elementares, flüssiges Natrium (Smp. = 97,5 °C) abgeschieden, abgepumpt, zum Erstarren und in Stangenform in den Handel gebracht.

$$
\begin{array}{llll}
\text{Anode (Pluspol)} & : & 2\,Cl^- \;\rightarrow\; Cl_2 + 2\,e^- & \qquad \dots \qquad \text{Oxidation} \\
\text{Katode (Minuspol)} & : & 2\,Na^+ + 2\,e^- \;\rightarrow\; 2\,Na & \qquad \dots \qquad \text{Reduktion} \\
\hline
& & 2\,NaCl \;\rightarrow\; Cl_2 + 2\,Na &
\end{array}
$$

Da das Verfahren insbesondere wegen der hohen Betriebstemperatur sehr energieaufwändig ist, wird es nicht primär zur Chlor-, sondern zur Natrium-Herstellung (vgl.
Kapitel 3.5.4.2) durchgeführt.

Die Gewinnung großer Mengen Chlor erfolgt günstiger durch Elektrolyse einer
wässrigen Natriumchlorid-Lösung. Diese **Chloralkalielektrolyse** liefert mit Chlor,
Natronlauge und Wasserstoff (vgl. Kapitel 2.1.1) gleichzeitig drei wichtige Grund-
produkte der Chemie:

$$2 \, NaCl + 2 \, H_2O \xrightarrow{\text{Chloralkalielektrolyse}} Cl_2 + H_2 + 2 \, NaOH$$

Verfahrenstechnisch unterscheidet man dabei das (veraltete) Diaphragma-, das
Membran- und das Amalgamverfahren (Abbildung 2.3.2.2-1).

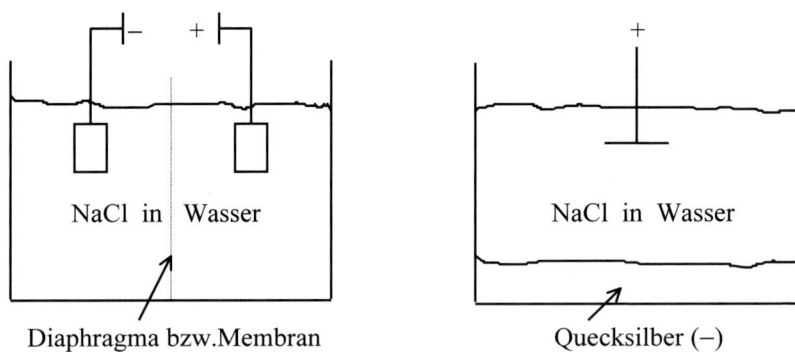

Abb. 2.3.2.2-1. Schematische Darstellung der Chloralkalielektrolyse nach dem
Diaphragma- bzw. Membran- (links) und Amalgamverfahren (rechts)

Beim **Diaphragma- bzw. Membranverfahren** sind Anoden- und Katodenraum
durch ein Diaphragma bzw. eine Membran voneinander getrennt. Die Ionen in der
Lösung sind kleiner als die Poren im Diaphragma, so dass sie sich durch diese hindurch
bewegen und somit einen Stromfluss ermöglichen können. Die im Katoden- und
Anodenraum entstehenden Gasblasen sind jedoch zu groß, um das Diaphragma zu
passieren. Deshalb wird eine (gefährliche) Durchmischung der Gase, die an ihrem
jeweiligen Entstehungsort abgepumpt werden, verhindert.

Eine Oxidation von OH^- zu O_2 erfolgt nur in sehr geringem Maße, denn Sauerstoff
wird als stärkeres Oxidationsmittel als Chlor nicht so leicht anodisch gebildet wie dieses.
Elementares Natrium (wie bei der Schmelzflusselektrolyse von Natriumchlorid) entsteht
auch nicht, denn Natrium wird als viel unedleres Element und stärkeres Reduktionsmittel als Wasserstoff nicht so leicht katodisch abgeschieden wie dieser.

Anode (Pluspol)	:	$2 \, Cl^- \rightarrow Cl_2 + 2 \, e^-$	... Oxidation
		$(4 \, OH^- \rightarrow O_2 + 4 \, e^- + 2 \, H_2O)$	
Katode (Minuspol)	:	$2 \, H^+ + 2 \, e^- \rightarrow H_2$	... Reduktion
		$(Na^+ + e^- \rightarrow Na)$	

Diesen Sachverhalt kann man folgendermaßen verallgemeinern: Bei einer
Elektrolyse wird von konkurrierenden Anionen das leichter oxidierbare bevorzugt

anodisch oxidiert (d. h., es entsteht das schwächere Oxidationsmittel) und entsprechend von konkurrierenden Kationen das leichter reduzierbare bevorzugt katodisch reduziert (d. h., es entsteht das schwächere Reduktionsmittel).

Dadurch, dass der Salzsole, die zunächst die Ionen Na^+ und Cl^- (aus Natriumchlorid) sowie H^+ und OH^- (aus dem Wasser) enthält, die Chloridionen durch Chlor- und die Protonen durch Wasserstoffbildung entzogen werden, bleibt in der Zelle Natronlauge, NaOH, zurück, so dass die oben angegebene Bruttoreaktionsgleichung der Chloralkali-elektrolyse verständlich wird.

Zwei verfahrenstechnische Besonderheiten des Diaphragma- bzw. Membranverfahrens seien noch erwähnt. Einmal ist es wichtig, das entstandene Chlor möglichst rasch abzupumpen, da es sonst mit der in der Zelle gleichzeitig gebildeten Natronlauge zu Chlorid und Hypochlorit disproportioniert:

$$Cl_2 + 2\,NaOH \;\rightarrow\; NaCl + NaOCl + H_2O$$

Diese hier unerwünschte Reaktion kann natürlich auch gezielt genutzt werden, um NaOCl, „Chlorbleichlauge", herzustellen, indem das anodisch erzeugte Chlor bewusst in Natronlauge eingebracht wird (s. Kapitel 2.3.8.2).

Weiterhin ist zu bedenken, dass die Elektrolyse nicht bis zum vollständigen Umsatz von Cl^- zu Cl_2 betrieben werden kann, da sonst bereits signifikante Mengen OH^- zu O_2 oxidiert und das Chlor verunreinigen würden. Die Konsequenz ist, dass die entstandene Natronlauge noch Natriumchlorid enthält und durch fraktionierte Kristallisation nach-gereinigt werden muss, bevor sie verkauft werden kann.

Beim **Amalgamverfahren** wird Quecksilber, ein silbrig glänzendes, flüssiges Halb-edelmetall, in die Elektrolysezelle gegeben und kann aufgrund seiner guten elektrischen Leitfähigkeit als Katode geschaltet werden. An diesem speziellen Elektrodenmaterial werden Protonen nur bei einer viel höheren Spannung als an anderen Elektroden abge-schieden (Überspannung), so dass eher Natriumionen zu elementarem Natrium reduziert werden, das mit dem Quecksilber eine flüssige Na-Hg-Legierung (Amalgam) bildet. Diese wird abgepumpt und in einem zweiten Reaktor stromlos mit Wasser ausge-waschen, wobei Natronlauge und Wasserstoff entstehen. Das natriumfreie Quecksilber wird in die Elektrolysezelle zurückgeführt.

1. Stufe:

Anode (Pluspol) :	$2\,Cl^- \;\rightarrow\; Cl_2 + 2\,e^-$	... Oxidation
Hg-Katode (Minuspol) :	$2\,Na^+ + 2\,e^- \;\rightarrow\; 2\,Na$	... Reduktion

2. Stufe:

$$2\,Na\,(Amalgam) + 2\,H_2O \;\rightarrow\; 2\,NaOH + H_2 \;(+ Hg)$$

Anders als beim Membranverfahren entstehen die beiden Produktgase Chlor und Wassserstoff in getrennten Reaktoren. Außerdem ist die entstandene Natronlauge frei von Natriumchlorid, so dass eine Nachreinigung nicht erforderlich ist. Nachteilig beim Amalgamverfahren ist, dass es aufgrund der höheren Betriebsspannung energie-intensiver als das Membranverfahren ist und dass beim Arbeiten mit dem sehr giftigen Quecksilber höhere Arbeits- und Umweltschutzauflagen zu erfüllen sind.

2.3.2.3 Chemische Methoden zur Chlor-Erzeugung

Stärkere Oxidationsmittel als Chlor können dieses aus Chloriden bzw. Salzsäure freisetzen. Z. B. werden violettes Permanganat oder Braunstein von Salzsäure zu farblosem Mangan(II)-chlorid, orangefarbenes Dichromat zu grünem Chrom(III)-chlorid oder schwarzes Blei(IV)-oxid (bekannt aus dem Bleiakku, s. Kapitel 3.3.3) zu schwerlöslichem, weißen Blei(II)-chlorid reduziert:

$$2\,KMnO_4 \;+\; 16\,HCl \;\rightarrow\; 2\,MnCl_2 \;+\; 2\,KCl \;+\; 5\,Cl_2 \;+\; 8\,H_2O$$
$$MnO_2 \;+\; 4\,HCl \;\rightarrow\; MnCl_2 \;+\; Cl_2 \;+\; 2\,H_2O$$
$$K_2Cr_2O_7 \;+\; 14\,HCl \;\rightarrow\; 2\,CrCl_3 \;+\; 2\,KCl \;+\; 3\,Cl_2 \;+\; 7\,H_2O$$
$$PbO_2 \;+\; 4\,HCl \;\rightarrow\; PbCl_2 \;+\; Cl_2 \;+\; 2\,H_2O$$

Hypochlorit aus Chlorbleichlauge synproportioniert mit Chlorid aus Salzsäure zu elementarem Chlor:

$$NaOCl + 2\,HCl \;\rightarrow\; NaCl + Cl_2 + H_2O$$

2.3.2.4 Reaktionen von Chlor

Chlor reagiert zwar grundsätzlich ähnlich wie Fluor mit vielen Elementen, aber weniger heftig als dieses, weil es ein schwächeres Oxidationsmittel ist. Auch werden einige Elemente bei Einwirkung von Chlor nicht vollständig oxidiert, wie das bei Fluor der Fall ist (vgl. Kapitel 2.3.1.2). Beispielsweise entsteht aus Schwefel und Chlor lediglich S_2Cl_2 oder SCl_2:

$$2\,S + Cl_2 \;\rightarrow\; S_2Cl_2 \xrightarrow{\ Cl_2\ } 2\,SCl_2$$

Phosphor verbrennt mit Chlor primär zu PCl_3 und erst bei höherer Temperatur zu PCl_5:

$$2\,P + 3\,Cl_2 \;\rightarrow\; 2\,PCl_3 \xrightarrow{\ 2\,Cl_2\ } 2\,PCl_5$$

Diese Reaktionen belegen auch, dass Chlor ein etwas schwächeres Oxidationsmittel ist als Sauerstoff. Dieser verbrennt Schwefel nämlich zu SO_2 und Phosphor zu P_4O_{10}. Auch die Reaktion von Chlor mit Wasserstoff ist weniger exotherm als die von Sauerstoff und Wasserstoff. Sie verläuft über einen radikalischen Kettenmechanismus, wobei nach initialer Erzeugung einiger Chlorradikale, z. B. durch Wärmezufuhr oder Belichtung, diese mit Wasserstoff zu Chlorwasserstoff und Wasserstoffradikalen reagieren. Letztere wiederum greifen intakte Cl_2-Moleküle an, wobei weiterer Chlorwasserstoff und neue Chlorradikale entstehen. Die Reaktion läuft so lange, bis die im Unterschuss vorliegende Komponente (Chlor oder Wasserstoff) vollständig verbraucht ist:

$$Cl_2 \xrightarrow{\ \Delta E\ } 2\,Cl\cdot$$
$$Cl\cdot + H{-}H \;\rightarrow\; Cl{-}H + \cdot H$$
$$H\cdot + Cl{-}Cl \;\rightarrow\; H{-}Cl + \cdot Cl \qquad \text{etc.}$$

Restliche Radikale desaktivieren sich durch Rekombination.

Die Chlorknallgasreaktion ist eine wichtige Methode zur Herstellung von hoch reinem Chlorwasserstoff.

Die angeführten Verbindungen des Chlors mit Schwefel, Phosphor und Wasserstoff sind Vertreter kovalenter Stoffe mit Einfachbindungen zwischen dem Nichtmetall und dem Chlor, E–Cl. Mit Metallen wie Natrium oder Calcium reagiert Chlor exotherm zu salzartig aufgebauten Verbindungen mit Ionengittern:

$$2\,Na + Cl_2 \rightarrow 2\,NaCl$$
$$Ca + Cl_2 \rightarrow CaCl_2$$

Mit anderen Metallen wie Silicium oder Titan bildet es kovalente Halogenide, die flüssig und destillierbar sind:

$$Si + 2\,Cl_2 \rightarrow SiCl_4$$
$$Ti + 2\,Cl_2 \rightarrow TiCl_4$$

Mit organischen Verbindungen kann Chlor **radikalische Substitutions- oder Additionsreaktionen** eingehen. Ein Beispiel für den ersten Fall ist die Bildung von Chlormethan und Chlorwasserstoff aus Methan und Chlor. Ähnlich wie bei der Chlor-knallgasreaktion ist eine beispielsweise lichtinduzierte Erzeugung von Chlor-Start-radikalen aus Cl_2 erforderlich. Diese abstrahieren von Methanmolekülen jeweils ein Wasserstoffatom, so dass Chlorwasserstoff entsteht und Methylradikale übrig bleiben. Diese greifen intakte Dichlormoleküle an, wobei Chlormethan und Chloratome resultieren. Letztere führen die Kettenreaktion fort:

$$Cl_2 \xrightarrow{\Delta E} 2\,Cl\cdot$$
$$Cl\cdot + H\text{–}CH_3 \rightarrow Cl\text{–}H + \cdot CH_3$$
$$\underline{H_3C\cdot + Cl\text{–}Cl \rightarrow H_3C\text{–}Cl + \cdot Cl \qquad \text{etc.}}$$
$$CH_4 + Cl_2 \rightarrow H_3CCl + HCl$$

Die Reaktion ist exotherm, was sich theoretisch voraussagen lässt, wenn man die Energien, die zum homolytischen Bruch einer C–H-Bindung im Methan (415 kJ/mol) und einer Cl–Cl-Bindung (243 kJ/mol) aufgebracht werden müssen, gegen die Energien abwägt, die beim Knüpfen der neuen C–Cl-Bindung im Chlormethan (330 kJ/mol) und der neuen H–Cl-Bindung (432 kJ/mol) gewonnen werden:

$$\Delta H = (415 \text{ kJ/mol} + 243 \text{ kJ/mol}) - (330 \text{ kJ/mol} + 432 \text{ kJ/mol}) = -104 \text{ kJ/mol}$$

Ein Beispiel für eine Additionsreaktion ist die trans-Chlorierung von organischen Verbindungen mit Doppelbindungen (Olefine):

Auch an anorganische Verbindungen kann sich Chlor addieren:

... Sulfurylchlorid

... Phosgen

Das freie Elektronenpaar des Schwefels im Schwefeldioxid bzw. des Kohlenstoffs im Kohlenstoffmonoxid kann sich in die Einfachbindung des Dichlormoleküls einschieben, so dass Sulfurylchlorid bzw. Phosgen resultieren.

Neben seiner Funktion als Chlorierungsmittel in der Chemie wird Chlor vor allem auch in der Trinkwasseraufbereitung als Desinfektionsmittel (Vergiften von Mikroorganismen) und in der Papier- und Textilindustrie als Bleichmittel (oxidative Zerstörung von Farbstoffen) eingesetzt (vgl. das Kapitel über Wasserchemie auf der CD).

2.3.3 Brom

Brom wird aus Bromiden durch das stärkere Oxidationsmittel Chlor verdrängt:

$2 KBr + Cl_2 \rightarrow 2 KCl + Br_2$

Es ist eine braune, schwere Flüssigkeit, die destillativ gereinigt werden kann.

Besondere Bedeutung hat Brom in der Photoindustrie. Hier wird aus Silbernitrat mittels Ammoniumbromid schwerlösliches, lichtempfindliches **Silberbromid** gefällt (Versuch 21, s. CD) und als feine Suspension in Gelatine auf eine Polymerträgerfolie aufgebracht. Beim Photographieren zerfällt der Stoff in die Elemente, was zu einer Schwarzfärbung der belichteten Stellen führt (latentes Bild) (Versuch 22, s. CD):

$AgNO_3 + NH_4Br \rightarrow NH_4NO_3 + AgBr$

$$\xrightarrow{h\nu} Ag + 0,5 Br_2$$

In der organischen Farbstoffchemie wird Brom eingesetzt, um an die Chromophore der Farbstoffe Brom-Substituenten anzubringen. Die resultierenden Farbstoffe zeichnen sich durch eine besondere Brillanz aus.

Weitere Bedeutung in der organischen Synthesechemie hat die trans-Bromierung von Molekülen mit Doppelbindungen:

2.3.4 Iod

2.3.4.1 Gewinnung von Iod

Iod wird ähnlich wie Brom aus natürlichen Iodiden durch Oxidation mit Chlor gewonnen:

$$2\,KI + Cl_2 \rightarrow 2\,KCl + I_2$$

Da es in der Natur außerdem als **Iodat**, z. B. $Ca(IO_3)_2$, einem Bestandteil des Chilesalpeters, vorkommt, kann es alternativ daraus durch Reduktion mit Schwefliger Säure synthetisiert werden:

$$(\ Ca(IO_3)_2 \xrightarrow{\ H_2SO_4;\ -\ CaSO_4\ })\ \ 2\,HIO_3 + 5\,SO_2 + 4\,H_2O \rightarrow I_2 + 5\,H_2SO_4$$

2.3.4.2 Eigenschaften von Iod

Iod ist ein schwarzvioletter Feststoff, der beim Erwärmen ohne zu schmelzen in den Gaszustand übergeht. Dieses Phänomen bezeichnet man als **Sublimation**. Wenn man die violetten Ioddämpfe an einem Kühler abscheidet, erhält man kristallines, hoch reines Iod (Versuch 6-2, s. CD). Der Glanz des Iods und seine schon merkliche elektrische Leitfähigkeit sind Hinweise darauf, dass das Element u. a. auch Eigenschaften besitzt, die mehr für Metalle typisch sind.

In Wasser ist Iod kaum, in einer wässrigen Kaliumiodid-Lösung aber gut löslich, was auf die Bildung einer ionischen, in Wasser dissoziierten Komplexverbindung $K[I_3]$ zurückzuführen ist (Versuch 23, s. CD):

$$KI + I_2 \rightarrow K[I_3]$$

Im Triiodidanion sind die drei Iodatome linear angeordnet. Das mittlere Iodatom realisiert seine Zweibindigkeit durch eine sp^3d-Hybridisierung (s. Abbildung 2.3.4.2-1 und vgl. Kapitel 1.4.5).

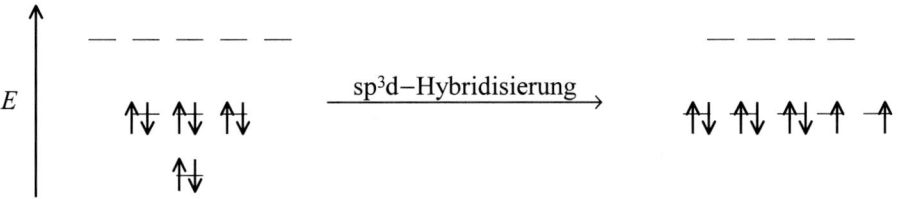

Abb. 2.3.4.2-1. sp³d-Hybridisierung des Iodid-Anions

Die acht Valenzelektronen werden gemäß *Pauli*-Prinzip und *Hund*scher Regel auf die Hybridorbitale verteilt. Zwei davon bleiben halb, drei sind mit jeweils zwei spinge-paarten Elektronen voll besetzt. Die fünf Hybridorbitale haben die Form von Keulen und zeigen vom Atommittelpunkt aus in die Ecken einer trigonalen Bipyramide. Die besetzten Hybridorbitale nehmen dabei die äquatorialen Positionen ein und sind räumlich etwas enger zusammen gedrängt als die halb besetzten Hybridorbitale, die auf den axialen Positionen mit den halb besetzten sp³-Hybridorbitalen zweier Iodatome zum I_3^- überlappen (s. Abbildung 2.3.4.2-2). Das zentrale Iodatom verfügt über insgesamt zehn Valenzelektronen. Durch die Umhybridisierung unter Einbeziehung eines d-Orbitals kann das Iod eine Oktettaufweitung verwirklichen.

Das Triiodid $[I_3]^-$ wird als **Charge-Transfer-Komplex** bezeichnet, denn die negative Ladung vom Iodidanion ist auf ein I_2-Molekül übertragen worden. Ein CT-Komplex ist als ein Addukt einer *Lewis*base und einer *Lewis*säure zu interpretieren. Unter einer *Lewis*base versteht man einen Stoff, der über mindestens ein freies Elektronenpaar verfügt und dieses bei einer chemischen Reaktion dem Reaktionspartner zur Verfügung stellen kann (Elektronenpaar-Donor oder Donator). Eine *Lewis*säure ist umgekehrt ein Stoff, der eine Elektronenlücke und damit einen Elektronenmangel aufweist, anders ausgedrückt, der über mindestens ein unbesetztes Orbital verfügt, in das er zwei Elektronen aufnehmen kann (Elektronenpaar-Akzeptor). Bei der I_3^--Bildung hat das Iodid die Funktion der *Lewis*base, das I_2-Molekül unter Zuhilfenahme eines un-besetzten d-Orbitals, die Funktion der *Lewis*säure.

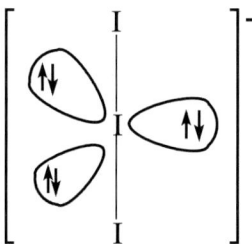

Abb. 2.3.4.2-2. Struktur des Triiodid-Anions

Das I_2-Molekül hat – wie bereits erwähnt – eine violette Farbe, der I_3^--Komplex ist hingegen rötlich-braun. Um diese Farben zu verstehen, ist zunächst zu diskutieren, wie die **Farbe** einer Verbindung überhaupt zustande kommt. Trifft weißes Licht, eine Mischung verschiedener Spektralfarben, auf Materie, so können in den dort vorliegenden Verbindungen Elektronen durch Aufnahme von Energie in Form von Licht, $E = h \cdot \nu$, aus energieärmeren in energiereichere Molekülorbitale angehoben werden (s. Abbildung 2.3.4.2-3).

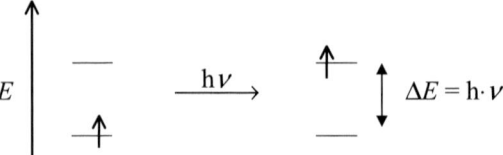

Abb. 2.3.4.2-3. Prinzip der elektronischen Anregung durch Lichtabsorption

Da die Energieabstände zwischen den Molekülorbitalen genau definiert sind, ist für den Elektronensprung die Absorption einer genau passenden Lichtfrequenz nötig. Diese fehlt dem Licht, das von der Verbindung reflektiert wird (reflektiertes Licht = weißes Licht – absorbiertes Licht), so dass die Verbindung die **Komplementärfarbe** der absorbierten Farbe aufweist (Tabelle 2.3.4.2-1).

Tabelle 2.3.4.2-1. Komplementärfarben

Absorbierte Wellenlänge	Farbe	Komplementärfarbe
400-435 nm	violett	gelbgrün
435-480 nm	blau	gelb
480-490 nm	grünblau	orange
490-500 nm	blaugrün	rot
500-560 nm	grün	purpur
560-580 nm	gelbgrün	violett
580-595 nm	gelb	blau
595-610 nm	orange	grünblau
610-750 nm	rot	blaugrün

Elementares Iod, I_2, absorbiert gelbgrünes Licht und erscheint daher violett. Wenn es durch eine *Lewis*base wie Iodid komplexiert wird, wird es elektronenreicher, so dass es mit einfallendem weißen Licht anders wechselwirkt als im unkomplexierten Zustand. Eine Farbänderung, hier nach rot-braun, ist also grundsätzlich zu erwarten.

Lösungen von Iod in Alkoholen, Ethern oder Aromaten sind ähnlich rot-braun gefärbt wie die Lösung von Iod in KI-haltigem Wasser, denn die Alkohole und Ether verfügen an ihren Sauerstoffatomen über freie Elektronenpaare

Alkohol: $R \overset{\frown}{O} H$ Ether: $R \overset{\frown}{O} R'$

bzw. die Aromaten über π-Elektronenwolken, die mit den I_2-Molekülen Elektronen-Donor/Akzeptor-Wechselwirkungen eingehen können. In chlorierten Kohlenwasserstoffen wie CCl_4, $CHCl_3$ oder CH_2Cl_2 löst sich Iod hingegen mit seiner violetten

Eigenfarbe, denn diese Solventien gehen keine *Lewis*base/-säure-Wechselwirkung mit I_2 ein.

Besonders eindrucksvoll ist der **Iod-Nachweis mit Stärke**. Dabei lagert sich das Halogen als I_5^- in die helical aufgebaute Amylose des Polysaccharids ein, wobei eine tiefblaue, fast schwarze Farbe resultiert (Versuch 24, s. CD).

2.3.5   Halogenwasserstoffe

2.3.5.1   Herstellung der Halogenwasserstoffe

In den Kapiteln 2.3.1.1 und 2.3.2.4 wurde bereits erwähnt, dass Fluorwasserstoff aus Calciumfluorid und Schwefelsäure und dass Chlorwasserstoff aus den Elementen erzeugt wird. **Chlorwasserstoff** wird technisch außerdem aus Natriumchlorid und Schwefelsäure gewonnen, als Gas komprimiert oder in Wasser gelöst als **Salzsäure** in den Handel gebracht (Versuch 25, s. CD):

$$NaCl + H_2SO_4 \rightarrow NaHSO_4 + HCl \qquad bzw.$$
$$2\,NaCl + H_2SO_4 \rightarrow Na_2SO_4 + 2\,HCl$$

Anders als Flusssäure ist Salzsäure eine starke Säure, die zu über 90 % in Protonen und Chloridionen dissoziiert ist. Rauchende Salzsäure ist eine übersättigte Lösung von Chlorwasserstoff in Wasser (35-37%ig), aus der leicht HCl-Gas ausdampft. 20%ige Salzsäure kann bei 108 °C als Azeotrop destilliert werden. Eine ca. 0,1-molare Salzsäure hat als Magensäure beispielsweise die biologische Funktion, aufgenommene polymere Nährstoffe zu denaturieren und damit einer weiteren Verdauung zugänglich zu machen.

Brom- und Iodwasserstoff können nicht wie Fluor- und Chlorwasserstoff aus den entsprechenden Halogeniden und Schwefelsäure gewonnen werden, weil diese als mittelstarkes Oxidationsmittel Bromid und Iodid zu den weniger starken Oxidationsmitteln Brom und Iod oxidieren kann (Versuche 26 und 27, s. CD):

$$KBr + H_2SO_4 \begin{cases} HBr + Na_2SO_4 \\ Br_2 + SO_2 \end{cases}$$

$$KI \;\; + H_2SO_4 \begin{cases} HI + Na_2SO_4 \\ I_2 + SO_2/H_2S \end{cases}$$

Aus den Halogeniden ausgetrieben werden können Brom- und Iodwasserstoff deshalb höchstens mit einer nicht-oxidierenden Säure, z. B. Phosphorsäure:

$$KBr + H_3PO_4 \rightarrow HBr + KH_2PO_4$$
$$KI \;\; + H_3PO_4 \rightarrow HI \;\; + KH_2PO_4$$

Technisch sinnvoller ist es allerdings, Brom- und Iodwasserstoff direkt aus den Elementen herzustellen:

$$Br_2 + H_2 \rightarrow 2\,HBr \quad (\Delta H_{25\,°C} = -36,4\ kJ/mol)$$
$$I_2 + H_2 \rightarrow 2\,HI \quad (\Delta H_{25\,°C} = +25,9\ kJ/mol)$$

Die letzte Reaktion ist bereits leicht endotherm, so dass Wärme zugeführt werden muss, um sie in die gewünschte Richtung zu lenken (s. Abbildung 2.3.5.1-1).

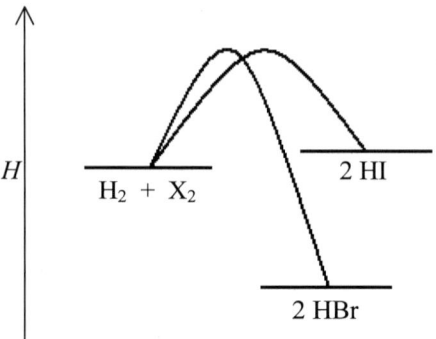

Abb. 2.3.5.1-1. Vereinfachte Energieprofile der Synthesen von Brom- und Iodwasserstoff aus den Elementen

Die Reaktivität der Halogene gegenüber Wasserstoff nimmt in der Reihenfolge $F_2 \rightarrow Cl_2 \rightarrow Br_2 \rightarrow I_2$ ab, was verständlich ist, da in der gleichen Reihenfolge auch die Oxidationskraft der Halogene abnimmt. Die **Säurestärke** der Halogenwasserstoffe ($HX \rightarrow H^+ + X^-$) nimmt in der Reihenfolge $HF \rightarrow HCl \rightarrow HBr \rightarrow HI$ zu, da der Wasserstoff mit zunehmender Größe des Halogens leichter von diesem in Form von H^+ abtrennbar ist.

2.3.5.2 Reaktionen der Halogenwasserstoffe

Flusssäure muss in Teflon- oder Polyethen- und darf nicht in Glasgefäßen aufbewahrt werden, da sie Glas unter Ausbildung von Siliciumtetrafluorid bzw. Hexafluorokieselsäure langsam angreift:

$$SiO_2 + 4\,HF \rightarrow SiF_4 + 2\,H_2O$$
$$\downarrow 2\,HF$$
$$H_2[SiF_6]$$

In der **Salzsäure** zeigen die Protonen und Chloridionen ihr charakteristisches Eigenleben. Die Protonen wirken z. B. als Säure und können eine Base neutralisieren:

$$H^+ + OH^- \rightarrow H_2O \quad\quad (HCl + NaOH \rightarrow H_2O + NaCl)$$

Außerdem können die Protonen Metalle, die unedler als der Wasserstoff sind, oxidieren, z. B. (Versuch 1, s. CD):

$$Fe + 2\,H^+ \rightarrow Fe^{2+} + H_2 \qquad (Fe + 2\,HCl \rightarrow FeCl_2 + H_2)$$

Die Chloridionen können gegenüber besonders starken Oxidationsmitteln reduzierend wirken und dabei selbst zu elementarem Chlor oxidiert werden, z. B.:

$$Cr_2O_7^{2-} + 6\,Cl^- + 14\,H^+ \rightarrow 2\,Cr^{3+} + 3\,Cl_2 + 7\,H_2O$$
$$(K_2Cr_2O_7 + 14\,HCl \qquad \rightarrow \quad 2\,CrCl_3 + 2\,KCl + 3\,Cl_2 + 7\,H_2O)$$

Weiterhin können sie als Fällungsmittel bei der Bildung schwerlöslicher Metallchloride wirken, z. B.:

$$Ag^+ + Cl^- \rightarrow AgCl \qquad (AgNO_3 + HCl \qquad \rightarrow AgCl + HNO_3)$$
$$Pb^{2+} + 2\,Cl^- \rightarrow PbCl_2 \qquad (Pb(NO_3)_2 + 2\,HCl \rightarrow PbCl_2 + 2\,HNO_3)$$

Schließlich haben sie die Funktion von Liganden in zahlreichen Komplexen (vgl. Kapitel 3.7), z. B. (Versuch 28, s. CD):

$$AlCl_3 + Cl^- \quad \rightarrow \quad [AlCl_4]^- \qquad (Tetrachloroaluminat)$$
$$FeCl_3 + 3\,HCl \ \rightarrow \ H_3[FeCl_6] \qquad (Hexachloroferrat(III))$$

2.3.6 Halogenide

2.3.6.1 Synthesen von Halogeniden

Halogenide lassen sich auf verschiedenen Wegen herstellen:

1. Halogenide durch Direktsynthese aus den Elementen

Die Direktsynthese zwischen einem Metall und einem Halogen wird insbesondere dann durchgeführt, wenn ein wasserfreies Metallhalogenid, z. B. für katalytische Zwecke, benötigt wird, beispielsweise:

$$2\,Al + 3\,Cl_2 \ \rightarrow \ 2\,AlCl_3$$
$$2\,Fe + 3\,Cl_2 \ \rightarrow \ 2\,FeCl_3$$

2. Halogenide aus einem unedlen Metall und einer Halogenwasserstoffsäure

Protonen wirken nicht so stark oxidierend wie ein Halogen. Setzt man Eisen (als Beispiel für ein unedles Metall) mit Salzsäure um, so resultiert Eisen(II)-chlorid, und nicht Eisen(III)-chlorid wie bei der Direktsynthese aus Eisen und Chlor:

$$Fe + 2\,HCl \ \rightarrow \ FeCl_2 + H_2$$

3. Halogenide aus einem Metalloxid, -hydroxid oder -carbonat und einer
   Halogenwasserstoffsäure

Basische Metalloxide, wie beispielsweise Calciumoxid, oder typische Laugen, wie
Natronlauge, werden mit Halogenwasserstoffsäuren glatt zu den entsprechenden Salzen
und Wasser neutralisiert:

$$CaO + 2\,HCl \;\rightarrow\; CaCl_2 + H_2O$$
$$NaOH + HCl \;\rightarrow\; NaCl + H_2O$$

Aus Metallcarbonaten lässt sich Kohlenstoffdioxid, das Anhydrid der formalen
Kohlensäure (H_2CO_3), mit den stärkeren Halogenwasserstoffsäuren problemlos verdrängen, z. B.:

$$K_2CO_3 + 2\,HCl \;\rightarrow\; 2\,KCl + CO_2 + H_2O$$

Bei Verwendung einer HCl-Maßlösung können die angeführten Metallverbindungen
acidimetrisch bestimmt werden.

4. Halogenide durch Umhalogenierung

Die Verbindung Zinntetrafluorid entsteht zwar bei der Umsetzung von metallischem
Zinn mit Fluor, doch ist die Reaktion zu exotherm, um mit einfachen Mitteln kontrolliert
werden zu können. Günstiger (ungefährlicher) ist es, zunächst in einer mäßig exothermen Reaktion Zinntetrachlorid aus den Elementen herzustellen und dieses dann mit
Fluorwasserstoff umzuhalogenieren:

$$SnCl_4 + 4\,HF \;\rightarrow\; SnF_4 + 4\,HCl$$

5. Halogenide durch reduktive Chlorierung

Die kovalenten Metallhalogenide $TiCl_4$ und BCl_3, die als *lewis*saure Katalysatoren vor
allem in der organischen Polymerchemie eine große Rolle spielen, werden aus den
Metalloxiden TiO_2 bzw. B_2O_3 bei gleichzeitiger Anwesenheit des Reduktionsmittels
Kohle und des Oxidationsmittels Chlor hergestellt:

$$TiO_2 + 2\,C + 2\,Cl_2 \xrightarrow{\;800\,°C\;} TiCl_4 + 2\,CO$$
$$B_2O_3 + 3\,C + 3\,Cl_2 \xrightarrow{\;530\,°C\;} 2\,BCl_3 + 3\,CO$$

Vermutlich wird der Kohlenstoff das vierwertige Titan bzw. das dreiwertige Bor zunächst zum Element reduzieren, das dann im Sinne einer Direktsynthese mit Chlor zum
Metallhalogenid weiter reagiert.

2.3.6.2 Strukturen der Halogenide

Während **NaCl** eine typisch ionisch aufgebaute Verbindung ist, in der Na^+-Kationen und
Cl^--Anionen alternierend die Gitterplätze besetzen (s. Abb. 1.4.1-1) und deren Schmelze
den elektrischen Strom leitet, ist **TiCl₄** eine kovalente Verbindung, in der vier Chlorsubstituenten das zentrale Titanatom tetraedrisch umgeben. Die Verbindung ist flüssig,
destillierbar und leitet den elektrischen Strom nicht.

Bor- und Aluminiumchlorid sind typische *Lewis*säuren. Als Elemente der dritten Hauptgruppe verfügen sie nur über drei Valenzelektronen und erreichen durch Anbindung von drei Chloratomen lediglich ein Elektronensextett auf ihrer Valenzschale. Ihnen fehlen also noch zwei Elektronen für eine stabile Edelgaskonfiguration. BCl_3 und $AlCl_3$ gehen deshalb besonders gerne Reaktionen mit *Lewis*basen, z. B. Chloridionen, unter Ausbildung stabiler Tetraederkomplexe ein:

$$BCl_3 + Cl^- \rightarrow BCl_4^-$$
$$AlCl_3 + Cl^- \rightarrow AlCl_4^-$$

BCl_3 stabilisiert sich aber auch selbst, indem das Boratom eine sp^2-Hybridisierung annimmt und mit seinem leeren p-Orbital π-Bindungen zu den mit ihm in einer Ebene liegenden, ebenfalls sp^2-hybridisierten Chloratomen eingeht. So erreicht das Bor eine Neonkonfiguration. Aus den Resonanzstrukturen in Abbildung 2.3.6.2-1 geht hervor, dass die Chloratome in statistischen Mittel über eine $1\frac{1}{3}$-Bindung gleichermaßen an das zentrale Metall gebunden sind.

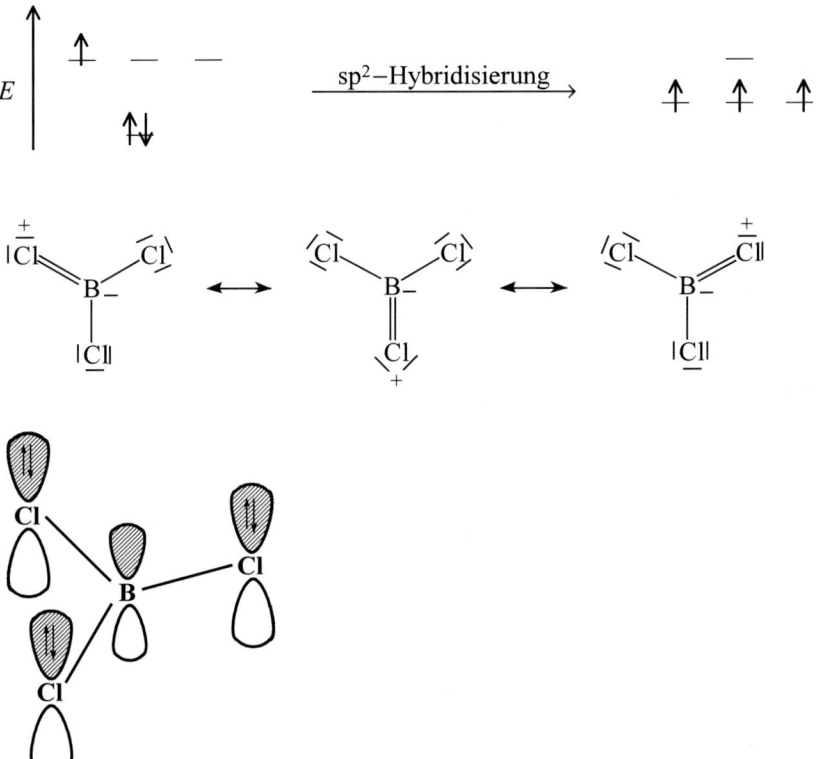

Abb. 2.3.6.2-1. Hybridisierung vom Bor in Bortrichlorid, Resonanzstrukturen und Doppelbindungscharakter

AlCl₃ geht diese Art der pπ-pπ-Doppelbindungsverstärkung nicht ein. Es stabilisiert sich (in der Gasphase oder in Lösung) vielmehr durch Dimerisierung:

Dabei wirkt ein Chlorsubstituent am Aluminium des einen AlCl₃-Moleküls über eins seiner freien Elektronenpaare gegenüber dem anderen AlCl₃-Molekül (*Lewis*säure) als Elektronenpaardonator (*Lewis*base) und gleichzeitig ein Chlorsubstituent dieses AlCl₃-Moleküls gegenüber dem ersten als Elektronenlieferant. Es resultieren zwei Chlorobrücken zwischen den beiden Aluminiumatomen, die jetzt insgesamt von vier Chlorsubstituenten tetraedrisch umgeben sind, wobei die Brücken-Chloratome einen etwas größeren Abstand zum Aluminium haben als die peripheren Chloratome.

2.3.7 Interhalogene

Interhalogene entstehen nach der allgemeinen Reaktionsgleichung:

$$X_2 + n\,Y_2 \;\rightarrow\; 2\,XY_n\;;\quad n = 1, 3, 5, 7$$

Dabei ist X das elektropositivere und Y das elektronegativere Element:

$$\overset{\delta^+}{X}-\overset{\delta^-}{Y}$$

Das elektropositivere Element nimmt in den Verbindungen die positiven Oxidationsstufen +I, +III, +V oder +VII an.

Die Koordinationszahlen 3 (z. B. BrF₃), 5 (z. B. BrF₅) und 7 (IF₇) werden durch eine sp^3d- bzw. sp^3d^2- bzw. sp^3d^3-Hybridisierung des Zentralatoms realisiert. Besonders bemerkenswert ist die Verbindung IF₇, der einzige Vertreter des Typs XY₇, in der das Iod in seiner höchst möglichen Oxidationsstufe +VII vorliegt und alle seine Valenzelektronen abgegeben hat. Sieben Fluorsubstituenten besetzen die Ecken einer pentagonalen Bipyramide. Sie passen um das zentrale Iod, weil dieses sehr groß ist und sie selbst klein sind (Abbildung 2.3.7-1).

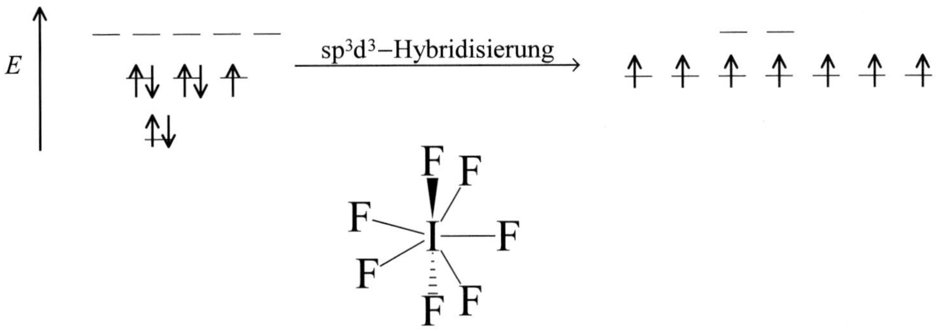

E

Abb. 2.3.7-1. Hybridisierung des Iods in IF$_7$ und dessen Struktur

2.3.8 Halogensauerstoffsäuren und ihre Salze

2.3.8.1 Eigenschaften und Strukturen

Halogensauerstoffsäuren sind Verbindungen, bei denen die Halogene in den positiven Oxidationsstufen I, III, V bzw. VII vorliegen (vgl. Interhalogene, Kapitel 2.3.7):

$$HXO_n \; ; \; n = 1 \quad \text{...} \quad \text{hypohalogenige Säuren}$$
$$n = 2 \quad \text{...} \quad \text{halogenige Säuren}$$
$$n = 3 \quad \text{...} \quad \text{Halogensäuren}$$
$$n = 4 \quad \text{...} \quad \text{Perhalogensäuren}$$

Besonders stabil ist die **Iodsäure**, HIO$_3$, was nicht verwundert, wenn man bedenkt, dass Iod auch in der Natur als Iodat, z. B. Ca(IO$_3$)$_2$, in der Oxidationsstufe +V vorkommt.

Weiterhin stabil ist die **Perchlorsäure**, HClO$_4$. Dies allein mit der Neonkonfiguration des siebenwertigen Chlors zu erklären, reicht nicht aus, zumal schon allein wegen der hohen Oxidationsstufe +VII des Chlors eine starke Oxidationskraft der Verbindung zu erwarten ist und sich in der Tat auch z. B. in spontanen Explosionen mit vielen organischen Stoffen äußert. Die besondere Stabilität der Perchlorsäure lässt sich besser mit der günstigen Struktur ihres Anions und den Bindungsverhältnissen zwischen Chlor und Sauerstoff erklären. Die Perchlorsäure ist eine starke Säure, die vollständig dissoziiert:

$$HClO_4 \; \rightarrow \; H^+ + ClO_4^-$$

Im resultierenden Perchloratanion passen die Sauerstoffatome und das zentrale Chloratom von ihrer Größe her so gut zueinander, dass sie einen Tetraeder ideal ausfüllen. Außerdem sind die Atome über $1\frac{3}{4}$-Bindungen recht stark aneinander gebunden, was aus den in der Abbildung 2.3.8.1-1 gezeigten Resonanzstrukturen hervor geht.

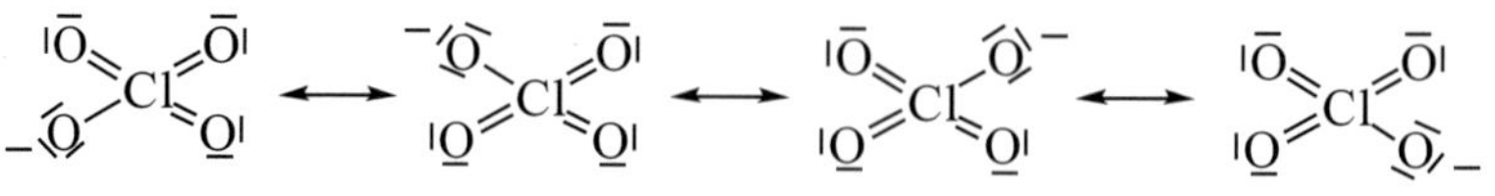

Abb. 2.3.8.1-1. Resonanzstrukturen des Perchloratanions

Die anderen Halogensauerstoffsäuren sind als solche instabil, können aber durch Salzbildung stabilisiert werden. Dies ist dadurch zu erklären, dass bei den Salzbildungen **Gitterenergien** frei werden, die den freien Säuren fehlen und die daher deren Instabilitäten überkompensieren. Salze wie $Ca(OCl)Cl$, $NaClO_3$, $KClO_3$, $Ba(ClO_3)_2$, $NaBrO_3$ oder $NaIO_4$ können daher problemlos gehandhabt werden. Durch Ansäuern dieser Salze, z. B. mit Schwefelsäure, können die entsprechenden Säuren freigesetzt und in Folgereaktionen direkt verbraucht werden (Versuch 29, s. CD), beispielsweise:

$$Ba(ClO_3)_2 + H_2SO_4 \rightarrow BaSO_4 + 2\,HClO_3$$
$$\longrightarrow \text{ Folgereaktion(en)}$$

Eine **Natriumbromat-/-bromid-Mischung** stellt beim Ansäuern eine Quelle für elementares Brom dar (Komproportionierung von +V-wertigem und −I-wertigen zu ±0-wertigem Brom; Versuch 30, s. CD):

$$NaBrO_3 + 5\,NaBr + 3\,H_2SO_4 \rightarrow 3\,Na_2SO_4 + 3\,H_2O + 3\,Br_2$$
$$\longrightarrow \text{Folgereaktion(en)}$$

Ähnlich können **Chlorkalk**, $Ca(OCl)Cl$, oder **Chlorbleichlauge**, $NaOCl$, beim Ansäuern mit Salzsäure als Quellen für elementares Chlor benutzt werden:

$$Ca(OCl)Cl + 2\,HCl \rightarrow CaCl_2 + H_2O + Cl_2 \qquad \text{bzw.}$$
$$NaOCl \quad + 2\,HCl \rightarrow NaCl + H_2O + Cl_2$$

Die Stoffe werden oft als Desinfektionsmittel eingesetzt.

Chlorate spielen in der Sprengstofftechnik eine große Rolle als Lieferanten für den die Verbrennung unterstützenden Sauerstoff (vgl. die Versuche 10 und 29, s. CD):

$$2\,KClO_3 \rightarrow 2\,KCl + 3\,O_2$$

Außerdem kann aus Chloraten mit Schwefelsäure im Sinne einer Disproportionierungsreaktion **Chlor(IV)-oxid**, ClO_2, erzeugt werden:

$$3\,NaClO_3 + 3\,H_2SO_4 \rightarrow 3\,NaHSO_4 + HClO_4 + H_2O + 2\,ClO_2$$

Dieses wird in der Trinkwasseraufbereitung in zunehmendem Maße anstelle von Chlor als Desinfektionsmittel eingesetzt, weil sich im Gegensatz zur Chlorung des Wassers aus den organischen Wasserinhaltstoffen weniger chlorierte Folgeprodukte bilden.

Erwähnenswert ist die Struktur der Periodsäure. Diese liegt nicht in der zur $HClO_4$ analogen Summenformel HIO_4 vor, sondern in der **ortho-Form** H_5IO_6, deren Zustandekommen man sich formal durch Wasseraufnahme vorstellen kann:

$$HIO_4 + 2\,H_2O \rightarrow H_5IO_6 \qquad (O{=}I(OH)_5)$$

Das Iod-Zentralatom kann nämlich wegen seiner Größe eine höhere Koordinationszahl realisieren als das deutlich kleinere Chlor und umgibt sich daher oktaedrisch mit sechs

Sauerstoffen, einem doppelt angebundenen O-Atom und fünf einfach angebundenen OH-Gruppen (s. Abbildung 2.3.8.1-2 und vgl. die Diskussion der Strukturen der Interhalogene im Kapitel 2.3.7).

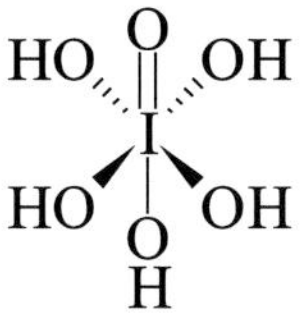

Abb. 2.3.8.1-2. Struktur der ortho-Periodsäure

2.3.8.2 Synthesen

Hypohalogenite erhält man neben den Halogeniden durch Disproportionierung von Chlor, Brom oder Iod in kalter Alkali- oder Erdalkalilauge, z. B.:

$$Cl_2 + 2\,NaOH \rightarrow NaOCl + NaCl + H_2O \qquad \text{(analog für Br}_2 \text{ und I}_2\text{)}$$
$$Cl_2 + Ca(OH)_2 \rightarrow Ca(OCl)Cl + H_2O$$

Bei höherer Temperatur nimmt die Disproportionierung einen anderen Verlauf und es entsteht neben dem Halogenid das **Halogenat**, z. B.

$$3\,Cl_2 + 6\,NaOH \xrightarrow{\ 80\,°C\ } NaClO_3 + 5\,NaCl + 3\,H_2O$$

Perchlorat wird durch anodische Oxidation von Chlorat erzeugt:

$$NaClO_3 + H_2O \xrightarrow{\ \text{Elektrolyse}\ } NaClO_4 + H_2$$

Die Fällung von Kaliumperchlorat dient zum analytischen Nachweis von Kaliumionen (Versuch 31, s. CD):

$$KCl + HClO_4 \rightarrow KClO_4 + HCl$$

2.3.9 Übungen (Halogene)

1. Welche Rolle spielt Kaliumfluorid bei der Gewinnung von Fluor?
2. Diskutieren Sie bitte die Vor- und Nachteile des Diaphragma- und des Amalgamverfahrens.
3. Wie gewinnt man Natriumchlorid?
4. Unter welchem Gesichtspunkt wird die Schmelzflusselektrolyse von Natriumchlorid durchgeführt?
5. Diskutieren Sie bitte Unterschiede und Gemeinsamkeiten bei der Synthese von Chlorwasserstoff und Iodwasserstoff aus den Elementen.

6. Erklären Sie bitte die unterschiedliche Reaktivität von Fluor und Chlor beispielsweise gegenüber Schwefel.

7. Wie kann Borchlorid hergestellt werden? Diskutieren Sie bitte die Bindungsverhältnisse in dem Stoff.

8. Wie stellt man wasserfreies Aluminiumchlorid her, und welche Struktur hat die Verbindung?

9. Wieso gibt es keine zu IF_7 analoge Verbindung ICl_7?

10. Beschreiben Sie bitte die Struktur der ortho-Periodsäure und des Perchloratanions.

11. Was passiert beim Einwirken von Licht auf Silberbromid? Wo spielt dies eine Rolle?

12. Wie reagieren die Chloroxide ClO_2, ClO_3 und Cl_2O_7 mit Wasser? Schlagen Sie bitte eine Synthese von Cl_2O_7 vor.

Experimente

13. Wieso wird eine angesäuerte Methylorange-Lösung bei Zugabe von Natriumhypochlorit farblos?

14. Wie kann man den Gehalt einer Hypochlorit-Lösung bestimmen?

15. Machen Sie bitte einen Vorschlag zur experimentellen Ermittlung des Verteilungskoeffizienten von Iod im System Wasser/Petrolether (Hinweis: s. Kapitel 2.4.9).

16. Formulieren Sie bitte die Reaktionsgleichungen für die Umsetzung von
    - Chlorbleichlauge mit Salzsäure
    - Chlorbleichlauge mit Wasserstoffperoxid
    - Kaliumpermanganat mit Salzsäure
    - Iodsäure mit Schwefliger Säure
    - Natriumbromat mit Bromwasserstoffsäure
    - Iod mit kalter Natronlauge
    - Iod mit Kaliumiodid
    - Chlor mit heißer Natronlauge
    - Salzsäure mit Eisen
    - Natriumiodid mit konzentrierter Schwefelsäure
    - Chlor mit Kohlenstoffmonoxid
    - Natriumbromid mit Chlor
    - Perchlorsäure mit Kaliumchlorid.
    Welche Beobachtungen machen Sie (Gasentwicklungen, Niederschläge, Farben)?

Rechenaufgaben

17. Flussspat hat das Löslichkeitsprodukt $3{,}9 \cdot 10^{-11}$ (Einheit?). Wie groß ist die Konzentration der Calcium- und Fluoridionen in einer gesättigten Lösung?

18. Wie groß ist der Dissoziationsgrad einer 0,01-molaren bzw. 0,1-molaren Flusssäure? ($K_S = 6{,}8 \cdot 10^{-4}$ mol/l)

19. Bei der Chloralkalielektrolyse nach dem Diaphragmaverfahren wird eine Natriumchlorid-Sole mit 310 g NaCl/l eingesetzt. Die Lösung verlässt die Zelle mit der Konzentration 270 g NaCl/l. Welche Masse an reinem Natriumhydroxid bzw. 45%iger Natronlauge lässt sich aus 1000 Litern eingesetzter Sole gewinnen?

20. Wie viele Gramm Braunstein mit 81 % MnO_2 werden benötigt, um (womit?) 10 g Chlorgas zu entwickeln?

21. In einem Betrieb werden 0,6 Tonnen Chlorwasserstoff aus den Elementen hergestellt. Die Anlage arbeitet mit 4,7 Vol.-% Überschuss an H_2 (wieso?). Welches Volumen Synthesegas (im Normalzustand) wird umgesetzt?

22. Wie viele Liter Chlorwasserstoff entstehen bei 21 °C und 987 mbar in einem Laborversuch aus 40 g Natriumchlorid und konzentrierter Schwefelsäure (Versuch 25, s. CD)?

23. Der Titer einer rund 0,1-molaren Salzsäure ist zu bestimmen. Es werden 107,1 mg wasserfreie Soda als Urtitersubstanz auf der Analysenwaage eingewogen, in destilliertem Wasser gelöst und vorgelegt. Der Verbrauch an Maßlösung mit dem zu bestimmenden Titer t (auch Faktor f genannt) ist 20,6 ml.

24. Welchen pH-Wert hat eine Lösung, die 0,1 mol/l HCl und 0,2 mol/l HF enthält?

25. Welchen pH-Wert hat eine 0,01-molare NaOCl-Lösung?

2.4 Schwefel

Summary

In nature, sulfur, S_8, occurs as an element. It is obtained by melting it out of its deposits (*Frasch* process). Another method is the desulfurizing process of coal and petroleum (*Claus* process). In this process, hydrogen sulfide, H_2S, is burned with air.

Hydrogen sulfide is a gas that is soluble in water; in solution it is a very weak acid. Many soluble metal compounds can be converted into poorly soluble sulfides with the help of H_2S. This is both important for analytical chemistry (precipitation reactions of metal sulfides) and for technology (e.g. syntheses of pigments or waste water treatment).

By burning sulfur or metal sulfides, sulfur dioxide, SO_2, is produced. This gas is an important technical reducing agent. Further oxidation to sulfur trioxide, SO_3, with air takes place very slowly. But with the help of vanadium pentoxide, V_2O_5, this reaction is catalyzed and produces SO_3 on an industrial scale (contact process). SO_3 is the anhydride of the sulphuric acid, H_2SO_4. The acid can be obtained by washing out the SO_3 with sulphuric acid and by hydrolyzation of the resulting fuming sulfuric acid.

Sulfuric acid is the most important technical acid. It has a moderate oxidizing effect and in concentrated form it is very hygroscopic.

It is possible to obtain persulfuric acid, $H_2S_2O_8$, from sulfuric acid through an anodic oxidation. Sodium thiosulfate, $Na_2S_2O_3$, is formed by boiling a sodium sulfite solution, Na_2SO_3, with elemental sulfur. Sodium thiosulfate is used in the so-called fixing process in photography to remove unexposed and light-sensitive silver bromide from a film. Furthermore it is used as a bleaching reagent in the color, dye and paper industry and also in the analytical chemistry for iodometric titrations.

Thionyl chloride, $SOCl_2$, and sulfuryl chloride, SO_2Cl_2, are the acid chlorides of the sulfurous acid, H_2SO_3, and of the sulfuric acid, H_2SO_4, respectively.

2.4.1 Vorkommen und Gewinnung von Schwefel

Schwefel kommt in der Natur vor allem in Gegenden mit ausgeprägtem Vulkanismus in **elementarer Form** vor. Er kann bergmännisch abgebaut oder nach dem *Frasch-Verfahren* aus seinen unterirdischen Lagerstätten ausgeschmolzen werden. Dazu wird das Schwefellager angebohrt und ca. 150 °C heißer Wasserdampf eingeleitet, wodurch der Schwefel zum Schmelzen gebracht (Schmelzpunkt = 119,6 °C) und die dünnflüssige Schmelze – sie hat bei 150 °C ein Viskositätsminimum – an die Erdoberfläche gepumpt wird. Beim Abkühlen erstarrt der Schwefel und wird nach dem Trocknen als Stangenschwefel in den Handel gebracht (ca. 30 % des Weltbedarfs).

Noch wichtigere Quellen für Schwefel sind Erdgas und Erdöl. Diese Stoffe gehen aus ehemals lebender Materie hervor, die nicht unerhebliche Mengen organischer Schwefelverbindungen enthielt und im Laufe der Jahrtausende zunehmend umgewandelt wurde. Die Endstufe dieses anaeroben Prozesses ist **Schwefelwasserstoff**, so dass es verständlich ist, dass bei der Erdgas- und Erölförderung große Mengen dieses nach faulen Eiern riechenden und hoch toxischen Gases anfallen. Weiterer Schwefelwasserstoff entsteht bei der Erdölraffination, vor allem beim hydrierenden Cracken. Aus Schwefelwasserstoff kann nach dem *Claus*-**Prozess** elementarer Schwefel gewonnen werden (ca. 70 % des weltweit benötigten Schwefels). Das Verfahren verläuft zweistufig. Zunächst wird Schwefelwasserstoff mit Luftsauerstoff zu Schwefeldioxid verbrannt. Dieses wird dann mit weiterem Schwefelwasserstoff zu elementarem Schwefel synproportioniert:

$$2\,H_2S \; + \; 3\,O_2 \quad \rightarrow \quad 2\,SO_2 \; + \; 2\,H_2O$$
$$SO_2 \quad + \; 2\,H_2S \quad \rightarrow \quad 3\,S \quad + \; 2\,H_2O$$

Weiterhin kommt Schwefel in Form löslicher und schwerlöslicher **Sulfate** vor, z. B. $MgSO_4 \cdot 7H_2O$ (Bittersalz) oder $Na_2SO_4 \cdot 10H_2O$ (Glaubersalz) bzw. $CaSO_4 \cdot 2H_2O$ (Gips) oder $BaSO_4$ (Schwerspat). Für die Metallgewinnung besonders wichtig sind zahlreiche schwerlösliche **Metallsulfide**, z. B. $CuFeS_2$ (Kupferkies), PbS (Bleiglanz), ZnS (Zinkblende), oder Disulfide wie z. B. FeS_2 (Eisenkies; hier liegen neben Fe^{2+}-Ionen die zum Peroxid homologen Disulfidionen, S_2^{2-}, vor).

2.4.2 Schwefelmodifikationen

Obwohl der Schwefel im Periodensystem direkt unter dem Sauerstoff steht und wie dieser über sechs Valenzelektronen verfügt, stabilisiert er sich nicht durch Ausbildung einer Doppelbindung zwischen zwei einzelnen Atomen, sondern realisiert eine Zweibindigkeit durch das gleichzeitige, einfache Anbinden an zwei andere Schwefelatome, so dass in Abhängigkeit von Temperatur und Druck unterschiedliche Ringe S_n mit $n = 6$ (*Engel*scher Schwefel), 7, 8, 10, 11, 12 oder lange Ketten resultieren.

Die wichtigste und stabilste Modifikation des Schwefels ist S_8, ein spannungsfreier Achtring mit einer charakteristischen Kronenform (s. Abb. 2.4.2-1).

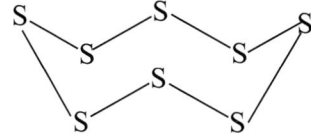

Abb. 2.4.2-1. Kronenform von S_8 – die stabilste Modifikation des Schwefels

Zwischen 120-445 °C ist Schwefel flüssig. Bedingt durch die Umwandlungen der einzelnen Schwefelmodifikationen ineinander, ist die Schmelze bei niedriger Temperatur dünnflüssig und gelb, wird im mittleren Temperaturbereich hochviskos und dunkelgelb und bei hoher Temperatur schließlich wieder fließfähig und dunkelrot. Kühlt man die sehr heiße Schmelze z. B. durch Gießen in kaltes Wasser schlagartig ab, so erhält man eine polymere dunkelgelbe Modifikation des Schwefels, die sich wie Gummi elastisch verformen lässt, die aber nur metastabil ist und sich schon nach kurzer Zeit in die S_8-Normalform zurück verwandelt (Versuch 32, s. CD).

Im Zusammenhang mit der plastischen Form des Schwefels sei darauf hingewiesen, dass eine große Menge Schwefel zum **Vernetzen von organischen Kautschuken** in der Autoreifenindustrie verwendet wird.

2.4.3   Reaktionen des Schwefels

Mit Nichtmetallen wie Sauerstoff, Wasserstoff oder Fluor geht Schwefel **kovalente Verbindungen**, S−E, ein:

$$S + O_2 \rightarrow SO_2$$
$$S + H_2 \rightarrow H_2S$$
$$S + 3\,F_2 \rightarrow SF_6$$

Mit Metallen bildet er **ionische Verbindungen**:

$$Fe + S \rightarrow FeS$$
$$Hg + S \rightarrow HgS$$

in denen der Schwefel neben den Metallkationen als S^{2-}-Anion vorliegt, das eine Argon-Konfiguration aufweist. Die **Metallsulfide** sind als homologe Verbindungen der Metalloxide anzusehen.

Bei so genannten **Sulfurierungen** wird das S_8-Molekül von einer *Lewis*base, d. h., einem Stoff mit mindestens einem freien Elektronenpaar, durch achtmaligen nukleophilen Angriff abgebaut. Dort, wo an der *Lewis*base ursprünglich das Elektronenpaar saß, befindet sich am Ende der Reaktion ein (doppelt angebundenes) S-Atom:

$$8\,R_nE + S_8 \rightarrow 8\,R_nE{=}S$$

So entsteht z. B. aus einem Sulfid ein **Di-, Tri- bzw. Polysulfid**, aus einem Phosphin ein **Phosphinsulfid**, aus einem Cyanid ein **Thiocyanat** oder aus einem Sulfit ein **Thiosulfat**:

$$8\ |\overline{\underline{S}}|^{2-} \xrightarrow{S_8}\ 8\ {}^-|\overline{S}-\overline{\underline{S}}|^-\ \xrightarrow{S_8}\ 8\ {}^-|\overline{S}-\overline{S}-\overline{\underline{S}}|^-\ \xrightarrow{(n-1)\,S_8}\ 8\ {}^-|\overline{S}-\overline{S}_n-\overline{\underline{S}}|^-$$

$$8\ R_3P| + S_8\ \longrightarrow\ 8\ + R_3P{=}\overset{\diagdown}{S}$$

$$8\ {}^-|C{\equiv}N| + S_8\ \longrightarrow\ 8\ \overset{\diagup}{\underset{\diagdown}{S}}{=}C{=}\overset{\diagdown}{N}{}^-\ \longleftrightarrow\ 8\ {}^-|\overline{S}-C{\equiv}N|$$

$$8\ \overset{\displaystyle |\overline{O}|^-}{\underset{\displaystyle |\underline{O}|^-}{|S{=}O\rangle}} + S_8\ \longrightarrow\ 8\ \overset{\displaystyle |\overline{O}|^-}{\underset{\displaystyle |\underline{O}|_-}{\langle S{=}S{=}O\rangle}}\ \longleftrightarrow\ 8\ \overset{\displaystyle \overset{\diagup}{O}}{\underset{\displaystyle \underset{\diagdown}{O}}{{}^-|\overline{S}-S-\overline{O}|^-}}$$

2.4.4   Schwefelwasserstoff

Schwefelwasserstoff kommt im Erdgas und Erdöl vor bzw. fällt bei dessen Aufbereitung an. Er ist der Rohstoff zur Schwefelgewinnung nach dem *Claus*-Prozess (s. Kapitel 2.4.1). Kleine Mengen Schwefelwasserstoff können leicht aus einem Metallsulfid (FeS) und Salzsäure oder durch Verkochen (Hydrolyse) einer organischen Schwefelverbindung wie Thioacetamid oder Thioharnstoff entwickelt werden:

$$FeS\ +\ 2\,HCl\ \rightarrow\ FeCl_2\ +\ H_2S$$

$$\underset{}{H_3C-\overset{\displaystyle S}{\overset{\|}{C}}-NH_2}\ +\ H_2O\ \longrightarrow\ H_3C-\overset{\displaystyle O}{\overset{\|}{C}}-NH_2\ +\ H_2S$$

$$H_2N-\overset{\displaystyle S}{\overset{\|}{C}}-NH_2\ +\ H_2O\ \longrightarrow\ H_2N-\overset{\displaystyle O}{\overset{\|}{C}}-NH_2\ +\ H_2S$$

Schwefelwasserstoff ist die homologe Verbindung des Wassers. Anders als dieses ist der Stoff bei Raumtemperatur allerdings nicht flüssig, sondern gasförmig. Wegen des gegenüber dem Sauerstoff viel größeren S-Zentralatoms verfügt er nämlich nur über ein sehr kleines Dipolmoment, so dass einzelne H_2S-Moleküle nur sehr schwache Wasserstoffbrücken ausbilden, demzufolge nicht fest zusammenhalten, sondern in die Gasphase gehen, wo keinerlei Wechselwirkungen zwischen ihnen mehr vorliegen (vgl. Kapitel 2.2.7.1).

Schwefelwasserstoff ist in Wasser mit 0,1 mol/l recht gut löslich, die Lösung ist eine sehr schwache Säure, die nur wenig in Protonen und Hydrogensulfid- bzw. Sulfidionen dissoziiert:

$$H_2S \rightarrow H^+ + HS^- \quad ; \quad \frac{c_{H^+} \cdot c_{HS^-}}{c_{H_2S}} = K_{S_1} = 10^{-7} \text{ mol/l}$$

$$HS^- \rightarrow H^+ + S^{2-} \quad ; \quad \frac{c_{H^+} \cdot c_{S^{2-}}}{c_{HS^-}} = K_{S_2} = 10^{-13} \text{ mol/l}$$

Die Lage des Dissoziationsgleichgewichtes ist vom pH-Wert des wässrigen Mediums abhängig. Im sauren Medium liegt es weitgehend auf der Seite des undissoziierten Schwefelwasserstoffs, im alkalischen Medium, wo die Protonen durch Neutralisation mit der vorliegenden Base abgefangen werden, jedoch weitgehend auf der Seite des Sulfidanions. Dies ist sowohl für die sichere Handhabung von Sulfid-Lösungen als auch für die Schwermetallfällung in Technik und analytischer Chemie von Bedeutung. Solange diese alkalisch sind, liegt praktisch kein Schwefelwasserstoff vor, der als Giftgas austreten könnte.

Die meisten Schwermetalle bilden schwerlösliche Sulfide (vgl. Schwefelvorkommen, Kapitel 2.4.1), z. B.:

$$Hg^{2+} + S^{2-} \rightarrow HgS \quad \text{(schwarz)} \xrightarrow{\text{Sublimation}} HgS \quad \text{(rot; Zinnober Rot)}$$
$$Pb^{2+} + S^{2-} \rightarrow PbS \quad \text{(schwarz)}$$
$$2\,As^{3+} + 3\,S^{2-} \rightarrow As_2S_3 \quad \text{(gelb)}$$
$$Cd^{2+} + S^{2-} \rightarrow CdS \quad \text{(gelb; früher Farbpigment)}$$
$$Ni^{2+} + S^{2-} \rightarrow NiS \quad \text{(schwarz)}$$
$$Zn^{2+} + S^{2-} \rightarrow ZnS \quad \text{(weiß)}$$

Stoffe wie Quecksilber- oder Bleisulfid sind so schwer löslich, dass schon eine ganz geringe Gleichgewichtskonzentration an freien S^{2-}-Ionen ausreicht, um die Löslichkeitsprodukte $L = c_{M^{2+}} \cdot c_{S^{2-}}$ zu überschreiten und die Metallkationen in Form ihrer Sulfide quantitativ auszufällen. Dies ist bereits im stark sauren Medium, etwa bei pH = 1, der Fall. Arsen- und Cadmiumsulfid sind immer noch sehr schwer, aber doch etwas besser löslich als Quecksilber- und Bleisulfid. Sie fallen deshalb erst bei pH = 3-4, wo die Konzentration an freien Sulfidionen im H_2S-Dissoziationsgleichgewicht schon etwas größer ist, aus. Nickel- und Zinksulfid werden schließlich erst ausgefällt, wenn die Sulfidkonzentration recht groß ist, was bei pH > 8 der Fall ist (Versuch 33, s. CD).

In der **Analytischen Chemie** kann die pH-abhängige, fraktionierte Fällung der Metallsulfide gezielt zur Stofftrennung ausgenutzt werden (s. Kapitel 5.4). In der **Abwassertechnik** ist die Sulfidfällung aus schwach alkalischer Lösung günstig, um selbst Spuren der giftigen Metallkationen zu entfernen.

2.4.5 Schwefeldioxid

Schwefeldioxid wird großtechnisch durch **Verbrennen von Schwefel** oder **Rösten von Metallsulfiden** hergestellt:

$$S + O_2 \quad \rightarrow \quad SO_2 \quad (+ 297 \text{ kJ})$$
$$2\,MS + 3\,O_2 \quad \rightarrow \quad 2\,MO + 2\,SO_2 \quad ; \quad M = Pb, Zn, Co, Ni \text{ etc.}$$

Der Stoff ist zwar eine homologe Verbindung des Ozons (mittlerer Sauerstoff des Ozons formal gegen Schwefel ausgetauscht), hat aber ganz andere Eigenschaften als dieses, was verständlich ist, wenn man bedenkt, dass das zentrale S-Atom im Schwefel-dioxid anders als das zentrale O-Atom im O_3 sein Oktett aufweiten und die peripheren Sauerstoffatome über pπ-dπ-Doppelbindungen fest an sich binden kann (Abbildung 2.4.5-1).

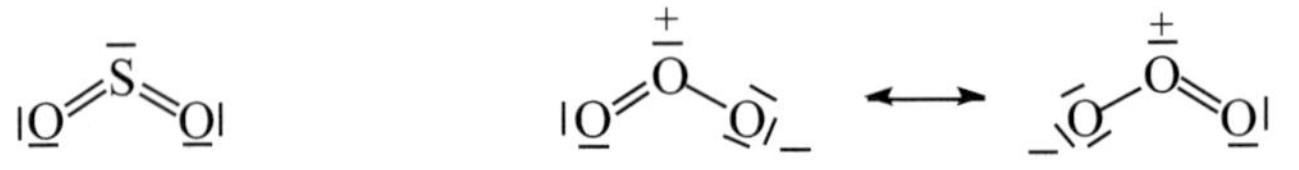

Abb. 2.4.5-1. Strukturen von Schwefeldioxid (BO = 2) und Ozon (BO = 1,5)

Deshalb ist Schwefeldioxid auch viel stabiler als Ozon.

Schwefeldioxid ist zu 5-6 % in Wasser löslich und formal als **Anhydrid der schwefligen Säure** anzusehen, einer sehr schwachen Säure, von der sich Hydrogen-sulfite und Sulfite ableiten:

$$SO_2 + H_2O \xrightarrow{\text{formal}} H_2SO_3$$
$$H_2SO_3 \rightarrow H^+ + HSO_3^-$$
$$HSO_3^- \rightarrow H^+ + SO_3^{2-}$$

(Vgl. die Diskussion der Kohlensäure im Kapitel 2.7.4.2.)

Technisch werden **Sulfite** durch Einleiten von Schwefeldioxid in die entsprechenden Metallhydroxid-Lösung und **Hydrogensulfite** aus den Lösungen der Sulfite durch Sättigen mit Schwefeldioxid hergestellt:

$$2\,NaOH + SO_2 \quad \rightarrow \quad Na_2SO_3 + H_2O$$
$$Na_2SO_3 + SO_2 + H_2O \rightarrow 2\,NaHSO_3$$

Schwefeldioxid bzw. Schweflige Säure sind häufig verwendete Reduktionsmittel. Eine violette Permanganat-, eine braune Brom- oder eine rotbraune KI_3-Lösung werden bei Zugabe von Schwefliger Säure entfärbt (Versuche 34, s. CD), eine orangefarbene Dichromat-Lösung grün:

$$2\,KMnO_4 + 5\,SO_2 + 2\,H_2O \quad \rightarrow \quad 2\,MnSO_4 + K_2SO_4 + 2\,H_2SO_4$$
$$Br_2 + SO_2 + 2\,H_2O \quad \rightarrow \quad 2\,HBr + H_2SO_4$$
$$KI_3 + SO_2 + 2\,H_2O \quad \rightarrow \quad KI + 2\,HI + H_2SO_4$$
$$K_2Cr_2O_7 + 3\,SO_2 + H_2SO_4 \quad \rightarrow \quad Cr_2(SO_4)_3 + K_2SO_4 + H_2O$$

In allen Fällen wird der im SO_2 vierwertige Schwefel zum sechswertigen Sulfat-Schwefel oxidiert. Die Reaktionen spielen u. a. auch beim Umweltschutz eine Rolle, da die starken Oxidationsmittel, die in hohem Maße wassergefährdend sind, vernichtet werden.

2.4.6 Schwefelsäure

Gelangt Schwefeldioxid (aus Verbrennungen schwefelhaltiger Produkte, z. B. Braunkohle) unkontrolliert in die Luft, so wird es dort langsam zu Schwefeltrioxid oxidiert:

$$SO_2 + 0,5\,O_2 \rightarrow 2\,SO_3 \quad (+\,99,0\,kJ)$$

SO_3 ist im Gaszustand trigonal planar mit $p\pi$-$p\pi$- und $d\pi$-$p\pi$-S-O-Doppelbindungen gebaut. Im festen Zustand bildet es ein Trimer, bei dem drei Schwefel- und drei Sauerstoffatome zu einem Sechsring mit einer charakteristischen Sesselform verknüpft sind. In Gegenwart von Spuren Feuchtigkeit bildet sich Polyschwefelsäure (kationische, d. h. H^+-initiierte, oder anionische, d. h. OH^--initiierte, ringöffnende Polymerisation; Abbildung 2.4.6-1).

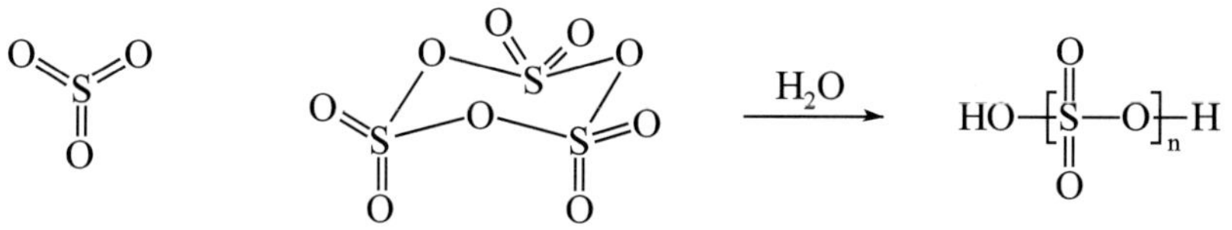

gasförmig   fest

Abb. 2.4.6-1. SO_3 im gasförmigen und festen Zustand

SO_3 ist das **Anhydrid der Schwefelsäure**, so dass deren Bildung in Gegenwart von Luftfeuchtigkeit verständlich ist:

$$SO_3 + H_2O \rightarrow H_2SO_4 \quad (+\,73,7\,kJ)$$

Dann bildet sich saurer Regen (vgl. das Kapitel 4.2.1).

Die geschilderten Reaktionen liegen auch der großtechnischen Schwefelsäureproduktion zugrunde, müssen dort allerdings beschleunigt werden. Besonders schnell wird Schwefeldioxid mit Luftsauerstoff an einem V_2O_5-Katalysator in Schwefeltrioxid umgewandelt. Am Beispiel des **Kontaktverfahrens** lassen sich die Prinzipien einer **Katalyse** gut beschreiben.

Ein Katalysator eröffnet einer thermodynamisch möglichen Reaktion einen anderen Reaktionsweg mit niedrigerer Aktivierungsenergie (Abbildung 2.4.6-2) und beschleunigt sie dadurch.

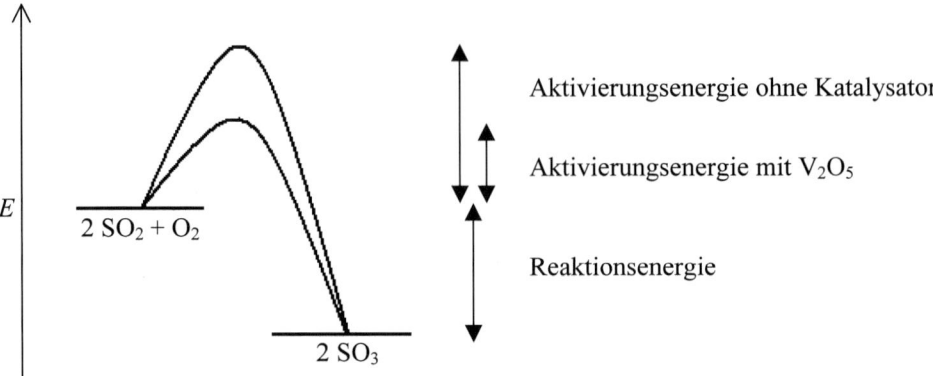

Abb. 2.4.6-2. Energieprofil der Oxidation von SO_2 zu SO_3 mit und ohne Katalysator

Beim Kontaktverfahren reagieren Schwefeldioxid und Sauerstoff gar nicht direkt miteinander (wie dies im Vorfeld der Bildung von saurem Regen in der Natur geschieht). Vielmehr wird das SO_2 vom Vanadium(V)-oxid zu SO_3 oxidiert. Das dabei gleichzeitig entstehende Oxid des vierwertigen Vanadiums wird vom Sauerstoff in das Oxid des fünfwertigen Metalls zurück verwandelt, das dann für einen neuen Reaktionszyklus zur Verfügung steht:

$$SO_2 + V_2O_5 \rightarrow SO_3 + V_2O_4$$
$$V_2O_4 + 0{,}5\ O_2 \rightarrow V_2O_5$$
$$\overline{SO_2 + 0{,}5\ O_2 \rightarrow SO_3}$$

In der Bruttoreaktionsgleichung des Verfahrens taucht der Katalysator gar nicht auf, obwohl er an der Reaktion ganz entscheidend und aktiv beteiligt ist.

Technisch wird das Kontaktverfahren folgendermaßen durchgeführt (Abbildung 2.4.6-3). Das V_2O_5 ist auf einem porösen Trägermaterial (Kieselgur) in so genannten **Horden** im Reaktor aufgeschichtet, zwischen denen sich Wärmeaustauscher befinden, welche die bei der SO_3-Bildung frei werdende Reaktionswärme abführen. Ein Gemisch von SO_2 und mit Sauerstoff angereicherter Luft strömt auf die erste Horde. Dort wird bereits etwa 2/3 des SO_2 umgesetzt. Auf die zweite Horde gelangt dann ein Gemisch aus SO_3, SO_2 und Luft, wo restliches SO_2 weiter umgesetzt wird etc. Nach Passieren der letzten Horde ist praktisch alles SO_2 verbraucht.

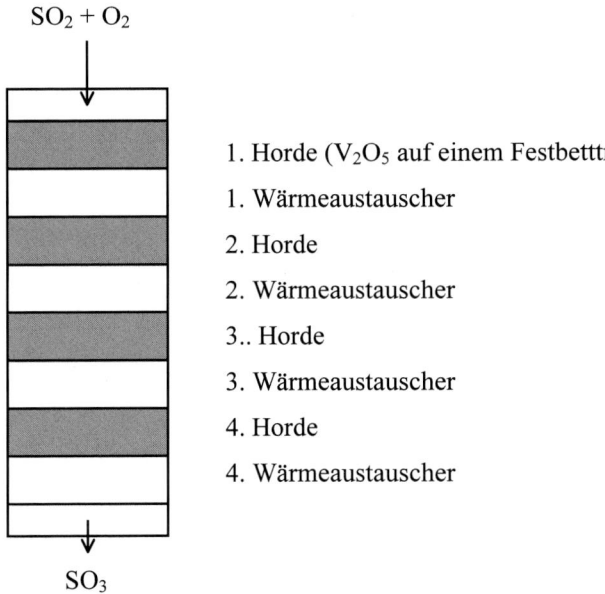

SO$_2$ + O$_2$

1. Horde (V$_2$O$_5$ auf einem Festbettträger)

1. Wärmeaustauscher

2. Horde

2. Wärmeaustauscher

3.. Horde

3. Wärmeaustauscher

4. Horde

4. Wärmeaustauscher

SO$_3$

Abb. 2.4.6-3. Kontaktverfahren zur SO$_3$-Gewinnung

Das gasförmige SO$_3$ verlässt den Reaktor und wird nun nicht mit Wasser aufgenommen, denn dies wäre unrentabel, da lediglich eine verdünnte Säure entstünde, sondern mit konzentrierter Schwefelsäure unter Ausbildung von **Dischwefelsäure**:

$$SO_3 + H_2SO_4 \longrightarrow H_2S_2O_7 \qquad (HO-\underset{\underset{O}{\|}}{\overset{\overset{O}{\|}}{S}}-O-\underset{\underset{O}{\|}}{\overset{\overset{O}{\|}}{S}}-OH)$$

Diese kann weiteres Schwefeltrioxid lösen, so dass **Oleum** resultiert, das anschließend mit Wasser zu Schwefelsäure hydrolysiert wird:

$$H_2S_2O_7 + H_2O \rightarrow 2\,H_2SO_4$$

Schwefelsäure kommt üblicherweise 98%ig (Siedepunktsazeotrop mit Wasser) in den Handel. Die konzentrierte Säure ist stark hygroskopisch und kann sowohl zum Trocknen von sauren oder neutralen Feststoffen und Gasen in Exsikkatoren bzw. Gaswaschflaschen als auch zum chemischen Entwässern, z. B. von Kohlenhydraten, genutzt werden (Versuch 35, s. CD):

$$C_mH_{2n}O_n \xrightarrow{\text{konz. } H_2SO_4} m\,C + n\,H_2O$$

Die Schwefelsäure ist eine starke Säure, die in der ersten Stufe quantitativ und in der zweiten Stufe noch zu über 70 % dissoziiert ist:

$$H_2SO_4 \rightarrow H^+ + HSO_4^-$$

$$HSO_4^- \rightarrow H^+ + SO_4^{2-} \quad ; \quad K_{S_2} = \frac{c_{H^+} \cdot c_{SO_4^{2-}}}{c_{HSO_4^-}} = 1{,}3 \cdot 10^{-2} \text{ mol/l}$$

Triebkraft der Dissoziation ist die Bildung des Sulfatanions mit einer günstigen Tetraederstruktur und den stabilen 1,5fach Bindungen zwischen dem zentralen Schwefelatom und den vier Sauerstoffsubstituenten (Abbildung 2.4.6-4).

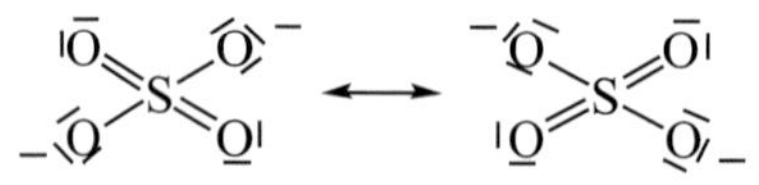

Abb. 2.4.6-4. Zwei Resonanzstrukturen des Sulfatanions

Die Protonen und das Sulfatanion der Schwefelsäure zeigen ihr charakteristisches Eigenleben. Die Protonen können zugesetzte Basen neutralisieren, z. B.:

$$H_2SO_4 + 2\,NaOH \rightarrow Na_2SO_4 + H_2O$$

Weiterhin können sie unedle Metalle oxidieren, z. B.:

$$H_2SO_4 + Fe \rightarrow FeSO_4 + H_2$$

Das Sulfatanion kann als Fällungsmittel wirken und einige lösliche Metallverbindungen in schwerlösliche Sulfate überführen, beispielsweise:

$$H_2SO_4 + BaCl_2 \quad \rightarrow BaSO_4 + 2\,HCl$$
$$H_2SO_4 + CaCl_2 \quad \rightarrow CaSO_4 + 2\,HCl$$
$$H_2SO_4 + Pb(NO_3)_2 \rightarrow PbSO_4 + 2\,HNO_3$$

Außerdem kann der sechswertige Schwefel oxidierend wirken, z. B.:

$$C + 2\,H_2SO_4 \rightarrow CO_2 + 2\,SO_2 + 2\,H_2O$$
$$Cu + 2\,H_2SO_4 \rightarrow CuSO_4 + SO_2 + 2\,H_2O$$

(Vgl. die Diskussion über das Eigenleben der Ionen der Salzsäure im Kapitel 2.3.5.2.)

Die Schwefelsäure ist die wichtigste technische Säure und das mengenmäßig bedeutendste Chemieprodukt überhaupt. Dementsprechend spielt sie auch in der Organischen Chemie eine große Rolle, z. B. bei der Synthese von **Sulfonsäuren** oder als Hilfsmittel bei der **Nitrierung von Aromaten** (Abbildung 2.4.6-5).

$$H_2SO_4 + R-H \longrightarrow R-SO_3H + H_2O$$
$$\text{Sulfonsäure}$$

Nitriersäure:

$$H_2SO_4 + HNO_3 \longrightarrow HSO_4^- + H_2O + NO_2^+$$

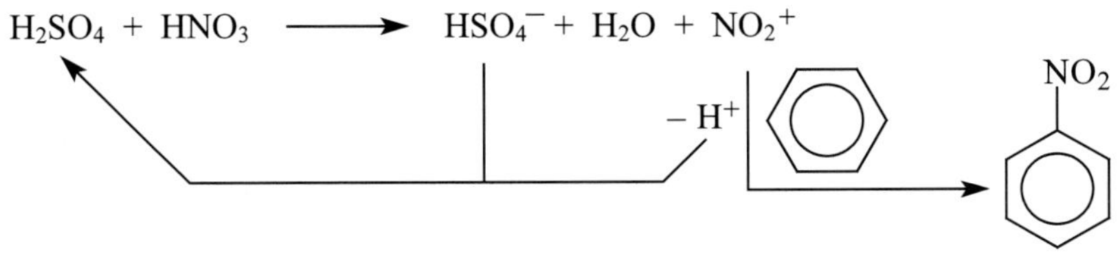

Abb. 2.4.6-5. Anwendung von Schwefelsäure in der Organischen Chemie

2.4.7 Gips

Ein wichtiger Baustoff ist Gips. Er kommt in der Natur als **Calciumsulfat-Dihydrat** vor. In Brennöfen wird er zum **Calciumsulfat-Hemihydrat** entwässert und dann als Baugips verkauft.

$$CaSO_4 \cdot 2H_2O \underset{\text{Wasserzugabe}}{\overset{\text{Erhitzen, - 1,5 } H_2O}{\rightleftharpoons}} CaSO_4 \cdot 0{,}5H_2O$$

Mit Wasser versetzt, bildet sich das Calciumsulfat-Dihydrat zurück und kristsallisiert in Form langer, verzahnter Nadel. Diese können gröbere Gesteinsmaterialen, die dem Baugips eventuell zugemisch werden, „verkleben".

2.4.8 Peroxo(di)schwefelsäure

Durch anodische Oxidation von Schwefelsäure erhält man **Peroxodischwefelsäure**:

$$2\,H_2SO_4 \xrightarrow{\text{Elektrolyse}} H\bar{O}-\overset{\overset{\displaystyle O}{\|}}{\underset{\underset{\displaystyle O}{\|}}{S}}-\bar{O}-\bar{O}-\overset{\overset{\displaystyle O}{\|}}{\underset{\underset{\displaystyle O}{\|}}{S}}-\bar{O}H + H_2$$

Diese hydrolysiert über die **Peroxomonoschwefelsäure** zu Schwefelsäure und Wasserstoffperoxid (vgl. Kap. 2.2.5.1):

$$H_2S_2O_8 + H_2O \longrightarrow HO\!-\!\overset{\overset{\displaystyle O}{\|}}{\underset{\underset{\displaystyle O}{\|}}{S}}\!-\!O\!-\!OH + H_2SO_4$$

$$H_2SO_5 + H_2O \rightarrow H_2O_2 + H_2SO_4$$

Die Natrium-, Kalium- und Ammoniumsalze der Peroxodischwefelsäure sind stabil und werden ähnlich wie Wasserstoffperoxid als Oxidationsmittel eingesetzt. Interessant ist auch die Anwendung von Peroxodisulfaten als Startermoleküle für die radikalische Polymerisation ungesättigter organischer Verbindungen, z. B. Styrol, in wässrigen Emulsionen.

2.4.9 Thiosulfat

Aus Natriumsulfit und Schwefel bildet sich im Sinne einer Sulfurierungsreaktion (vgl. Kapitel 2.4.3) Natriumthiosulfat:

$$8\,Na_2SO_3 + S_8 \rightarrow 8\,Na_2S_2O_3$$

In der Verbindung liegen zwei unterschiedliche Schwefelatome vor: Dem zentralen Schwefelatom ist die Oxidationszahl +VI zuzuordnen, dem zweiten Schwefelatom, wie den Sauerstoffatomen, die Oxidationszahl −II (formal ersetzt ein S-Atom ein O-Atom des Sulfats, deshalb die Vorsilbe „Thio"; vgl. Cyanat, OCN^-, und Thiocyanat, SCN^-, Acetamid, CH_3CONH_2, und Thioacetamid, CH_3CSNH_2, oder Harnstoff, NH_2CONH_2, und Thioharnstoff, NH_2CSNH_2).

Natriumthiosulfat spielt als **Fixiersalz** bei der Photographie eine zentrale Rolle (Versuch 21, s. CD). Hier dient es dazu, unbelichtetes Silberbromid unter Komplexbildung vom Film abzulösen, um das Negativ ans Licht nehmen zu können:

$$AgBr + 2\,Na_2S_2O_3 \rightarrow Na_3[Ag(S_2O_3)_2] + NaBr$$

Weiterhin wird Natriumthiosulfat als so genanntes **Antichlor** in der Papier- und Textilbleiche dazu benutzt, um überschüssiges Chlor-Bleichmittel durch Reduktion unschädlich zu machen:

$$4\,Cl_2 + Na_2S_2O_3 + 10\,NaOH \rightarrow 8\,NaCl + 2\,Na_2SO_4 + 5\,H_2O \quad \text{bzw.}$$
$$4\,NaOCl + Na_2S_2O_3 + 2\,NaOH \rightarrow 4\,NaCl + 2\,Na_2SO_4 + H_2O$$

Während Chlor und Hypochlorit das Thiosulfat bis zum Sulfat oxidieren, oxidiert das schwächere Oxidationsmittel Iod das Thiosulfat nur bis zum Tetrathionat:

$$I_2 + 2\,Na_2S_2O_3 \rightarrow 2\,NaI + Na_2S_4O_6$$

Das Produkt weist eine Persulfid-Brücke auf und ist als homologe Verbindung des Peroxodisulfats (vgl. Kapitel 2.4.8) aufzufassen:

In der Verbindung sind den Schwefelatomen die Oxidationsstufen +VI und −I zuzuordnen. Die Reaktion spielt bei der **Iodometrie**, einer vielseitig anwendbaren Redoxtitrationsmethode, die Schlüsselrolle.

2.4.10 Schwefelhalogenide und -oxohalogenide

Während Fluor mit Schwefel glatt zu SF_6 reagiert, oxidiert das schwächere Oxidationsmittel Chlor den Schwefel nur leicht, so dass S_2Cl_2 und SCl_2 resultieren.

Leitet man Schwefeldioxid auf festes PCl_5, so bilden sich **Thionylchlorid** und Phosphorylchlorid, zwei Flüssigkeiten, die sich durch fraktionierte Destillation trennen lassen:

$$SO_2 + PCl_5 \rightarrow O{=}SCl_2 + O{=}PCl_3$$

Beide sind **anorganische Säurechloride**, die mit Wasser zu Salzsäure und schwefliger Säure bzw. Phosphorsäure hydrolysieren:

$$SOCl_2 + H_2O \rightarrow 2\,HCl + SO_2$$
$$POCl_3 + 3\,H_2O \rightarrow 3\,HCl + H_3PO_4$$

Die Chlorsubstituenten können auch gegen organische Reste ausgetauscht werden, womit schwefel- und phosphororganische Verbindungen zugänglich werden. Da auf diese Weise nicht nur wertvolle Pflanzenschutzmittel, sondern auch chemische Kampfstoffe zugänglich sind, fallen die Stoffe unter das Kriegswaffenkontrollgesetz.

Das Säurechlorid der Schwefelsäure, SO_2Cl_2, auch **Sulfurylchlorid** genannt, wird aus Schwefeldioxid und Chlor hergestellt.

Mit Wasser liefert es Salzsäure und Schwefelsäure:

$$SO_2Cl_2 + 2\,H_2O \rightarrow 2\,HCl + H_2SO_4$$

Substitution der Chloratome durch organische Reste führt zu organischen Verbindungen des sechswertigen Schwefels.

2.4.11 Übungen (Schwefel)

1. Wie wird Schwefel großtechnisch gewonnen?
2. Wieso gibt es nicht die zu SF_6 analoge Verbindung SCl_6?
3. Was versteht man unter Sulfurierung? Nennen Sie mindestens zwei Beispiele.
4. Beschreiben Sie bitte die Bindundsverhältnisse im Pyrit, FeS_2.
5. Diskutieren Sie bitte die unterschiedlichen Stabilitäten von Schwefeldioxid und Ozon.
6. Definieren Sie bitte den Begriff Katalysator am Beispiel des Vanadiumpentoxids.
7. Erläutern Sie bitte die einzelnen Schritte beim Photoprozess (Schwarz-Weiß-Photographie; vgl. Versuch 21, s. CD).

Experimente

8. Was passiert beim Erwärmen von Kaliumhydrogensulfat bzw. Calciumsulfat?
9. Möglichkeiten der Aufbereitung eines gebrauchten Fixierbades bestehen darin, dieses mit Magnesium oder Dithionit, $Na_2S_2O_4$, zu behandeln. Was passiert? Wie kann man aus dem anfallenen Reaktionsprodukt Silbernitrat gewinnen?
10. Formulieren Sie bitte die Reaktionsgleichungen für folgende Umsetzungen:
    - Thioacetamid und Wasser (Kochen)
    - Thioharnstoff und Wasser (Kochen)
    - konzentrierte Schwefelsäure und Kupfer (Kochen)
    - Kaliumperoxodisulfat und Mangan(II)-sulfat unter alkalischen Bedingungen
    - Chlorbleichlauge und schweflige Säure
    - Elektrolyse einer halb konzentrierten Schwefelsäure
    - Natriumthiosulfat und Schwefelsäure (Versuch 36, s. CD)
    - Natriumthiosulfat und Brom
    - Cobalt(II)-chlorid-Hexahydrat und Thionylchlorid
    - Schwefeldioxid und Phosphor(V)-chlorid.
    Welche Beobachtungen machen Sie?

Rechenaufgaben

11. Wie viel Gramm 35%ige Salzsäure müssen zu überschüssigem FeS getropft werden, um 60 Gramm Schwefelwasserstoff zu entwickeln?
12. Wie groß ist die Restkonzentration einer Lösung an Hg^{2+}-Ionen, die zusätzlich 0,1 mol/l H^+-Ionen enthält, nach Einleiten von Schwefelwasserstoff?
13. Im Labor sollen 7,2 g Schwefel verbrannt werden. Der Luftdruck beträgt 1003 hPa und die Temperatur 23 °C. Wie viel Luft ist mindestens erforderlich?
14. Der Gehalt an Schwefeldioxid einer angebrochenen Flasche Schwefliger Säure soll bestimmt werden. Dazu wird 1 ml der zu untersuchenden Lösung mit Wasser verdünnt und mit 0,02-molarer Kaliumpermanganat-Lösung titriert. Der Verbrauch an Maßlösung beträgt 15,8 ml.
15. Wie viel 88%iges Eisendisulfid muss zur Gewinnung von 1000 Tonnen 80%iger Schwefelsäure geröstet werden?

16. Die Einwaage von 2,061 g eines Oleums wird im Maßkolben zu 500 ml mit Wasser verdünnt. 100 ml hiervon verbrauchen bei der Titration 17,40 ml 0,5-molare Natronlauge. Der Massenanteil an freiem SO_3 im Oleum ist zu berechnen.

17. 13,0 g Natriumsulfit-Heptahydrat werden mit überschüssigem Schwefel zur Reaktion gebracht. Wie viel g Natriumthiosulfat-Pentahydrat können theoretisch entstehen?

18. Wie muss eine korrekte Elementaranalyse von Natriumthiosulfat-Pentahydrat lauten?

19. Aus formelreinem Natriumthiosulfat-Pentahydrat sollen 3,6 kg einer 15%igen Lösung hergestellt werden. Wie viel Salzhydrat und wie viel Wasser sind einzuwiegen?

20. Der Gehalt einer angebrochenen Flasche mit Wasserstoffperoxid-Lösung soll bestimmt werden. Dazu wird überschüssiges Kaliumiodid in Wasser vorgelegt und mit Schwefelsäure leicht angesäuert. Nach Zugabe katalytischer Mengen Ammoniummolybdat wird die Iodid-Lösung mit 0,1 ml der zu untersuchenden Wasserstoffperoxid-Lösung versetzt. Dann wird das entstandene Iod mit 0,1-molarer Natriumthiosulfat-Lösung titriert. Der Verbrauch an dieser Maßlösung beträgt 17,6 ml.

21. 50 ml eines H_2S-Wassers werden zur Bestimmung der Massenkonzentration an Schwefelwasserstoff mit 50 ml 0,05-molarer Iod-Lösung ($t = 1,010$) versetzt und der Iod-Überschuss mit 14,70 ml 0,1-molarer Thiosulfat-Maßlösung ($t = 1.018$) zurück titriert. Wie groß ist die Massenkonzentration des H_2S-Wassers in Gramm H_2S pro Liter Lösung?

22. Eine S-Cl-Verbindung wird durch Elementaranalyse und Molmassenbestimmung charakterisiert: 52,2 % Cl; 47,9 % S; $M = 134$ g/mol. Um welche Verbindung handelt es sich?

2.5 Stickstoff

Summary

Under ordinary conditions dinitrogen is unreactive because of the strong triple bond between the two nitrogen atoms. Most reactions of N_2 have a (very) great amount of activation energy and require a catalyst. Important compounds of nitrogen are ammonia, metal nitrides, hydrazine, oxides and oxyacids.

In ammonia, commercially produced from dinitrogen and hydrogen in the *Haber-Bosch* process, the nitrogen atom is at its lowest oxidation state, –III. Ammonia is a pyramidally built molecule with one free electron pair (*Lewis* base).

Hydrazine, N_2H_4, is produced from ammonia by oxidation with hypochlorite, NaOCl. The reaction is complex, involving the intermediate chloramine, NH_2Cl. The hydrazine molecule contains an N-N single bond. It decomposes easily and is a very strong reducing agent.

In its oxides, nitrogen takes on the positive oxidation states I-V (N_2O, NO, N_2O_3, NO_2, N_2O_5).

In the catalytic burning process of ammonia, nitric oxide, NO, is formed (*Ostwald* process). This is further oxidized to nitrogen dioxide, NO_2, and in water it becomes nitric acid, HNO_3. This acid is very strong and a powerful oxidizing agent.

The fertilizer industry is the principal customer for nitrogen compounds, especially for nitrate and ammonium salts.

2.5.1 Vorkommen und Eigenschaften von Stickstoff

Als Element der fünften Hauptgruppe verfügt der Stickstoff über fünf Valenzelektronen. Durch Aufnahme von drei weiteren Elektronen kann er die Neon-Konfiguration erreichen. Die Oxidationsstufe −III realisiert er z. B. in der kovalenten Verbindung Ammoniak, NH_3, den organischen Aminen, in zahlreichen Eiweißstoffen (Säureamide), den Ammoniumsalzen (NR_4^+), oder in Form des N^{3-}-Anions in den ionisch aufgebauten Metallnitriden, die isoelektronisch mit den Metalloxiden sind. Wenn der Stickstoff alle fünf Valenzelektronen abgibt, hat er eine Heliumkonfiguration. Das nackte N^{5+}-Kation gibt es allerdings nicht. Der Stickstoff erreicht die hohe Oxidationsstufe +V vielmehr nur in Form komplexer Teilchen, z. B. dem Nitrat-Anion, NO_3^-.

Das Element selbst kommt in der Natur besonders häufig vor, nämlich zu 78 Vol.-% in der Luft, aus der es nach dem *Linde*-Verfahren (Verflüssigung der Luft und anschließende fraktionierte Destillation; s. Kapitel 2.2.1) in reiner Form gewonnen werden kann. Der Stickstoff liegt als Elementverbindung N_2 vor, in der jedes N-Atom sp-hybridisiert ist, so dass die Atome eine Dreifachbindung, $|N\equiv N|$, eingehen können. Da diese sehr stabil ist, ist der Distickstoff unter Normalbedingungen ausgesprochen reaktionsträge. Reaktionen sind aber durchaus möglich, es muss nur eine sehr hohe Aktivierungsenergie aufgebracht werden. Deshalb wird die wichtige Reduktion des Distickstoffs mit Wasserstoff zu Ammoniak in der Technik (*Haber-Bosch*-Verfahren, s. Kapitel 2.5.2) durch einen Katalysator beschleunigt:

$$N_2 + 3\,H_2 \xrightarrow{\text{Katalysator}} 2\,NH_3$$

Die Verbrennung von Stickstoff mit Sauerstoff zu NO erfordert Temperaturen um 1000 °C, um überhaupt abzulaufen:

$$N_2 + O_2 \xrightarrow{\text{ca. 1000 °C}} 2\,NO$$

Zur Synthese von Nitriden ist es nötig, den Stickstoff in die heißen Metallschmelzen einzuleiten, z. B.:

$$6\,Li + N_2 \rightarrow 2\,Li_3N$$
$$3\,Mg + N_2 \rightarrow Mg_3N_2$$

Interessant ist, dass auch die beiden freien Elektronenpaare des Distickstoffs bei Reaktionen des Moleküls eine Rolle spielen. Ein isolierter Distickstoffkomplex ist z. B. die folgende Rutheniumverbindung:

$$2 \, [(NH_3)_5Ru(H_2O)]^{2+} + N_2 \;\rightarrow\; [(NH_3)_5Ru{\leftarrow}|N{\equiv}N|{\rightarrow}Ru(NH_3)_5]^{4+} + 2 \, H_2O$$

Die Komplexierung des Distickstoffs an ein Metall(kation) ist sicherlich ein erster Schritt zur Aktivierung (Lockerung) der N-N-Dreifachbindung und spielt z. B. auch bei der *Haber-Bosch*-Synthese (s. Kapitel 2.5.2) und beim Stoffwechsel Stickstoff assimilierender Mikroorganismen eine Rolle.

2.5.2 Ammoniak

Ammoniak, NH_3, ist ein stechend riechendes, giftiges Gas, das in Wasser gut löslich ist, aus diesem beim offenen Stehenlassen der Lösung aber auch leicht wieder ausdampft. Die wässrige Lösung reagiert alkalisch (vgl. Kapitel 2.2.7.2):

$$NH_3 + H_2O \;\rightarrow\; NH_4^+ + OH^- \quad ; \quad \frac{c_{NH_4^+} \cdot c_{OH^-}}{c_{NH_3}} = K_B = 1{,}8 \cdot 10^{-5} \text{ mol/l}$$

Aus Ammoniumsalzen lässt sich Ammoniak mit einer starken, konzentrierten Lauge, z. B. Natronlauge, austreiben, was im Labor zur Erzeugung kleiner Mengen des Stoffes ausgenutzt werden kann (Versuch 37-1, s. CD):

$$NH_4Cl + NaOH \;\rightarrow\; NH_3 + NaCl + H_2O$$

Eine alternative Möglichkeit, kleine Mengen Ammoniak in einer wässrigen Lösung zu erzeugen, ist das Verkochen der organischen Stickstoffverbindungen Harnstoff oder Urotropin:

$$NH_2CONH_2 + H_2O \;\rightarrow\; 2 \, NH_3 + CO_2 + H_2O$$
$$C_6N_4H_{12} + 6 \, H_2O \;\rightarrow\; 4 \, NH_3 + 6 \, HCHO$$

Dies wird z. B. in der Analytischen Chemie zum Fällen einiger Metallhydroxide durchgeführt.

Großtechnisch wird Ammoniak nach dem **Haber-Bosch-Verfahren** (s. Kasten) aus den Elementen hergestellt:

$$N_2 + 3 \, H_2 \xrightarrow{\text{ca. 500 °C, ca. 500 bar, Fe–Katalysator}} 2 \, NH_3 \;\; (+ \, 33{,}4 \, \text{kJ})$$

Die Reaktion ist exergonisch, hat aber eine sehr hohe Aktivierungsenergie, da die stabile Dreifachbindung im Distickstoff gebrochen werden muss. Sie läuft deshalb bei hoher Temperatur schneller ab. Ebenfalls günstig ist hoher Druck, was mit dem **Prinzip des kleinsten Zwangs** von *LeChatelier* erklärt werden kann: Wenn die an der Reaktion beteiligten vier Ausgangsmoleküle unter Druck gesetzt werden, weichen sie diesem aus, indem sie die Stoffmenge verringern, hier also zu zwei Äquivalenten Ammoniak reagieren.

Eine ganz besondere Bedeutung kommt dem **Katalysator** zu. Dieser wird direkt im Reaktor aus Eisenoxid und Wasserstoff in Gegenwart eines Inertstoffes als Trägermaterial erzeugt:

$$Fe_2O_3 + 6\,H_2 \rightarrow 2\,Fe + 3\,H_2O$$

Er liegt daher in einer besonders aktiven und feinteiligen Form vor. Der Ablauf der Katalyse ist folgendermaßen plausibel: Zunächst komplexieren N_2- und H_2-Moleküle an das elementare Eisen. Dadurch werden die jeweiligen Bindungen zwischen den beiden N- und H-Atomen geschwächt und im Extremfall ganz gebrochen. (Dann liegen Oberflächen-Nitride bzw. -Hydride vor). Wenn die so aktivierten Teilchen sich in räumlicher Nähe zueinander befinden, ist die Bindung einer ersten N-H-Bindung wahrscheinlich. Wenn insgesamt drei H-Atome auf ein N-Atom übertragen wurden, ist das Ammoniak-Molekül fertig, aber vermutlich noch über sein freies Elektronenpaar an das Eisen komplexiert. Da diese Metall-NH_3-Wechselwirkung aber nicht sonderlich stabil ist, erfolgt rasch eine Dekomplexierung. Das Eisen ist dann an seiner Oberfläche wieder frei und steht für einen neuen Reaktionszyklus zur Verfügung (Abbildung 2.5.2-1).

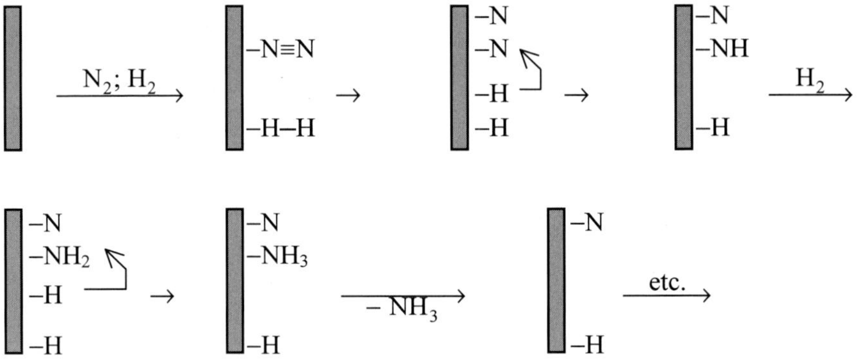

Abb. 2.5.2-1. Plausible Erklärung für den Ablauf der eisenkatalysierten Ammoniakbildung; ▬▬▬ ... Eisenoberfläche

Wie auch beim Kontaktverfahren zur Schwefelsäureproduktion (s. Kapitel 2.4.6) liegt der Katalysator am Ende der Reaktion wieder in seiner Ausgangsform vor und erscheint daher gar nicht in der Bruttoreaktionsgleichung. Er hat den Edukten N_2 und H_2 aber einen besonderen Weg zur Bildung von Ammoniak eröffnet, der ohne ihn nicht möglich gewesen wäre. Demzufolge weist die katalysierte Reaktion eine viel kleinere Aktivierungsenergie auf als die unkatalysierte (vgl. Abbildung 2.4.6-2) und verläuft so schnell, dass die Produktion von Ammoniak großtechnisch rentabel wird.

Ammoniak – ein Segen oder ein Fluch für die Menschheit?

Ammoniak ist das Basisprodukt der Düngemittelindustrie. Ohne Pflanzendüngung ist eine Ernährung der Menschheit unmöglich. Deshalb die klare Aussage: Die technische Ammoniak-Synthese ist ein *Segen* für die Menschheit. In diesem Sinne gilt *Fritz Haber* für seine wissenschaftlichen und technischen Entwicklungsarbeiten größter Dank, und der ihm verliehene Chemie-Nobelpreis hat seine volle Berechtigung.

Allerdings ermöglicht Ammoniak über seine Folgeprodukte (Salpetersäure, Nitrate) auch die Bereitstellung von Kampfstoffen. Dass *Haber* speziell diese Entwicklung mit größtem Elan vorangetrieben hat, widerspricht dem Ehrenkodex der Chemiker und zeigt besonders eindringlich, dass naturwissenschaftliche Erkenntnisse leicht zu einem *Fluch* für die Menschheit werden können. Der erste Weltkrieg wäre vermutlich viel früher zu Ende gegangen, wenn *Haber* seine wissenschaftlichen Fähigkeiten nicht mit einem wahrhaft wahnsinnigen Patriotismus zum erhofften Sieg seines deutschen Vaterlandes eingesetzt und die großtechnische Produktion von Ammoniak und seiner Folgeprodukte ermöglicht hätte. Eine Seeblockade der Alliierten hatte nämlich den Nachschub des Chilesalpeters, der bis dahin für die Herstellung von Sprengstoffen unverzichtbar war, nach Deutschland unterbunden, und den deutschen Soldaten wäre in kurzer Zeit das Schießpulver ausgegangen. Doch der neue Zugang zu Salpetersäure und Nitraten über Ammoniak erlaubte die weitere Versogung des deutschen Millitärs mit Kampfstoffen. Mehr noch, *Haber*, Experte im Umgang mit gefährlichen Gasen, forcierte auch den Einsatz von Chlor als Kampfgas. Des Weiteren war er der Wegbereiter für die Herstellung von Cyanwasserstoff, mit dem später hunderttausende Juden in Konzentrationslagern vergast wurden. Letzteres hatte *Haber* gewiss nicht beabsichtig, denn – eine Ironie des Schicksals – mit der Machtergreifung der Nazionalsozialisten musste *Haber* emigrieren, denn er war selbst Jude.

Im Ammoniak ist der Stickstoff sp^3-hybridisiert, so dass das Molekül eine tetraedrische Struktur aufweist. Im Gaszustand kommt es zu einem schnellen Umklappvorgang (*Walden*-Umkehr), der dem eines Regenschirms bei einem Windstoß ähnelt (s. Abbildung 2.5.2-2).

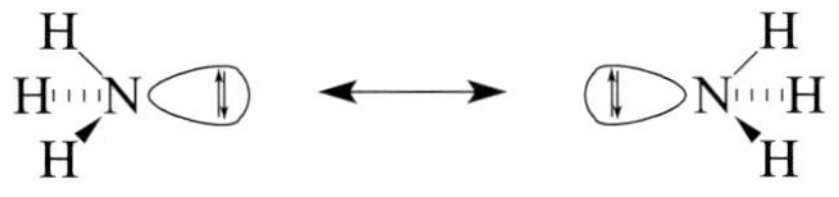

Abb. 2.5.2-2. Dynamischer Umklappvorgang beim Ammoniak

Im flüssigen Ammoniak assoziieren die einzelnen Moleküle über Wasserstoffbrückenbindungen, da jedes Molekül – ähnlich wie H_2O (vgl. Abbildung 2.2.7-1) – ein starkes Dipolmoment aufweist:

$$\overset{\delta^+ \; \delta^-}{H_3N|}\cdots\cdots\overset{\delta^+ \; \delta^-}{H_3N|}\cdots\cdots\overset{\delta^+ \; \delta^-}{H_3N|}$$

Die Folge ist, dass Ammoniak (im Vergleich zu seinen höheren homologen Verbindungen PH_3 und AsH_3) einen relativ hohen Siedepunkt von $-33\ °C$ hat (vgl. die Diskussion der Siedepunkte von Wasser und Schwefelwasserstoff im Kapitel 2.4.4).

Wegen des freien Elektronenpaars ist Ammoniak eine typische *Lewis*base, die z. B. von Protonen in das hochsymmetrische, tetraedrische Ammoniumkation übergeführt werden oder mit zahlreichen Übergangsmetallen stabile Komplexe bilden kann, beispielsweise mit Kupferionen einen tiefblauen Tetramminkomplex (Versuch 38, s. CD):

$$NH_3 \; + \; H^+ \; \rightarrow \; NH_4^+$$
$$4\,NH_3 \; + \; Cu^{2+} \; \rightarrow \; [Cu(NH_3)_4]^{2+}$$

Im Ammoniak hat der Stickstoff seine niedrigste mögliche Oxidationsstufe −III. Er kann daher oxidiert werden, z. B. von Sauerstoff. Ein NH_3/Luft-Gemisch ist explosiv:

$$4\,NH_3 \; + \; 3\,O_2 \; \rightarrow \; 2\,N_2 \; + \; 6\,H_2O$$

Bei Temperaturen über 700 °C und in Gegenwart von Edelmetallen (Pt/Rh-Legierung) nimmt die Reaktion einen anderen Verlauf. Dann entsteht nicht Distickstoff, sondern Stickstoffmonoxid:

$$4\,NH_3 \; + \; 5\,O_2 \; \rightarrow \; 4\,NO \; + \; 6\,H_2O$$

Dies wird im ersten Schritt des *Ostwald*-Verfahrens zur Salpetersäureherstellung (s. Kapitel 2.5.4) ausgenutzt.

Anders als bei den Reaktionen mit Sauerstoff kann Ammoniak gegenüber starken Reduktionsmitteln auch als Oxidationsmittel wirken. Leitet man z. B. Ammoniak-Gas in eine Natrium-Schmelze, so entstehen Natriumamid und Wasserstoff:

$$2\,Na\,(fl.) \; + \; 2\,NH_3\,(g) \; \rightarrow \; 2\,NaNH_2 \; + \; H_2$$

Diese Reaktion ist verwandt mit der von Wasser mit Natrium:

$$2\,Na \; + \; 2\,H_2O \; \rightarrow \; 2\,NaOH \; + \; H_2$$

In beiden Fällen wird das unedle Metall durch Protonen, die formal aus der Dissoziation des Wassers ($H_2O \rightarrow OH^- + H^+$) bzw. Ammoniaks ($NH_3 \rightarrow NH_2^- + H^+$) stammen, oxidiert.

Interessant ist in diesem Zusammenhang auch der Befund, dass aus flüssigem Ammoniak, in den ein Stückchen Natrium geworfen wird, eine tiefblaue Lösung resultiert:

$$Na \; + \; n\,NH_3\,(fl.) \; \rightarrow \; Na^+ \; + \; e^-(NH_3)_n$$

Anders als bei der zuvor beschriebenen Reaktion von geschmolzenem Natrium mit Ammoniak-Gas wird das vom Natrium abgegebene Elektron noch nicht auf einen Wasserstoff in einem NH_3-Molekül übertragen, so dass kein Wasserstoff entsteht, sondern bleibt in einem Käfig von Solvens-Molekülen erhalten (so genanntes **„solvatisiertes" Elektron**). Durch optische Übergänge des freien Elektrons entsteht die intensive Farbe der Lösung.

2.5.3 Hydrazin, Hydroxylamin und Stickstoffwasserstoffsäure

Im **Hydrazin**, H_2N-NH_2, sind zwei NH_2-Einheiten über eine N-N-Einfachbindung miteinander verknüpft. Dem Stickstoff kommt damit die für ihn ungewöhnliche Oxidationsstufe -II zu. Deshalb ist das Molekül instabil und zersetzt sich zu Ammoniak und Stickstoff:

$$3\,N_2H_4 \;\rightarrow\; 4\,NH_3 \;+\; N_2$$

Weiterhin ist Hydrazin ein ausgesprochen starkes Reduktionsmittel:

$$N_2H_4 \;\rightarrow\; N_2 \;+\; 4\,H^+ \;+\; 4\,e^-$$

Dies ist mit der Bildung des sehr stabilen Distickstoffs als Triebkraft entsprechender Reaktionen zu erklären.

Hydrazin wird nach den ***Raschig*-Verfahren** aus Ammoniak und Chlorbleichlauge hergestellt. Als (isolierbares) Zwischenprodukt entsteht **Chloramin**, das mit Ammoniak unter Abspaltung von Chlorwasserstoff zu Hydrazin weiter reagiert:

$$\begin{array}{l}
H_2N-H \;+\; NaOCl \;\;\rightarrow\;\; H_2N-Cl \;+\; NaOH \\
H_2N-Cl \;+\; H-NH_2 \;\;\rightarrow\;\; H_2N-NH_2 \;+\; HCl \\
\hline
2\,NH_3 \;+\; NaOCl \;\;\;\;\rightarrow\;\; N_2H_4 \;+\; NaCl \;+\; H_2O
\end{array}$$

Im ersten Reaktionsschritt wird formal ein H-Substituent gegen einen Cl-Substituenten am zentralen Stickstoff ausgetauscht. Dies ist keine Redoxreaktion, denn Stickstoff ist etwas elektronegativer (3,1) als Chlor (2,8), so dass dieses im Chloramin die gleiche Oxidationsstufe (+I) hat wie im Hypochlorit und der Stickstoff entsprechend ebenfalls die gleiche Oxidationsstufe (–III) besitzt wie in der Ausgangsverbindung Ammoniak. Erst die zweite Reaktionsstufe ist ein Redoxprozess, bei dem der Stickstoff oxidiert ($N^{-III} \rightarrow N^{-II}$) und das Chlor reduziert ($Cl^{+I} \rightarrow Cl^{-I}$) werden.

Da Hydrazin – wie gesagt – leicht zerfällt, kann es als solches nicht in den Handel gebracht werden. Es lässt sich aber durch Salzbildung stabilisieren, z. B. gemäß:

$$H_2N-NH_2 \;+\; H_2SO_4 \;\;\rightarrow\;\; [H_3N-NH_3]^{2+}[SO_4]^{2-}$$

Bei der Kristallisation des ionisch aufgebauten **Hydrazinsulfats** wird Gitterenergie frei, welche die Instabilität der freien Base überkompensiert, so dass das Salz ohne Explosionsgefahr gehandhabt werden kann (vgl. die analoge Diskussion über die Stabilisierung der Halogensauerstoffsäuren durch Salzbildung in Kapitel 2.3.8.1).

Aus Hydrazinsulfat kann Hydrazin mit einer starken Base, z. B. Natronlauge, für Folgeversuche freigesetzt werden. Früher wurde es u. a. gebraucht, um aus alten Fixierbädern Silber durch Reduktion zu gewinnen:

$$\begin{array}{l}
4\,Na_3[Ag(S_2O_3)_2] + [N_2H_6]SO_4 + 6\,NaOH \rightarrow \\
4\,Ag + N_2 + Na_2SO_4 + 8\,Na_2S_2O_3 + 6\,H_2O
\end{array}$$

Wegen der hohen Giftigkeit des Hydrazins wird diese Reaktion heute nicht mehr durchgeführt.

Neben Ammoniak und Hydrazin sind noch zwei weitere Stickstoff-Wasserstoff-Verbindungen erwähnenswert: Hydroxylamin, H_2NOH, und Stickstoffwasserstoffsäure, HN_3.

Im **Hydroxylamin** hat der Stickstoff die Oxidationsstufe $-I$. Die Verbindung wirkt wie Hydrazin reduzierend und ist auch ähnlich instabil, so dass sie als Salz (Hydroxylamin-Hydrochlorid) stabilisiert in den Chemikalienhandel kommt:

$$H_2N{-}OH \;+\; HCl \;\rightarrow\; [H_3N{-}OH]^+[Cl]^-$$

Die **Stickstoffwasserstoffsäure** dissoziiert zu einem gewissen Teil:

$$\left(\overset{+}{N}{=}\overset{-}{N}{=}\overset{}{N}\Big/_{H} \;\longleftrightarrow\; \overset{-}{N}{-}\overset{+}{N}{\equiv}N\Big/_{H} \;\right) \;\longrightarrow\; H^+ \;+\; \overset{-}{N}{=}\overset{+}{N}{=}\overset{-}{N}$$

Triebkraft der Dissoziation ist die Bildung des hochsymmetrischen, linearen Azid-Anions, das mit dem Kohlenstoffdioxid isoelektronisch ist ($N^- = O$; $N^+ = C$). Das Azid bildet ähnlich wie die Halogenide Chlorid, Bromid und Iodid mit Ag^+ ein schwerlösliches, im trockenen Zustand hoch explosives Salz:

$$Ag^+ \;+\; N_3^- \;\rightarrow\; AgN_3$$

Es wird deshalb auch als **Pseudohalogenid** bezeichnet.

Natriumazid, NaN_3, zerfällt bei Schlageinwirkung explosionsartig. Diese Reaktion ist geeignet, um einen Airbag im Falle eines Unfalls in kürzester Zeit aufzublasen:

$$3\,NaN_3 \;\rightarrow\; Na_3N \;+\; 4\,N_2$$

2.5.4 Stickstoff-Sauerstoff-Verbindungen

In seinen Oxiden kommt der Stickstoff in den positiven Oxidationsstufen I - V vor:

N_2O	... Distickstoff(I)-oxid
NO	... Stickstoff(II)-monoxid
N_2O_3	... Distickstoff(III)-trioxid
NO_2	... Stickstoff(IV)-dioxid
N_2O_5	... Distickstoff(V)-pentoxid

N_2O entsteht z. B. beim langsamen Erwärmen von Ammoniumnitrat im Sinne einer Komproportionierungsreaktion zwischen dem (minus)-dreiwertigen Ammonium-stickstoff und dem (plus)-fünfwertigen Nitratstickstoff:

$$NH_4NO_3 \;\xrightarrow{\;\Delta T\;}\; N_2O \;+\; 2\,H_2O$$

Vorsicht: Ammoniumnitrat ist ein potenzieller Sprengstoff!

Die Bindungsverhältnisse im N_2O lassen sich durch folgende Resonanzstrukturen beschreiben:

$$\overset{-}{N}=\overset{+}{N}=O \longleftrightarrow |N\equiv\overset{+}{N}-\overset{-}{O}|$$

N_2O wurde früher wegen seiner narkotisierenden Wirkung in der Medizin angewendet („Lachgas"), heute überwiegend als Treibgas in Spraydosen.

NO entsteht aus den Elementen, wenn eine ausreichende Aktivierungsenergie zur Spaltung der sehr festen N-N-Dreifachbindung aufgebracht wird:

$$N_2 + O_2 \xrightarrow{\text{ca. 1000 °C oder elektrische Glimmentladung}} 2\,NO$$

Dies ist z. B. in Verbrennungsmotoren von Kraftfahrzeugen der Fall, wo Temperaturen über 1000 °C herrschen, so dass NO emittiert wird und der Autoverkehr eine wichtige Quelle für das toxische NO-Gas ist (vgl. Kapitel 4.2.4). Stickstoffmonoxid entsteht aber auch in der Natur bei elektrischen Entladungen in Form von Blitzen bei Gewittern.

Es ist ein Monoradikal, in dem die Atome über eine 2,5fach-Bindung zusammenhalten (Bindungsordnung (NO) = $\dfrac{8-3}{2}$ = 2,5), was sich anhand des Molekülorbitalschemas in der Abbildung 2.5.4-1 verdeutlichen lässt (vgl. Abbildung 1.4.4-4).

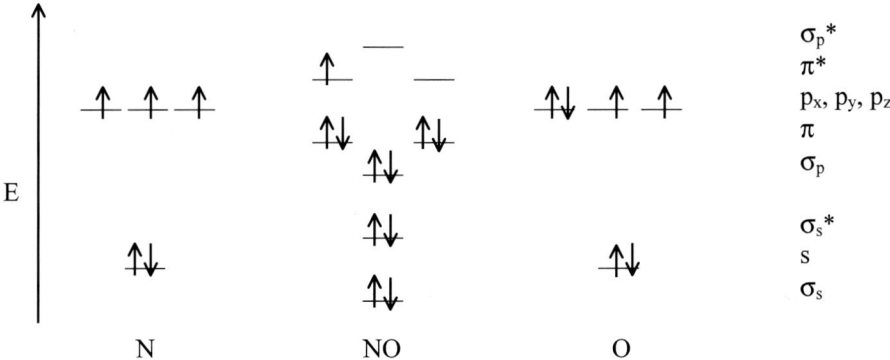

Abb. 2.5.4-1. Vereinfachtes MO-Schema von Stickstoffmonoxid (die 1s-Orbitale sind weggelassen)

Im Vergleich zu vielen anderen Radikalen, beispielsweise H·, Cl· oder HO·, ist NO recht stabil. Dennoch kann es sich durch Abgabe des einsamen Elektrons im antibindenden π^*-Molekülorbital weiter stabilisieren:

$$NO \rightarrow NO^+ + e^-$$

Es gibt damit seinen radikalischen Charakter auf und realisiert die höhere Bindungsordnung 3 zwischen seinen Atomen: $|N\equiv O|^+$. Das **Nitrosylkation** ist isoelektronisch mit Distickstoff, $|N\equiv N|$ ($O^+ = N$). Die Erhöhung der Bindungsordnung beim Übergang von NO zu NO^+ korreliert mit einer Verkürzung des Bindungsabstandes zwischen Stickstoff und Sauerstoff. Dieser beträgt im NO 114 pm, im NO^+ hingegen nur 106 pm.

Bei Temperaturen unter 700 °C – also auch bei Raumtemperatur – reagiert farbloses NO mit Luftsauerstoff zu braunem **NO₂**:

$$2\,NO\ +\ O_2\ \rightarrow\ 2\,NO_2$$

Auch dieser Stoff ist ein Radikal, das bei tieferer Temperatur in sein farbloses Dimer **N₂O₄** übergeht (Versuch 39, s. CD). Die Bindungsverhältnisse können durch die Resonanzstrukturen in der Abbildung 2.5.4-2 beschrieben werden.

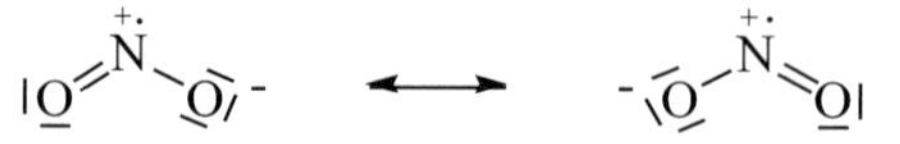

(existent bei hoher Temperatur)

(existent bei niedriger Temperatur)

Abb. 2.5.4-2. Resonanzstrukturen von NO₂ und N₂O₄

Eine 1:1-Mischung von NO und NO₂ steht in einem temperaturabhängigen Gleichgewicht mit **N₂O₃**, dem Oxid des dreiwertigen Stickstoffs:

$$NO\ +\ NO_2\ \underset{\text{oberhalb - 20 °C}}{\overset{\text{unterhalb - 20 °C}}{\rightleftarrows}}\ N_2O_3$$

Die Struktur des unsymmetrischen Moleküls lässt sich durch folgende Resonanzen beschreiben:

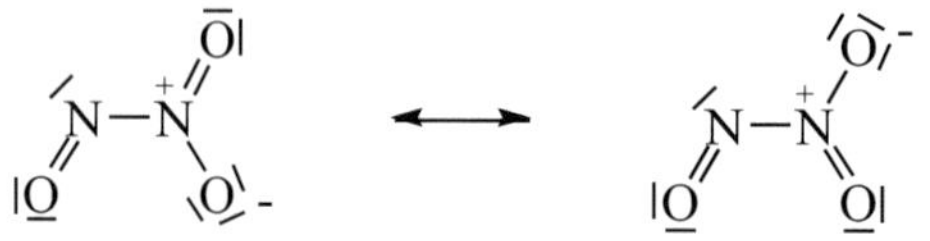

N₂O₃ ist das Anhydrid der Salpetrigen Säure, die in freier Form instabil ist:

$$N_2O_3\ +\ H_2O\ \rightarrow\ 2\,HNO_2$$

Ihre ionisch aufgebauten Salze, die **Nitrite**, sind aber wegen der stabilisierenden Gitterenergie existent (vgl. die Stabilisierung anderer instabiler Stoffe, z. B. der Halogensauerstoffsäuren (Kapitel 2.3.8.1) oder von Hydrazin und Hydroxylamin (Kapitel 2.5.3) durch Salzbildung).

Das Nitrit-Anion weist eine gewinkelte Struktur auf wie das Ozon, mit dem es isoelektronisch ist:

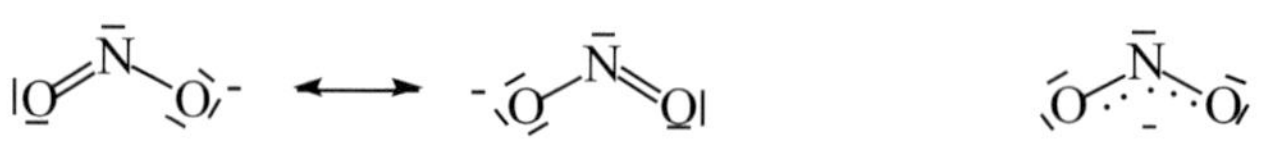

Die Sauerstoffatome sind über eine 1,5fach-Bindung an das zentrale Stickstoffatom gebunden.

Die Oxidationsstufe +V realisiert der Stickstoff in seinen Sauerstoffverbindungen in Form der Salpetersäure, der davon abgeleiteten Salze (Nitrate) und ihrem Anhydrid, dem N₂O₅.

Salpetersäure wird großtechnisch nach dem *Ostwald*-**Verfahren** hergestellt. Im ersten Schritt wird ein Gemisch aus Ammoniak und Luft bei hoher Temperatur über einen netzförmig gespannten Katalysator, der aus einer Pt/Rh-Legierung besteht, geleitet. Es handelt sich hier um eine der effektivsten Katalysen in der Technik, bei der ein Gemisch aus Stickstoffmonoxid und Wasserdampf entsteht:

$$4\,NH_3 \; + \; 5\,O_2 \quad \xrightarrow{\text{Pt/Rh-Netzkatalysator, ca. 800 °C}} \quad 4\,NO \; + \; 6\,H_2O$$

Das heiße Synthesegasgemisch wird auf etwa 150 °C abgekühlt, so dass das Stickstoffmonoxid mit Luftsauerstoff zu Stickstoffdioxid oxidiert werden kann:

$$2\,NO \; + \; O_2 \quad \xrightarrow{\text{ca. 150 °C}} \quad 2\,NO_2$$

Dieses wird in Rieseltürmen mit Wasser umgesetzt, wobei es zu der gewünschten Salpetersäure und NO disproportioniert:

$$3\,NO_2 \; + \; H_2O \quad \rightarrow \quad 2\,HNO_3 \; + \; NO$$

Letzteres wird gemäß der Reaktion in der zweiten Prozessstufe weiter umgesetzt.

Die Salpetersäure kommt überwiegend 69%ig (Siedepunktsazeotrop mit Wasser) in den Handel. Sie ist eine starke Säure, die praktisch quantitativ in ein Proton und das Nitrat-Anion dissoziiert:

$$HNO_3 \quad \rightarrow \quad H^+ \; + \; NO_3^-$$

Triebkraft der Dissoziation ist die Bildung des stabilen Nitratanions, in dem alle Atome sp^2-hybridisiert sind, so dass ein trigonal planares Ion mit einer $1\frac{1}{3}$-Bindung zwischen den Sauerstoffatomen und dem zentralen Stickstoff resultiert (s. Abbildung 2.5.4-3).

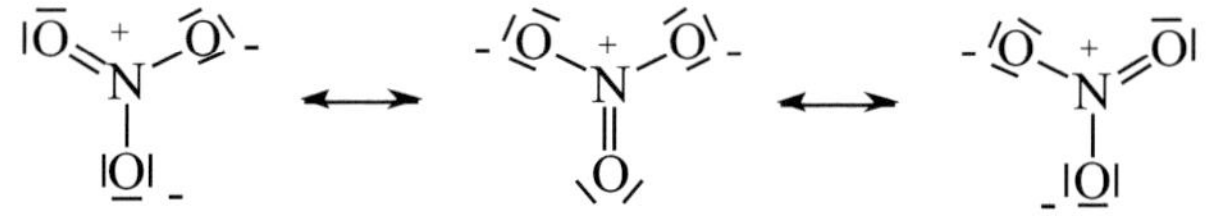

Abb. 2.5.4-3. Resonanzstrukturen des Nitrat-Anions

Wegen der höchst möglichen Oxidationsstufe +V des Stickstoffs wirkt Salpetersäure oxidierend. Sie kann zahlreiche Metalle auflösen. Dabei entstehen – je nach Reduktionskraft des Metalls – unterschiedliche Stickstoffprodukte, z. B. mit dem Halbedelmetall Kupfer NO und mit dem unedlen Metall Zink Ammonium:

$$3\,Cu \; + \; 8\,HNO_3 \quad \rightarrow \quad 3\,Cu(NO_3)_2 \; + \; 2\,NO \; + \; 4\,H_2O$$
$$4\,Zn \; + \; 10\,HNO_3 \quad \rightarrow \quad 4\,Zn(NO_3)_2 \; + \; NH_4NO_3 \; + \; 3\,H_2O$$
$$\xrightarrow{\text{NaOH}} \quad NaNO_3 \; + \; NH_3 \; + \; H_2O$$

(Nebenreaktion: $Zn \; + \; 2\,H^+$ (aus der Salpetersäure) $\rightarrow \; Zn^{2+} \; + \; H_2$)

Letzteres kann mit einer starken Base als Ammoniak ausgetrieben werden, was in der Analytischen Chemie auch ausgenutzt wird, um Nitrat in Form von Ammoniak nachzuweisen (vgl. Kapitel 5.2.1 und Versuch 37-2, s. CD).

Selbst so edle Metalle wie Gold oder Platin können von Salpetersäure aufgelöst werden, wenn zusätzlich Salzsäure zugegeben wird. Die verstärkte Oxidationskraft des **Königswassers** (1:3-Mischung aus konzentrierter Salpetersäure und konzentrierter Salzsäure) ist auf die des entstehenden Chlors (Chlor in statu nascendi) zurückzuführen:

$$HNO_3 + 3\,HCl \rightarrow NOCl + 2\,H_2O + 2\,,,Cl``$$

Als starkes Oxidationsmittel spielt Salpetersäure in der **Sprengstofftechnik** eine wichtige Rolle. Noch größere Bedeutung kommt ihr bei der Herstellung von **Düngemitteln** zu. Hier wirkt sie – genau wie Ammoniak – als Quelle für Stickstoff, einem lebenswichtigen Element für Pflanzen (s. auch Beschreibung der Phosphatdünger im Kapitel 2.6.3).

N_2O_5 ist das Anhydrid der Salpetersäure. Es kann nicht direkt aus den Elementen, sondern nur aus der Säure durch Entwässerung, z. B. mit dem sehr hygroskopischen Phosphor(V)-oxid, gewonnen werden:

$$2\,HNO_3 \xrightarrow{\quad P_4O_{10} \quad} N_2O_5 + H_2O$$

(Vgl. Gewinnung von z. B. Cl_2O_7; Übung 2.3.9, Frage 12.) Im Gaszustand sind die beiden Stickstoffatome über eine Sauerstoffbrücke miteinander verknüpft (anders als im N_2O_3!), im festen Zustand liegt N_2O_5 hingegen als Nitrylnitrat in Salzform vor:

$$O_2N-O-NO_2 \qquad\qquad [O=\overset{+}{N}=O][NO_3]^-$$
(gasförmig)   (fest)

Vorteilhaft daran sind sowohl die mit der Salzbildung (elektrostatischer Zusammenhalt von Anionen und Kationen) verbundene Freisetzung von Gitterenergie als auch die hoch symmetrischen Strukturen der entstandenen Teilchen: Das Nitrylkation ist stäbchenförmig, wie das CO_2-Molekül, mit dem es isoelektronisch ist ($N^+ = C$); auf die trigonal planare Form des Nitritanions mit einem delokalisierten π-Elektronensystem oberhalb und unterhalb der Molekülebene wurde bereits im Zusammenhang mit der Salpetersäure (s. Abbildung 2.5.4-3) eingegangen.

2.5.5   Stickstoff-Halogen-Verbindungen

Setzt man Ammoniak mit überschüssigem Fluor oder Chlor um, so resultieren die Verbindungen NF_3 bzw. NCl_3:

$$NH_3 + 3\,F_2 \rightarrow NF_3 + 3\,HF$$
$$NH_3 + 3\,Cl_2 \rightarrow NCl_3 + 3\,HCl$$

Beide Reaktionen sind Redoxreaktionen, aber unterschiedlich zu deuten. Fluor oxidiert den im Ammoniak minus-dreiwertigen Stickstoff zum plus-dreiwertigen und wird dabei selbst zum Fluorid reduziert. Bei der Reaktion zwischen Ammoniak und Chlor wird im Sinne einer Disproportionierung die Hälfte des Chlors zu Cl (+I) oxidiert, die andere

Hälfte zu Cl (–I) reduziert, denn der Stickstoff als Element, das etwas elektronegativer ist als das Chlor, behält im NCl_3 die gleiche Oxidationsstufe, –III, die es auch in der Ausgangsverbindung hatte. (Vgl. die Diskussion der Oxidationsstufen der Elemente im Chloramin, H_2NCl, dem Zwischenprodukt bei der Hydrazinsynthese, im Kapitel 2.5.3).

Die unterschiedlichen Formalladungen der Atome in den Verbindungen NF_3 und NCl_3 haben für die Hydrolysen der Verbindungen folgende Konsequenzen: NF_3 hydrolysiert zu Salpetriger Säure und Flusssäure:

$$NF_3 \; + \; 2\,H_2O \; \rightarrow \; HNO_2 \; + \; 3\,HF$$

NCl_3 hingegen zu Ammoniak und hypochloriger Säure:

$$NCl_3 \; + \; 3\,H_2O \; \rightarrow \; NH_3 \; + \; 3\,HOCl$$

2.5.6 Übungen (Stickstoff)

1. Nennen Sie bitte ein Beispiel für einen Komplex, in dem Distickstoff als Ligand fungiert.
2. Erläutern Sie bitte am Beispiel der *Haber-Bosch*-Synthese den Begriff „Katalysator".
3. Erläutern Sie bitte an Reaktionsbeispielen die Wirkung von Ammoniak als Base und Säure, als Oxidations- und Reduktionsmittel.
4. Was sind „solvatisierte Elektronen"?
5. Vergleichen Sie bitte die Synthesen, Anwendungen und Eigenschaften von Wasserstoffperoxid und Hydrazin.
6. Erklären Sie bitte die Acidität der Stickstoffwasserstoffsäure. Was ist ein Pseudohalogenid?
7. Geben Sie bitte die Gleichungen für die Synthesen aller bekannten Stickstoffoxide an.
8. Erklären Sie bitte mit Hilfe eines MO-Schemas das paramagnetische Verhalten von NO und die Bindungsordnung des Nitrosylkations.
9. Beschreiben und begründen Sie bitte die Strukturveränderung beim Übergang von N_2O_5-Gas in den festen Zustand.
10. Beschreiben Sie bitte das *Ostwald*-Verfahren und geben Sie eine Bruttoreaktionsgleichung für den ganzen Prozess an.

Experimente

11. Wie stellt man Magnesiumnitrid her und wie reagiert der Stoff mit Wasser?
12. Was passiert beim Erwärmen von Ammoniumdichromat bzw. Ammoniumchlorid (Versuch 40-2, s. CD)? Geben Sie bitte Reaktionsgleichungen an.

13. Formulieren Sie bitte die Reaktionsgleichungen für folgende Umsetzungen:
    - Harnstoff und Wasser beim Kochen
    - Urotropin und Wasser beim Kochen
    - Kupfer und konzentrierte Salpetersäure
    - Zink und konzentrierte Salpetersäure
    - konzentrierte Salpetersäure und konzentrierte Salzsäure
    - Glucose ($C_6H_{12}O_6$) und konzentrierte Salpetersäure
    Welche Beobachtungen machen Sie?

Rechenaufgaben

14. Wie viel Ammoniumnitrit muss thermisch zersetzt werden, um unter Normal-bedingungen 3 Liter Distickstoff zu erzeugen?
15. Wie viel Ammoniak wird bei 18 °C und 1016 mbar aus 6,3 g Ammoniumchlorid mit Natronlauge freigesetzt (vgl. Versuch 37, s. CD)?
16. Ein technisches Ammoniumsulfat ergab bei der Analyse einen Anteil von 25,45 % NH_3. Wie rein ist die Substanz?

2.6 Phosphor

Summary

Phosphate rock (apatite) is the principle source of phosphorus chemistry. Its main component is calcium phosphate, $Ca_3(PO_4)_2$. White phosphorus, P_4, is produced commercially by reducing calcium phosphate with carbon in the presence of sand, SiO_2.

White phosphorus is a tense tetrahedron with four phosphorus atoms. It can achieve more stable polymeric modifications, P_n, if exposed to high temperature or high pressure. These modifications have a three dimensional network and are composed of connected five- and/or six-membered rings with a low ring strain.

If phosphorus is burned with air, phosphoruspentoxide, P_4O_{10}, is formed. This is the anhydride of phosphoric acid. H_3PO_4 is a triprotic (maximum) acid which can undergo condensation reactions to linear or cyclic oligo- or polyphosphoric acids. Phosphoric acid can also be produced from calcium phosphate and sulphuric acid.

Most phosphate rock is converted into fertilizers with the help of sulfuric, phosphoric or nitric acid. The slightly soluble Ca $(H_2PO_4)_2$ is the substance of interest.

Phosphorus halides and oxyhalides (especially PCl_3, PCl_5 and $POCl_3$) are important starting materials for organic phosphorus chemistry.

2.6.1 Phosphorgewinnung und -modifikationen

Elementarer Phosphor wird aus **Apatit**, einem Mineral, das zum größten Teil aus Calciumphosphat besteht (ungefähre Zusammensetzung $Ca_5(PO_4)_3X$; $X = F$, Cl, OH, $O_{0,5}$), durch **carbothermische Reduktion** gewonnen:

$$2\,Ca_3(PO_4)_2\ +\ 10\,C\ +\ 6\,SiO_2\ \xrightarrow{\text{ca. 1500 °C}}\ P_4\ +10\,CO\ +\ 6\,CaSiO_3$$

Der Zusatz von Sand (SiO_2), einem sauren Anhydrid, dient dazu, das neben den eigentlichen Redoxprodukten Phosphor und Kohlenstoffmonoxid übrig bleibende Calciumoxid (CaO), ein Basenanhydrid, unter Salzbildung festzuhalten. (Sonst würde dieses als Flugstaub aus dem Reaktor entweichen.) Die flüssige **Schlacke** aus Calciummetasilicat wird abgestochen und nach dem Erkalten als Gesteinsmasse z. B. im Straßenbau weiter verwendet. Phosphor und Kohlenstoffmonoxid entweichen als Gase aus dem Reaktor.

Der Phosphor wird zum Erstarren gebracht und liegt dann in seiner **weißen Modifikation**, P_4, vor. Vier Phosphoratome sind tetraedrisch angeordnet und jeder Phosphor über drei Einfachbindungen mit den drei anderen Phosphoratomen verknüpft. Außerdem verfügt jedes Phosphoratom über ein freies Elektronenpaar, das nach außen gerichtet ist (s. Abbildung 2.6.1-1).

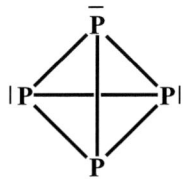

Abb. 2.6.1-1. Struktur des weißen Phosphors, P_4

Der Phosphor realisiert seine Dreibindigkeit also nicht wie der homologe Stickstoff über eine Dreifachbindung zu einem anderen Atom, sondern durch Ausbildung von drei Einfachbindungen mit drei verschiedenen P-Atomen. (Vgl. die Diskussion der Zweibindigkeit der homologen Elemente Sauerstoff ($O=O$) und Schwefel (S_n) im Kapitel 2.4.2.)

Wegen der Ringspannung im P_4-Molekül – es weist immerhin vier verschachtelte Dreiringe mit engen Bindungswinkel auf! – ist die weiße Modifikation des Phosphors nicht seine stabilste. Wenn weißer Phosphor nämlich erhitzt oder hohem Druck ausgesetzt wird, wandelt er sich in **stabilere Modifikationen** um, die aus polymeren, verzweigten Netzwerken mit spannungsfreien Fünf- und Sechsringen bestehen (Abbildung 2.6.1-2).

$$P_4 \text{ (weiß)} \quad \xrightarrow{\quad 200\ °C \quad} \quad P_n \text{ (rot)} \quad amorph$$

$$\xrightarrow{\quad 550\ °C \quad} \quad P_n \text{ (violett)} \quad kristallin$$

$$\xrightarrow{\quad Druck \quad} \quad P_n \text{ (schwarz)} \quad metallisch$$

Abb. 2.6.1-2. Phosphormodifikationen und ihre Umwandlungen

Die besondere Reaktivität des weißen Phosphors zeigt sich auch daran, dass er an der Luft spontan zu P_4O_{10} verbrennt. (Dies tun die anderen Modifikationen nur nach initialer Zündung.) Die Zwischenstufe der Verbrennung ist P_4O_6, dessen Zustandekommen man mit der Annahme erklären kann, dass in jede der sechs P-P-Einfachbindungen ein Sauerstoffatom eingeschoben wird. Dadurch wird die Ringspannung abgebaut, denn es resultieren vier (verschachtelte) Sechsringe, jeweils in einer spannungsfreien Sesselform. Die Weiteroxidation zu P_4O_{10} findet statt, indem das freie Elektronenpaar an jedem P-Atom durch einen doppelt gebundenen Sauerstoff ersetzt wird (Abbildung 2.6.1-3).

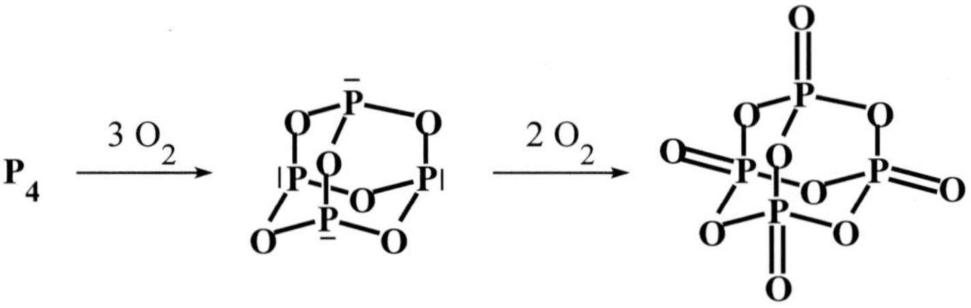

Abb. 2.6.1-3. Verbrennung von weißem Phosphor

Um weißen Phosphor vor ungewolltem (und gefährlichem) Verbrennen zu schützen, lagert man ihn unter Wasser.

2.6.2 Phosphorsäure

Phosphorsäure ist die wichtigste Phosphorverbindung und wird großtechnisch auf zwei verschiedenen Wegen produziert.

Thermische Phosphorsäure wird aus weißem Phosphor hergestellt. Dieser wird zu Phosphor(V)-oxid verbrannt, das als Anhydrid der Phosphorsäure mit Wasser zu dieser hydrolysiert (Versuch 2, s. CD):

$$P_4O_{10} + 6\ H_2O \ \rightarrow \ 4\ H_3PO_4$$

Die anfängliche Herstellung von Phosphor macht das Verfahren teuer. Vorteilhaft ist allerdings, dass die thermische Phosphorsäure besonders rein ist.

Alternativ wird **Aufschluss-Phosphorsäure** produziert. Hierzu wird Apatit mit Schwefelsäure umgesetzt:

$$Ca_3(PO_4)_2 + 3\,H_2SO_4 \rightarrow 3\,CaSO_4 + 2\,H_3PO_4$$

Der anfallende Gips wird abfiltriert; das Filtrat ist eine wässrige Phosphorsäure. Das Verfahren ist billig, weil kostengünstige Ausgangsstoffe zur Verfügung stehen. Es muss allerdings berücksichtigt werden, dass der wichtigste Nebenbestandteil im Apatit, das Calciumfluorid, mit Schwefelsäure Fluorwasserstoff liefert (vgl. Kapitel 2.3.1.1), der abgetrennt werden muss.

Die Phosphorsäure kann in drei Stufen dissoziieren. Sie ist aber selbst in ihrer ersten Dissoziationsstufe nur als mittelstarke Säure zu bezeichnen. Das Abspalten des dritten Protons ist praktisch nur mit sehr starken Basen, wie konzentrierter Natronlauge, möglich:

$$H_3PO_4 \rightarrow H^+ + H_2PO_4^- \quad ; \quad K_{S_1} = \frac{c_{H^+} \cdot c_{H_2PO_4^-}}{c_{H_3PO_4}} = 7{,}5 \cdot 10^{-3} \text{ mol/l}$$

$$H_2PO_4^- \rightarrow H^+ + HPO_4^{2-} \quad ; \quad K_{S_2} = \frac{c_{H^+} \cdot c_{HPO_4^-}}{c_{H_2PO_4^-}} = 6{,}2 \cdot 10^{-8} \text{ mol/l}$$

$$HPO_4^{2-} \rightarrow H^+ + PO_4^{3-} \quad ; \quad K_{S_3} = \frac{c_{H^+} \cdot c_{PO_4^{3-}}}{c_{HPO_4^{2-}}} = 4{,}2 \cdot 10^{-13} \text{ mol/l}$$

Eine Mischung von Dihydrogenphoshat und Monohydrogenphosphat ist ein Puffer, der u. a. den pH-Wert des menschlichen Blutes neutral hält.

2.6.3 Phosphat-Dünger

Phosphorsäure und Phosphate werden hauptsächlich zur Herstellung von Düngemitteln benötigt. Ein wichtiger Düngestoff ist **Ca(H₂PO₄)₂**. Die Verbindung ist mäßig löslich, was für den Anwendungszweck in zweierlei Hinsicht günstig ist. Einerseits nimmt eine Pflanze immer nur eine kleine Menge des Stoffes in gelöster Form auf, andererseits ist ein Verlust des Düngers durch Auswaschen mit Regenwasser weitgehend zu vernachlässigen.

Calciumdihydrogenphosphat entsteht bei längerem Einwirken („Reifen") von Schwefelsäure auf Calciumphosphat zusammen mit Gips oder in reiner und daher wertvollerer Form beim Einwirken von Phosphorsäure auf Calciumphosphat:

$$Ca_3(PO_4)_2 + 2\,H_2SO_4 \rightarrow Ca(H_2PO_4)_2 + 2\,CaSO_4 \qquad \text{„Superphosphat"}$$
$$Ca_3(PO_4)_2 + 4\,H_3PO_4 \rightarrow 3\,Ca(H_2PO_4)_2 \qquad \text{„Tripelsuperphosphat"}$$

Wird Calciumphosphat mit Salpetersäure aufgeschlossen, so entsteht neben Calciumdihydrogenphosphat noch Calciumnitrat und damit ein **Phosphat/Nitrat-Kombinationsdünger**:

$$Ca_3(PO_4)_2 + 4\,HNO_3 \rightarrow Ca(H_2PO_4)_2 + 2\,Ca(NO_3)_2 \qquad \text{„Nitrophosphat"}$$

Einen **Phosphat/Ammonium-Kombinationsdünger** erhält man durch stufenweise Neutralisation der Phosphorsäure mit Ammoniak:

$$H_3PO_4 \xrightarrow{\ NH_3\ } NH_4H_2PO_4 \xrightarrow{\ NH_3\ } (NH_4)_2HPO_4$$

2.6.4 Oligo- und Polyphosphorsäuren und ihre Salze

Beim Erhitzen von Phosphorsäure setzt eine stufenweise Kondensation zu linearen und cyclischen Oligo- bzw. Polyphosphorsäuren ein (Abbildung 2.6.4-1).

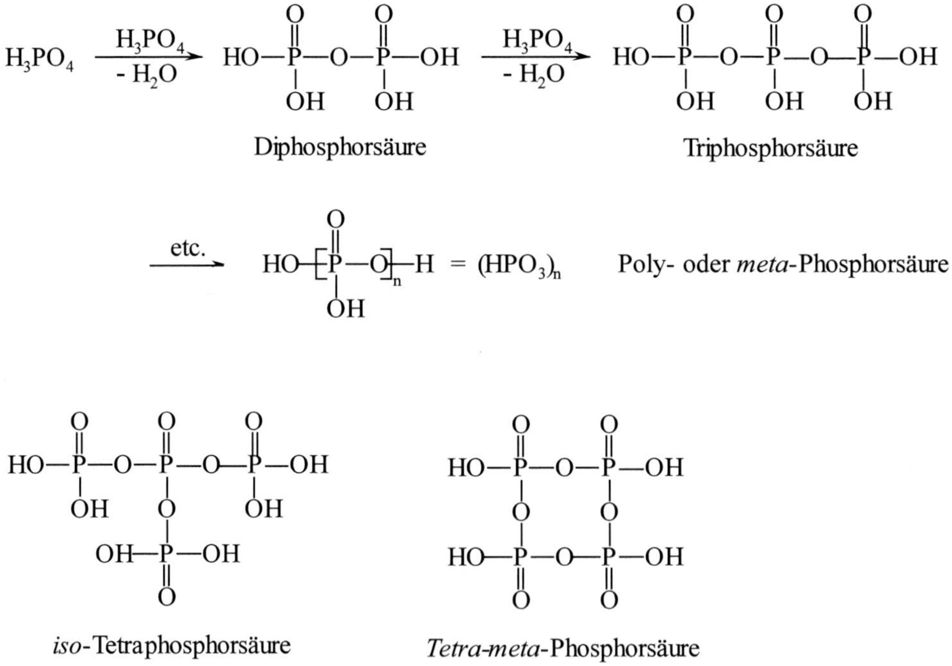

Abb. 2.6.4-1. Lineare, verzweigte und cyclische Oligo- und Polyphosphorsäuren

Lange Zeit hatte das **Natriumsalz der Triphosphorsäure**, das beim Erhitzen einer Mischung aus Natriumdihydrogenphosphat und Dinatriumhydrogenphosphat entsteht, große Bedeutung als **Waschmitteladditiv**:

$$NaH_2PO_4 + 2\,Na_2HPO_4 \xrightarrow{\Delta T} \text{(Triphosphat)} + 2\,H_2O$$

Das Triphosphat kann nämlich mit Calcium- und Magnesiumionen (des Leitungswassers) stabile und gut lösliche Komplexe bilden, deren Existenz das Ausfallen schwerlöslicher Erdalkalicarbonate beim Waschen (Ablagerung auf der Wäsche und auf den Heizstäben der Waschmaschine) verhindert (s. Kapitel 2.7.4.3). Nachteilig ist, dass die löslichen Triphosphate mit der Waschflotte über das Abwasser in die natürlichen Gewässer gelangen und diese überdüngen. Dies führt zu einem unkontrollierten und unerwünschten Pflanzenwachstum und einer damit direkt verbundenen Verarmung des Wassers an gelöstem Sauerstoff, was wiederum z. B. ein Fischsterben zur Folge haben kann. Als Phosphatersatzstoff in Waschmitteln dient heute vorwiegend Zeolith A (s. Kapitel 2.8.3).

Auch in lebenden Organismen spielen Oligophosphate eine große Rolle. Bei der Hydrolyse von **Adenosintriphosphat** (ATP), einem organischen Phosphorsäureester, zu **Adenosindiphosphat** (ADP) und Phosphat wird Energie frei, die ein Organismus für Lebensprozesse benötigt. Umgekehrt speichert ein Körper aufgenommene Energie, z. B. aus der Verdauung, durch Bildung von ATP aus ADP und Phosphat durch Kondensation (Wasserabspaltung):

$$\text{Adenosintriphosphat} + H_2O \underset{\text{Kondensation}}{\overset{\text{Hydrolyse}}{\rightleftharpoons}} H_2PO_4^- + \text{Adenosindiphosphat}$$

Adenosintriphosphat   Adenosindiphosphat

2.6.5 Phosphorhalogenide

Fluor reagiert mit Phosphor zu **PF$_5$**:

$$P_4 + 10\,F_2 \rightarrow 4\,PF_5$$

Die Reaktion zwischen Chlor und Phosphor bleibt hingegen auf der Stufe **PCl$_3$** stehen. Erst durch Erhöhung der Chlor-Konzentration und der Temperatur kann die Reaktion zu **PCl$_5$** weiterlaufen:

$$P_4 \xrightarrow{6\,Cl_2} 4\,PCl_3 \xrightarrow{4\,Cl_2} 4\,PCl_5$$

Dies ist mit der unterschiedlichen Reaktivität von Fluor und Chlor zu erklären (vgl. Kapitel 2.3.2.4).

Phosphortrichlorid ist eine wie Ammoniak tetraedrisch aufgebaute Verbindung mit sp^3-hybridisiertem Phosphor, der neben den drei Cl-Substituenten noch über ein freies Elektronenpaar verfügt. Die Chlorsubstituenten können leicht gegen organische Reste ausgetauscht werden, so dass Phosphortrichlorid ein wichtiger Vorläufer für phosphororganische Verbindungen ist.

Von Wasser wird PCl_3 zu Salzsäure und **Phosphoriger Säure**, H_3PO_3, hydrolysiert:

$$PCl_3 + 3\,H_2O \;\rightarrow\; 3\,HCl + H_3PO_3$$

Die Säure des dreiwertigen Phosphors ist ein starkes Reduktionsmittel. Anders als die angegebene Schreibweise vermuten lässt, ist sie aber nicht drei-, sondern lediglich zwei-protonig, denn ein H-Atom ist direkt an das zentrale Phosphoratom und nicht an einen Sauerstoff gebunden, so dass es nicht abdissoziiert werden kann:

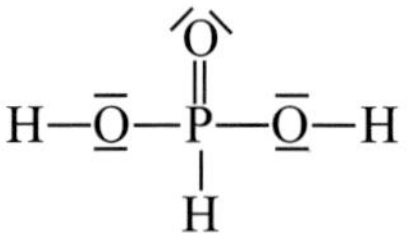

$$H-\overline{\underline{O}}-\overset{\overset{\displaystyle O}{\|}}{\underset{\underset{\displaystyle H}{|}}{P}}-\overline{\underline{O}}-H$$

Phosphortrichlorid kann mit Sauerstoff in **Phosphorylchlorid** übergeführt werden:

$$PCl_3 + 0{,}5\,O_2 \;\rightarrow\; O{=}PCl_3$$

(Diese Verbindung entsteht auch aus PCl_5 und SO_2, s. Kapitel 2.4.10)

Im gasförmigen PCl_5 ist das zentrale P-Atom sp^3d hybridisiert, so dass die fünf Chloratome auf den Ecken einer trigonalen Bipyramide mit dem P-Atom im Zentrum sitzen (s. Abbildung 2.6.5-1). Die äquatorialen und axialen Chlorsubstituenten tauschen durch ein schnelles Umklappen des Moleküls, die so genannte **Pseudorotation**, ständig ihre Positionen aus.

Im festen Zustand bildet sich ein salzartig aufgebauter Stoff mit tetraedrischen PCl_4^+-Kationen und oktaedrischen PCl_6^--Anionen, in denen der Phosphor sp^3- bzw. sp^3d^2-hybridisiert ist (Abbildung 2.6.5-1).

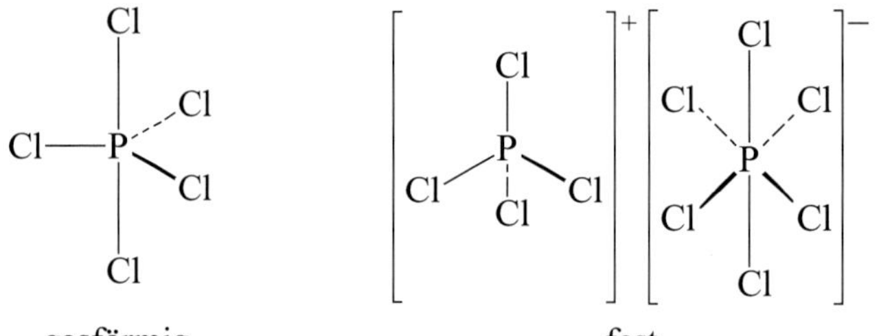

gasförmig   fest

Abb. 2.6.5-1. Struktur von Phosphor(V)-chlorid im gasförmigen und festen Zustand

Triebkraft der Umwandlung ist sowohl die mit der Salzbildung verbundene Freisetzung von Gitterenergie, als auch das Entstehen zweier Strukturen (Tetraeder und Oktaeder), die symmetrischer sind als die ursprüngliche trigonale Bipyramide.

Ähnlich wie im PCl_3 lassen sich auch im PCl_5 die Chlor-Substituenten gegen andere austauschen, so dass eine vielseitige Chemie des fünfwertigen Phosphors erschlossen werden kann.

Mit Wasser reagiert PCl_5 zu Salzsäure und Phosphorsäure:

$$PCl_5 + 4 H_2O \rightarrow 5 HCl + H_3PO_4$$

2.6.6 Übungen (Phosphor)

1. Wozu dient der Zusatz von Sand bei der Phosphorgewinnung?
2. Wieso muss weißer Phosphor unter Wasser gelagert werden?
3. Diskutieren Sie bitte die Vor- und Nachteile von „thermischer Phosphorsäure" und „Aufschluss-Phosphorsäure".
4. Was passiert, wenn Salpetersäure, Schwefelsäure bzw. Perchlorsäure mit überschüssigem Phosphor(V)-oxid zusammen gebracht werden?
5. Wie kann man Phosphorige Säure herstellen, und welche Struktur hat die Verbindung?
6. Welche Funktion hat Pentanatriumtriphosphat, welche ATP?
7. Diskutieren Sie bitte die Struktur von Phosphor(V)-chlorid im festen und im gasförmigen Zustand.

Rechenaufgaben

8. Wie viel Gramm Wasser müssen zu 20 g Phosphor(V)-oxid gegeben werden, um *meta*-Phosphorsäure zu erhalten?
9. Berechnen Sie bitte die empirische Formel einer Verbindung mit der Elementaranalyse 34,5 % H_2O, 30,6 % O, 14,8 % P, 11,0 % Na, 6,7 % N und 2,4 % H.
10. Reagiert eine Lösung von Dinatriumhydrogenphosphat in Wasser sauer oder basisch (Versuch 41, s. CD)?
11. 35 g weißer Phosphor werden geschmolzen und mit trockenem Chlorgas umgesetzt. PCl_3 mit 5 % PCl_5 destilliert ab. Wie viel Gramm Chlor wurden gebunden?
12. Welche Volumina Essigsäure und Phosphortrichlorid müssen eingesetzt werden, um 20 g Essigsäurechlorid zu erhalten und wenn die Ausbeute in der Regel 45 % beträgt? (d(HOAc) = 1,049 g/ml; d(PCl_3) = 1,574 g/ml)

2.7 Kohlenstoff

Summary

The most important modifications of carbon are diamond and graphite. In a diamond the carbon atom is sp^3-hybridized and tetrahedral, so it is surrounded by four other carbon atoms. A three-dimensional covalent network is formed out of six-membered rings in the chair conformation. In graphite, on the other hand, every carbon atom is sp^2-hybridized. This modification of carbon has a planar structure of linked six-membered rings. Above and below each layer of carbon atoms there is a π-electron cloud. The bond order in graphite is 1 1/3 and in diamond it is 1. Thus graphite is thermodynamically more stable than diamond.

Coal is a conversion product of primeval animals and plants. It has a high mass fraction of carbon. Charcoal can be produced in two different ways, firstly by eliminating water from carbohydrates and secondly by gas activation of natural coal. Charcoal is characterized by its large surface.

There are two oxides of carbon. Carbon monoxide, CO, which is more stable above 700 °C and carbon dioxide, CO_2, which is more stable below 700 °C. CO_2 is the anhydride of carbonic acid, H_2CO_3, which is a very weak diprotic acid. Its salts are called hydrogen carbonates (bicarbonates) and carbonates and are very common in nature and technology.

Sodium carbonate (soda) is produced from sodium chloride and calcium carbonate. Intermediates are sodium hydrogen carbonate, $NaHCO_3$ (bicarbonate), ammonium chloride NH_4Cl, calcium oxide, CaO, and calcium hydroxide, $Ca(OH)_2$.

Calcium carbonate, $CaCO_3$ (limestone), yields carbon dioxide and calcium oxide, CaO (quicklime), when it is heated to 1000 °C (lime burning). Calcium oxide, a base anhydride, reacts with water to form calcium hydroxide, $Ca(OH)_2$ (slaked lime). This is used in the construction industry (reaction with the carbon dioxide found in the air to form insoluble calcium carbonate) or to neutralize and clean waste waters.

The water hardness is mainly defined by the amount of dissolved calcium in the water. The amount of dissolved $Ca(HCO_3)_2$ (calcium bicarbonate) is called temporary hardness. If the solution is heated, bicarbonate decomposes to carbon dioxide and insoluble calcium carbonate. This is not desired in washing machines or in cooling water cycles. The hardness of the water can be reduced by precipitation the calcium ions as calcium carbonate or sulfate or with the help of an ion exchanger.

Important carbon-nitrogen compounds are hydrocyanic acid, HCN, and its salts. The salts are called cyanides. The oxidation and sulfurization products of cyanide are also important. These are called cyanate, NaOCN, and thiocyanate, NaSCN, respectively.

The carbon-metal compounds are divided into salt-like (e.g. CaC_2), covalent (e.g. $(SiC)_n$) and metallic bonds (e.g. iron-carbon-alloys).

2.7.1 Sonderstellung des Kohlenstoffs im Periodensystem der Elemente

Als Element der vierten Hauptgruppe steht der Kohlenstoff mitten in der Reihe der Elemente der zweiten Periode: Li Be B **C** N O F Ne. Er kommt in allen Oxidationsstufen zwischen +IV (formal: Helium-Konfiguration) und −IV (Neon-Konfiguration) vor. Wichtige Vertreter von Kohlenstoffverbindungen in den entsprechenden Oxidationsstufen sind CO_2 (+IV), HCOOH und CO (jeweils +II), HCHO und C_n (jeweils ±0), CH_3OH (−II) und CH_4 (−IV).

Bereits in dieser ersten Aufzählung dominieren mit Ameisensäure, Formaldehyd, Methanol und Methan typische Verbindungen der **Organischen Chemie**, und in der Tat ist der Kohlenstoff das zentrale Element dieses großen Teilbereichs der Wissenschaft. In der Natur kommt Kohlenstoff in zahlreichen organischen Verbindungen vor, insbesondere auch in Form der Umwandlungsprodukte urweltlicher Pflanzen und Tiere als **Kohle**, **Erdöl** und **Erdgas**. Nicht zu vergessen sind die Elementmodifikationen **Diamant** und **Graphit**, selbst wenn sie nicht sehr häufig vorkommen. Besonders wichtige Kohlenstoffverbindungen sind außerdem das **Kohlenstoffdioxid** in der Luft und im Wasser, was für die Photosynthese von unschätzbarem Wert ist, und die **Carbonate**, vor allem Kalkstein, $CaCO_3$, der Stoff, aus dem die Kalkberge sind.

Neben den Modifikationen Diamant und Graphit gibt es mit den **Fullerenen**, insbesondere C_{60} und C_{70} (s. Abbildung 2.7.1-1), und den **Kohlenstoff-Nanoröhren** zahlreiche käfig- bzw. röhrenförmig aufgebaute größere Moleküle, die nur aus Kohlenstoffatomen bestehen, welche die Forschung der Chemiker wie selten ein Arbeitsgebiet zuvor inspiriert haben, deren kommerzielle Anwendung zur Zeit aber noch nicht abzusehen ist und die deshalb hier auch nur erwähnt, aber nicht ausführlicher diskutiert werden.

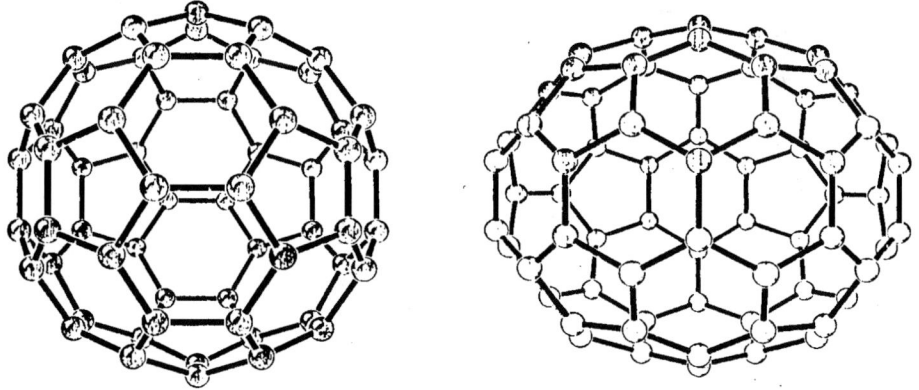

Abb. 2.7.1-1. C_{60} (links) und C_{70} (rechts), die mengenmäßig bedeutendsten Fullerene, die bei der Verdampfung von Graphit in einem Helium-Plasma gewonnen werden können

2.7.2 Diamant und Graphit

2.7.2.1 Diamant

Im Diamant ist jedes C-Atom sp^3-hybridisiert und als Zentrum eines Tetraeders an vier andere C-Atome über jeweils eine kovalente Einfachbindung geknüpft. Es resultiert eine Raumnetzstruktur, in der als Untereinheiten Sechsringe in der spannungsfreien Sessel-form vorliegen (Abbildung 2.7.2.1-1).

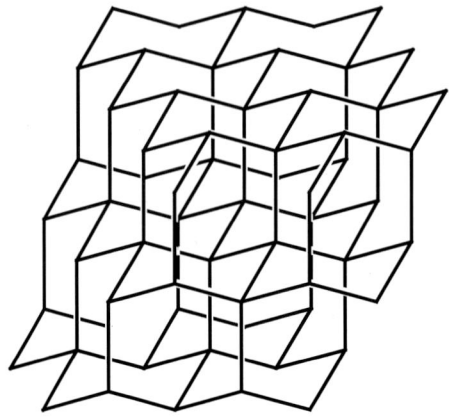

Abb. 2.7.2.1-1. Anordnung der Atome im Diamant

Da der Diamant ein hoch symmetrisches Gebilde ist, in dem die Atome außerdem so dicht wie möglich gepackt sind, ist er sehr hart, was für die Schleiftechnik von großer Bedeutung ist. Denn mit einem Diamanten kann man jeden anderen Stoff (außer Bornitrid) ritzen und damit auch abschmirgeln.

Da alle vier Valenzelektronen des Kohlenstoffs im Diamant an kovalenten Einfach-bindungen beteiligt sind, stehen keine freien Elektronen mehr zur Verfügung, die eine elektrische Leitfähigkeit bewirken oder die durch sichtbares Licht angeregt werden könnten, so dass eine Farbigkeit aufträte. Der Diamant ist deshalb ein elektrischer Nicht-leiter (Isolator, vgl. Kapitel 3.1.3) und farblos.

2.7.2.2 Graphit

Im Graphit ist jedes Kohlenstoffatom sp^2-hybridisiert. Die mit jeweils einem Elektron halb besetzten sp^2-Hybridorbitale werden zur Ausbildung von drei σ-Bindungen zu drei benachbarten Kohlenstoffatomen ausgenutzt, die das zentrale C-Atom trigonal planar umgeben. Die weitere Verknüpfung der C-Atome führt zu einem unendlichen, planaren Netz von symmetrischen Sechsringen. Das senkrecht zur Molekülebene stehende, mit einem Elektron halb besetzte p-Orbital eines jeden Kohlenstoffatoms kann mit den p-

Orbitalen der drei nächsten C-Atome gleichermaßen Wechselwirkungen im Sinne einer π-Bindung (parallel zur Kern-Kern-Verbindungsachse) eingehen, so dass im statistischen Mittel eine Bindungsordnung $BO = 1\frac{1}{3}$ zwischen den C-Atomen in einer Schicht des Graphits resultiert (Abbildung 2.7.2.2-1).

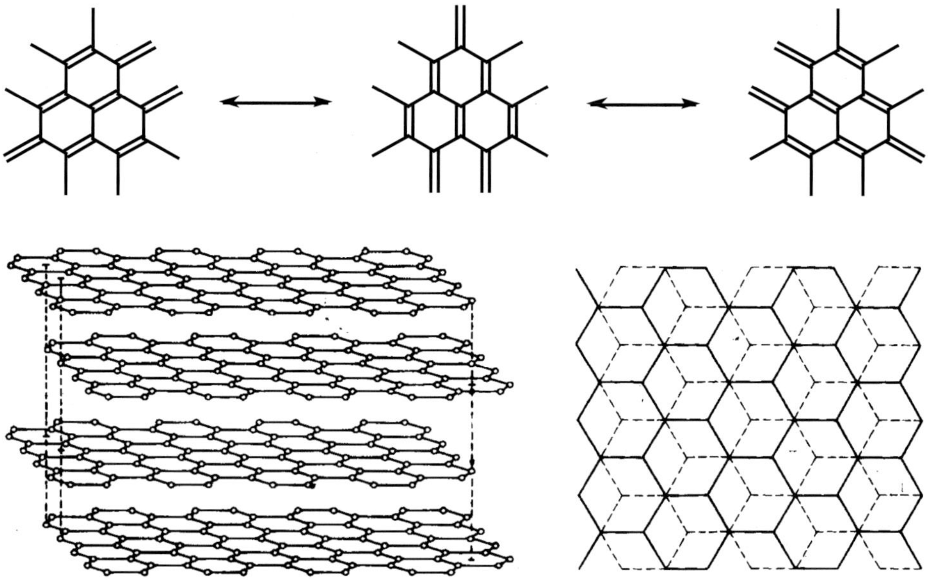

Abb. 2.7.2.2-1. Resonanzstrukturen des Graphits und Anordnung der Atome

Eine Schicht aus einem Graphitgitter kann als ein unendlich großes aromatisches Molekül mit jeweils einer π-Elektronenwolke unterhalb und oberhalb der Molekülebene interpretiert werden. In diesen Elektronenwolken sind die Elektronen frei beweglich (delokalisiert). Sie können daher sowohl den elektrischen Strom leiten als auch von sichtbarem Licht jeder Wellenlänge angeregt werden. Folglich ist der Graphit ein hervorragender elektischer Leiter, und seine Farbe ist schwarz. (Alles einfallende Licht wird absorbiert, nichts reflektiert. Dies ist die Definition der Extremfarbe Schwarz.) Aufgrund dieser Eigenschaften ergeben sich Anwendungen für den Graphit u. a. als Elektrodenmaterial für zahlreiche Elektrolysen oder als Schwarzpigment, z. B. in Bleistiften.

Ein Kristallverbund kommt zustande, wenn sich einzelne Graphit-Schichten übereinander stapeln. Dabei liegen die Kohlenstoffatome jeder zweiten Schicht senkrecht übereinander, während die C-Atome der dazwischen liegenden Schichten über den Mittelpunkten der regelmäßigen Sechsecke der Nachbarschichten liegen. Die Packungsdichte ist nicht sonderlich groß, weil sich die mit negativer Ladung gefüllte Elektronenwolke auf der Oberseite der unteren Schicht elektrostatisch von der Elektronenwolke auf der Unterseite der oberen Schicht abstößt. Der Abstand zwischen den Schichten eines Graphitkristalls ist mit 335 pm erwartungsgemäß sehr groß. (Vgl: Der Abstand zwischen zwei benachbarten C-Atomen innerhalb einer Schicht beträgt nur 142 pm.) Da die Schichten nur locker aufeinander liegen, lassen sie sich leicht gegeneinander verschieben. Graphit fühlt sich dementsprechend schmierig an und wird auch als Schmiermittel angewendet, insbesondere bei hohen Temperaturen, wo sich andere Schmierstoffe wie Paraffine, Polyether oder Silicone bereits zersetzen und deshalb unbrauchbar sind.

2.7.2.3 Vergleich von Diamant und Graphit und deren gegenseitige Umwandelbarkeit

Bedingt durch ihre Strukturen und Bindungsverhältnisse weisen Diamant und Graphit sehr unterschiedliche Eigenschaften und Anwendungsfelder auf, die in der Tabelle 2.7.2.3-1 gegenübergestellt sind.

Tab. 2.7.2.3-1. Vergleichende Gegenüberstellung wichtiger Eigenschaften und Anwendungen von Graphit und Diamant

Diamant	Graphit
sp^3-hybridisiert	sp^2-hybridisiert
$\Rightarrow$ Sechsringe in Sesselform	$\Rightarrow$ planare Sechsringe
$\Rightarrow$ Raumnetzstruktur	$\Rightarrow$ Schichtenstruktur
$\quad\Rightarrow$ sehr große Härte	$\quad\Rightarrow$ Schmierigkeit
$\quad\quad\Rightarrow$ Schleiftechnik	$\quad\quad\Rightarrow$ Schmierstoff
BO = 1	$BO = 1\frac{1}{3}$
$\Rightarrow$ nur σ-Bindungen	$\Rightarrow$ σ- und π-Bindungen
$\quad\Rightarrow$ niedrigere thermodynamische Stabilität	$\quad\Rightarrow$ höhere thermodynamische Stabilität
$\quad\Rightarrow$ elektrischer Isolator	$\quad\Rightarrow$ sehr guter elektrischer Leiter
	$\quad\quad\Rightarrow$ z. B. Elektrodenmaterial
$\quad\Rightarrow$ Farbe: Weiß	$\quad\Rightarrow$ Farbe: Schwarz
$\quad\quad\Rightarrow$ Schmuckdiamant	$\quad\quad\Rightarrow$ Schwarzpigment

Diamant und Graphit lassen sich grundsätzlich ineinander überführen. Wie dies geschehen muss, basiert auf folgenden Überlegungen: Da der Diamant eine sehr dichte Kugelpackung aufweist, im Graphit hingegen die einzelnen Schichten einen großen Abstand aufweisen, sollte es möglich sein, den Graphit unter hohem Druck in den Diamanten umzuwandeln. Anders ausgedrückt: Hoher Druck sollte bewirken, dass die Kohlenstoffatome in die dichtest gepackte Form gepresst werden.

In der Tat ist dies möglich. Bei Drücken um 130.000 bar und einer Temperatur um 3000 °C geht Graphit in Diamant über:

$$\text{Graphit} \xrightarrow{\ 3000\ °C;\ 130\ kbar\ } \text{Diamant}$$

Durch Zusatz von Übergangsmetallen, insbesondere Nickel, Cobalt und Eisen, gelingt es, die Betriebstemperatur um gut 1000 Grad und den Druck auf etwa die Hälfte zu senken:

$$\text{Graphit} \xrightarrow{\text{1500–1800 °C; [Ni, Co, Fe]; 50–100 kbar}} \text{Diamant}$$

Offensichtlich löst sich der Kohlenstoff im Metall und kristallisiert dann unter Druck als Diamant aus. Auf diese Weise werden Industriediamanten für die Schleiftechnik hergestellt. Diamanten, die als Schmuck dienen sollen, können nicht synthetisch hergestellt werden. Sie müssen aus natürlichen Diamanten geschliffen werden.

Ein anderes Verfahren ermöglicht es, Diamantkristalle in einer dünnen Schicht auch bei niedrigen Temperaturen und Drücken in einer dünnen Schicht auf Metalle wie Molybdän oder Tantal aufzubringen. Die Diamantschichten werden aus einer ionisierten Atmosphäre aus Kohlenwasserstoffen und Argongas abgeschieden. Die große Hitze- und außerordentliche chemische Resistenz machen das Schichtsystem für technische Anwendungen wie Kugellager oder Korrosionsschichten interessant.

Da der Graphit wegen der hohen Bindungsordnung von $1\frac{1}{3}$ zwischen den C-Atomen eine thermodynamisch stabilere Modifikation ist als der Diamant (BO = 1), sollte eine Behandlung des Diamanten bei hoher Temperatur, Normaldruck, ausreichend langer Verweilzeit (und Sauerstoffausschluss, da sonst eine Verbrennung zu CO bzw. CO_2 eintreten würde) die Überführung des Elementes Kohlenstoff in seinen thermodynamisch günstigsten Zustand bewirken. Tatsächlich wandelt sich der Diamant bei 1500 °C und 1 bar langsam in den Graphit um:

$$\text{Diamant} \xrightarrow{\text{1500 °C; 1 bar}} \text{Graphit}$$

Dies wird aus finanziellen Gründen natürlich nicht gemacht.

2.7.3 Kohle, Aktivkohle, Ruß und Pyrokohlenstoff

Kohle ist ein Umwandlungsprodukt urzeitlicher Tiere und Pflanzen. Ein Ausschnitt aus einer Kohle ist in der Abbildung 2.7.3-1 zu sehen. Neben dem Hauptelement Kohlenstoff, das überwiegend in aromatische Systeme integriert ist, enthält eine Kohle mehr oder weniger viel Sauerstoff, Schwefel und Stickstoff. Der Sauerstoff liegt in Alkohol-, Ether, Keton- oder Carbonsäure-Form, der Schwefel überwiegend als organisches Disulfid oder Mercaptan (Thioalkohol), der Stickstoff hauptsächlich als organisches Amin oder als Teil aromatischer Systeme vor. Freie Valenzen sind durch Wasserstoffatome abgesättigt.

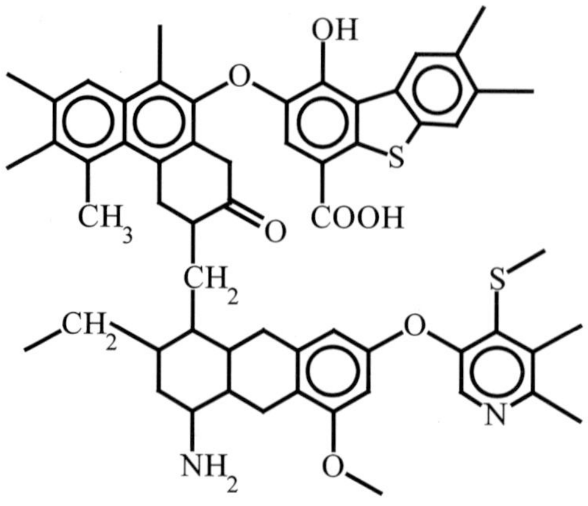

Abb. 2.7.3-1. Ausschnitt aus einer Kohle

Tendenziell kann man sagen, dass eine Kohle mit zunehmendem Alter weniger Heteroatome aufweist. Eine junge **Braunkohle** enthält nur etwa 70 % Kohlenstoff und vor allem viel Schwefel (der bei der Verbrennung der Kohle in einem Braunkohlekraftwerk zu einer starken Belastung der Abluft mit Schwefeldioxid führt), eine **Steinkohle** hingegen um 85 % Kohlenstoff und ein **Anthrazit** sogar über 90 %.

Aktivkohle zeichnet sich durch eine besonders **große Oberfläche** aus, was für die Adsorption von Schadstoffen aus Wasser und Luft im Umweltschutzbereich ausgenutzt wird (Versuch 42, s. CD). Diese kann durch **Gasaktivierung** von Braun- oder Steinkohle mit z. B. Wasserdampf oder Kohlenstoffdioxid bei hoher Temperatur erzeugt werden:

$$C + H_2O \rightarrow CO + H_2 \qquad \text{(Kohlevergasung; vgl. Kapitel 2.1.1)}$$
$$C + CO_2 \rightarrow 2\,CO \qquad \text{(Boudouard-Gleichgewicht; vgl. Kapitel 2.7.4)}$$

Bedingt durch ablaufende chemische Reaktionen wird ein kleiner Teil des Kohlenstoffs verbraucht, so dass Kohleprodukte mit charakteristischen Hohlräumen übrig bleiben.

Alternativ kann Aktivkohle aus Kohlenhydraten, z. B. Kokosnussschalen, durch **chemische Entwässerung** mit hygroskopischen Stoffen wie Phosphorsäure oder Zinkchlorid bei hoher Temperatur gewonnen werden.

$$C_m(H_2O)_n \quad \xrightarrow{-\,n\,H_2O} \quad C_n$$

Dies lässt sich im Reagenzglas an der Herstellung einer **Zuckerkohle** aus Saccharose und Schwefelsäure modellieren (Versuch 35, s. CD).

Wenn man Erdöl, Erdgas oder Ethin in Gegenwart von wenig Luft über 1000 °C erwärmt, entsteht **Ruß**, ein wichtiger Füllstoff, z. B. für Autoreifen, und ein Farbpigment, z. B. für Lacke (s. das ergänzende Kapitel über anorganische Pigmente auf der CD).

Beim Erhitzen von Kohlenwasserstoffen unter Sauerstoffausschluss bilden sich Wasserstoff und **Pyro-Kohlenstoff**, z. B.:

$$n\,CH_4 \xrightarrow{\Delta T} C_n + 2\,n\,H_2$$

Aus Cellulose-Fasern kann man durch Erwärmen Wasser austreiben und **Kohlenstofffasern** gewinnen. Wenn man diese anschließend auf Temperaturen um 2500 °C erhitzt, geht der Kohlenstoff in seine stabilste Modifikation über, so dass **Graphitfasern** resultieren:

$$\text{Cellulosefaser} \xrightarrow{\text{300 °C; } - \text{n H}_2\text{O}} \underset{\text{amorph}}{\text{Kohlenstoffaser}} \xrightarrow{\text{2500 °C}} \underset{\text{kristallin}}{\text{Graphitfaser}}$$

Kohlenstoff- und Graphitfasern spielen wegen ihrer hervorragenden mechanischen Eigenschaften (Biegefestigkeit) und ihrer geringen Dichte vor allem im Flugzeugbau eine große Rolle (s. das ergänzende Kapitel über Werkstoffe, Baustoffe und Fasern auf der CD).

2.7.4   Die Kohlenstoffoxide CO und CO_2

Wenn Kohlenstoff verbrannt wird, entstehen je nach Verbrennungstemperatur unterschiedliche Kohlenstoffoxide:

$$\text{C} + 0,5\,\text{O}_2 \xrightarrow{\text{oberhalb 680 °C}} \text{CO}$$
$$\text{C} + \text{O}_2 \xrightarrow{\text{unterhalb 680 °C}} \text{CO}_2$$

Die Oxide des zwei- und vierwertigen Kohlenstoffs stehen mit dem elementaren Kohlenstoff in einem temperaturabhängigen Gleichgewicht, dem *Boudouard-Gleichgewicht*:

$$\text{C} + \text{CO}_2 \underset{\text{niedrige Temperatur}}{\overset{\text{hohe Temperatur}}{\rightleftharpoons}} 2\,\text{CO}$$

Oberhalb 1000 °C liegt dieses ganz auf der rechten (CO) und unterhalb 400 °C ganz auf der linken (C/CO_2) Seite. Bei 680 °C liegen CO und CO_2 im Verhältnis 1:1 vor.

2.7.4.1 Kohlenstoffmonoxid

Kohlenstoffmonoxid ist isoelektronisch mit Distickstoff ($\text{C}^- = \text{N}$; $\text{O}^+ = \text{N}$), was sich insbesondere in der Bindungsordnung BO = 3 zwischen Kohlenstoff und Sauerstoff äußert:

$$|\overset{-}{\text{C}}\equiv\overset{+}{\text{O}}|$$

Der dreibindige Sauerstoff trägt formal eine positive, der dreibindige Kohlenstoff eine negative Ladung. Beide Atome sind sp-hybridisiert, um eine σ- und zwei π-Bindungen zu realisieren. Gegenüber Metallen kann Kohlenstoffmonoxid als Ligand wirken (vgl. Kapitel 3.7.4 und das ergänzende Kapitel über Metallorganik auf der CD). Z. B. werden

Nickel und Eisen mit Kohlenstoffmonoxid in gelbliche, flüssige und destillierbare **Metallcarbonyle** übergeführt, in denen die Metalle nullwertig sind:

$$Ni + 4\,CO \rightarrow Ni(CO)_4 \qquad \text{(vgl. \textit{Mond}-Verfahren; Kapitel 3.6.5)}$$
$$Fe + 5\,CO \rightarrow Fe(CO)_5$$

Das zweiwertige Eisen im Hämoglobin wird von Kohlenstoffmonoxid ebenfalls komplexiert:

$$HbFe^{II}\!\cdot\!O_2 + CO \rightarrow HbFe^{II}\!\cdot\!CO + O_2$$

Der resultierende Komplex ist mehr als 200mal stabiler als der Hämoglobin-Sauerstoff-Komplex (vgl. Kapitel 2.2.2). Deshalb ist Kohlenstoffmonoxid ein starkes Atemgift, denn ein mit CO blockiertes Hämoglobin steht für die lebensnotwendige Atmung nicht mehr zur Verfügung. Eine Therapie bei CO-Vergiftungen muss schnell erfolgen: Die vergiftete Person wird unter einem Sauerstoffzelt mit reinem Sauerstoff oder zumindest mit stark O_2-angereicherter Luft beatmet, um die angegebene Reaktion umzukehren, also das Kohlenstoffmonoxid durch den jetzt im großen Überschuss vorliegenden Disauerstoff vom Eisen zu verdrängen (vgl. Kapitel 4.1.1).

Kohlenstoffmonoxid kann reduzierend und oxidierend wirken. Mit Wasserstoff wird es großtechnisch – je nach Reaktionsbedingungen (vor allem der Art des verwendeten Katalysators) – in **Methanol** oder nach dem *Fischer-Tropsch*-**Verfahren** in künstliches Benzin übergeführt (s. das ergänzende Kapitel über Metallorganik auf der CD):

$$CO + 2\,H_2 \rightarrow CH_3OH$$
$$n\,CO + 2\,n\,H_2 \rightarrow (CH_2)_n + n\,H_2O$$

An der Luft geht CO langsam in das thermodynamisch stabilere CO_2 über:

$$2\,CO + O_2 \rightarrow 2\,CO_2$$

Chlor oxidiert CO zu **Phosgen**, dem Säurechlorid der Kohlensäure:

$$CO + Cl_2 \rightarrow O{=}CCl_2$$

Phosgen ist vor allem ein wichtiges Zwischenprodukt bei der Herstellung von Isocyanaten und Polycarbonaten:

$$COCl_2 + H_2N{-}R \rightarrow H_2O + O{=}C{=}N{-}R$$
$$\rightarrow \text{Verarbeitung u. a. zu Polyurethanen}$$

Eine besondere Bedeutung kommt CO bei **carbothermischen Reduktionen**, z. B. der Eisengewinnung im Hochofen (vgl. Kapitel 3.5.1.1), zu:

$$Fe_2O_3 + 3\,CO \rightarrow 2\,Fe + 3\,CO_2$$

2.7.4.2 Kohlenstoffdioxid

Kohlenstoffdioxid wird technisch durch Pyrolyse von Kalkstein gewonnen (s. Kapitel 2.7.4.3):

$$CaCO_3 \xrightarrow{\Delta T} CaO + CO_2$$

Es ist außerdem das Endprodukt vieler Verbrennungsprozesse, die zur Energieerzeugung (Heizung) oder bei Lebensprozessen (Verdauung) eine Rolle spielen (vgl. Kapitel 2.2.4):

$$C \quad + O_2 \rightarrow CO_2$$
$$CH_4 \quad + 2\,O_2 \rightarrow CO_2 + 2\,H_2O$$
$$C_n(H_2O)_n + n\,O_2 \rightarrow n\,CO_2 + n\,H_2O$$

Es ist ein lineares Molekül mit Doppelbindungen zwischen den sp^2-hybridisierten Sauerstoffatomen und dem zentralen, sp-hybridisierten Kohlenstoffatom:

$$O{=}C{=}O$$

Formal ist es das Anhydrid der **Kohlensäure**, einer schwachen Säure, von der sich **Hydrogencarbonate** und **Carbonate** ableiten:

$$CO_2 + H_2O \xrightarrow{\text{formal}} H_2CO_3$$

$$H_2CO_3 \rightarrow H^+ + HCO_3^- \quad ; \quad K_{S_1} = \frac{c_{H^+} \cdot c_{HCO_3^-}}{c_{CO_2}} = 1{,}72 \cdot 10^{-4}\ \text{mol/l}$$

$$HCO_3^- \rightarrow H^+ + CO_3^{2-} \quad ; \quad K_{S_2} = \frac{c_{H^+} \cdot c_{CO_3^{2-}}}{c_{HCO_3^-}} = 4{,}87 \cdot 10^{-11}\ \text{mol/l}$$

ableiten.

Wichtige Carbonate sind Soda, Na_2CO_3 (s. Kapitel 2.7.4.4), Pottasche, K_2CO_3, und Kalkstein, $CaCO_3$ (s. Kapitel 2.7.4.3). Aus Carbonaten lässt sich mit starken Säuren Kohlenstoffdioxid austreiben, z. B. (Versuch 7, s. CD):

$$CaCO_3 + 2\,HCl \rightarrow CaCl_2 + CO_2 + H_2O$$

2.7.4.3 Kalk

2.7.4.3.1 Kalkbrennen, Kalklöschen, Kalkmilch

Kalkstein ist schon deshalb ein günstiger Rohstoff, weil er in nahezu unendlicher Menge zur Verfügung steht und leicht zugänglich ist. Ein wichtiger Verwerter ist die Bauindustrie. Nach dem Kalkbrennen, einer Pyrolyse von Kalkstein zu Calciumoxid und Kohlenstoffdioxid (gleichzeitig technische Synthese dieses Gases), wird der **gebrannte Kalk**, ein Basenanhydrid, mit Wasser zu schwerlöslichem Calciumhydroxid, $Ca(OH)_2$, gelöscht. Die Suspension wird mit anderen **Baustoffen** (Mörtel, Zement, Beton) vermischt und appliziert. Durch Einwirkung von Kohlenstoffdioxid aus der Luft wandelt sich das Hydroxid wieder in das Carbonat um, was ein wesentlicher Beitrag zum Erhärten des Baumaterials ist (s. das ergänzende Kapitel über Werkstoffe, Baustoffe und Fasern auf der CD):

$$CaCO_3 \xrightarrow{\text{ca. 1000 °C}} CaO + CO_2 \qquad \text{„Kalkbrennen"}$$
$$CaO + H_2O \rightarrow Ca(OH)_2 \qquad \text{„Kalklöschen"}$$
$$Ca(OH)_2 + CO_2 \text{ (aus der Luft)} \rightarrow CaCO_3 + H_2O \qquad \text{„Abbinden"}$$

Der in Wasser suspendierte **gelöschte Kalk** kommt auch unter dem Namen **Kalkmilch** in den Handel und dient beispielsweise zur Absorption saurer Gase (Kohlenstoffdioxid, Schwefeldioxid) oder zur Neutralisation und Entsalzung von Gewässern, z. B. durch Ausfällen von Sulfat, Phosphat oder Fluorid in Form der entsprechenden Calciumsalze:

$$Ca(OH)_2 + Na_2SO_4 \rightarrow CaSO_4 + 2\,NaOH$$
$$3\,Ca(OH)_2 + 2\,NaH_2PO_4 \rightarrow Ca_3(PO_4)_2 + 2\,NaOH + 4\,H_2O$$
$$Ca(OH)_2 + 2\,NaF \rightarrow CaF_2 + 2\,NaOH$$

2.7.4.3.2 Wasserhärte

CO_2-haltiges Wasser kann wasserunlöslichen Kalkstein in lösliches **Calciumhydrogencarbonat** überführen (Versuch 43, s. CD). Durch Erwärmen der Lösung kann die Reaktion umgekehrt, d. h. Kohlenstoffdioxid wieder ausgetrieben und Kalkstein gefällt werden:

$$CaCO_3 + CO_2 + H_2O \rightleftharpoons Ca(HCO_3)_2$$

unlöslich   löslich

was in Natur und Technik gleichermaßen von Bedeutung ist.

Bei energieliefernden Verbrennungsprozessen entstandenes Kohlenstoffdioxid wird teilweise in Gewässern, vor allem den Ozeanen, die gelöste Calciumionen enthalten, gebunden, zunächst als Hydrogencarbonat, das sich nach Überschreiten der Sättigungsgrenze in Form von Calciumcarbonat als **Sedimentgestein** ablagert. Auch das Entstehen von **Tropfsteinen** hängt mit dem Calciumcarbonat/-hydrogencarbonat-Gleichgewicht zusammen: Wenn nämlich mit $Ca(HCO_3)_2$ gesättigtes Wasser in Form eines Tropfens in einen Hohlraum gelangt, diffundiert CO_2 aus dem Tropfen in die umgebende Atmosphäre. Die Lösung verarmt an Kohlenstoffdioxid, was unwillkürlich die Bildung von Kalkstein und das Wachsen des Tropfsteins zur Folge hat.

Je größer der Gehalt an Calciumionen im Wasser ist, desto härter ist das Wasser. (**1 Grad deutscher Härte**, °d, bezeichnet eine Menge von 10 mg gelöstem CaO pro Liter Wasser.) Den Gehalt an gelöstem $Ca(HCO_3)_2$ im Wasser nennt man **temporäre Härte**. Sie kann durch Aufkochen des Wassers beseitigt werden, denn dabei wird – wie bereits erwähnt – Kohlenstoffdioxid ausgetrieben und das lösliche $Ca(HCO_3)_2$ in das unlösliche $CaCO_3$ umgewandelt.

In der **Waschmaschine** ist hartes Wasser unerwünscht. Die Zersetzung von $Ca(HCO_3)_2$ zu $CaCO_3$ findet dort vor allem an den **Heizstäben** statt, die sich zunehmend mit einer schlecht wärmeleitenden Kalkschicht überziehen und dadurch unbrauchbar werden. Außerdem gehen einige lösliche Natriumsalze von Fettsäuren, die als Seifen wirken, mit Calciumionen in schwerlösliche **Kalkseifen** über, die als schmieriger Film die Wäsche belegen:

$$2\ NaO_2C\text{\small\sim\sim\sim} \ +\ Ca^{2+} \ \longrightarrow \ Ca(O_2C\text{\small\sim\sim\sim})_2 \ +\ 2\ Na^+$$

löslich   schwerlöslich

Kalkhaltiges Wasser zum Kühlen kann gefährlich werden, wenn Rohrleitungen durch Kalkablagerungen zuerst an Kühlleistung einbüßen und schließlich sogar verstopfen. **Kühlwasser** muss deshalb vorab sorgfältig **entkalkt** werden. Dies kann durch Anwenden von Ionenaustauschern, durch Ausfällen von $CaSO_4$ mit Schwefelsäure oder von $CaCO_3$ mit Soda geschehen:

$$Ca(HCO_3)_2 \ +\ H_2SO_4 \quad \rightarrow \quad CaSO_4 \ +\ 2\ CO_2 \ +\ 2\ H_2O$$
$$Ca(HCO_3)_2 \ +\ Na_2CO_3 \quad \rightarrow \quad CaCO_3 \ +\ 2\ NaHCO_3$$

Als Waschmitteladditiv hatte man früher **Pentanatriumtriphosphat**, $Na_5P_3O_{10}$ (s. Kapitel 2.6.4) eingesetzt, das gegenüber Ca^{2+}-Ionen als dreizähniger Ligand wirkt und das Erdalkalimetall durch Bildung eines stabilen, löslichen Komplexes vor dem Ausfallen als Carbonat schützt (Härtestabilisierung). Wegen der nachteiligen Wirkung des Salzes als Düngemittel – es gelangt nach dem Waschen über die Kläranlage in den Vorfluter und fördert dort ein unkontrolliertes, mit Sauerstoffzehrung verbundenes Wachsen von Algen – wurde es durch das Alumosilicat **Zeolith A** (s. Kapitel 2.8.3), das als Ionenaustauscher ($2\ Na^+$ gegen $1\ Ca^{2+}$) fungiert und das Waschwasser dadurch enthärtet, weitgehend ersetzt (s. das weiterführende Kapitel über Wasserchemie auf der CD).

2.7.4.4 Soda

Soda kommt zwar auch in der Natur vor, wird aber hauptsächlich nach dem *Solvay*-Verfahren hergestellt. Zunächst werden Ammoniak und Kohlenstoffdioxid in eine Natriumchlorid-Lösung eingeleitet. Dabei entstehen Ammoniumchlorid und Natriumhydrogencarbonat (**Bicarbonat**). Letzteres ist schwerlöslich und fällt aus, was die Isolierung des Stoffes vereinfacht und vor allem dazu führt, dass das Gleichgewicht der Reaktion nach rechts, also in Richtung $NaHCO_3$ hin, verschoben wird. Beim Erhitzen entsteht daraus **calcinierte Soda**. Die Hälfte des zur Bildung des Natriumhydrogencarbonats im ersten Prozessschritt benötigten Kohlenstoffdioxids wird bei dieser Pyrolyse recycelt. Der Rest stammt vom **Kalkbrennen**, der thermischen Zersetzung von Kalkstein zu Calciumoxid und Kohlenstoffdioxid. Der gebrannte Kalk wird mit Wasser **gelöscht** und die resultierende **Kalkmilch**, eine starke Base, weiter benutzt, um aus dem im ersten Prozessschritt angefallenen Ammoniumchlorid das dort benötigte Ammoniak-Gas zurückzugewinnen. Für den fünfstufigen Prozess bleibt als Bruttogleichung die Reaktion von Natriumchlorid mit Calciumcarbonat zu Soda und Calcium-chlorid:

$$NaCl + H_2O + NH_3 + CO_2 \rightarrow NaHCO_3 + NH_4Cl$$

$$2\,NaHCO_3 \xrightarrow{\Delta T} Na_2CO_3 + CO_2 + H_2O$$

$$CaCO_3 \xrightarrow{\Delta T} CaO + CO_2$$

$$CaO + H_2O \rightarrow Ca(OH)_2$$

$$\underline{Ca(OH)_2 + 2\,NH_4Cl \rightarrow CaCl_2 + 2\,NH_3 + 2\,H_2O}$$

$$2\,NaCl + CaCO_3 \rightarrow Na_2CO_3 + CaCl_2$$

Direkt ist diese Reaktion nicht möglich. Wenn man nämlich Kalksteinpulver in eine Natriumchlorid-Lösung einrührt, passiert nichts. Die Umkehrreaktion läuft hingegen spontan ab: Gießt man zwei farblose, klare Lösungen von Soda und Calciumchlorid zusammen, fällt sofort weißes Calciumcarbonat aus. Der *Solvay*-Prozess verläuft insge-samt endotherm. Insbesondere für das Kalkbrennen und das Calcinieren des $NaHCO_3$ ist viel thermische Energie erforderlich.

Soda ist neben Natronlauge und Kalkmilch die technisch wichtigste **Base** und findet als solche vielseitige Verwertung, vor allem bei der **Waschmittelherstellung** (s. das er-gänzende Kapitel zur Wasserchemie auf der CD). Das Calciumchlorid wird als **Streu-salz** verwendet oder muss wegen der recht großen anfallenden Menge deponiert werden.

2.7.5 Cyanid, Cyanat und Thiocyanat

Cyanwasserstoff, HCN, entsteht aus einem Methan/Ammoniak/Sauerstoff-Gemisch an einem Edelmetallkontakt bei hoher Temperatur:

$$2\,CH_4 + 2\,NH_3 + 3\,O_2 \xrightarrow{\text{ca. 1100 °C; [Pt/Rh]}} 2\,HCN + 6\,H_2O$$

Cyanwasserstoff ist ein hoch toxisches Gas mit einem Bittermandel-Geruch. Die wässrige Lösung von HCN heißt **Blausäure** und ist eine sehr schwache Säure ($pK_S = 9{,}21$), die nur wenig in ein Proton und das Cyanid-Anion dissoziiert:

$$HCN \rightarrow H^+ + CN^-$$

Salze der Blausäure heißen Cyanide, z. B. **Cyankali**, KCN. Im Cyanid-Anion sind Kohlenstoff und Stickstoff über eine Dreifachbindung miteinander verknüpft. Der drei-bindige Kohlenstoff wird dabei zum Träger der negativen Ladung:

$$^-|C{\equiv}N|$$

CN^- ist isoelektronisch mit N_2 (stabiler als CN^-) und CO (weniger stabil als CN^-). Wegen des freien Elektronenpaares am Kohlenstoff ist das Cyanid eine sehr starke *Lewis*base, die mit Metallkationen stabile Komplexe bilden kann, z. B. (Versuch 44, s. CD):

$$FeCl_3 \; + \; 6\,KCN \; \rightarrow \; 3\,KCl \; + \; K_3[Fe^{III}(CN)_6] \qquad \text{„rotes Blutlaugensalz"}$$
$$FeSO_4 \; + \; 6\,KCN \; \rightarrow \; K_2SO_4 \; + \; K_4[Fe^{II}(CN)_6] \qquad \text{„gelbes Blutlaugensalz"}$$

Die Hexacyanoferrate haben die Trivialnamen rotes (Fe(III)) und gelbes (Fe(II)) **Blutlaugensalz**. Allein diese Namen deuten schon darauf hin, dass Cyanid ein starkes **Atemgift** ist. In der Tat blockiert aufgenommenes Cyanid das dreiwertige Eisen der Cytochromoxidase, einem dem Hämoglobin ähnelnden Enzym in der Atmungskette (vgl. Kapitel 4.1.1).

Cyanide spielen u. a. in der metallverarbeitenden und -gewinnenden Industrie (Galvanik, Gold- und Silberlaugung; s. Kapitel 3.4.2.2.4) eine zentrale Rolle. Cyanid-Lösungen müssen dabei immer alkalisch gehalten werden, denn in Gegenwart von Säure würde sonst Cyanwasserstoff entstehen und ausgasen, gemäß:

$$NaCN \; (aq) \; + \; HCl \; \rightarrow \; NaCl \; + \; HCN \; (g)$$

Überschüssiges Cyanid wird in der Technik oxidativ zerstört, entweder mit Hypochlorit oder mit Wasserstoffperoxid:

$$NaCN \; + \; NaOCl \; \rightarrow \; NaOCN \; + \; NaCl$$
$$NaCN \; + \; H_2O_2 \; \rightarrow \; NaOCN \; + \; H_2O$$

In beiden Fällen entsteht das im Vergleich zum Cyanid etwa 1000mal weniger giftige **Cyanat**:

$$^-|\overline{\underline{O}}\!-\!C\!\equiv\!N| \;\; \longleftrightarrow \;\; \overset{\diagup}{O}\!=\!C\!=\!\overset{\diagdown}{N}{}^{\,-}$$

Ein mindergiftiges Derivat des Cyanids ist auch das dem Cyanat homologe **Thiocyanat**, SCN⁻:

$$^-|\underline{S}\!-\!C\!\equiv\!N| \;\; \longleftrightarrow \;\; \overset{\diagup}{S}\!=\!C\!=\!\overset{\diagdown}{N}{}^{\,-}$$

Dieses entsteht durch Sulfurierung von Cyanid oder aus Thiosulfat und Cyanid durch Schwefelübertragung:

$$8\,NaCN \; + \; S_8 \; \rightarrow \; 8\,NaSCN$$
$$NaCN \; + \; Na_2S_2O_3 \; \rightarrow \; NaSCN \; + \; Na_2SO_3$$

Das Thiocyanat, auch Rhodanid genannt, spielt u. a. in der Analytischen Chemie eine Rolle. Es bildet z. B. mit dreiwertigem Eisen eine charakteristische tiefrote, lösliche Verbindung (Versuch 45, s. CD):

$$[Fe(H_2O)_6]Cl_3 \; + \; 3\,NaSCN \; \rightarrow \; [Fe(SCN)_3(H_2O)_3] \; + \; 3\,NaCl \; + \; 3\,H_2O$$

Mit selektiven Oxidationsmitteln wie Kupfer(II)-Verbindungen kann Cyanid im Sinne einer Ein-Elektronen-Oxidation in ein Radikal umgewandelt werden, das sich dann mit einem zweiten zum **Dicyan** kombiniert:

$$CN^- \; + \; Cu^{2+} \; \rightarrow \; Cu^+ \; + \; \cdot C\!\equiv\!N$$
$$\xrightarrow{\;2\times\;} \; N\!\equiv\!C\!-\!C\!\equiv\!N$$

2.7.6 Carbide

Carbide sind Metall-Kohlenstoff-Verbindungen, die bei hoher Temperatur aus einem Metall oder Metalloxid (M-Quellen) und Kohle, Kohlenstoffmonoxid oder Kohlenwasserstoffen (C-Quellen) entstehen. Man unterscheidet drei verschiedene Typen von Carbiden.

Salzartige Carbide bilden Ionengitter mit Metallkationen und Kohlenstoffanionen, z. B. Calciumcarbid, CaC_2, ein so genanntes **Acetylid** (C_2^{2-}-Anionen im Kristall), oder Aluminiumcarbid, Al_4C_3, ein so genanntes **Methanid** (C^{4-}-Anionen im Kristall).

Ein Acetylid liefert bei der Hydrolyse neben dem Metallhydroxid Ethin (Acetylen), ein Methanid entsprechend Methan:

$$CaC_2 \ + \ 2\,H_2O \quad \rightarrow \quad Ca(OH)_2 \ \ + \ HC\equiv CH$$
$$Al_4C_3 \ + \ 12\,H_2O \quad \rightarrow \quad 4\,Al(OH)_3 \ + \ 3\,CH_4$$

Calciumcarbid spielte lange Zeit eine große Rolle für die Gewinnung von Ethin als Grundbaustein der Organischen Chemie. Günstig war nämlich die Rohstoffbasis Kalk und Kohle. Aus Kalk wurde zunächst durch Pyrolyse Kohlenstoffdioxid und Calciumoxid gewonnen und letzteres mit Kohle in das Carbid übergeführt.

Kovalente Carbide zeichnen sich – anders als die ionischen Carbide – durch kovalente Einfachbindungen zwischen (Halb)Metall und Kohlenstoff aus. Im Siliciumcarbid beispielsweise, das aus Sand und Kohle bei hoher Temperatur gewonnen wird, sind die Atome über Einfachbindungen verknüpft:

$$(SiO_2)_n \ + \ 3\,C_n \quad \xrightarrow{\Delta T} \quad (SiC)_n \ + \ 2n\,CO$$

Es resultiert eine Struktur, die sich formal von der des Diamanten (s. Abbildung 2.7.2.1-1) ableitet, in der jedes zweite C-Atom durch ein höher homologes Si-Atom ersetzt ist (s. das ergänzende Kapitel über Werkstoffe, Baustoffe und Fasern auf der CD).

Bei **metallischen Carbiden** sind die recht kleinen Kohlenstoffatome in die Hohlräume eines Gitters eines Metalls eingelagert. Die Verbindungen sind strukturchemisch mit den metallischen Hydriden (s. Abbildung 2.1.3-2) vergleichbar und werden auch als Einlagerungscarbide oder Legierungen von Metallen mit Kohlenstoff bezeichnet.

Einlagerungen von Kohlenstoff in elementares Eisen spielen im Hinblick auf die Eigenschaften eines Stahls, insbesondere dessen Härte, eine große Rolle (vgl. Kapitel 3.2.1).

2.7.7 Übungen (Kohlenstoff)

1. Stellen Sie bitte Struktur-Eigenschaftskorrelationen für Diamant und Graphit auf, und vergleichen Sie die beiden Modifikationen des Kohlenstoffs miteinander.
2. Wie stellt man Graphit-Fasern her?

3. Wie stellt man Aktivkohle her?

4. Wie stellt man Carbide her? Welche Typen von Carbiden gibt es? Nennen Sie bitte Beispiele.

5. Leiten Sie bitte mit Hilfe von MO-Schemata die Bindungsverhältnisse im Kohlenstoffmonoxid und im Cyanid-Anion ab. Geben sie außerdem bitte die *Lewis*-Schreibweisen der Stoffe an.

6. Formulieren Sie bitte die Reaktionsgleichungen für folgende Umsetzungen:
   - Kohlenstoff und Kohlenstoffdioxid bei hoher Temperatur
   - Pyrolyse von Kalkstein
   - Photosynthese
   - Kohlenstoffmonoxid und Eisenoxid
   - Kohlenstoffmonoxid und Wasserstoff
   - Verbrennung von Ethanol
   - Bicarbonat und Säure
   - Marmor und Salzsäure
   - Cyankali und Salzsäure
   - Cyankali und Schwefel
   - Cyankali und Wasserstoffperoxid

7. Wieso färbt Soda eine wässrige Phenolphthalein-Lösung rot?

8. Wieso ist die Brutto-Reaktionsgleichung des *Solvay*-Prozesses wenig aussagekräftig, ja geradezu irreführend?

9. Definieren Sie bitte folgende Begriffe (wenn möglich mit Reaktionsgleichungen):
   - calcinierte Soda
   - Kalkbrennen
   - Kalklöschen
   - Kalkmilch
   - Abbinden
   - 1 Grad deutscher Härte
   - temporäre Härte
   - Kesselstein
   - Kalkseife

10. Welche Methoden der Wasserenthärtung kennen Sie?

Experiment

11. Interpretieren Sie bitte folgenden Versuch: Eine tiefrote, wässrige Fuchsin-Lösung wird mit pulverförmiger Aktivkohle versetzt und kurze Zeit geschüttelt. Dann wird filtriert. Es läuft ein farbloses Filtrat ab. Der Filterkuchen wird anschließend mit Ethanol gewaschen. Jetzt läuft ein rotes Filtrat ab (Versuch 42-1, s. CD).

Rechenaufgaben

12. Die Löslichkeit von Kohlenstoffdioxid in Wasser beträgt bei Raumtemperatur 0,0037 mol/l. Welchen pH-Wert hat die Lösung, und wie groß ist die Carbonat-Konzentration?

13. Zum qualitativen Nachweis von Kohlenstoffdioxid wird Barytwasser benötig (Reaktionsgleichung?) und folgendermaßen hergestellt:
Es werden 75,0 g Bariumhydroxid-Octahydrat in 1 Liter Wasser eingetragen. Es löst sich nur ein Teil des Salzes, denn die Löslichkeit $L*$ von wasserfreiem $Ba(OH)_2$ bei 20 °C beträgt lediglich 3,48 g/100 g Wasser. Welche Masse hat der ungelöste Bodenkörper?

14. Dreiwertiges Eisen kann qualitativ mit Rhodanid nachgewiesen und das entstehende, rote $Fe(SCN)_3$ mit Diethylether ausgeschüttelt werden (Versuch 45, s. CD). Wie viel % des Stoffes gehen in die organische Phase, wenn die Konzentration der wässrigen Ausgangslösung 0,0165 mol/l beträgt und $V(Et_2O) : V(H_2O) = 1 : 10$ ist? (Der *Nernst*sche Verteilungskoeffizient von $Fe(SCN)_3$ im System Ether/Wasser ist $K = 1,81$).

15. Wie viel Gramm Wasser werden zum Zersetzen von 1 g 81%igem Calciumcarbid benötigt? Welches Volumen hat das frei werdende Gas unter Normalbedingungen?

2.8 Silicium

Summary

The main compound in silicon chemistry is silicon dioxide, $(SiO_2)_n$. It is an inorganic polycondensate in which every silicon atom is surrounded by four oxygen atoms in a tetrahedral form. Every oxygen atom links two silicon atoms together.

By melting down silicon dioxide (sand) with other metal oxides, non-metal oxides or non-metal carbonates, the structure of silicon dioxide can be changed. P_4O_{10} and B_2O_3 can be used to form a network, and Na_2O or CaO can be used to change or reorganize a network. Pure silicon dioxide (quartz) loses its crystallinity and multi-purpose glass is produced.

By treating silicon dioxide with a sodium hydroxide melt, the network is destroyed and orthosilicate, Na_4SiO_4, the "building block" of all silicates, is formed. An aqueous solution of orthosilicate is called water glass. If this is acidified, the acid H_4SiO_4 is formed. But it is not stable and undergoes polycondensation reactions. Silica gels are formed, which are widely used e.g. as adsorbing materials. A crystalline sodium alumosilicate is obtained from water glass and sodium aluminate, $Na[Al(OH)_4]$. This has large cavities in its structure and can thus be used as an ion exchanger (zeolite A).

Asbestos is a magnesium silicate with a sheet structure; the sheets are formed into rolls. As a result, the mineral has a fibrous character.

Dichlorodimethylsilane, $(CH_3)_2SiCl_2$, is commercially produced from elemental silicon and chloromethane, CH_3Cl. It is hydrolyzed to form silicones, $[(CH_3)_2SiO]_n$, which are oils.

Die Häufigkeit des Silicium, das im Periodensystem in der vierten Hauptgruppe direkt unter dem Kohlenstoff steht, kann man im wahrsten Sinne des Wortes „ ... wie Sand am Meer" beschreiben, denn Sand besteht überwiegend aus $(SiO_2)_n$. Als Element der unbelebten Natur spielt Silicium in Form des Quarzes und der davon abgeleiteten Silicate eine große Rolle. Für die Mikroelektronik und Solartechnik besonders wichtig ist das (photo)halbleitende Silicium-Metall, das in den Kapiteln 3.1.3, 3.5.1.2 und 3.6.2 ausführlicher behandelt wird. Darüber hinaus ist auch die siliciumorganische Chemie bedeutungsvoll, auf die hier allerdings nur kurz mit den Siliconen eingegangen wird.

2.8.1   Quarz und Kieselsäure

Quarz ist ein kristalliner Stoff der Zusammensetzung $(SiO_2)_n$, in dem jedes Si-Atom tetraedrisch von vier Sauerstoffatomen umgeben ist und in dem ein Sauerstoff jeweils zwei Si-Atome verbrückt (Abbildung 2.8.1-1).

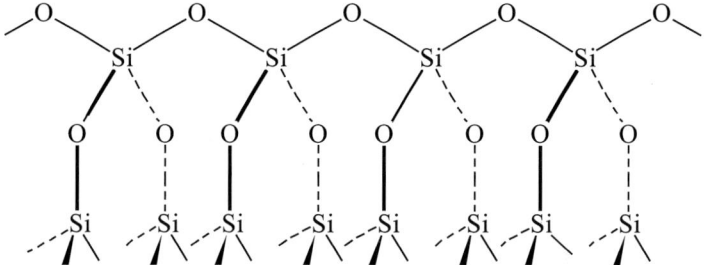

Abb. 2.8.1-1. Struktur von Quarz

Formal ist Quarz das Anhydrid der **Kieselsäure**:

$$SiO_2 + 2\,H_2O \xrightarrow{\text{formal}} H_4SiO_4$$

Als Säureanhydrid lässt sich Quarz mit überschüssiger, starker Base aufschließen, wobei die polymere Raumnetzstruktur im Extremfall bis in ihren kleinsten Baustein, das Monosilicat, zerlegt wird:

$$SiO_2 + 2\,Na_2O\ (\text{Überschuss}) \xrightarrow{\text{Schmelze}} Na_4SiO_4$$

(Vgl. Schlackenbildung bei carbothermischen Reduktionen: $CaO + SiO_2 \rightarrow CaSiO_3$.) Säuert man eine wässrige Lösung des Natrium-*ortho*-silicats an, so entsteht kurzzeitig die ***ortho*-Kieselsäure**:

$$Na_4SiO_4 + 4\,HCl \rightarrow 4\,NaCl + H_4SiO_4$$

Diese ist instabil und polykondensiert (s. Abbildung 2.8.1-2). Es fällt amorphe Kieselsäure, so genannte **Fällungskieselsäure**, aus (Versuch 46, s. CD).

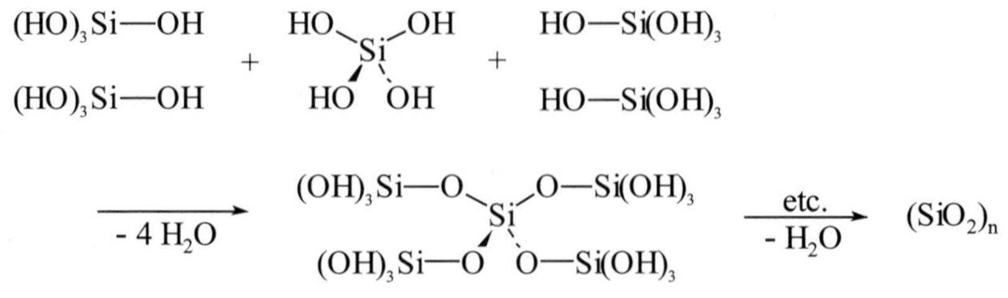

$$(HO)_3Si-OH$$
$$+$$
$$(HO)_3Si-OH$$

$$HO\diagdown_{Si}\diagup OH$$
$$HO\diagup \ \diagdown OH$$

$$+$$

$$HO-Si(OH)_3$$
$$HO-Si(OH)_3$$

$$\xrightarrow[- 4\,H_2O]{}$$

$$(OH)_3Si-O\diagdown_{Si}\diagup O-Si(OH)_3$$
$$(OH)_3Si-O\diagup \ \diagdown O-Si(OH)_3$$

$$\xrightarrow[- H_2O]{etc.}$$

$$(SiO_2)_n$$

Abb. 2.8.1-2. Kondensation der Kieselsäure

Pyrogene Kieselsäure entsteht, wenn Siliciumtetrachlorid, ein kovalentes Halogenid (vgl. Kapitel 2.3.6.2), in einer Knallgasflamme ($2\,H_2 + O_2 \rightarrow 2\,H_2O$) hydrolysiert wird:

$$n\,SiCl_4 + 2\,n\,H_2O \rightarrow (SiO_2)_n + 4\,n\,HCl$$

Kieselsäuren sind aufgrund ihrer feinteiligen Form und ihrer hydrophilen Oberfläche (OH-Gruppen) ideale **Füllstoffe** für viele organische Polymere oder werden als **Kieselgele** vor allem in der Chromatographie als stationäre Phasen gerne eingesetzt.

Das Endprodukt der vollständigen Kondensation der Kieselsäure ist wiederum Quarz.

2.8.2 Gläser

Gläser entstehen, wenn Sand, $(SiO_2)_n$, mit anderen Metall- oder Nichtmetalloxiden oder Metallcarbonaten zusammen geschmolzen und die Schmelze z. B. durch Gießen, Ziehen oder Blasen in die gewünschte Form und darin zum Erstarren gebracht wird. Der Werkstoff ist **nicht kristallin**, was gleichbedeutend mit **amorph** ist. Häufig wird ein Glas auch als eine **unterkühlte Schmelze** oder sogar als eine **Flüssigkeit mit einer sehr hohen Viskosität** bezeichnet, d. h., das Material ist so zäh, dass es praktisch nicht mehr zerfließt. Bei der Glasbildung wird die Kristallinität des Quarzes durch die zugesetzten Fremdstoffe so weit gestört, dass eine Transparenz resultiert. Strukturchemisch ist dies folgendermaßen zu interpretieren: Oxide wie B_2O_3 oder P_4O_{10} werden als **Netzwerkbildner** bezeichnet. Bor und Phosphoratome besetzen statistisch Positionen, die im ursprünglichen Quarzgitter von Si-Atomen besetzt waren (vgl. Substitutionsmischkristalle, Abbildung 3.2.1-2).

Borosilicatglas zeichnet sich durch einen besonders kleinen Expansionskoeffizienten aus und kann deshalb schnelle Temperaturwechsel aushalten, ohne zu zerspringen. Dies ist vor allem im chemischen Gerätebau erwünscht. Reagenzgläser z. B. sind aus Borosilicatglas.

Oxide der einwertigen Alkali- und der zweiwertigen Erdalkalimetalle, z. B. Natriumoxid oder Calciumoxid, sind typische **Netzwerkwandler**. Wegen ihrer geringen

Wertigkeit können sie nicht wie Bor oder Phosphor vernetzend wirken. Im Gegenteil, sie verursachen Brüche im Silicatgitter.

Na_2O- und CaO-haltiges so genanntes **Natronkalkglas** ist niedrig schmelzend, was für die Produktion von Massenwaren wie **Fenster- oder Flaschenglas** vorteilhaft ist. (Bei der Glasherstellung wird zugesetztes Natriumcarbonat auch als **Flussmittel** bezeichnet, weil es den Schmelzpunkt des reinen Quarzes deutlich absenkt.)

Der Zusatz von Übergangsmetalloxiden zu einer Glasschmelze dient der **Färbung**, z. B. bewirkt CoO eine blaue, MnO_2 eine braune und FeO eine grüne Farbe.

Bei der Herstellung von Billiggläsern wird neben Sand als Rohstoff Soda, Na_2CO_3, und Kalkstein, $CaCO_3$, verwendet. Bei der Schmelztemperatur zersetzen sich die Carbonate zu den entsprechenden Oxiden und Kohlenstoffdioxid:

$$Na_2CO_3 \xrightarrow{\Delta T} Na_2O + CO_2$$
$$CaCO_3 \xrightarrow{\Delta T} CaO + CO_2$$

Die entstehenden CO_2-Bläschen sind zu klein, um das viskose Schmelzmedium zu durchwandern und auszugasen. Ließe man die Schmelze jetzt erstarren, so erhielte man ein Produkt mit Gaseinschlüssen, das unbrauchbar wäre. Deshalb muss die Schmelze vor dem Erstarren durch das so genannte **Läutern** entgast werden. Dies geschieht u. a. durch Zugabe des Läuterungsmittels Natriumsulfat. In die heiße Glasschmelze eingetragen, zerfällt dieser Stoff zu Na_2O und SO_3 bzw. SO_2 und Sauerstoff:

$$Na_2SO_4 \xrightarrow{\Delta T} Na_2O + SO_3$$
$$\xrightarrow{\Delta T} SO_2 + 0,5\ O_2$$

Es entstehen also schlagartig Gasblasen, in die die kleinen CO_2-Blasen hinein diffundieren und die ausreichend groß sind, um selbst durch die viskose Schmelze nach oben aufzusteigen und auszugasen. Dadurch, dass das Kohlenstoffdioxid mitgenommen wurde, ist die Schmelze jetzt gasblasenfrei und kann weiter verarbeitet werden (s. das ergänzende Kapitel über Werkstoffe, Baustoffe und Fasern auf der CD).

2.8.3 Zeolith A

Gibt man Wasserglas mit Natriumaluminat-Lösung (Auflösen des amphoteren $Al(OH)_3$ mit Natronlauge) zusammen, so bildet sich ein schwerlösliches, kristallines **Alumosilicat** mit der Bezeichnung Zeolith A (Versuch 47, s. CD):

$$n\ Na_4SiO_4 + n\ Na[Al(OH)_4] \rightarrow [Na(AlSiO_4)]_n + 4\ n\ NaOH$$

Anders als im natürlichen Feldspat, einem Alumosilicat der Bruttozusammensetzung $[K(AlSi_3O_8)]_n$ mit charakteristischer Silicat/Aluminat-Schichtstruktur (s. ergänzendes Kapitel über Werkstoffe, Baustoffe und Fasern auf der CD), wechseln sich Silicat- und Aluminat-Tetraeder im Gitter des Zeoliths streng alternierend ab. Die negativen

Ladungen der vierbindigen Aluminiumatome werden durch auf Zwischengitterplätze eingelagerte Natrium-Kationen kompensiert (Abbildung 2.8.3-1).

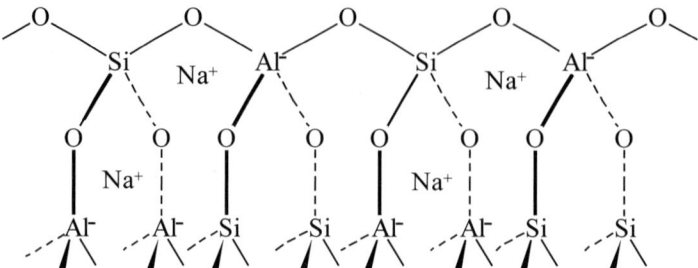

Abb. 2.8.3-1. Ausschnitt aus einem Zeolith A

Betrachtet man einen größeren Teil des Zeoliths, so erkennt man dessen ausgeprägte **Hohlraumstruktur** (Abbildung 2.8.3-2).

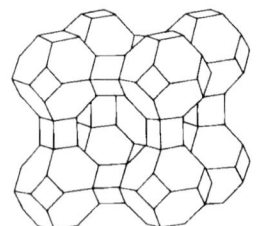

Abb. 2.8.3-2. Zeolith A: Auf jedem Gitterplatz sitzt streng alternierend ein Silicium- bzw. ein Aluminium-Teilchen. Verbrückende O-Atome sind nicht berücksichtigt.

Diese macht den Zeolith zu einem hervorragenden Träger für z. B. Übergangsmetalle, die bei katalytischen Prozessen eine Rolle spielen, beispielsweise der „Dreiwege"-Katalysator zur Nachbehandlung von Autoabgasen (s. Kapitel 4.2.4), oder einem Molekularsieb, durch das Stoffgemische, z. B. die Isomeren des Xylens, getrennt werden können. Außerdem ist ein bei über 200 °C ausgeheizter und daher wasserfreier Zeolith hygroskopisch und kann zum Trocknen von organischen Lösungsmitteln oder als „**Blaugel**" in Exsikkatoren als Trockenmittel verwendet werden. (Die blaue Farbe ist auf eine kleine Menge in den Zeolith eingebrachtes $CoCl_2$ zurückzuführen. Mit zunehmender Wasseraufnahme durch den Zeolith geht es in den Aquokomplex $[Co(H_2O)_6]Cl_2$ über, der rosa gefärbt ist. So kann man rein optisch schon gut erkennen, wann das Trockenmittel unbrauchbar ist und durch Ausheizen recycelt werden muss; Versuch 48, s. CD)

Die wichtigste Anwendung von Zeolith A ist die als **Waschmitteladditiv**. Die Na-Ionen des Zeoliths können gegen die Ca-Ionen im Wasser ausgetauscht werden:

$$[NaAlSiO_4]_n + 0,5 \, n \; Ca^{2+} \rightarrow [Ca_{0,5}AlSiO_4]_n + n \, Na^+$$

So wird das Wasser enthärtet, und Kalkseifenablagerungen auf der Wäsche sowie Calciumcarbonat-Abscheidungen an den Heizstäben der Waschmaschine werden verhindert. Hier hat der Zeolith A das früher in Waschmitteln zu Härtestabilisierung verwendete Pentanatriumtriphosphat, $Na_5P_3O_{10}$, ersetzt, welches nach dem Waschprozess über die Kanalisation in die Gewässer gelangte und dort als Pflanzendünger übermäßiges Algenwachstum und damit verbundene Sauerstoffzehrung bewirkte (s. Kapitel 2.6.4 und das ergänzende Kapitel über Wasserchemie auf der CD).

2.8.4 Asbest

Asbeste sind basische Gesteine vulkanischen Ursprungs, die unbrennbar, sehr wärmebeständig, schlechte Wärmeleiter, geschmeidig, gut verspinnbar und in zahlreiche anorganische und organische Bindemittel gut einbindefähig sind. Der wichtigste Asbesttyp (aus der Gruppe der Serpentinasbeste) ist die **Chrysotil-Faser**, $Mg_3(OH)_4[Si_2O_5]$, formal ein Kondensationsprodukt aus Magnesiumhydroxid und Dikieselsäure:

$$3\ Mg(OH)_2\ +\ H_2Si_2O_5\ \rightarrow\ Mg_3(OH)_4[Si_2O_5]$$

Dieses Magnesiumsilicat besteht aus Magnesiumhydroxid-Oktaederschichten und Silicat-Tetraederschichten, die über Sauerstoffatome miteinander verknüpft sind. Da die Oktaederschicht etwas größer ist als die Tetraederschicht, verdrillt sich der Stoff zu einer Hohlfaser (s. Abbildung 2.8.4-1), die mit einem Durchmesser von $2\cdot10^{-4}$ mm ungefähr 1000mal kleiner ist als eine Cellulosefaser (Baumwolle).

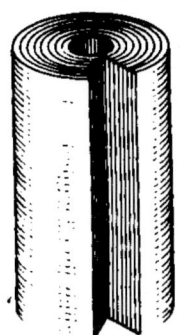

Abb. 2.8.4-1. Chrysotilfaser

Da jede Doppelschicht valenzmäßig abgesättigt ist, halten die einzelnen Fibrillen nur schwach zusammen, was eine hohe Biegsamkeit der Faser zur Folge hat und eine feine Zerfaserung und gute Verspinnbarkeit ermöglicht. Eine Abspaltung der Hydroxylgruppen (als Wasser) erfolgt erst bei sehr hoher Temperatur, so dass die Fasern für den Einsatz im Hochtemperaturbereich, z. B. beim Brandschutz, prädestiniert waren. Dem weiteren Einsatz der aus anwendungstechnischer Sicht hervorragenden Asbestfasern steht (leider) deren krebserzeugende Wirkung prohibitiv entgegen. (S. das ergänzende Kapitel über Werkstoffe, Baustoffe und Fasern auf der CD.)

2.8.5 Silicone

Bei der Reaktion von Silicium mit Chlormethan entsteht als Hauptprodukt Dichlor-dimethylsilan (*Müller-Rochow*-Synthese):

$$Si + 2\ CH_3Cl \xrightarrow{[Cu]} \underset{Cl\quad Cl}{\overset{H_3C\quad CH_3}{Si}}$$

Die Methylreste sind fest an das zentrale Siliciumatom gebunden, so dass sie bei Ein-wirkung von Wasser nicht aus dem Molekül abgespalten werden. Die Cl-Reste werden hingegen leicht gegen OH-Reste ausgetauscht (vgl. den ersten Schritt der Hydrolyse von $SiCl_4$ zu $Si(OH)_4$, Orthokieselsäure). Das intermediär gebildete Dihydroxydimethylsilan unterliegt einer schnellen Kondensation zu linearen und cyclischen Oligosiloxanen, die dann gezielt zu langen Ketten weiter kondensiert werden können. Es resultieren dünn- bis zähflüssige **Siliconöle** mit vielseitiger Anwendbarkeit (s. die ergänzenden Kapitel über Anorganische Polymere sowie über Metallorganik auf der CD):

$$n\ (CH_3)_2SiCl_2 \xrightarrow[-\ 2n\ HCl]{2n\ H_2O} n\ HO-\underset{CH_3}{\overset{CH_3}{Si}}-OH \xrightarrow{-\ n\ H_2O} \left[-\underset{CH_3}{\overset{CH_3}{Si}}-O-\right]_n$$

2.8.6 Übungen (Silicium)

1. Vergleichen Sie bitte die Strukturen und Eigenschaften von Quarz, Zeolith A, Gläsern und Asbest.
2. Was ist ein Flussmittel und was ein Läuterungsmittel? Nennen Sie bitte jeweils ein Beispiel.
3. Wieso sollte man Flusssäure bzw. konzentrierte Natronlauge nicht in Glasgefäßen aufbewahren?
4. Was versteht man unter „pyrogener Kieselsäure" bzw. „Fällungskieselsäure"?
5. Wie funktioniert „Blaugel"?

Rechenaufgabe

6. Die Austauschkapazität eines Zeoliths für Ca^{2+}-Ionen soll ermittelt werden. Dazu werden 151,3 mg des Alumosilicates eingewogen und mit 20 ml einer 0,2-0,3%igen Calciumchlorid-Lösung (der genaue Gehalt wird komplexometrisch bestimmt) und 80 ml Wasser versetzt. Die gerührte Suspension wird kurz aufgekocht. Dann wird filtriert. Der Filterrückstand wird mit Wasser gewaschen und das Waschwasser mit dem Hauptfiltrat vereinigt. Der Restgehalt an Calciumionen wird komplexometrisch bestimmt. 20 ml der eingesetzten Calciumchlorid-Lösung verbrauchen 42,3 ml 0,01 mol/l EDTA-Maßlösung. Das erhaltene Filtrat verbaucht 14,6 ml derselben Maßlösung (Versuch 49, s. CD).

2.9 Bor

Summary

Boron chemistry is characterized by the *Lewis* acid character of trivalent boron. In boron halides, BX_3, boric acid, $B(OH)_3$, and in boron nitride, $(BN)_n$, boron atoms fill their electron gaps through an sp^2-hybridization and the formation of double bonds with their three neighbor atoms (X, O, N). This results in a bond order of 1 1/3. The *Lewis* acids can also achieve an electron octet by reactions with *Lewis* bases. Tetrahedral anions such as tetrafluoroborate $[BF_4]^-$ or tetrahydroxyborate, $[B(OH)_4]^-$, are formed. In borosilicate glass, the boron atom is surrounded by four oxygen atoms in a tetrahedral form, too.

Diborane, B_2H_6, is the dimer of BH_3. It can be viewed as the product of a *Lewis* acid-base reaction, in which one B-H bonding pair of electrons in each BH_3 molecule is donated to the other. As a result, diborane is an unusual molecule in which hydrogen atoms appear to form two bonds. Boron and hydrogen also form anions, e.g. sodium borohydride, $NaBH_4$, a commonly used reducing agent for certain organic compounds.

Zwei Aspekte der Bor-Chemie wurden bereits in früheren Kapiteln diskutiert:

- Das Oxid des dreiwertigen Bors wirkt beim Zusammenschmelzen mit Quarz als Netzwerkbildner im resultierenden Borosilicatglas (s. Kapitel 2.8.2), womit bereits ein bedeutender Gesichtspunkt der Bor-Sauerstoff-Chemie herausgestellt ist.
- Bortrichlorid entsteht aus Boroxid durch reduktive Chlorierung (s. Kapitel 2.3.6.1):

$$B_2O_3 + 3\,C + 3\,Cl_2 \;\rightarrow\; 2\,BCl_3 + 3\,CO$$

und ist eine typische und vor allem in der Organischen Chemie häufig verwendete *Lewis*säure, die sich durch eine pπ-pπ-Doppelbindungsverstärkung zwischen dem

sp^2-hybridisierten Bor und den ebenfalls sp^2-hybridisierten Halogenatomen (Bindungsordnung $= 1\frac{1}{3}$) oder durch Anlagerung einer *Lewis*base unter Ausbildung eines tetraedrisch aufgebauten Borates stabilisiert (s. Kapitel 2.3.6.2).

Im Folgenden werden ergänzend die Verbindungen Borax, Borsäure, Diboran und Bornitrid besprochen.

2.9.1 Borax und Borsäure

Bor kommt in der Natur hauptsächlich in Form des Minerals Kernit vor, aus dem durch Umkristallisieren **Borax** mit der Summenformel $Na_2B_4O_7 \cdot 10H_2O$ gewonnen wird. Das Tetraborat-Anion des Stoffes ist in der Abbildung 2.9.1-1 gezeigt.

$$\left[Na_2(H_2O)_8\right]\left[B_4O_5(OH)_4\right]$$

$$=$$

$$Na_2B_4O_7 \cdot 10H_2O$$

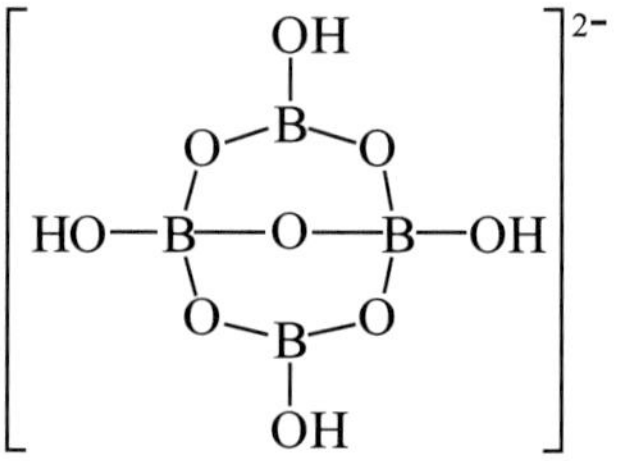

Abb. 2.9.1-1. Formel von Borax und Struktur des Tetraborat-Anions

Die Boratome sind – ähnlich wie die Siliciumatome im Quarz – über Sauerstoffbrücken miteinander verknüpft. Im Borax sind zwei Boratome drei-, die anderen beiden vier-bindig und damit Träger jeweils einer negativen Ladung, die durch Na^+-Kationen kompensiert wird.

Durch Ansäuern von Borax wird **Borsäure** gewonnen:

$$Na_2[B_4O_5(OH)_4] + 2\,H^+ + 3\,H_2O \;\rightarrow\; 2\,Na^+ + 4\,H_3BO_3 \quad (= B(OH)_3)$$

in der das zentrale Boratom trigonal planar von drei Sauerstoffatomen umgeben ist. Zwischen dem sp^2-hybridisierten Bor und dem ebenso hybridisierten Sauerstoff bilden sich – ähnlich wie in den Borhalogeniden – $p\pi$-$p\pi$-Doppelbindungen aus, so dass im statistischen Mittel eine Bindungsordnung $1\frac{1}{3}$ resultiert:

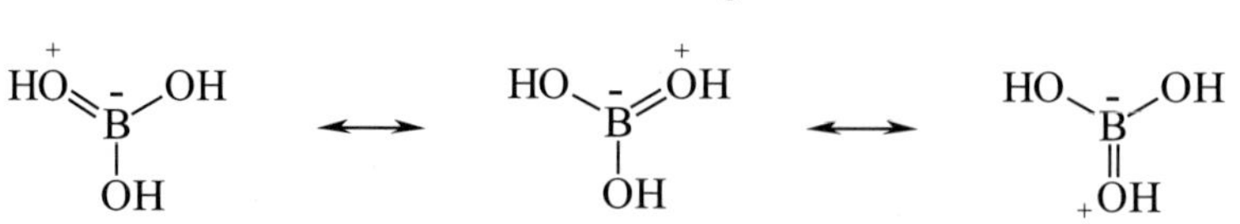

Einzelne Borsäuremoleküle lagern sich über Wasserstoffbrückenbindungen zu großen Schichten zusammen (Abbildung 2.9.1-2).

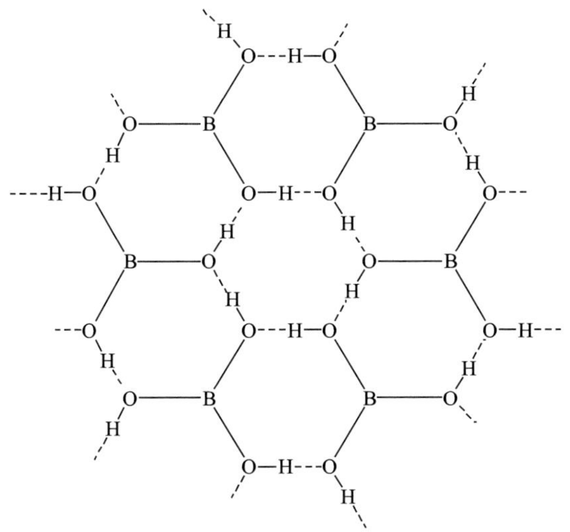

—— kovalente Bindungen
------ Wasserstoffbrückenbindungen

Abb. 2.9.1-2. Eine Schicht von Borsäure-Molekülen

Borsäure ist in Wasser gut löslich. Die Lösung reagiert sauer. Anders als z. B. Schwefel-
oder Phosphorsäure ist B(OH)$_3$ keine *Brönstedt*-Säure, denn die O-H-Bindung
dissoziiert nicht. Die saure Wirkung der Borsäure beruht vielmehr darauf, dass sich die
Lewissäure B(OH)$_3$ durch Anlagerung der *Lewis*base Wasser und anschließender
Dissoziation in das Tetrahydroxyboranat-Anion und ein Proton stabilisiert:

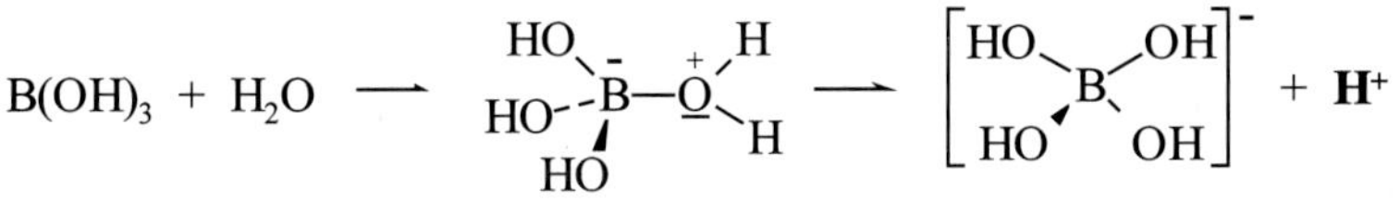

Mit Alkoholen kann Borsäure (unter katalytischem Einfluß von Schwefelsäure) verestert
werden (Versuch 50-1, s. CD):

$$B(OH)_3 + 3\ CH_3OH \rightarrow B(OCH_3)_3 + 3\ H_2O$$

Der Borsäuretrimethylester ist flüchtig und brennt mit grüner Flamme, was zum
qualitativen Nachweis von Borverbindungen genutzt werden kann. Glycole, das sind
Verbindungen mit zwei OH-Gruppen an benachbarten C-Atomen, bilden mit Borsäure
stabile Chelatkomplexe:

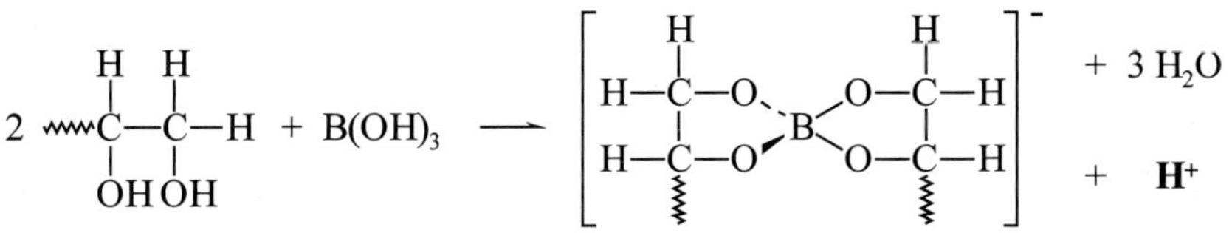

Neben dem Boranatanion entsteht ein Proton, so dass die Reaktion zur acidimetrischen
Bestimmung von Borsäure ausgenutzt wird.

2.9.2 Diboran

Bei der Reduktion von Bor(III)-Verbindungen mit Wasserstoff oder Hydriden entsteht u. a. Diboran, B_2H_6, z. B. gemäß:

$$4\,BCl_3 + 3\,LiAlH_4 \rightarrow 2\,B_2H_6 + 3\,LiCl + 3\,AlCl_3$$

Die Verbindung ist ein Dimer der *Lewis*säure BH_3 mit folgender Struktur:

Jedes Boratom ist sp^3-hybridisiert und tetraedrisch von vier Wasserstoffatomen umgeben. Zwei H-Atome verbrücken die beiden B-Atome. Das primär Auffallende an der Verbindung ist, dass zwei zweibindige H-Atome vorliegen. Die Brückenbindung kommt dadurch zustande, dass das mit einem Elektron halb besetzte s-Orbital des Wasserstoffs gleichzeitig mit einem leeren sp^3-Hybridorbital des einen und einem halb besetzten sp^3-Hybridorbital des zweiten Boratoms überlappt. Es wird also eine Bindung aus drei Atomen aufgebaut, an der nur zwei Elektronen beteiligt sind. Eine derartige bezeichnet man als **3-Zentren-2-Elektronen-Bindung**. Sie ist der Prototyp einer **Mehr-Zentren-Elektronen-Mangel-Bindung**, die vor allem in der Metallorganischen Chemie eine große Rolle spielt (s. das ergänzende Kapitel über Metallorganik auf der CD). Die terminalen H-Atome sind fester an das Bor gebunden als die Brücken-Wasserstoffe, was auch in den Bindungslängen von 119 bzw. 133 pm zum Ausdruck kommt.

Mit Hydriden reagiert Diboran zu salzartigen Verbindungen mit dem Boranatanion, in dem das zentrale Bor die Neonkonfiguration aufweist:

$$B_2H_6 + 2\,LiH \rightarrow 2\,LiBH_4$$

Borhydride addieren sich an olefinische Doppelbindungen (Hydroborierung). Die resultierenden Bororganyle können dann z. B. mit Wasser gezielt in Alkane und Borsäure oder mit Wasserstoffperoxid in Alkohole und Borsäure umgewandelt werden, vereinfacht gemäß:

2.9.3 Bornitrid

Aus Boroxid und Ammoniak entsteht bei hoher Temperatur durch eine mehrstufige Kondensationsreaktion Bornitrid:

$$n\,B_2O_3 \;+\; 2\,n\,NH_3 \;\rightarrow\; 2\,(BN)_n \;+\; 3\,n\,H_2O$$

Der Stoff weist die in der Abbildung 2.9.3-1 gezeigte Struktur auf, die der des Graphits (s. Abbildung 2.7.2.2-1) entspricht, wenn man sich dort die C-Atome immer alternierend durch B- und N-Atome ersetzt vorstellt. Da das Bor-Stickstoff-Paar mit 3 + 5 = 8 Valenzelektronen einem C-C-Paar mit 4 + 4 = 8 Elektronen entspricht, sind Bornitrid und Graphit isoelektronische Verbindungen. $(BN)_n$ wird deshalb auch als „anorganischer Graphit" bezeichnet.

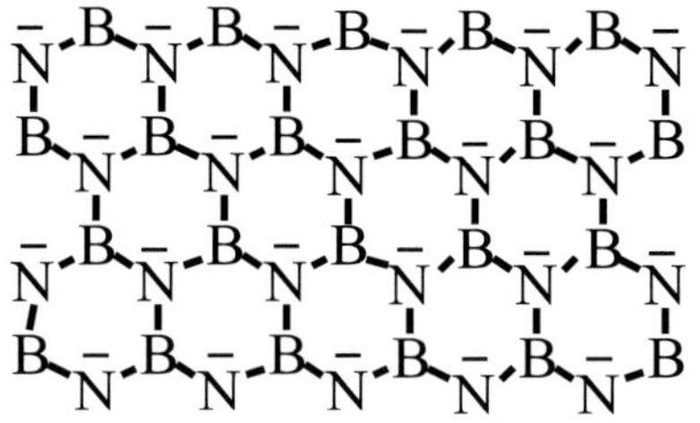

Abb. 2.9.3-1. Borstickstoff, $(BN)_n$, „anorganischer Graphit"

Ähnlich wie in den Borhalogeniden oder der Borsäure ist jedes Boratom von drei anderen (hier N-) Atomen trigonal planar umgeben. Die Elektronenlücken der sp^2-hybridisierten Boratome können durch $p\pi$-$p\pi$-Interaktionen mit den freien Elektronenpaaren der benachbarten drei, ebenfalls sp^2-hybridisierten N-Atome aufgefüllt werden, so dass wie im Graphit $1\frac{1}{3}$-Bindungen zwischen den Atomen einer Schicht resultieren.

Die einzelnen Schichten des Feststoffes lassen sich leicht gegeneinander verschieben, weshalb das Bornitrid sich seifig anfühlt und wie der Graphit als Schmiermittel im Hochtemperaturbereich Anwendung findet. Anders als der Graphit ist das Bornitrid aber kaum elektrisch leitend und farblos. Dies kann damit begründet werden, dass anders als beim Graphit, der nur aus einer Atomsorte besteht, keine in π-Elektronenwolken ober- und unterhalb der Schichtebenen frei beweglichen Elektronen vorhanden sind, sondern die Elektronen vielmehr an den gegenüber den Bor- viel elektronegativeren Stickstoff-Teilchen festgehalten werden.

Neben dem „anorganischen Graphit" gibt es auch ein kubisches Bornitrid mit Diamantstruktur.

(S. das ergänzende Kapitel über Werkstoffe, Baustoffe und Fasern auf der CD.)

2.9.4 Übungen (Bor)

1. Wieso ist Borsäure nur eine einwertige Säure?
2. Beschreiben Sie bitte den qualitativen Nachweis von Borverbindungen.
3. Geben Sie bitte Formel und Struktur von Borax an.
4. Beschreiben Sie bitte die Bindungsverhältnisse im Diboran.
5. Wie kann man Diboran herstellen, und wie reagiert der Stoff mit Lithiumhydrid?
6. Vergleichen Sie bitte „Graphit" und „anorganischen Graphit".

Rechenaufgabe

7. 20 ml einer Borsäure-Lösung werden auf 100 ml aufgefüllt. 25-ml-Aliquote werden entnommen und mit überschüssigem Mannit (mehrwertiger glycolischer Alkohol) versetzt und die Reaktionslösungen mit 0,1-molarer Natronlauge titriert. Der mittlere Verbrauch an Maßlösung beträgt 23,90 ml. Wie groß ist die Massenkonzentration der Borsäure-Lösung?

3 Chemie der Metalle

3.1 Eigenschaften der Metalle

Summary

The most important properties of metals are their good electric and heat conductivity, their ductility as well as their tendency to form cations and alloys. These properties can be explained with the electron-sea model as well as with the molecular-orbital model (or band theory). In the former model the metal is pictured as an array of metal cations in a "sea" of mobile valence electrons. The latter model arises from the molecular orbital theory. Interaction of all the valence atomic orbitals of each metal atom with the orbitals of adjacent metal atoms gives rise to a huge number of molecular orbitals that extend over the entire metal structure. The energy separations between these metal orbitals are so tiny that for all practical purposes we may think of the orbitals as forming a continuous band of allowed energy states, referred to as an energy band, through which the electrons can move freely.

Metals are electric conductors of first order. They differ significantly from electric non-conductors (insulators), e.g. diamond. In electric non-conductors we find two bands with a large energy gap (forbidden zone) between them; one band is formed from the bonding molecular orbitals and called valence bond, and another is formed from the antibonding molecular orbitals and called conduction band. Semi-conductors, e.g. silicon are classed between electric conductors and non-conductors . In the case of semi-conductors, the two bands are still apart from each other, but not as far as in the case of insulators. By raising the temperature, some electrons in the valence band of a semi-conductor can be raised into the conduction band. There they are mobile and cause the flow of electricity. To improve the conductivity of a semi-conductor, small amounts of other substances are added. Silicon doped with phosphorus is called an *n*-type semiconductor, because this doping introduces extra *negative* charges (electrones) into the system. Silicon doped with boron is called a *p*-type semiconductor because this doping creates *positive* holes (electron vacancies) in the system. In an *n*-semiconductor, electricity flows through the conduction band. In a *p*-semiconductor, electricity flows through the valence band.

3.1.1 Wichtige Eigenschaften der Metalle

Zum Einstieg in die Chemie der Metalle ist es angebracht, kurz einige charakteristische Unterscheidungsmerkmale zu den im Kapitel 2 besprochenen Nichtmetallen heraus-zustellen. Die meisten Metalle sind anders als die meisten Nichtmetalle gute bis sehr gute elektrische Leiter und Wärmeleiter. Während die Nichtmetalle häufig spröde und in der Farbe matt sind, sind die Metalle in der Regel gut verformbar und glänzend. Im Vergleich zu den Nichtmetallen haben die Metalle deutlich höhere Schmelz- und Siedepunkte. (Lediglich das Quecksilber ist bei Raumtemperatur flüssig.) Viele Nichtmetalle neigen tendenziell eher zur Elektronenaufnahme und damit zur Anionenbildung. Die Metalle verhalten sich genau umgekehrt. Sie geben ausgesprochen gerne ihre wenigen Valenzelektronen ab und gehen in den kationischen Zustand über. Schließlich reagieren viele Metalle zwar bereitwillig mit Wasser, Säuren und Basen, lösen sich darin im streng physikalischen Sinne aber nicht, was bei Nichtmetallen häufiger der Fall ist. Metalle lösen sich hingegen in geeigneten anderen Metallen unter Legierungsbildung.

3.1.2   Elektronengasmodell

Die angesprochenen metallischen Eigenschaften können mit Hilfe des Elektronengasmodells (s. Abbildung 1.4.3-1) plausibel gemacht werden. Dieses beschreibt die **metallische Bindung** folgendermaßen: Die Metallatome geben ihre Valenzelektronen ab und bilden **positiv geladene Rümpfe** (Kationen). Diese ordnen sich in einer **dichtesten Kugelpackung** und werden durch die in den **Gitterzwischenräumen** (selbst bei der dichtesten Packung herrscht 26 % Hohlraum, vgl. Abbildung 3.2.3-2) befindlichen Elektronen elektrostatisch zusammengehalten. Da die Elektronen im Vergleich zu den Metallrümpfen sehr klein sind, können sie sich in den Gitterhohlräumen weitgehend frei bewegen. Sie sind also keinem bestimmten Metallrumpf zuzuordnen.

Diese **freie Beweglichkeit der Elektronen** ist verantwortlich für die gute elektrische Leitfähigkeit der Metalle. Man bezeichnet die Metalle auch als **Leiter 1. Ordnung**, die einen Elektronenstrom ohne Massentransport weiter leiten können. (Leiter 2. Ordnung sind z. B. geschmolzene Salze, deren Kationen in einem elektrischen Feld zum Minuspol und deren Anionen zum Pluspol wandern, womit Masse bewegt wird.)

Die positiv geladenen Atomrümpfe können auf ihren Gitterplätzen mehr oder weniger stark gegeneinander schwingen. Bei hoher Temperatur sind die **Gitterschwingungen** stark, bei niedriger Temperatur erwartungsgemäß weniger stark. Dies hat auf die elektrische Leitfähigkeit der Metalle einen erheblichen Einfluss. Der freien Beweglichkeit stehen nämlich stark schwingende Rümpfe stärker im Wege als weniger schwingende. Folglich nimmt die elektrische Leitfähigkeit der Metalle mit steigender Temperatur ab. Bei der so genannten **Sprungtemperatur**, die bei den meisten Metallen in der Nähe des absoluten Nullpunktes (0 K = −273,15 °C) liegt, sind alle Gitterschwingungen eingefroren. Beim Erreichen bzw. Unterschreiten der Sprungtemperatur steigt die elektrische Leitfähigkeit sehr stark an. Man nennt dieses Phänomen **Supraleitung**.

Interessant in Hinblick auf die Anwendung supraleitender Kabel (Stromtransport ohne Energieverlust, Schaltelemente für Großrechner) und Magnete (magnetische Erzscheidung (s. Kapitel 3.4.2.1.2), Magnetschwebebahn) sind Substanzen mit höheren Übergangstemperaturen. Einige bereits technisch genutzte Supraleiter mit Sprungtemperaturen zwischen 15 - 23 K sind in der Tabelle 3.1.2-1 aufgelistet.

Tab. 3.1.2-1. Sprungtemperaturen einiger Supraleiter

Verbindung	Nb_3Sn	Nb_3Ge	Nb_3Ga	Nb_3Al	V_3Si	V_3Ga
Sprungtemperatur in K	18,2	23,0	20,7	19,1	17,0	15,9

Es handelt sich hierbei um intermetallische Legierungen (s. Kapitel 3.2.3), deren Elementarzellen besonders dichte Kugelpackungen aufweisen, so dass die Metallrümpfe in ihrer Beweglichkeit beschränkt und die Elektronen beweglich sind (s. Abbildung 3.1.2-1).

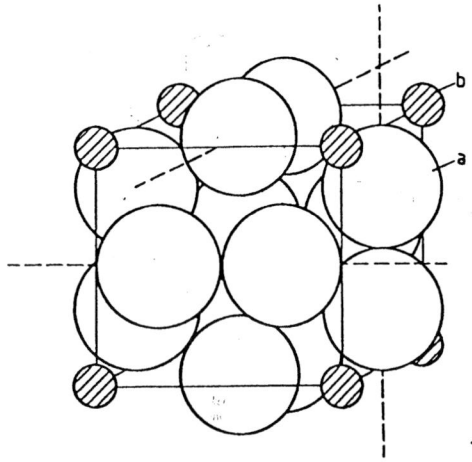

Abb. 3.1.2-1. Elementarzelle von Supraleitern der so genannten A 15-Struktur (a-Atome z. B. Nb oder V; b-Atome z. B. Sn, Ge, Si, Ga)

Auch die gute **Wärmeleitfähigkeit** der Metalle kann man mit Hilfe von Gitterschwingungen erklären: Wird ein Metallblock an einem Ende erwärmt, so geraten die Atomrümpfe dort stark in Schwingung. Diese wird an die Nachbarrümpfe weitergegeben (gekoppelte Schwingung). So pflanzt sich die als Wärme aufgenommene Energie in Form von Gitterschwingungen zum anderen Ende des Metallblocks fort und kann dort wieder als Wärme an die Umgebung abgegeben werden.

Dass Metalle im Vergleich zu Salzen **gut verformbar** sind, lässt sich folgendermaßen erklären (Abbildung 3.1.2-2): Verschiebt man (durch äußeren Druck) in einem Ionengitter, in dem sich Anionen und Kationen immer abwechselnd gegenüber liegen, eine Schicht nur um einen Gitterplatz zur Seite, so gelangen gleichgeladene Teilchen in direkt benachbarte Positionen, was zu einer elektrostatischen Abstoßung und einem damit verbundenen Zerspringen des ganzen Kristallgefüges führt. Verschiebt man hingegen in einem Metall eine Schicht um eine Position nach rechts oder links, so ändert sich an dem Aufbau des Metalls nicht viel. Nach wie vor liegen sich positive Atomrümpfe gegenüber und werden durch das sie umgebende Elektronengas zusammengehalten. Ein Metall ist also verformbar. Davon lebt insbesondere das Schmiedehandwerk.

Salz:

Metall:

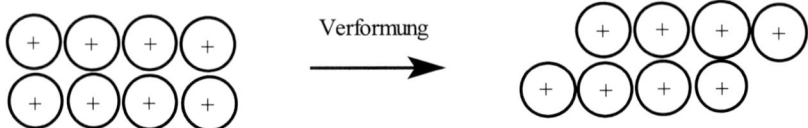

Abb. 3.1.2-2. Verformung eines Salzkristalls und eines Metalls

Schließlich kann man mit dem Elektronengas auch erklären, warum verschiedene Metalle gerne untereinander **Legierungen** bilden: Zusammengelagerte Metallrümpfe unterschiedlicher Atomsorten können nämlich durch ein gemeinsames Elektronengas elektrostatisch zusammengehalten werden.

3.1.3 Bändermodell

Die Bindungsverhältnisse in einem aus vielen Metallatomen bestehenden Metallstück kann man auch über die MO-Theorie erklären. Diese geht davon aus, dass aus n Atomorbitalen auch n Molekülorbitale entstehen, und zwar n/2 bindende durch positive Linearkombinationen der Atomorbitale und n/2 antibindende durch negative Linearkombination der Atomorbitale (vgl. die MO-Schemata von H_2 oder O_2 in den Abbildungen 1.4.4-2 bzw. 1.4.4-4). Bei einem Metall sind sehr viele Einzelatome zu kombinieren, so dass entsprechend viele bindende und antibindende Molekülorbitale resultieren, die energetisch so nahe beieinander liegen, dass man mehr von Energiebändern als von diskreten Energieniveaus spricht. In der Abbildung 3.1.3-1 ist das MO-Schema eines polymeren Li_n durch sukzessive Kombination der Atomorbitale (hier des mit einem Valenzelektron besetzten 2s-Niveaus) von immer mehr Einzelatomen entwickelt. Die Elektronen besetzen zunächst die energetisch günstigeren, bindenden Molekülorbitale, die im so genannten **Valenzband** zusammengefasst sind. Die energetisch höheren, antibindenden Molekülorbitale, die das so genannte **Leitungsband** bilden, bleiben leer. Da sich die beiden Bänder praktisch berühren (und bei anderen Metallen bei Berücksichtigung der p-Orbitale sogar überschneiden), ist es leicht möglich, dass z. B. durch Lichtenergie (die des sichtbaren Lichtes reicht aus) oder Wärme Elektronen aus dem Valenzband in das Leitungsband angehoben werden, sich dort durch das Metall bewegen und die aufgenommene Energie an einer anderen Stelle wieder in Form von Wärme abgeben und dabei selbst ins Valenzband zurückkehren. Damit ist erklärt, warum ein Metall farbig sein kann und ein guter Wärmeleiter ist.

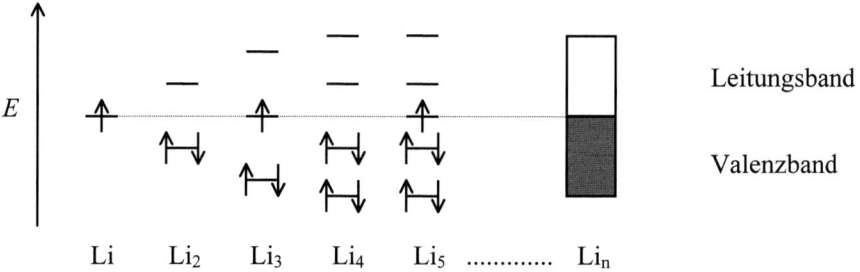

Abb. 3.1.3-1. Entwicklung des Bändermodells für das Metall Lithium

Das Valenzband kann natürlich auch zum Transport eines Elektrons ausgenutzt werden, womit die gute elektrische Leitfähigkeit der Metalle verständlich wird.

3.1.4 Halbleiter

Anders als bei den metallischen Leitern, deren Valenz- und Leitungsbänder sich berühren oder überlappen, sind die beiden Bänder (bindende und antibindende Molekülorbitale) bei **Nichtleitern**, z. B. dem Diamanten, energetisch weit voneinander entfernt. (Im Kapitel 2.7.2.1 wurde erklärt, dass der Diamant den elektrischen Strom nicht leitet, weil jedes C-Atom seine vier Valenzelektronen in kovalente Einfachbindungen, also bindende Molekülorbitale vom Typ σ-Bindung, einbringt und dass deshalb keine freien Elektronen mehr vorliegen, die einen elektrischen Strom leiten könnten.) Der große Energieabstand zwischen den Bändern wird auch als **verbotene Zone** bezeichnet, welche die Elektronen nicht (oder nur bei sehr hoher Temperatur) überspringen können.

(Da der Diamant als typischer Nichtleiter angeführt wurde, sei an dieser Stelle ergänzt, dass die andere wichtige Modifikation des Kohlenstoffs, der Graphit, der eine hervorragende elektrische Leitfähigkeit besitzt, ein MO-Schema aufweist, dass dem eines Metalls entspricht.)

Zwischen den beiden Extremen, metallischer Leiter und Nichtleiter (oder Isolator), liegt der **Halbleiter**, dessen Valenz- und Leitungsband zwar deutlich voneinander getrennt sind, wo der Abstand der Bänder aber so klein ist, dass es z. B. durch eine Temperaturerhöhung von nur ca. 60-80 °C möglich ist, Elektronen aus dem Valenzband in das Leitungsband anzuheben, sie damit ihrer Bindungsverpflichtung zu entledigen und für den Transport eines elektrischen Stroms zur Verfügung zu stellen. Der Prototyp eines solchen Stoffes ist **elementares Silicium** (Abbildung 3.1.4-1).

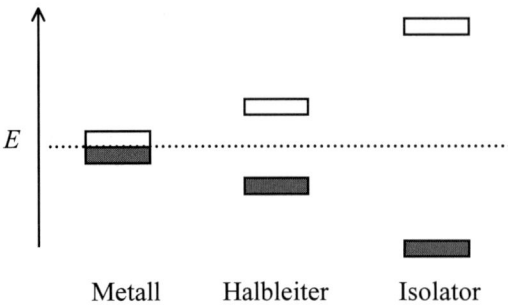

Abb. 3.1.4-1. Valenz- (unten) und Leitungsbänder (oben) in metallischen Leitern, Halbleitern und Isolatoren

Um einen Halbleiter auch bei Raumtemperatur gut leitend zu machen, – was für die **Mikroelektronik** von unschätzbarer Bedeutung ist –, wendet man das Prinzip der **Dotierung** an. Baut man in hoch reines Silicium Phosphor oder Bor ein, resultieren so genannte **n-Leiter** bzw. **p-Leiter** (Abbildung 3.1.4-2).

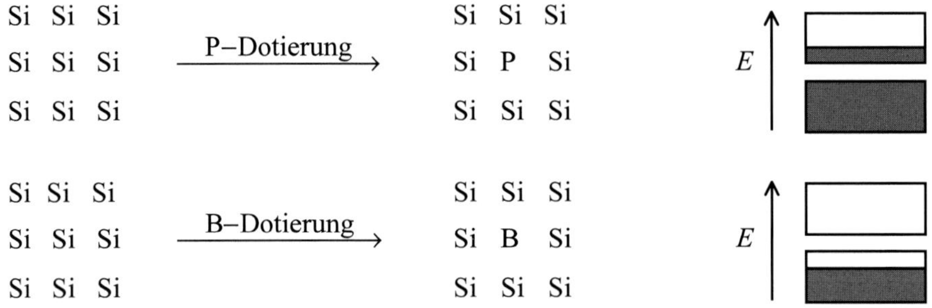

Si Si Si		Si Si Si	
Si Si Si	$\xrightarrow{\text{P–Dotierung}}$	Si P Si	E
Si Si Si		Si Si Si	

Si Si Si		Si Si Si	
Si Si Si	$\xrightarrow{\text{B–Dotierung}}$	Si B Si	E
Si Si Si		Si Si Si	

Abb. 3.1.4-2. Phosphor- und Bor-Dotierung von Silicium; n- und p-Halbleiter

Wird ein Phosphoratom, das als Element der fünften Hauptgruppe ein Valenzelektron mehr besitzt als das Silicium, vierbindig als P^+-Kation in das Si-Gitter eingebaut, so bleibt ein Valenzelektron übrig, dass für eine Bindungsbildung nicht gebraucht wird und daher im Leitungsband untergebracht werden muss. Dort steht es zum Transport von elektrischem Strom zur Verfügung.

Wird hingegen ein Boratom, das als Element der dritten Hauptgruppe ein Außenelektron weniger besitzt als das Silicium, in dessen Gitter eingebaut, so bleibt eine Elektronenlücke; man sagt auch: ein positives Loch. Das Valenzband ist also gegenüber dem im hoch reinen Silicium nicht vollständig mit Elektronen besetzt. Beim Anlegen eines elektrischen Stroms können nun Elektronen die Elektronenlücken im Valenzband auffüllen und sich dort durch das dotierte Silicium bewegen. Der Stromfluss erfolgt bei einem p-Leiter also anders als bei einem n-(negativ)-Leiter nicht durch das Leitungs-, sondern durch das Valenzband.

3.1.5 Übungen (Eigenschaften der Metalle)

1. Vergleichen Sie bitte die MO-Schemata von Wasserstoff und Lithium (unter Normalbedingungen).
2. Können Sie sich vorstellen, dass Wasserstoff metallische Eigenschaften hat? Begründen Sie Ihre Vorstellungen bitte.
3. Definieren Sie bitte die folgenden Begriffe:
   - elektrischer Leiter 1. Ordnung
   - elektrischer Leiter 2. Ordnung
   - metallischer Leiter
   - Isolator
   - Halbleiter
   - n-Leiter
   - p-Leiter
4. Vergleichen Sie bitte die Duktilität von Natriumchlorid und Blei.
5. Leitet Eisen den elektrischen Strom bei Raumtemperatur oder bei 100 °C besser? Wie ist die Leitfähigkeit von Silicium bei den Temperaturen? Begründen Sie Ihre Aussagen bitte.
6. Wie kann man erklären, dass ein Eisenstück die Wärme gut leitet?
7. Was erwarten Sie, wenn man Eisen, Chrom und Nickel zusammen schmilzt? Begründen Sie bitte Ihre Aussage.

3.2 Legierungen

Summary

An alloy is a material that contains more than one element and has the characteristic properties of metals. The alloying of metals is of great industrial importance because it is one of the primary ways of modifying the properties of pure metallic elements.

Solution alloys are homogeneous mixtures in which the components are dispersed randomly and uniformly. Atoms of the solute can take positions normally occupied by the solvent atom (substitutional alloy), or they can occupy interstitial positions (interstitial alloy). Substitutional alloys are formed when the two metallic components have similar atomic radii and chemical-bonding characteristics, e.g. Cu/Zn, Cu/Sn, Ag/Au. Interstitial alloys are formed, when the solute atoms have a much smaller radius than the solvent atoms, e.g. Fe/C, Ti/H.

In heterogeneous alloys the components are not dispersed uniformly.

Intermetallic compounds are homogeneous alloys that have definite compositions and properties. e.g. $AuCu_3$, Co_5Sm.

Eine Legierung entsteht, wenn einer Metallschmelze Fremdatome – das können Metalle oder Nichtmetalle sein – zugesetzt werden. Nach dem Erstarren resultiert ein Stoff, der zwar etwas andere Eigenschaften als das Grundmetall hat, aber grundsätzlich noch von metallischem Charakter ist. Strukturchemisch unterscheidet man:

- Homogene Legierungen
  - Interstitielle Legierungen (Einlagerungsmischkristalle)
  - Substitutionslegierungen
- Heterogene Legierungen
- Intermetallische Phasen

3.2.1   Homogene Legierungen

Homogene Legierungen liegen dann vor, wenn sich die Atome des Grundmetalls und die Fremdatome statistisch zu einem Festkörperverbund arrangieren.

Ist das Fremdatom deutlich kleiner als das Grundmetall, so setzt es sich in der Regel bevorzugt auf Zwischengitterplätze des Gerüstes des Grundmetalls (s. Abbildung 3.2.1-1). Dieser Typ von homogener Legierung wird als **interstitielle Legierung** oder **Einlagerungsmischkristall** bezeichnet und kommt besonders häufig vor, wenn das Fremdatom ein Nichtmetall, z. B. Wasserstoff, Kohlenstoff, Stickstoff, oder Halbmetall, z. B. Bor, ist. Die metallischen Hydride (vgl. Kapitel 2.1.3), Carbide (vgl. Kapitel 2.7.6) und Boride gehören zu diesem Legierungstyp.

Abb. 3.2.1-1. Einlagerungsmischkristall (interstitielle Legierung)

Hat das Fremdatom eine dem Grundmetall vergleichbare Größe, so resultiert eher eine **Substitutionslegierung**, auch **Substitutionsmischkristall** genannt, bei der statistisch einige Gitterplätze des Grundmetalls durch Fremdatome besetzt sind (Abbildung 3.2.1-2). Dieser Legierungstyp wird gerne von Metallen gebildet, die im Periodensystem der Elemente nahe beieinander stehen, z. B. Cr/Fe, Fe/Ni, Cu/Ag oder Ag/Au.

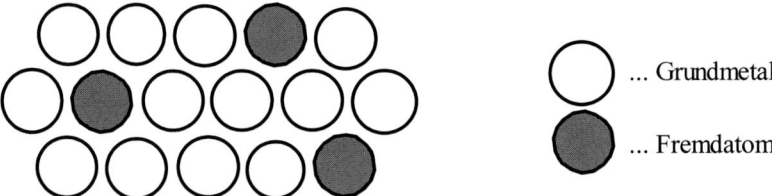

Abb. 3.2.1-2. Substitutionsmischkristall (Substitutionslegierung)

(Die hier beschriebene Substitutionsmischkristallbildung erinnert etwas an den Ersatz des vierbindigen Siliciums im Quarz durch die Phosphat- oder Borat-Einheit, was zu Gläsern führt (s. Kapitel 2.8.2), oder an die Dotierung von hoch reinem Halbleiter-Silicium mit Phosphor oder Bor, wodurch n- bzw. p-Leiter resultieren (s. Kapitel 3.1.4).)

3.2.2 Heterogene Legierungen

Eine bekannte heterogene Legierung ist **Gusseisen**, eine Legierung von Eisen mit recht viel (2,7-3,8 %) Kohlenstoff. Unter dem Mikroskop kann man Kohlenstoffpartikel erkennen; das Material ist also nicht an allen Stellen chemisch einheitlich. Die Metall- und Nichtmetall-Phase sind eindeutig voneinander getrennt und die beiden Elemente im festen Zustand nicht mischbar. Die Eigenschaften einer solchen Legierung hängen sehr von den Herstellungsbedingungen ab. Es ist zu erwarten, dass ein Gusseisen, in dem große Kohlenstoffteilchen vorliegen, spröder und brüchiger ist als ein anderes, bei dem die Kohlenstoffpartikel sehr klein sind.

(Gusseisen gehört nicht zu den im Kapitel 3.2.1 besprochenen metallischen Carbiden. Kleine Mengen Kohlenstoff können sich nämlich auch statistisch auf Zwischengitterplätze des Eisen-Grundmetalls setzen, wodurch eine homogene Legierung resultiert. Tendenziell kann man sagen, dass der Gehalt an homogen ins Eisen eingelagertem Kohlenstoff die Härte des Eisens bestimmt. Weicheisen enthält sehr wenig oder gar keinen gelösten Kohlenstoff, Harteisen hingegen relativ viel.)

3.2.3 Intermetallische Phasen

In intermetallischen Phasen – auch intermetallische Verbindungen genannt – liegen die beteiligten Metallatome in definierten stöchiometrischen Verhältnissen vor, z. B. $AuCu_3$ oder $Cu_{31}Sn_8$, die mit den üblichen Wertigkeiten der Metalle allerdings nichts zu tun haben. Anders als bei den homogenen Legierungen sind die Atome in intermetallischen Phasen nicht statistisch angeordnet, sondern nach bestimmten Verteilungsgesetzen. Man findet in einem Kristallverbund deshalb immer wiederkehrende räumliche Anordnungsmuster. In der Abbildung 3.2.3-1 ist die Struktur der intermetallischen Verbindung $AuCu_3$ gezeigt.

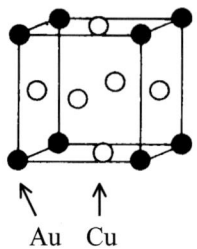

Au Cu

Abb. 3.2.3-1. Kubisch flächenzentrierte Elementarzelle der intermetallischen Phase $AuCu_3$

In der Elementarzelle – das ist das kleinste Bauelement eines Kristalls, aus dem sich durch einfaches Parallelverschieben der gesamte Kristall konstruieren lässt – sind die acht Würfelecken jeweils mit einem Goldatom und die sechs Würfelflächen in ihrer Mitte jeweils mit einem Kupferatom besetzt. Die regelmäßige Struktur des **kubisch flächenzentrierten Gitters** (kfz; jedes Atom ist von 12 nächsten Nachbaratomen umgeben; die Raumausfüllung beträgt 74 %) ist klar zu erkennen und wurde röntgenographisch (Röntgenstrahlen werden an einen Gitter gebeugt; aus dem Beugungsmuster kann die Struktur des Gitters berechnet werden) ermittelt. (Da im Kristallverbund jede Ecke des abgebildeten Würfels zu acht und jede Seite zu zwei benachbarten Elementarzellen gehört, ergibt sich die Stöchiometrie der Legierung zu $Au_{8/8}Cu_{6/2} = AuCu_3$ oder besser: $(AuCu_3)_n$.)

Um die Beschreibung der Strukturen und elektronischen Verhältnisse haben sich insbesondere *Hume* und *Rothery*, *Laves* sowie *Zintl* verdient gemacht. Nach ihnen wurden verschiedene Typen intermetallischer Legierungen bezeichnet.

Hume-Rothery-Phasen (s. Tabelle 3.2.3-1) werden in β-, γ- und ε-Phasen unterteilt. Den β- und ε-Phasen liegen die in der Abbildung 3.2.3-2 gezeigten wichtigen Elementarzellen des **kubisch raumzentrieten Gitters** (krz) bzw. der **hexagonal dichtesten Kugelpackung** (hdK) zugrunde, γ-Phasen sind kompliziert kubisch auf-gebaut. Legierungen durchaus unterschiedlicher stofflicher Zusammensetzung können zum gleichen Kristalltyp gehören, wenn die von den Atomen in die Legierung einge-brachten Valenzelektronen und die Anzahl der Atome in einem bestimmten Verhältnis stehen. So weist die **Messing**-Legierung CuZn drei Valenzelektronen (ein Elektron vom Kupfer, zwei Elektronen vom Zink) und zwei Atome pro Einheit auf, womit ein Verhältnis von Elektronen zu Atomen von $3:2 = 21:14$ resultiert. Auch bei der **Bronze** Cu_5Sn liegt dieses Verhältnis vor. Die beiden Legierungen, denen man allein aufgrund ihrer chemischen Zusammensetzung keine Gemeinsamkeit ansieht, kristallisieren aber beide im kubisch raumzentrierten Gitter und gehören den *Hume-Rothery*-β-Phasen an. Legierungen mit einem Elektronen/Atom-Verhältnis von 21:13 kristallisieren kubisch-kompliziert (γ-Phasen), solche mit einem Elektronen/Atom-Verhältnis von 21:12 in einer hexagonal dichtesten Kugelpackung (ε-Phasen).

hexagonal dichteste Kugelpackung
(hdK)

kubisch raumzentriertes Gitter
(krz)

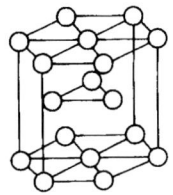

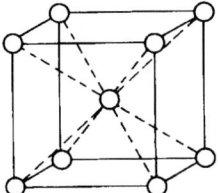

Koordinationszahl: 12
Raumausfüllung: 74 %

Koordinationszahl: 8
Raumausfüllung: 68 %

Abb. 3.2.3-2. Elementarzellen „hexagonal dichteste Kugelpackung" und „kubisch raumzentriertes Gitter"

Tab. 3.2.3-1. *Hume-Rothery*-Phasen

Phase	Formel	Valenzelektronen	Atome	Elektronen/Atome-Verhältnis
β-Phase	CuZn	$1 + 2$	2	$3 : 2 = 21 : 14$
(krz)	Cu_5Sn	$5 + 4$	6	$9 : 6 = 21 : 14$
γ-Phase	Cu_5Zn_8	$5 + 16$	13	$21:13 = 21 : 13$
(kubisch)	$Cu_{31}Sn_8$	$31 + 32$	39	$63:39 = 21 : 13$
ε-Phase	$CuZn_3$	$1 + 6$	4	$7 : 4 = 21 : 12$
(hdK)	Cu_3Sn	$3 + 4$	4	$7 : 4 = 21 : 12$

In *Laves*-Phasen liegen die beiden Atomsorten A und B im molaren Verhältnis 1/2 vor (AB_2) und weisen Radienverhältnisse von $r_A/r_B = \sqrt{3}/\sqrt{2} = 1,225$, z. B. KNa_2, $MgCu_2$, $PbAu_2$ oder $CaAl_2$, und besonders gut raumausgefüllte Kugelpackungen auf, bei denen der größere Partner von 12 kleineren und der kleinere von 6 größeren Partneratomen umgeben ist.

Zintl-Phasen findet man besonders häufig zwischen Alkali- oder Erdalkalimetallen und Zinn oder Blei, z. B. Li_4Sn, Li_4Pb oder Mg_2Sn. Diese intermetallischen Verbindungen zeichnen sich schon durch einen recht hohen heteropolaren Bindungsanteil, z. B. $Li^{\delta+}–Sn^{\delta-}$, aus und stellen daher den Übergang von einer metallischen zu einer ionischen Verbindung dar. In den genannten Beispielen treten Formalladungen von +I (Li) bzw. +II (Mg) und −IV (Sn, Pb) auf.

3.2.4   Anwendungen von Legierungen

In den Tabellen 3.2.4-1 und -2 sind einige technisch wichtige homogene und inter-metallische Legierungen aufgelistet.

Eine Zulegierung von Chrom und Nickel zu Eisen führt zu einem chemisch sehr beständigen Hochleistungsstahl (V2A), der aus der Technik nicht mehr fortzudenken ist. Seit dem Altertum bekannt sind Messing und Bronze, Legierungen von Kupfer mit Zink bzw. Zinn. Die in der Tabelle 3.2.4-1 angeführten Produkte sind homogene Legierungen vom Typ Substitutionsmischkristall. Im Kapitel 3.2.2 wurden andere Messing- und Bronze-Legierungen mit anderen Massenanteilen der Elemente vorgestellt, die zu den *Hume-Rothery*-intermetallischen Phasen zählen.

Die intermetallische Verbindung Ni_3Al ist wegen ihrer geringen Dichte und hoher thermischer und mechanischer Belastbarkeit heute der Hauptbestandteil vieler Düsen-triebwerke. Nb_3Sn zeigt unterhalb von 18 K supraleitende Eigenschaften und ist ein wichtiger Bestandteil supraleitender Hochleistungsmagneten (s. Kapitel 3.1.2). Co_5Sm ist wegen der sechs ungepaarten Elektronen des Lanthanidenelements Samarium sehr stark magnetisch und eignet sich hervorragend zur Herstellung miniaturisierter, aber dennoch leistungsstarker Lautsprecher, z. B. im „Walkman".

Zur Anwendung einiger anderer Legierungen sei auf die Tabellen 3.2.4-1 und -2 verwiesen.

Tab. 3.2.4-1. Wichtige homogene Legierungen

Haupt-metall	andere Komponente(n)	Trivial-Name	Eigenschaft(en) und Verwendung(en)
Fe	Cr und Ni	V2A-Stahl	hohe chemische Beständigkeit, rostfreier Stahl
Cu	30-35 % Zn	Messing	Armaturen, Maschinenbauteile
Cu	20-25 % Sn	Bronze	Bronzeguss
Cu	40 % Ni	Konstantan	elektrische Widerstände
Cu	25 % Ni	Münzlegierung	Münzen
Pb	33 % Sn	Lötzinn	niedriger Schmelzpunkt
Ag	8 % Cu	Sterling-Silber	Besteck, hoher Glanz
Ag	18 % Sn, 10 % Cu, 2 % Hg	Silber-Amalgam	leicht verformbar, früher Zahnfüllungen
Sn	7 % Cu, 6 % Bi, 2 % Sb	Zinngeschirr	Zinngefäße
Bi	25 % Pb, 3 % Sn, 13 % Cd	Woodsches Metall	niedriger Schmelzpunkt, Schmelzsicherungen, Metallbäder
K	30-60 % Na	K/Na-Legierung	flüssig, Trockenmittel für organische Lösungsmittel
Hg	1 % Na	Na-Amalgam	flüssig, Reduktionsmittel in der organischen Synthese

Tab. 3.2.4-2. Wichtige intermetallische Phasen

Ni_3Al	geringe Dichte, hohe Belastbarkeit; Hauptbestandteil von Düsentriebwerken
Cr_3Pt	sehr hart und widerstandsfähig; Rasierklingen
Co_5Sm	starker Magnetismus; Magneten, z. B. im „Walkman"
Au_2Bi	erste bekannt gewordene supraleitende Verbindung
Nb_3Sn	für supraleitende Magneten (Sprungtemperatur = 18 K)

3.2.5 Übungen (Legierungen)

1. Definieren Sie bitte den Begriff Elementarzelle, und beschreiben Sie drei wichtige Typen von Elementarzellen.
2. Eine Eisenlegierung enthält 0,1 % Kohlenstoff, eine andere 3,5 %. Diskutieren Sie bitte chemische und anwendungstechnische Unterschiede zwischen den beiden Werkstoffen.
3. Diskutieren Sie bitte strukturchemische Unterschiede zwischen Messingprodukten mit 95, 50, 38 und 24 % Kupfer.
4. Nennen Sie bitte die wichtigsten Metalle in folgenden Legierungen:
   V2A-Stahl, Lötzinn, Sterling-Silber, Woodsches Metall, Zahnamalgam, Bronze.
5. Wieso wird gerade Co_5Sm besonders gerne im „Walkman" verarbeitet?

3.3 Elektrochemie

Summary

Metals show different tendencies to give away their valence electrons and to send their cations into an aqueous solution (solution pressure): $M (s) \rightarrow M^{n+} (aq) + n\ e^-$. This is important for both redox and electrochemistry.

The standard reduction potential E^0 (at 25 °C) can be determined for an individual half-reaction: $M^{n+} (aq, 1\ M) + n\ e^- \rightarrow M (s)$. This is achieved by comparing the potential of the half-reaction to that of the standard hydrogen electrode: $2\ H^+ (aq, 1\ M) + 2\ e^- \rightarrow H_2 (g, 1\ atm)$; $E^0 = 0\ V$. The more negative the value for E^0, the greater the tendency of a metal to be oxidized. Noble metals, e.g. gold or platinum, have very positive values for E^0. Thus they have only a small tendency to be oxidized. Alkali metals, however, have very negative values for E^0. They are strong reducing reagents.

If two metal pieces of two half-cells are connected with a wire and the two salt solutions are separeted by either a porous barrier or by a salt bridge, the result is a galvanic cell (battery). The metal piece of the active (less noble) metal will act as the anode where the metal will be oxidized and will go into solution in the form of its ions. The metal piece of the more noble metal will act as the cathode. Here the electrons, coming from the anode, are consumed to reduce the ions of the noble metal out of the solution. The cathode will thus increase and the anode will decrease in weight. In a galvanic cell chemical energy is converted into electric energy (flow of electrons). The longer the electrochemical reaction goes on, the more the cell potential decreases. The mathematical relation between the cell potential, the standard reduction potentials and the concentrations of the ion solutions is described in the *Nernst* equation.

Batteries that can be recharged are called accumulator, e.g. lead-storage battery. When the battery is recharged the electrochemical process is reversed. This means that electric energy is feed to the system.

Corrosion is an important electrochemical phenomenon. It is a form of chemical destruction that begins on the surface of a metal. An example of this process is the rusting of iron. Corrosion occurs when air, salty water, different metals or metal pieces with different surroundings come together. Methods for corrosion preservation are e.g. to coat the work piece with a metal oxide (e.g. electrochemical oxidation of aluminum) or with iron zinc phosphate. Other methods are coating the base metal with varnish, enamel or plastic foil. Electroplating is the cathodic deposition of another metal on the base metal that is to be protected, e.g. galvanizing or tinning of iron. Underground pipelines are often protected against corrosion by making the iron the cathode of a voltaic cell (cathodic protection). Pieces of an active metal, such as magnesium or aluminum, are buried along the pipeline and connected to it by wire. The so-called sacrificial anode is oxidized first and thus protects the iron pipeline.

Es gibt mehrere Gründe dafür, an dieser Stelle einige Grundlagen der Elektrochemie zu besprechen:

- Als wichtigste Eigenschaft der Metalle wurde im Kapitel 3.1.1 deren gute elektrische Leitfähigkeit hervorgehoben.
- Metalle geben leicht ihre Valenzelektronen ab und gehen in den kationischen Zustand über. Diese Oxidation ist ein elektrochemischer Vorgang.
- Viele Metalle sind korrosionsanfällig. Die Korrosion und der Schutz davor basieren auf elektrochemischen Prozessen.
- Die Redoxchemie der Metalle kann z. B. in Batterien zur Stromerzeugung ausgenutzt werden.
- Zahlreiche unedle Metalle werden durch Schmelzflusselektrolyse ihrer Salze, z. B. Natrium aus Natriumchlorid (s. Kapitel 2.3.2.2), andere, z. B. Kupfer, aus ihren Salzlösungen durch katodische Abscheidung gewonnen und gereinigt.

3.3.1 Elektrochemische Spannungsreihe

Es wurde bereits mehrfach erwähnt, dass Metalle dazu tendieren, ihre Valenzelektronen abzugeben, z. B.:

$$Zn \rightarrow Zn^{2+} + 2\,e^-$$

Dies wird auch geschehen, wenn man einen Zinkstab in Wasser taucht (s. Abbildung 3.3.1-1). Dadurch, dass sich einige Metallkationen von der Oberfläche des Stabes ablösen, bleibt ein negativ geladener Stabrest zurück. Zwischen diesem und den Ionen bildet sich eine **elektrische Doppelschicht** aus, die ein Abwandern der Ionen in die Lösung verhindert. Zwischen den beiden Schichthälften herrscht ein elektrisches Potential (**Spannung** U). Dieses kann man natürlich nicht messen, weil man an die im Wasser befindlichen Ionen kein für die Messung nötiges Kabel (elektrischer Leiter) anschließen kann.

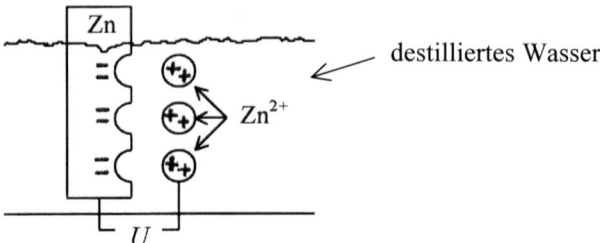

Abb. 3.3.1-1. Entstehen einer elektrischen Doppelschicht beim Einbringen eines Metallstabes in Wasser

Unterschiedliche Metalle zeigen unterschiedliches Bestreben, die Valenzelektronen abzugeben und ihre Kationen in das Wasser zu entsenden. Man sagt auch, dass sie unterschiedliche **Lösungstensionen** aufweisen, und zwar zeigen unedle Metalle starke, edlere Metalle weniger starke. Schaltet man zwei Stäbe unterschiedlicher Metalle, die in Wasser eintauchen, über ein Kabel zusammen, so kann man eine Spannung, die **elektromotorische Kraft** (EMK), messen (Abbildung 3.3.1-2).

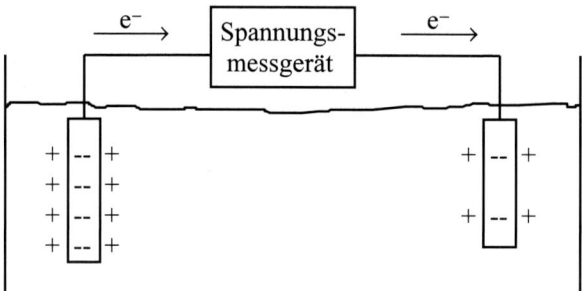

Abb. 3.3.1-2. Spannung zwischen zwei unterschiedlichen, in Wasser eingetauchten Metallstäben

Der Stab des unedleren Metalls, das eine starke Lösungstension besitzt, lädt sich stärker negativ auf als der Stab des edleren Metalls, das weniger Kationen in die Lösung entsendet.

Eine **galvanische Zelle** (Primärelement) entsteht, wenn z. B. ein Zinkstab in eine Zinksalz- und ein Kupferstab in eine Kupfersalz-Lösung taucht und wenn die beiden **Halbzellen** außerdem durch ein Diaphragma (oder einen „Stromschlüssel") und die beiden Stäbe durch ein Kabel miteinander verbunden sind (*Daniell*-Element). Jetzt kann man einen Stromfluss und eine Spannung messen (Abbildung 3.3.1-3).

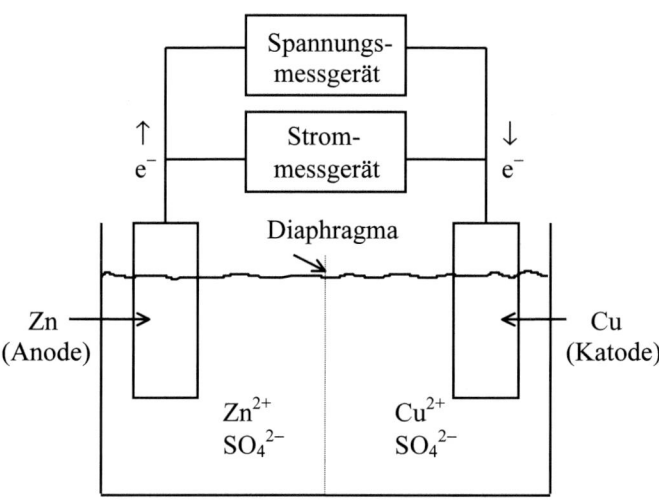

Abb. 3.3.1-3. Galvanische Zelle (*Daniell*-Element)

Vom Stab des unedleren Zinks fließen Elektronen über das Leitungskabel zum edleren Kupfer, ziehen dort Cu^{2+}-Ionen aus der Lösung elektrostatisch an und reduzieren sie zu elementarem Kupfer, das sich auf dem vorhandenen Kupferstab abscheidet. Da die Elektronen dem Zinkstab entzogen werden, müssen sich dort Zn^{2+}-Ionen ablösen. Die Halbzelle mit dem Zinksalz wird also Zn^{2+}-reicher, die andere Halbzelle mit dem Kupfersalz entsprechend Cu^{2+}-ärmer. Anders ausgedrückt: der Zinkstab löst sich allmählich auf, der Kupferstab nimmt an Masse zu. Die gekoppelten Vorgänge lassen sich durch folgende Halbzellenreaktionen und eine Bruttoreaktionsgleichung beschreiben:

Anode:	Zn	$\rightarrow$	$Zn^{2+} + 2\,e^-$	(Minuspol, Oxidation)
Katode:	$Cu^{2+} + 2\,e^-$	$\rightarrow$	Cu	(Pluspol, Reduktion)

$$Zn + Cu^{2+} \rightarrow Zn^{2+} + Cu$$

Das Diaphragma ist eine semipermeable Membran, die eine Durchmischung der Lösungen der beiden Elektrodenräume verhindert, denn sonst würde sich das Kupfer direkt am Zinkstab abscheiden (Zementation). Das Diaphragma lässt jedoch die Wanderung von Sulfationen aus dem Katoden- in den Anodenraum zwecks Kompensation der Ladungen durch in Lösung gegangene Zink- bzw. abgeschiedene Kupferionen zu.

Oxidationsprozesse finden immer an der Anode und Reduktionsprozesse immer an der Katode statt. Anders als bei Elektrolysevorgängen, die elektrischen Strom verbrauchen, z. B. der Wasserelektrolyse (s. Kapitel 2.1.1), der Chloralkalielektrolyse (s. Kapitel 2.3.2.2) oder den Schmelzflusselektrolysen zur Gewinnung von Fluor oder Natrium (s. die Kapitel 2.3.1.1 und 2.3.2.2) ist in galvanischen Zellen, die elektrischen Strom liefern, die Anode der Minus- und die Katode der Pluspol.

Um die Lösungstensionen einzelner Metalle vergleichend messen zu können, wurde die **Standardwasserstoffelektrode** (Abbildung 3.3.1-4) definiert.

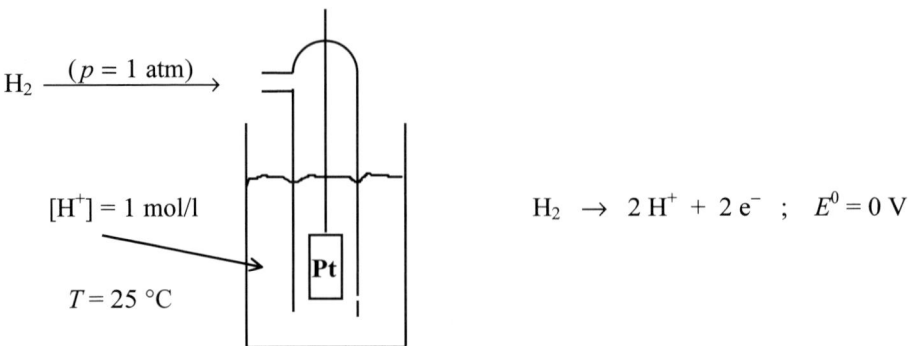

Abb. 3.3.1-4. Standardwasserstoffelektrode

Ein **Platinblech** taucht bei **25 °C** in eine **1-molare Salzsäure** und wird von **Wasserstoff** mit einem Druck von **1 atm** umspült. Da sich Wasserstoff in die Hohlräume des Metallgitters einlagert (vgl. Kapitel 2.1.3 und 3.2.1), wird das gasumströmte Metallblech auch gerne als **Wasserstoffstab** bezeichnet. Zwischen dem elementaren Wasserstoff im Metall und den Protonen in der wässrigen Lösung stellt sich ein Potential ein, das willkürlich als 0 V definiert wurde.

Schaltet man die Wasserstoffnormalelektrode gegen eine Halbzelle, die aus einem in seine 1-molare Salzlösung eintauchenden Metallstab besteht, so kann die Lösungstension des Metalls in Form der gemessenen Zellspannung mit einem konkreten Zahlenwert, dem **Standard-Reduktionspotential E^0**, ausgedrückt werden. In Abbildung 3.3.1-5 sind vier Beispiele dazu angeführt.

Schaltet man die Standardwasserstoffelektrode gegen eine Zn/Zn^{2+}- oder Fe/Fe^{2+}-Halbzelle, so misst man Spannungen von −0,76 bzw. −0,44 Volt und beobachtet mit der Zeit eine Auflösung der Metallstäbe, eine Zunahme der Metallionen- und eine Abnahme der Protonenkonzentration. Metalle, die sich wie Zink oder Eisen verhalten, werden als **unedle Metalle** bezeichnet. Die gemessenen Zellspannungen bekommen ein negatives Vorzeichen. Je größer der Zahlenwert der Spannung ist, desto unedler ist das Metall, hier: Zink ist unedler als Eisen.

Die gerade geschilderten elektrochemischen Experimente beschreiben genau die Vorgänge, die sich auch abspielen, wenn man Zink oder Eisen in Salzsäure gibt. Es entstehen gasförmiger Wasserstoff und wässrige Metallsalz-Lösungen, wobei Zink heftiger reagiert als Eisen (Versuch 1, s. CD).

Wenn man die Standardwasserstoffelektrode gegen eine Cu/Cu^{2+}- oder Ag/Ag^+-Halbzelle schaltet, misst man Spannungen von 0,35 bzw. 0,80 Volt. Es laufen umgekehrte Halbzellenreaktionen wie in den ersten beiden Beispielen ab. Die Metallsalz-Lösungen verarmen mit der Zeit an Kationen, die Kupfer- und die Silberelektrode nehmen an Masse zu, Wasserstoff wird verbraucht, und der pH-Wert sinkt (Zunahme der Protonenkonzentration). Kupfer ist ein **Halbedelmetall** und Silber ein **Edelmetall**. Beide können von Protonen nicht oxidiert werden, oder anders ausgedrückt: (Halb)Edelmetallkationen können von elementarem Wasserstoff reduziert werden. Die gemessenen Potentiale bekommen positive Vorzeichen. Je größer die gemessene Zellspannung ist, desto edler ist das Metall.

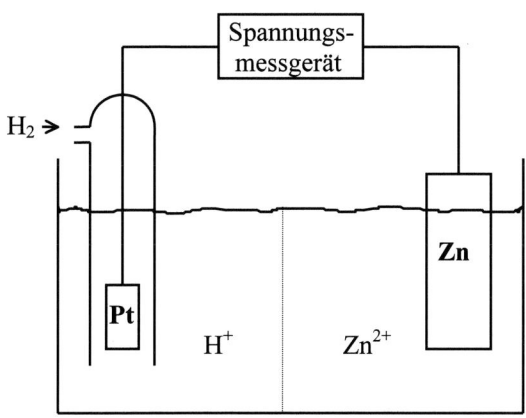

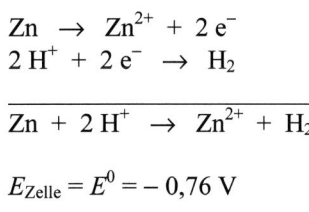

$$Zn \rightarrow Zn^{2+} + 2\,e^-$$
$$2\,H^+ + 2\,e^- \rightarrow H_2$$

$$\overline{Zn + 2\,H^+ \rightarrow Zn^{2+} + H_2}$$

$$E_{Zelle} = E^0 = -\,0{,}76\ V$$

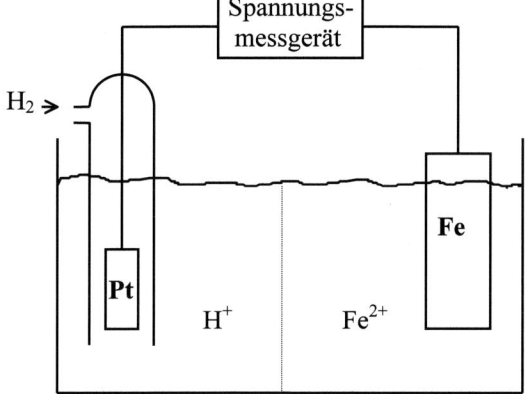

$$Fe \rightarrow Fe^{2+} + 2\,e^-$$
$$2\,H^+ + 2\,e^- \rightarrow H_2$$

$$\overline{Fe + 2\,H^+ \rightarrow Fe^{2+} + H_2}$$

$$E_{Zelle} = E^0 = -\,0{,}44\ V$$

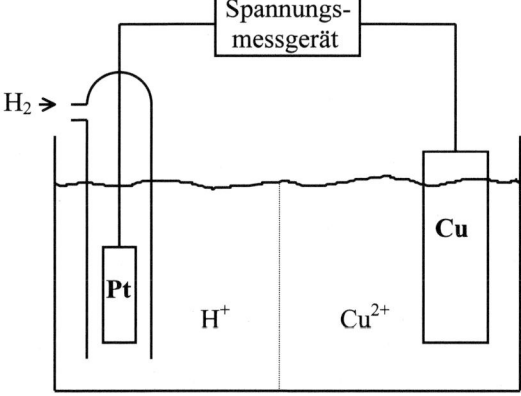

$$Cu^{2+} + 2\,e^- \rightarrow Cu$$
$$H_2 \rightarrow 2\,H^+ + 2\,e^-$$

$$\overline{Cu^{2+} + H_2 \rightarrow Cu + 2\,H^+}$$

$$E_{Zelle} = E^0 = +\,0{,}35\ V$$

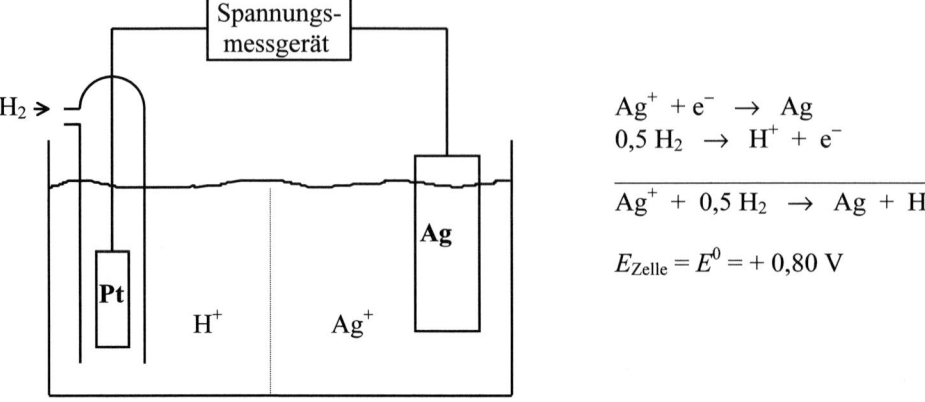

Abb. 3.3.1-5. Messung der Standard-Reduktionspotentiale verschiedener Metalle

In der Tabelle 3.3.1-1 sind die **Standard-Reduktionspotentiale E^0** einiger wichtiger Metalle, gemessen gegen die Wasserstoffnormalelektrode, zu einer **elektrochemischen Spannungsreihe** zusammengestellt.

Besonders starke Reduktionsmittel sind die Alkali- und Erdalkalimetalle, mäßig starke sind Übergangsmetalle wie Zink und Eisen und schwache sind Hauptgruppenmetalle wie Zinn und Blei. Kupfer wird – wie bereits erwähnt – als Halbedelmetall bezeichnet, Silber und Quecksilber gehören zu den Edelmetallen, von denen Gold und Platin besonders edel sind. In anderen Worten: die Ionen der Edelmetalle haben ein starkes Bestreben, durch Aufnahme von Elektronen in den elementaren Zustand überzugehen und wirken deshalb gegenüber geeigneten Reaktionspartnern als starke Oxidantien.

Mit Hilfe der elektrochemischen Spannungsreihe kann man den Ablauf vieler Reaktionen voraussagen, denn es gilt, dass ein unedleres Metall ein edleres Element aus seiner gelösten, ionischen Form abscheiden kann. Trägt man beispielsweise Zinkpulver in eine Kupfersulfat-Lösung ein, so geht das unedlere Zink als Zinksulfat in Lösung und das edlere Kupfer fällt aus (Versuch 51, s. CD). Anhand der Normalpotentiale kann man die Zellspannung eines *Daniell*-Elementes, in dem eine Halbzelle, bestehend aus einem Zinkstab in 1-molarer Zinksulfat-Lösung, gegen eine andere, bestehend aus einem Kupferstab in 1-molarer Kupfersulfat-Lösung, geschaltet ist (s. Abbildung 3.3.1-3) berechnen, gemäß:

$$E_{Zelle} = E^0_{edleres\ Element} - E^0_{unedleres\ Element}$$

hier:

$$E_{Daniell-Element} = E^0_{Cu} - E^0_{Zn} = (+0,35\ V) - (-0,76\ V) = 1,11\ V$$

Tab. 3.3.1-1. Elektrochemische Spannungsreihe (Standard-Reduktionspotentiale)

Li	$\rightarrow$	$Li^+ + e^-$	$E^0 = -3{,}04$ V	↑
K	$\rightarrow$	$K^+ + e^-$	$E^0 = -2{,}92$ V	
Ca	$\rightarrow$	$Ca^{2+} + 2\,e^-$	$E^0 = -2{,}76$ V	Zunahme
Na	$\rightarrow$	$Na^+ + e^-$	$E^0 = -2{,}71$ V	des unedlen
Mg	$\rightarrow$	$Mg^{2+} + 2\,e^-$	$E^0 = -2{,}40$ V	Charakters
Al	$\rightarrow$	$Al^{3+} + 3\,e^-$	$E^0 = -1{,}69$ V	und der
Zn	$\rightarrow$	$Zn^{2+} + 2\,e^-$	$E^0 = -0{,}76$ V	Reduktionskraft
Fe	$\rightarrow$	$Fe^{2+} + 2\,e^-$	$E^0 = -0{,}44$ V	des Metalls
Sn	$\rightarrow$	$Sn^{2+} + 2\,e^-$	$E^0 = -0{,}14$ V	
Pb	$\rightarrow$	$Pb^{2+} + 2\,e^-$	$E^0 = -0{,}13$ V	
H_2	$\rightarrow$	$2\,H^+ + 2\,e^-$	$E^0 = \pm\,0{,}00$ V	(nach Definition)
Cu	$\rightarrow$	$Cu^{2+} + 2\,e^-$	$E^0 = +0{,}35$ V	Zunahme des
Ag	$\rightarrow$	$Ag^+ + e^-$	$E^0 = +0{,}80$ V	edlen Charakters
Hg	$\rightarrow$	$Hg^{2+} + 2\,e^-$	$E^0 = +0{,}81$ V	des Metalls
Pd	$\rightarrow$	$Pd^{2+} + 2\,e^-$	$E^0 = +0{,}83$ V	und der
Au	$\rightarrow$	$Au^{3+} + 3\,e^-$	$E^0 = +1{,}38$ V	Oxidationskraft
Pt	$\rightarrow$	$Pt^{2+} + 2\,e^-$	$E^0 = +1{,}60$ V	↓ des Metallkations

Durch Vergleich der Reduktionspotentiale von Eisen und Kalium wird z. B. auch klar, warum die Reaktion des ersten Elements mit Salzsäure gemächlich abläuft, es bei der des zweiten mit der Säure hingegen zur Explosion kommt. Kalium ist nämlich viel unedler als Eisen und deshalb gegenüber Protonen auch erheblich reaktionsfreudiger.

3.3.2 *Nernst*sche Gleichung

Reduktionspotentiale hängen nicht nur von den Stoffen, sondern auch von den Konzentrationen der in Lösung befindlichen Ionen ab. *Nernst* hat diesen Zusammenhang für ein Halbzellenpotential bei 25 °C mit folgender Formel beschrieben:

$$E_{\text{Halbzelle}} = E^0 + \frac{0{,}059\ \text{V}}{z} \cdot \log c_{M^{n+}}$$

wobei z die Anzahl der bei der Halbzellenreaktion übergehenden Elektronen ist. Wenn die Konzentration 1 mol/l gewählt wird, misst man das Standardnormalpotential E^0 (da log 1 = 0) des jeweiligen Systems. Bei einer höheren Salzkonzentration wird das Halbzellenpotential größer, bei einer geringeren entsprechend kleiner als E^0.

Für ein *Daniell*-Element mit beliebiger Salzkonzentration berechnet sich die Zellspannung folgendermaßen:

$$E_{\text{Zelle}} = E_{\text{Halbzelle des edleren Elements}} - E_{\text{Halbzelle des unedleren Elements}}$$

$$= (E^0_{\text{edleres Element}} - E^0_{\text{unedleres Element}}) + \frac{0{,}059\,\text{V}}{z} \cdot \log \frac{c_{M^{n+}} \text{(edleres Metall)}}{c_{M^{n+}} \text{(unedleres Metall)}}$$

$$= 1{,}11\,\text{V} + \frac{0{,}059\,\text{V}}{2} \cdot \log \frac{c_{Cu^{2+}}}{c_{Zn^{2+}}}$$

Da mit dem Fortschritt der Reaktion (Zn + Cu^{2+} → Zn^{2+} + Cu) die Konzentration der Kupferionen ab- und die der Zinkionen zunimmt, fällt die Spannung zunehmend ab, und das Element wird leistungsschwächer. Dies entspricht auch den Beobachtungen bei der Zementation von Kupfer mittels Zink. Die Reaktion springt schnell an, was schon nach kurzer Zeit am Ausflocken von Kupfer deutlich zu erkennen ist. Das Abscheiden der letzten Reste von Kupferionen dauert hingegen recht lange und kann z. B. durch Nachdosieren von Zink (Überschuss, dadurch Gleichgewichtsverschiebung) beschleunigt werden.

3.3.3 Batterien

Batterien wirken aufgrund ihres Aufbaus aus zwei Elektroden mit unterschiedlichen Potentialen als Stromquellen. Schaltet man die beiden Elektroden mit einem elektrisch leitfähigen Material zusammen, so können elektrochemische Halbzellenreaktionen (Oxidation an der Anode und Reduktion an der Katode) ablaufen, bei denen chemische Energie in elektrische umgewandelt wird und in Form von elektrischem Strom genutzt werden kann. Mit dem *Daniell*-Element wurde in den Kapiteln 3.3.1 und 3.3.2 bereits eine Batterie vorgestellt.

Man unterscheidet primäre und sekundäre Elemente. **Primärelemente (galvanische Zellen)** sind nach dem Ablauf der Redoxprozesse nicht mehr brauchbar, bei **Sekundärelementen (Akkumulatoren)** ist die der Stromerzeugung zugrunde liegende Reaktion durch Zuführen von elektrischer Energie (**Laden**) hingegen umkehrbar.

Als Beispiel für ein Primärelement sei das als Taschenlampenbatterie verwendete *Leclanché*-**Element**, eine Zink-Braunstein-Trockenzelle, angeführt (Abbildung 3.3.3-1). Das Zink, das gleichzeitig als Mantel der gesamten Batterie dient, bildet den Minuspol und wird zu Zn^{2+} oxidiert. Der als elektrischer Leiter fungierende Graphit wird von feuchtem Braunstein (und ebenfalls leitfähiger Kohle) umgeben, dessen vierwertiges Mangan zum dreiwertigen reduziert wird. In der Zelle ist zusätzlich feuchtes Ammoniumchlorid enthalten, das als Salz der starken Salzsäure und der schwachen Base Ammoniak für ein schwach saures Reaktionsmedium sorgt und das entstandene zweiwertige Zink in schwerlösliches Diamminzinkchlorid überführt:

Anode:	Zn	$\rightarrow$	$Zn^{2+} + 2\,e^-$	(Oxidation, Minuspol)
Katode:	$2\,Mn^{4+} + 2\,e^-$	$\rightarrow$	$2\,Mn^{3+}$	(Reduktion, Pluspol)

Zellreaktion: $Zn + 2\,MnO_2 + 2\,NH_4Cl \rightarrow [Zn(NH_3)_2]Cl_2 + 2\,MnO(OH)$

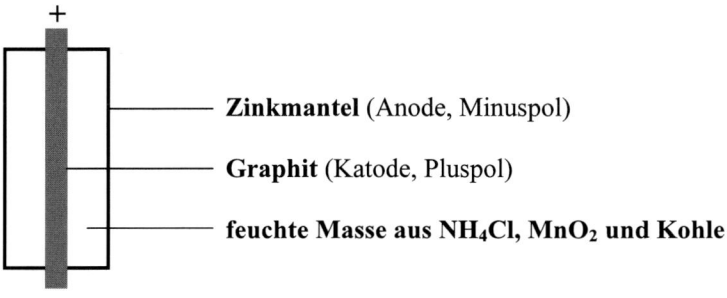

Abb. 3.3.3-1. *Leclanché*-Element (Zink-Braunstein-Trockenzelle; Taschenlampen-batterie)

Das prominenteste Beispiel für ein Sekundärelement ist der als Autobatterie verwendete **Bleiakku** (Abbildung 3.3.3-2).

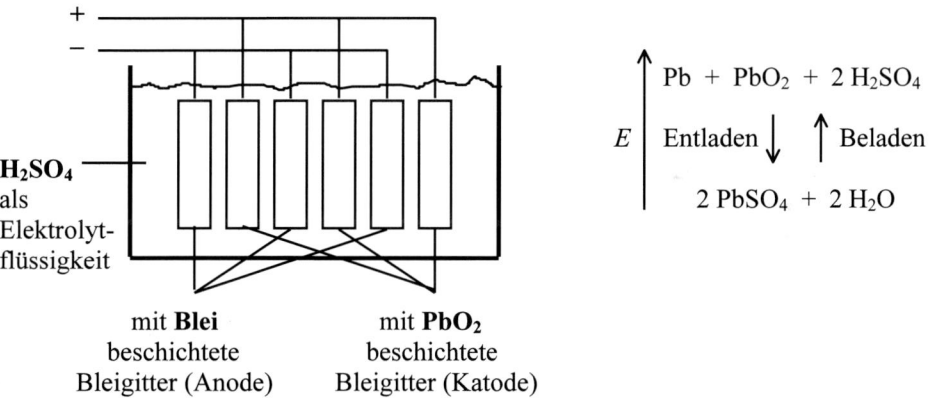

Abb. 3.3.3-2. Bleiakkumulator (Autobatterie)

Als Anode fungieren mehrere mit schwammartigem Blei, als Katode eine entsprechende Anzahl mit Blei(IV)-oxid beschichtete und zusammengeschaltete Bleigitter. Als Elektrolyt dient verdünnte Schwefelsäure. An der Anode (Minuspol) wird elementares Blei zu Pb^{2+} oxidiert und als schwerlösliches, weißes $PbSO_4$ abgeschieden. An der Katode (Pluspol) wird schwarzes PbO_2 zu $PbSO_4$ reduziert. Null- und vierwertiges Blei komproportionieren also zu zweiwertigem, das Element geht aus seinen beiden extremen und energiereicheren Oxidationsstufen in den zweiwertigen und energieärmeren Normalzustand über.

Wie bei allen elektrischen Zellen fällt die Spannung mit dem Fortschreiten der Zellreaktion ab, womit der Akku leistungsschwächer wird. Er kann aber durch Zuführen von elektrischer Energie wieder aufgeladen werden. Dazu wird er an die Pole einer äußeren Stromquelle angeschlossen. Jetzt wird das $PbSO_4$ elektrolytisch zu Pb und PbO_2 zersetzt, und zwar entsteht an der Katode (das ist bei einer Elektrolyse der Minuspol) elementares Blei (Reduktion) und an der Anode (das ist bei einer Elektrolyse der Pluspol) Bleidioxid.

3.3.4 Korrosion

Unter Korrosion versteht man eine (von der Oberfläche ausgehende, chemische) Zerstörung von Werkstoffen. Die bekannteste Korrosion ist das **Rosten von Eisen** (Abbildung 3.3.4-1).

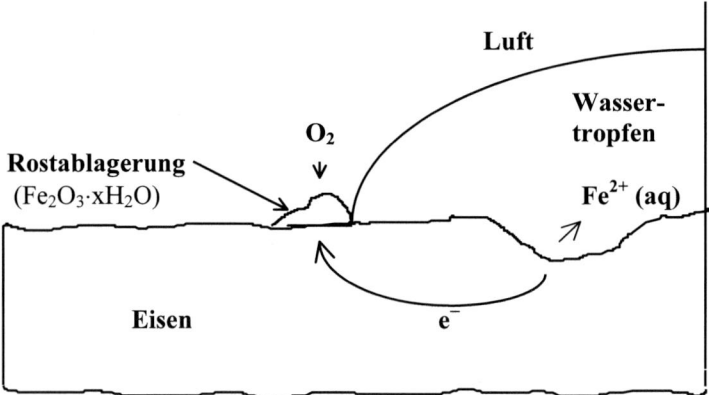

Abb. 3.3.4-1. Korrosion: Rosten von Eisen

Ist ein Eisenstück teilweise dem salzhaltigen Wasser, teilweise der Luft ausgesetzt, so bildet sich ein so genanntes **Lokalelement** (Eisen/Wasser gegen Eisen/Luft). Das wasserbedeckte Eisen wirkt als Anode. Hier gehen Fe^{2+}-Ionen in Lösung (Oxidation). Die dabei frei werdenden Elektronen wandern durch das elektrisch leitende Eisen in den Teil, welcher der Luft ausgesetzt ist, und reduzieren hier (Katode) den Sauerstoff. An der Phasengrenzfläche Luft/Wasser/Eisen treffen die elektrochemisch gebildeten Eisenionen mit den ebenfalls elektrochemisch gebildeten Hydroxidionen zusammen, so dass sich Eisen(II)-hydroxid abscheidet, welches vom Luftsauerstoff anschließend zu Eisen(III)-oxidhydrat oxidiert wird.

Anode: $Fe \rightarrow Fe^{2+} + 2\,e^-$

Katode: $0{,}5\,O_2 + H_2O + 2\,e^- \rightarrow 2\,OH^-$

Rostbildung: $Fe^{2+} + 2\,OH^- \rightarrow Fe(OH)_2 \xrightarrow{\;O_2\;} Fe_2O_3 \cdot xH_2O$

3.3.5 Korrosionsschutz

Um Metalle vor Korrosion zu schützen, gibt es verschiedene Möglichkeiten. Beim **passiven Korrosionsschutz** wird ein Metall mit einem Metalloxid oder -salz, einem edleren oder unedleren Metall oder einer Nichtmetallverbindung überzogen, um einen direkten Kontakt des Metalls mit Wasser und Luft zu vermeiden. Beim **aktiven Korrosionsschutz** wird das zu schützende Metallteil mit einem unedleren Metall verbunden, das bevorzugt korrodiert wird (Opferanode).

3.3.5.1 Passiver Korrosionsschutz

Aluminium zeigt als unedles Metall eine besonders hohe Affinität zum Sauerstoff und geht gerne in die stabile Verbindung Al_2O_3 über. Dass das Element an der Luft nicht ganz zu diesem Stoff verbrannt wird, liegt daran, dass es sich an seiner Oberfläche mit einer dünnen Oxidschicht überzieht, die eine Sauerstoffsperrschicht darstellt (**Passivierung**). Diese kann nach dem **Eloxal-Verfahren** (<u>el</u>ektrochemisch <u>ox</u>idiertes <u>Al</u>uminium) gezielt verstärkt werden (Abbildung 3.3.5.1-1).

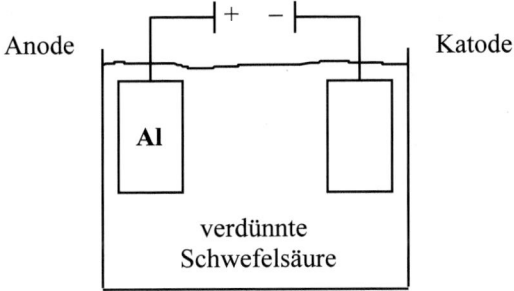

Abb. 3.3.5.1-1. Eloxal-Verfahren

Das zu schützende Aluminium-Werkstück wird in verdünnte Schwefelsäure getaucht und als Anode gegen eine inerte Katode geschaltet. Jetzt wird das Wasser elektrolysiert (vgl. Kapitel 2.1.1). An der Katode entsteht Wasserstoff, an der Anode Sauerstoff. Da dieser zunächst in atomarer Form anfällt, ist er reaktiv genug, um die Oberfläche des Aluminiums durchgehend zu oxidieren:

$$\text{Anode:} \quad 2\,OH^- \;\rightarrow\; 2\,e^- + H_2O + \text{„O“}$$

$$\xrightarrow{\quad Al \quad} \; Al_2O_3$$

Die resultierende Al_2O_3-Schicht ist besonders dicht und hart und garantiert einen guten Schutz des Werkstückes gegen Einwirkung von (normalem) Luftsauerstoff.

Durch Umwandeln von Metalloberflächen (insbesondere Eisen, Aluminium, Zink) in Phosphate kann ein begrenzter Korrosionsschutz und ein guter Haftgrund für nachfolgende Anstriche erreicht werden. Beim **Phosphatieren** wird z. B. eine Stahl-karosserie in ein Bad mit Zinkdihydrogenphosphat und verdünnter Phosphorsäure ein-getaucht. Durch die Beizreaktion resultiert an der Eisenoberfläche eine pH-Ver-schiebung:

$$Fe + 2\,H^+ \rightarrow Fe^{2+} + H_2$$

Damit kommt es auch zu einer Verschiebung des Dihydrogenphosphat/Hydrogen-phosphat/Phosphat-Dissoziationsgleichgewichtes in Richtung Phosphat, so dass die Löslichkeitsprodukte der Metallphosphate überschritten werden und Fällungsreaktionen einsetzen:

$$x\,Fe^{2+} + y\,Zn^{2+} + z\,PO_4^{3-} \rightarrow Fe_xZn_y(PO_4)_z$$

Auf ein zu schützendes Metall lässt sich ein anderes durch **Galvanisieren** in einer (je nach Reaktionszeit mehr oder weniger dicken) Schicht aufbringen. Dazu wird das metallische Werkstück in eine Salzlösung des anderen Metalls getaucht und als Katode geschaltet. Als Anode dient ein Stück des anderen Metalls (Abbildung 3.3.5.1-2).

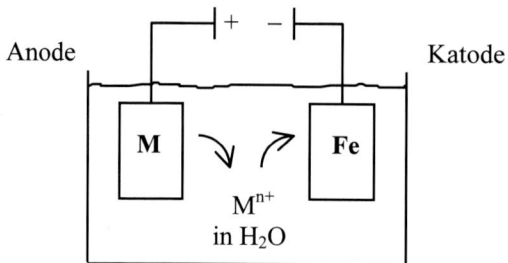

z. B. M = Cr, Cu, Ni, Ag, Au, Sn, Zn

Abb. 3.3.5.1-2. Galvanisieren von Eisen

Die Kationen der Salzlösung wandern im elektrischen Feld zur Eisen-Katode und werden dort zum Metall reduziert, so dass das eiserne Werkstück mit dem Fremdmetall überzogen (verchromt, verkupfert, vernickelt, versilbert, vergoldet, verzinnt, verzinkt etc.) wird. Die Schicht wird mit zunehmender Elektrolysedauer dicker. Die Salzlösung verarmt trotz Abscheidung der Kationen daran nicht, weil durch anodisches Auflösen des Metalls ständig dessen Kationen nachgeliefert werden.

Zwischen einem verzinnten und verzinkten Eisenwerkstück besteht in Hinblick auf die Wirkungsweise des Korrosionsschutzes ein qualitativer Unterschied. Zinn ist nach der elektrochemischen Spannungsreihe (s. Tabelle 3.3.1-1) ein edleres Element als Eisen und daher weniger korrosionsanfällig als dieses. Solange die Zinnschicht auf der Oberfläche des Eisens intakt ist, findet überhaupt keine Zerstörung des Werkstückes statt, was erwünscht ist. Wird das Werkstück allerdings oberflächlich beschädigt, können salzhaltiges Wasser und Luftsauerstoff an das Eisen gelangen. Es entsteht ein Lokalelement, und das von den beiden Metallen leichter oxidierbare Eisen wird oxidativ zerstört. Es kommt zum **Lochfraß** (Abbildung 3.3.5.1-3 oben).

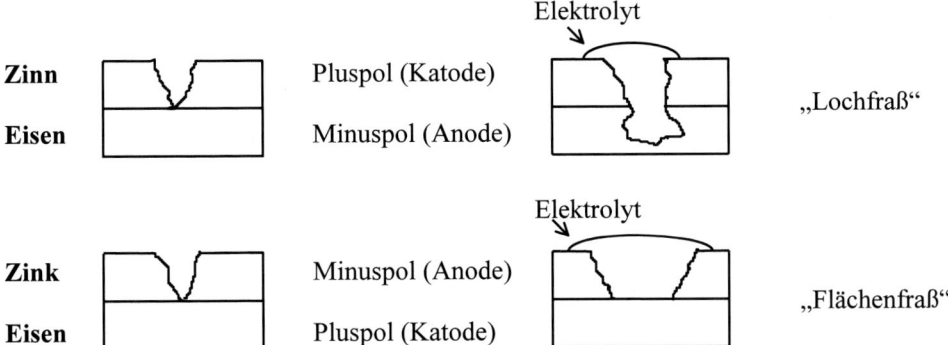

Abb. 3.3.5.1-3. Korrosion an einem beschädigten verzinnten (oben) bzw. verzinkten (unten) Eisenstück

Zink ist unedler als Eisen und daher korrosionsanfälliger. Ist ein verzinktes Eisenstück an seiner Oberfläche beschädigt, so entsteht bei Einwirkung von Luft und Feuchtigkeit ein Lokalelement mit dem Eisen als Plus- (Katode) und dem Zink als Minuspol (Anode). Demzufolge geht das Zink als Zn^{2+} in Lösung, während das tiefer liegende Eisen unbeschädigt bleibt. Dieses Phänomen wird als **Flächenfraß** bezeichnet (s. Abbildung 3.3.5.1-3 unten). Das Zink wird bei der Korrosion für das edlere Eisen geopfert (vgl. Kapitel 3.3.5.2).

Eine sehr effektive Methode zum Schutz vor Korrosion ist auch das Aufbringen eines Lackes, eines Email (s. ergänzendes Kapitel über Werkstoffe, Baustoffe und Fasern auf der CD) oder einer Kunststofffolie auf ein metallisches Werkstück. Dabei muss allerdings in Kauf genommen werden, dass sich einige Eigenschaften des Metalls, z. B. seine Oberflächenleitfähigkeit, sein Glanz oder seine Farbe ändern.

3.3.5.2 Aktiver Korrosionsschutz

Unterirdisch verlegte eiserne Rohrleitungen werden vor Korrosion geschützt, indem sie mit einem Block aus einem unedleren Metall wie Magnesium oder Aluminium elektrisch leitend verbunden werden. Das nasse und salzhaltige Erdreich wirkt als Elektrolyt, so dass ein Lokalelement entsteht (Abbildung 3.3.5.2-1). Das gegenüber dem Eisen unedlere Magnesium oder Aluminium wird bevorzugt oxidativ verbraucht (und muss rechtzeitig erneuert werden), und das Eisenrohr bleibt intakt.

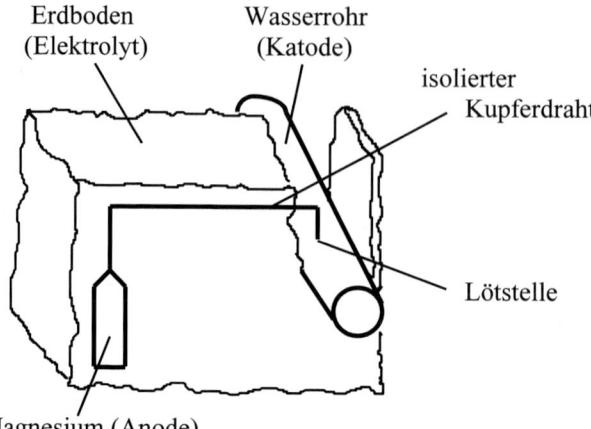

Abb. 3.3.5.2-1. Aktiver Korrosionsschutz (Opferanode) für unterirdische Rohrleitungen aus Eisen

3.3.6 Übungen (Elektrochemie)

1. Formulieren Sie bitte die Bruttoreaktionsgleichungen des *Daniell*-Elements, des *Lechlanché*-Elements und des Bleiakkus. Was ist der prinzipielle Unterschied zwischen den beiden zuerst genannten Batterien und der zuletzt genannten Batterie?
2. Wieso nimmt die Zellspannung einer Batterie mit der Gebrauchszeit ab?
3. Beschreiben Sie bitte die Standardwasserstoffelektrode. Wieso wird diese häufig als „Wasserstoffstab" bezeichnet?
4. Beschreiben Sie bitte die Reaktion, die abläuft, wenn man eine Standard-wasserstoffelektrode gegen eine Fe/Fe^{2+}- bzw. Ag/Ag^+-Halbzelle schaltet.
5. Stellen Sie bitte eine galvanische Zelle einer Elektrolysezelle gegenüber.
6. Was versteht man unter Loch- bzw. Flächenfraß?
7. Wie kann man Aluminium wirkungsvoll vor Korrosion schützen?
8. Wie schützt man unterirdische eiserne Wasserleitungen vor Korrosion?

Experiment

9. Eine Eisenplatte ist mit Kupferschrauben befestigt. Was passiert, wenn das System Luft und Regen ausgesetzt ist?

Rechenaufgabe

10. Berechnen Sie bitte die Zellspannung beim Zusammenschalten einer Halbzelle, bei der ein Eisenstab in eine 2-molare $FeSO_4$-Lösung taucht, mit einer Halbzelle, bei der ein Silberstab in eine 0,5-molare $AgNO_3$-Lösung taucht. Stellen Sie außerdem bitte die Zellgleichung auf.

3.4 Rohstoffe für die Metallgewinnung

Summary

With the exception of noble metals, e.g. gold or platinum, most metals are found in nature in the form of water-insoluble minerals (silicate, oxides, hydroxides, carbonates, sulfides, sulfates, phosphates). Only a few metals occur in a water-soluble form, e.g. sodium chloride or magnesium chloride.

After being mined, an ore is treated to concentrate the desired mineral and to remove undesired material, called gangue. Which separation processes is applied depends on the different physical and chemical properties (density, magnetism, electrostatic rechargeability, melting point, wettability, solubility) of the minerals and the gangue. To obtain gold, for instance, the sand is rinsed from the denser gold nuggets. Magnetite, Fe_3O_4, is attracted to a magnet, whereas the accompanying sand and limestone are not. A hot and concentrated sodium hydroxide solution is used to convert aluminumoxide into soluble aluminate, $Na[Al(OH)_4]$, and to clean it from sand and iron oxide (*Bayer* process). Sodium Hydroxide is also used to precipitate magnesium hydroxide from sea water. Copper sulfate is extracted from chalcopyrite, $CuFeS_2$, with sulfuric acid. In the presence of sodium cyanide and air, elemental silver and gold from low-grade ores are oxidized and dissolved as $Na[Ag(CN)_2]$ and $Na[Au(CN)_2]$, respectively.

After the purification processes of the minerals the metals can be produced.

3.4.1 Vorkommen der Metalle

Nur wenige (Edel)Metalle kommen in der Natur im elementaren (gediegenen) Zustand vor. Die meisten Metalle findet man in Form ihrer Verbindungen. Wichtige Mineral-Gruppen sind in der Tabelle 3.4.1-1 aufgelistet. Bis auf die angeführten Chloride des Natriums, Kaliums und Magnesiums sind alle genannten Verbindungen wasserunlöslich.

Tab. 3.4.1-1. Wichtige Mineral-Gruppen

Mineral-Gruppe	Beispiele
Gediegene Metalle	Ag, Au, Pt, Pd, Bi
Silicate	$Be_3Al_2Si_6O_{18}$, $ZrSiO_4$
Oxide	SiO_2, Al_2O_3, Fe_2O_3, Fe_3O_4, TiO_2, MnO_2, SnO_2, Cu_2O
Hydroxide	$Mg(OH)_2$
Carbonate	$CaCO_3$, $MgCO_3$, $ZnCO_3$
Sulfide	$CuFeS_2$, FeS_2, Cu_2S, ZnS, PbS, Ag_2S, Sb_2S_3, HgS
Sulfate	$BaSO_4$, $CaSO_4$, $PbSO_4$
Phosphate	$Ca_3(PO_4)_2$
Halogenide	$NaCl$, KCl, $MgCl_2$

3.4.2 Anreicherungsverfahren

Meistens liegen Metalle oder ihre Verbindungen in der Natur im Gemisch mit anderem Gestein, z. B. Sand oder Kalkstein, vor und müssen von diesem tauben Gestein, der so genannte **Gangart**, abgetrennt werden. Dazu gibt es verschiedene physikalische und chemische Verfahren.

3.4.2.1 Physikalische Trennmethoden

Physikalische Trennverfahren können immer dann angewendet werden, wenn sich Mineral und Gangart in mindestens einer physikalischen Eigenschaft signifikant voneinander unterscheiden.

3.4.2.1.1 Dichtesortierung

Bei der Dichtesortierung wird das Erz in Wasser aufgeschlämmt und die Suspension durch einen Kastenscheider geleitet (Abbildung 3.4.2.1.1-1).

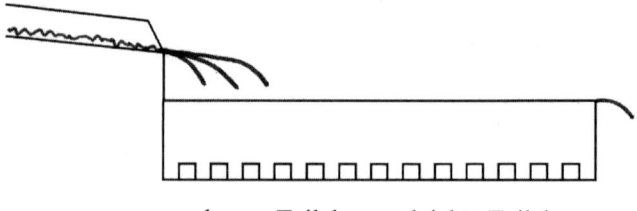

schwere Teilchen   leichte Teilchen

Abb. 3.4.2.1.1-1. Dichtesortierung

Schwere Teilchen sinken schneller zu Boden als leichtere und können daher im vorderen Teil des Kastens aufgefangen werden. Die besonders leichte Gangart wird mit dem fließenden Wasser über den Kastenrand weggespült. Ein Paradebeispiel für eine Dichtesortierung ist die Goldwäsche (Goldstücke als besonders schwere Teilchen), die aus zahlreichen Western-Spielfilmen bekannt ist.

3.4.2.1.2 Magnetische Erzscheidung

Eine magnetische Auftrennung eines Erzes ist möglich, wenn das Mineral magnetisch und die Gangart nichtmagnetisch ist (Abbildung 3.4.2.1.2-1). Das zu trennende Material wird über ein Förderband in die Nähe eines zweiten, darüber liegenden Förderbandes gebracht, das an anfangs starken, dann schwächer werdenden Magneten vorbei führt. Besonders stark magnetische Teilchen springen vom unteren auf das obere Band und werden daran hängend so weit transportiert, bis die Schwerkraft größer wird als die magnetische Anziehung, so dass die Teilchen nach unten in einen dort befindlichen Kasten fallen. Weniger stark magnetische Teilchen werden nicht so weit transportiert; nicht magnetische Teilchen springen gar nicht erst auf das obere Transportband über, sondern fallen am Ende des unteren Transportbandes direkt in den ersten Sammelkasten. Hauptanwendung findet die Magnetscheidung bei **magnetithaltigen Eisenerzen** (Fe_3O_4).

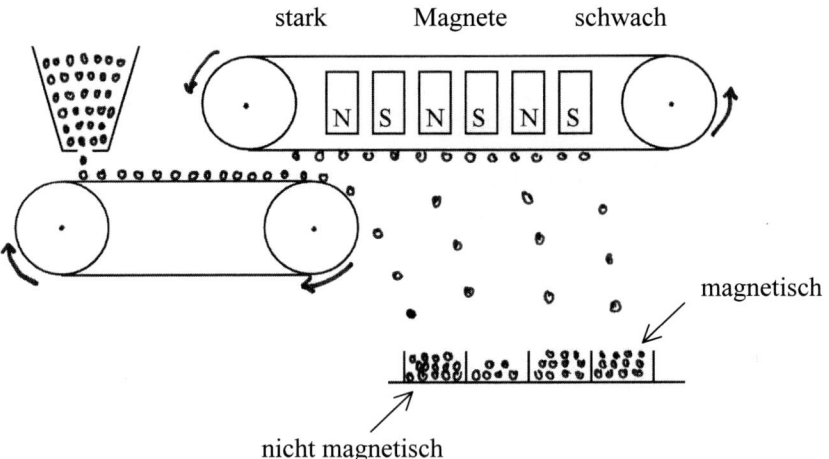

Abb. 3.4.2.1.2-1. Magnetscheider

3.4.2.1.3 Elektrostatische Erzscheidung

Ein elektrostatisches Trennverfahren kann angewendet werden, wenn sich ein Mineral elektrostatisch aufladen lässt, die Gangart aber nicht. Dies ist z. B. bei **Kalisalzen** (KCl) der Fall. Wird das zermahlene Erz durch ein elektrisches Feld geblasen, so bleibt das aufladbare Kalisalz dort hängen, während die Gangart das Feld unbeeinflusst passiert.

3.4.2.1.4 Seigern

Wenn ein Metall, z. B. Kupfer, Bismut oder Zinn, niedriger schmilzt als die Gangart, kann es von dieser durch Seigern getrennt werden. Darunter versteht man das Ablaufenlassen eines geschmolzenen Metalls auf einer geneigten Eisenplatte. Reines Metall rinnt ab, während die unschmelzbaren Begleitstoffe zurückbleiben (Abbildung 3.4.2.1.4-1).

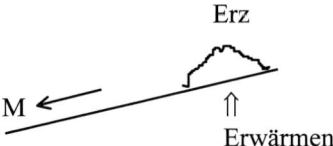

Abb. 3.4.2.1.4-1. Seigern

3.4.2.1.5 Flotation

Ein technisch sehr bedeutendes Verfahren zur Abtrennung z. B. kleiner Mengen wertvoller Kupfermineralien (Cu_2S, $CuFeS_2$) aus taubem Gestein ist die Flotation (Schwimmaufbereitung). Diese beruht auf der unterschiedlichen Benetzbarkeit von Mineral und Gangart. Das zermahlene Gemisch wird in **Wasser** aufgeschlämmt, die Suspension mit **Schäumern** (Öl und Seife) und **Sammlern** versetzt und kräftig gerührt. Außerdem wird Luft durch die Aufschlämmung geblasen, so dass eine starke **Schaumbildung** resultiert (Abbildung 3.4.2.1.5-1).

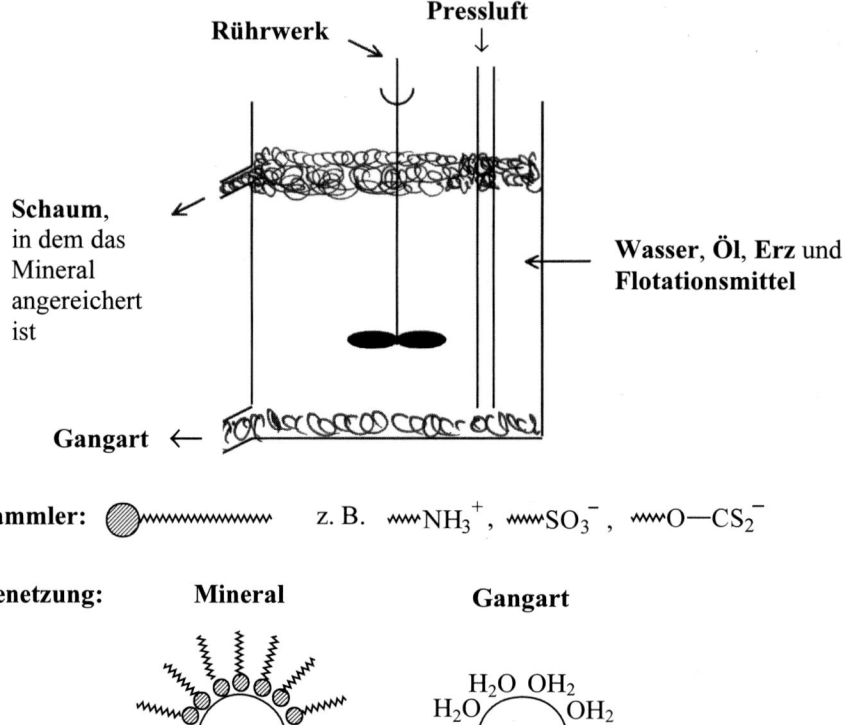

Abb. 3.4.2.1.5-1. Flotation, Sammler und Benetzung von Mineral (M) und Gangart (G)

Die Sammlermoleküle, das sind amphiphile Verbindungen mit einer polaren (hydrophilen) Kopfgruppe und einer unpolaren (lipophilen) Alkylkette, benetzen mit ihrer Kopfgruppe die hydrophile Oberfläche des Erzteilchens und machen es wegen der dann nach außen stehenden Kohlenwasserstoffketten hydrophob (wasserabstoßend), so dass eine Anreicherung im Schaum resultiert, der abgeschöpft werden oder überlaufen

kann. Die Gangart wird nur mit Wasser benetzt und setzt sich am Boden der Flotations-
zelle ab, wo sie abgezogen wird.

3.4.2.1.6 Amalgamieren

Wertvolle gediegene Metalle wie Silber oder Gold können aus einem Erz mit
Quecksilber herausgelöst werden. Das gebildete, flüssige Amalgam (vgl. Kapitel 3.2.4)
wird von der festen Gangart abgetrennt. Anschließend wird das Quecksilber destillativ
recycelt. Die Edelmetalle bleiben zurück.
Wegen der Giftigkeit des Quecksilbers ist dieses Verfahren stark rückläufig.

3.4.2.1.7 Wasser-Behandlung von Salzsolen

Aus unterirdischen Steinsalz- oder Kalisalzlagerstätten können die Salze (Natrium- bzw.
Kaliumchlorid) mit Wasser herausgelöst werden. Wasserunlösliche Gangart bleibt
zurück. Aus der an die Erdoberfläche gepumpten, gesättigten Salzsole kann das Rohsalz
durch Verdunsten des Wassers gewonnen werden (vgl. Kapitel 2.3.2.1).

3.4.2.2 Chemische Trennverfahren

Chemische Trennverfahren beruhen darauf, dass Mineral und Gangart unterschiedliche
chemische Reaktionen eingehen können.

3.4.2.2.1 Hydroxidlaugung von Aluminium

Bei der Hydroxidlaugung von Aluminium (*Bayer*-Verfahren) wird der in der Natur
vorkommende **Bauxit**, der überwiegend aus Al_2O_3 (Hauptkomponente), SiO_2 und Fe_2O_3
besteht, mit konzentrierter Natronlauge im Autoklaven bei hoher Temperatur behandelt.
Unter diesen drastischen Bedingungen geht das amphotere Aluminiumoxid als
Natriumtetrahydroxialuminat in Lösung (Versuch 52, s. CD):

$$Al_2O_3 \ (s) \ + \ 2\,NaOH \ + \ 3\,H_2O \ \rightarrow \ 2\,Na[Al(OH)_4] \ (aq)$$

Das basische Eisenoxid wird von Natronlauge nicht angegriffen, bleibt also unverändert
zurück. SiO_2, das Anhydrid der Kieselsäure, wird hingegen (teilweise) aufgeschlossen
(vgl. Kapitel 2.8.1). In Lösung gegangene **Silicate** reagieren dann mit gelöstem
Aluminat zu unlöslichen **Alumosilicaten**, wodurch natürlich ein Teil des aufge-
schlossenen Aluminiumoxids verbraucht wird. Der so genannte **Rotschlamm**, eine
Mischung aus Eisenoxid, unumgesetztem Sand und gebildeten Alumosilicaten, wird
schließlich von dem in Lösung verbliebenen Natriumtetrahydroxialuminat durch
Filtration abgetrennt. Durch Korrektur des pH-Wertes des stark alkalischen Filtrates auf
7-8 wird Aluminiumhydroxid ausgefällt, abfiltriert und durch Erhitzen zu Aluminiumoxid entwässert:

$$Na[Al(OH)_4] \xrightarrow{\text{pH } 7-8} Al(OH)_3 + NaOH$$

$$2\,Al(OH)_3 \xrightarrow{\Delta T} Al_2O_3 + 3\,H_2O$$

3.4.2.2.2 Gewinnung von Magnesiumchlorid aus Meerwasser

Die im Meerwasser befindlichen Magnesiumionen lassen sich durch Alkalisieren (pH 12) als schwerlösliches Magnesiumhydroxid ausfällen (Versuch 53, s. CD) und dadurch von anderen Metallkationen, z. B. Na^+, K^+ oder Ca^{2+} abtrennen.

$$Mg^{2+}\,(aq) + 2\,OH^- \rightarrow Mg(OH)_2\,(s)$$

Der ausgefällte Stoff wird abfiltriert, gewaschen und anschließend mit Salzsäure in Magnesiumchlorid übergeführt:

$$Mg(OH)_2\,(s) + 2\,HCl \rightarrow MgCl_2\,(aq) + 2\,H_2O$$

3.4.2.2.3 Säurebehandlung von Kupferkies

Kupferkies, $CuFeS_2$, lässt sich mit Schwefelsäure aufschließen. Dabei wird das einwertige Kupfer teils vom dreiwertigen Eisen, teils vom allgegenwärtigen Luftsauerstoff zum zweiwertigen oxidiert und geht als blassblaues Kupfersulfat in Lösung. Das Eisen geht ebenfalls als Sulfat in Lösung und kann anschließend durch Erhöhung des pH-Wertes auf 5-6 und nach Oxidation als Eisen(III)-oxidhydrat gefällt werden. Der sulfidische Schwefel wird hauptsächlich zum elementaren Schwefel oxidiert, der ebenfalls abfiltriert wird:

$$4\,CuFeS_2 + 10\,H_2SO_4 + 5\,O_2 \rightarrow 4\,CuSO_4 + 2\,Fe_2(SO_4)_3 + S_8 + 10\,H_2O$$

Aus der Lösung kann elementares Kupfer durch Zementation mit Eisen (Versuch 51, s. CD) oder durch katodische Reduktion gewonnen werden (s. Kapitel 3.5.3.2 und 3.5.4.1).

3.4.2.2.4 Cyanidlaugung von Gold und Silber

Gediegen vorkommendes Gold kann aus dem gemahlenen Gestein mit Cyanid und in Gegenwart von Luftsauerstoff herausgelöst werden:

$$4\,Au + 8\,NaCN + O_2 + 2\,H_2O \rightarrow 4\,Na[Au(CN)_2] + 4\,NaOH$$

Die Oxidation des sehr edlen Goldes ist nur möglich, weil das resultierende, einwertige Gold in einem ausgesprochen stabilen Komplex vorliegt. (Die Komplexbildung ist also die eigentliche Triebkraft des Prozesses.) Nach der Abtrennung der Komplexlösung von der unlöslichen Gangart und dem Ausfällen der in Lösung befindlichen Begleitelemente als Hydroxide, erfolgt die Gewinnung des Rohgoldes durch Zementation mit unedlem Zink:

$$2\,Na[Au(CN)_2] + Zn \rightarrow 2\,Au + Na_2[Zn(CN)_4]$$

Analog kann Silber aus seinem Gestein ausgelaugt und gewonnen werden.

3.4.3 Übungen
(Rohstoffe für die Metallgewinnung)

1. Nennen Sie bitte mindestens fünf Gruppen von Mineralien und jeweils mindestens ein Beispiel.
2. Welchen beiden Gesteinen begegnet man am häufigsten als Gangart?
3. Beschreiben Sie bitte drei Möglichkeiten zur Abtrennung von gediegenem Gold vom begleitenden tauben Gestein.
4. Wie trennt man Fe_3O_4, KCl bzw. gediegenes Wismut vom Begleitgestein ab?
5. Wie gewinnt man Natriumchlorid aus unterirdischen Salzstöcken?
6. Wie gewinnt man Magnesiumchlorid aus Meerwasser?
7. Beschreiben Sie bitte die Schwimmaufbereitung von Erzen.
8. Wie gewinnt man reines Aluminiumoxid aus Bauxit?
9. Wie gewinnt man nasschemisch Kupfer aus Kupferkies?

3.5 Metallgewinnung

Summary

Metals are obtained from their ores by reduction.
In a carbothermal reduction process, carbon or rather carbon monoxide, which results from partial burning of carbon, is used as a reducing agent. The most common example of this pyrometallurgical operation is the blast furnace process in which iron is produced. The pig iron gathers at the bottom of the reactor where it is separated from the rest. Limestone, $CaCO_3$, serves as the source for basic oxide CaO and is added to react with the impurities present in the crude ore (especially silicates) to form slag ($CaSiO_3$). Other metals, e.g. lead, nickel and cobalt, can also be produced by carbothermal reduction. To achieve this, the metal sulfides are first converted into the corresponding oxides by roasting (oxidation of sulfur to sulfur dioxide). Then the metals are obtained from their oxides. To produce silicon from sand, SiO_2, much higher temperature is required during the carbothermal reduction. For this reason the normal blast furnace process can not be applied. The electric arc furnace process is used instead.
Molybdenum and tungsten are important alloy partners in steal. They can be produced from their oxides (MoO_3, WO_3) by reduction with hydrogen. Chromium and manganese are obtained from their oxides (Cr_2O_3, MnO_2) by aluminothermic reduction (with aluminum, *Goldschmidt* process). Titanium is obtained when titanium chloride, $TiCl_4$, is fed into a magnesium melt (*Kroll* process).
More active metals are produced by electrometallurgical procedures. Sodium is obtained by cathodic reduction out of molten sodium chloride (*Downs* process). Aluminum is obtained out of aluminum oxide, Al_2O_3, which is dissolved in molten cryolite, Na_3AlF_6 (*Hall* process).
The semi-noble metal copper is obtained from a copper sulfate ($CuSO_4$) solution through cathodic reduction or cementation with the more active iron.

Metalle liegen in ihren Verbindungen in positiven Oxidationsstufen vor. Die Darstellung der Elemente erfolgt deshalb durch Reduktionsprozesse. Geeignete Reduktionsmittel sind Kohlenstoff (s. Kaptel 3.5.1), Wasserstoff (s. Kapitel 3.5.2), unedle Metalle (s. Kapitel 3.5.3) und der elektrische Strom (katodische Reduktion, s. Kapitel 3.5.4).

3.5.1 Carbothermische Reduktionen

Carbothermische Reduktionen verlaufen nach dem vereinfachten Schema:

$$MO_x + C\,(bzw.\ CO) \rightarrow M + CO\,(bzw.\ CO_2)$$

Da viele Metalle in der Natur nicht als Oxide, sondern als Sulfide vorkommen, müssen sie vorab durch **Rösten** in Oxide übergeführt werden, z. B.:

$$4\,FeS_2 + 11\,O_2 \rightarrow 2\,Fe_2O_3 + 8\,SO_2$$
$$2\,PbS + 3\,O_2 \rightarrow 2\,PbO + 2\,SO_2$$
$$2\,ZnS + 3\,O_2 \rightarrow 2\,ZnO + 2\,SO_2$$

Das dabei gleichzeitig entstehende Schwefeldioxid wird zur Herstellung von Schwefelsäure benutzt (vgl. die Kapitel 2.4.5 und 2.4.6).

3.5.1.1 Hochofenprozess zur Eisengewinnung

Das wichtigste carbothermische Reduktionsverfahren ist der Hochofenprozess zur Eisenherstellung (Abbildung 3.5.1.1-1). Oben in den Reaktor wird zunächst Koks geworfen, unten auf ca. 900 °C temperierte Luft (**Wind**) eingeblasen, so dass der Ofen aufgeheizt, dabei ganz unten etwa 1500 °C (lokal sogar bis 1900 °C) warm, nach oben hin weniger warm wird. Kohlenstoff und seine Verbrennungsprodukte CO und CO_2 stehen dabei in einem temperaturabhängigen (***Boudouard-***)**Gleichgewicht** (vgl. Kapitel 2.7.4):

$$C + CO_2 \underset{\text{unterhalb 680 °C}}{\overset{\text{oberhalb 680 °C}}{\rightleftharpoons}} 2\,CO$$

Im oberen, kalten Teil des Hochofens entweicht als Abgas (**Gichtgas**), das durch Wäsche mit Wasserstoffperoxid-Lösung nachgereinigt wird, hauptsächlich das ungiftigere Kohlenstoffdioxid.

Kohlenstoff und Kohlenstoffmonoxid können das in den Hochofen eingetragene Eisenerz zum elementaren Eisen reduzieren, und zwar über die Zwischenstufe FeO:

$$Fe_2O_3 + C \rightarrow 2\,FeO + CO$$
$$Fe_2O_3 + CO \rightarrow 2\,FeO + CO_2$$

$$FeO + C \rightarrow Fe + CO$$
$$FeO + CO \rightarrow Fe + CO_2$$

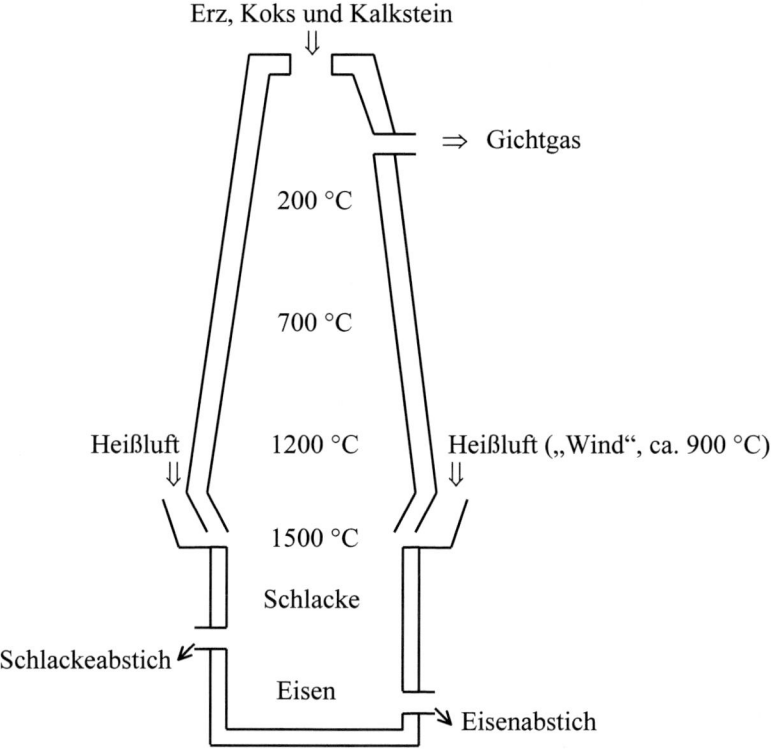

Erz, Koks und Kalkstein

$\Rightarrow$ Gichtgas

200 °C

700 °C

Heißluft   1200 °C   Heißluft („Wind", ca. 900 °C)

1500 °C

Schlacke

Schlackeabstich

Eisen

Eisenabstich

Abb. 3.5.1.1-1. Schematisches Diagramm eines Hochofens

Das gebildete Eisen schmilzt bei den Reaktionstemperaturen und sammelt sich wegen seiner hohen Dichte am Boden des Hochofens, wo es von Zeit zu Zeit abgestochen wird.

Nicht vermeiden lassen sich Legierungsbildungen zwischen Eisen und Kohlenstoff (s. Kapitel 2.7.6, 3.2.1 und 3.2.2), so dass das Roheisen kohlenstoffhaltig ist.

Die Hauptverunreinigung im Eisenerz ist Sand, SiO_2. Diese Komponente kann durch **Verschlackung** vom Roheisen abgetrennt werden. Der dazu oben in den Ofen eingetragene **Kalkstein** (s. Kapitel 2.7.4.2) liefert das zur Neutralisation des Säureanhydrids SiO_2 nötige, basische CaO (vgl. die Verschlackung des Calciumoxids aus der Phosphorproduktion mit Sand; Kapitel 2.6.1):

$$CaCO_3 \xrightarrow{\Delta T} CaO + CO_2$$
$$CaO + SiO_2 \rightarrow CaSiO_3$$

Die Silicat-Schlacke ist flüssig, leichter als Eisen und mit diesem nicht mischbar, so dass sie sich über dem Eisen ablagert und durch eine höher gelegene Abstichöffnung entnommen werden kann. Sie hat außerdem die wichtige Funktion, das elementare Eisen vor einem Kontakt mit der weit unten in den Reaktor eingeblasenen Luft und einer damit verbundenen Rückoxidation zu schützen.

Weitere Verunreinigungen im Eisenerz sind Manganoxide und Phosphate, aus denen durch carbothermische Reduktionen Mangan und Phosphor entstehen, die in das Roheisen eingelagert werden:

$$MnO \ + \ C \qquad \rightarrow \ Mn \ + \ CO$$
$$P_4O_{10} \ + \ 10\,C \quad \rightarrow \ P_4 \ + \ 10\,CO \qquad (vgl.\ Kaptel\ 2.6.1)$$

Eine Reduktion von SiO_2 mittels Kohlenstoff zu elementarem Silicium erfolgt nur in untergeordnetem Maße, weil dazu die Temperatur kaum ausreicht.

3.5.1.2 Siliciumgewinnung nach dem Elektrolichtbogenverfahren

Bei Temperaturen deutlich oberhalb 2000 °C, die sich durch einen elektrischen Lichtbogen erzeugen lassen, wird SiO_2 carbothermisch zu elementarem Silicium reduziert (Abbildung 3.5.1.2-1).

$$SiO_2 \ + \ 2\,C \ \xrightarrow{\quad Elektrolichtbogen \quad} \ Si \ + \ 2\,CO$$

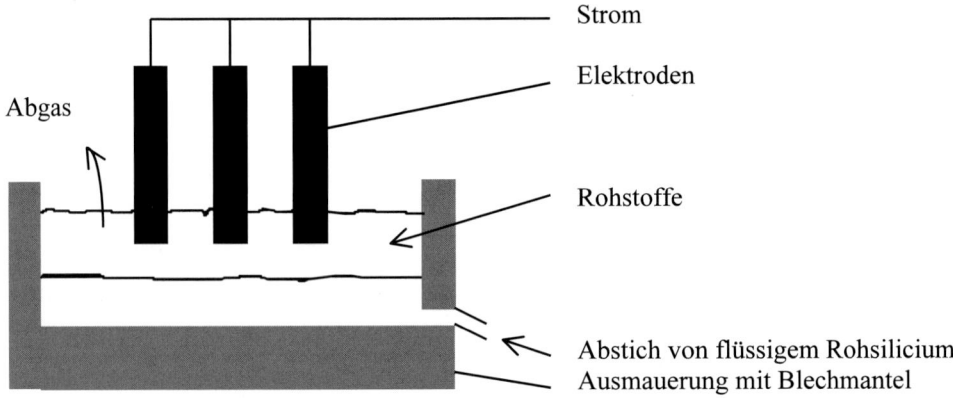

Abb. 3.5.1.2-1. Gewinnung von Rohsilicium nach dem Elektrolichtbogenverfahren

3.5.1.3 Bleigewinnung

Als ein weiteres Beispiel für eine carbothermische Reduktion sei die Gewinnung von Blei aus Blei(II)-oxid angeführt:

$$PbO \ + \ C\,(bzw.\ CO) \ \rightarrow \ Pb \ + \ CO\,(bzw.\ CO_2)$$

Anders als bei diesem so genannten **Röstreduktionsverfahren** – zunächst wird PbS zu PbO abgeröstet, dieses dann carbothermisch reduziert – lässt sich Blei nach dem

Röstreaktionsverfahren auch ohne Kohlenstoff direkt beim Rösten seines Sulfides gewinnen:

$$3\ PbS\ +\ 3\ O_2\ \rightarrow\ PbS\ +\ 2\ PbO\ +\ 2\ SO_2 \qquad \text{„Röstarbeit"}$$

$$3\ Pb\ +\ SO_2 \qquad \text{„Reaktionsarbeit"}$$

Das elementare Blei bildet sich bei der Reaktion von bereits zu PbO geröstetem PbS mit noch nicht geröstetem (überschüssigem) PbS.

Das Blei

Die Atmosphäre, die den Kern der Stoffphysiognomie des Bleis bildet, ist in gewisser Weise polar zur lebhaften Atmosphäre des Wassers. Es gilt als Metall der Melancholie und des Todes. ...

   Das Gesicht des Bleis macht einen matten und müden Eindruck, ohne dass man genau sagen könnte, von welcher Sinnesqualität dieser Eindruck sich aufbaut. Das Blei glänzt nicht, es ist wie in graue Schleier gehüllt, auf seiner Oberfläche spielen nicht jene lustigen und geisterhaften Reflexe, welche den Eindruck der anderen Metalle beleben. Der Blick des Bleis ist ohne Glanz, stumpf, leblos. Seine Oberfläche ist eigentümlich weich und nachgiebig. Anders als alle Metallbleche wehrt sich ein Bleiblech nicht gegen unseren Versuch, es zu verbiegen, es setzt uns keine lebhafte Kraft entgegen, wie die anderen Metalle es tun, sein Widerstand gegen das Verbiegen ist die Trägheit eines leblosen Körpers, nicht jenes aggressive Sich-Wehren, wie wir es bei den elastischen Metallen erfahren.

   Matt wie der Blick des Bleis ist auch seine Stimme. Wenn wir Blei hämmern, so hören wir nichts als ein dumpfes, klangloses Geräusch, einen erstickenden Ton. Ein Eisenblech, das wir mit dem Hammer bearbeiten, protestiert lebhaft und aggressiv gegen diese Provokation, das Blei nimmt sie hin, es schluckt, mit stumpfen Stöhnen fügt es sich unserem Willen. ...

   Der Gesamteindruck der Mattigkeit und Müdigkeit wird noch verstärkt durch das abnorme Gewicht des Metalls. Seine lastende, drückende Schwere. Jeder kennt das unangenehm beengende Gefühl, wenn bei der Röntgenaufnahme die Bleigummischürze umgelegt wird. So prägnant ist der schwere Eindruck des Bleis, dass es sprachprägend gewirkt hat: Man spricht von bleierner Schwere, bleierner Müdigkeit, von einer bleiernen, lastenden Stimmung.

   Einmal im Jahr erleben wir, wie sich das Gesicht des Bleis ein wenig aufheitert, ja wie es eine gewisse wässrige Spritzigkeit erlangt. Dies geschieht in der Sylvesternacht beim Bleigießen. Wir verflüssigen das Blei, und siehe da, silberhell glänzt die wellende Schmelze, ein zischender, lebhafter Ton entsteht, wenn das Blei ins Wasser gegossen wird. Jetzt liegen im Wasser glänzende, interessante Figuren, die dem Aberglauben nach die Zukunft anzeigen. Aber bald überziehen wieder die traurigen, matten Schleier den schönen Glanz, und das Blei fällt zurück in seine dumpfe, uralte Melancholie.

<u>Aus</u>: *Jens Soentgen*: Die sinnliche Stofferfahrung und ihre Bedeutung für den Chemieunterricht. – Staatsexamenarbeit. – Universität Frankfurt am Main, 1993

Carbothermische Reduktionen werden in der Technik u. a. deshalb gerne durch-geführt, weil Koks ein sehr billiges Reduktionsmittel ist. Sie finden aber dann ihre Grenzen, wenn die Legierungsbildung zwischen Metall und Kohlenstoff überhand nimmt, also mehr Metallcarbid als Metall entsteht. Dann wird auf andere Reduktions-verfahren (s. die Kapitel 3.5.2, 3.5.3 und 3.5.4) ausgewichen.

3.5.2 Reduktionen von Metalloxiden mit Wasserstoff

Molybdän und **Wolfram** lassen sich aus ihren Oxiden durch Reduktion mit Wasserstoff gewinnen:

$$MoO_3 + 3\,H_2 \rightarrow Mo + 3\,H_2O$$
$$WO_3 + 3\,H_2 \rightarrow W + 3\,H_2O$$

(Bei der Behandlung der Metalloxide mit Kohlenstoff oder Kohlenstoffmonoxid erhält man nicht die Metalle, sondern lediglich die Metallcarbide Mo_2C, W_2C und vor allem WC.) Vorteilhaft ist, dass die Metalle – wichtige Legierungspartner für Stähle – in reiner Form anfallen und dass als Abgas lediglich Wasser entweicht. Nachteilig ist die kosten- und energieintensive Herstellung des Reduktionsmittels Wasserstoff (s. Kapitel 2.1.1).

3.5.3 Reduktion von Metallverbindungen mit unedlen Metallen

3.5.3.1 Metallothermische Verfahren

Chrom und **Mangan** werden großtechnisch nach dem *Goldschmidt*-**Verfahren** aluminothermisch aus ihren Oxiden gewonnen:

$$Cr_2O_3 + 2\,Al \rightarrow 2\,Cr + Al_2O_3$$
$$3\,Mn_3O_4 + 8\,Al \rightarrow 9\,Mn + 4\,Al_2O_3$$

Triebkraft der ausgesprochen exothermen Reaktionen ist die starke Affinität des sehr un-edlen Aluminiums (s. elektrochemische Spannungsreihe, Tabelle 3.3.1-1) zum Sauer-stoff, so dass eine Übertragung des Sauerstoffs vom Chrom bzw. Mangan auf das Aluminium verständlich wird.

Titan wird nach dem *Kroll*-Prozess durch Einleiten des gasförmigen, kovalenten Halogenids Titantetrachlorid (hergestellt aus Titandioxid durch reduktive Chlorierung, s. Kapitel 2.3.6.1) in eine Magnesium-Schmelze gewonnen:

$$TiCl_4 + 2\,Mg \rightarrow Ti + 2\,MgCl_2$$

Das sehr unedle Magnesium geht dabei in seinen stabilen zweiwertigen und ionischen Zustand über.

3.5.3.2 Zementation von Kupfer

Kupfer kann außer durch carbothermische Reduktion auch durch Zementation mit Eisen gewonnen werden (Versuch 51, s. CD). Dazu wird Eisenschrott in eine durch Aufschluss von Kupferkies, $CuFeS_2$, mit Schwefelsäure erhaltene Kupfersulfat-Lösung eingetragen:

$$CuSO_4 + Fe \rightarrow Cu + FeSO_4$$

Bei einer Zementation scheidet ein unedleres Metall (hier Eisen, $E^0 = -0.44$ V) ein edleres (hier Kupfer, $E^0 = +0.35$ V) aus dessen Ionenlösung ab.

3.5.4 Metallgewinnung durch Elektrolyse von Metallverbindungen

3.5.4.1 Gewinnungselektrolyse von Kupfer

Wenn man in eine Kupfersulfat-Lösung eine Kupferelektrode eintaucht und als Katode schaltet, scheidet sich dort elementares Kupfer ab. An der (Inert-)Anode bildet sich Sauerstoff:

$$2\,CuSO_4 + 2\,H_2O \xrightarrow{\text{Elektrolyse}} 2\,Cu + O_2 + 2\,H_2SO_4$$

Da die Elektrolyse wegen des hohen Strombedarfs teuer ist, wird sie in der Regel nur zur Gewinnung wertvoller Metalle (hier eines Halbedelmetalls) als Gewinnungselektrolyse eingesetzt. Häufiger findet die Elektrolyse zur Herstellung hoch reiner Metalle aus den entsprechenden Rohmetallen Anwendung (s. Kapitel 3.6.6).

3.5.4.2 Schmelzflusselektrolysen

Die Schmelzflusselektrolyse ist die einzige Methode, um besonders unedle Metalle wie die Alkali- oder Erdalkalimetalle oder Aluminium zu gewinnen. Denn es gibt keine Stoffe mit ausreichender Reduktionskraft, die diese Elemente, die an sich schon starke bis sehr starke Reduktionsmittel sind, aus ihren Verbindungen freisetzen könnten.

Natrium wird in einer *Downs*-Zelle aus geschmolzenem Natriumchlorid gewonnen (s. Abbildung 3.5.4.2-1).

Der Zusatz von Calciumchlorid dient der Schmelzpunktserniedrigung des Natriumchlorids (Smp. = 808 °C), so dass die Betriebstemperatur auf ca. 600 °C gesenkt und damit Heizkosten und -energie gespart werden können.

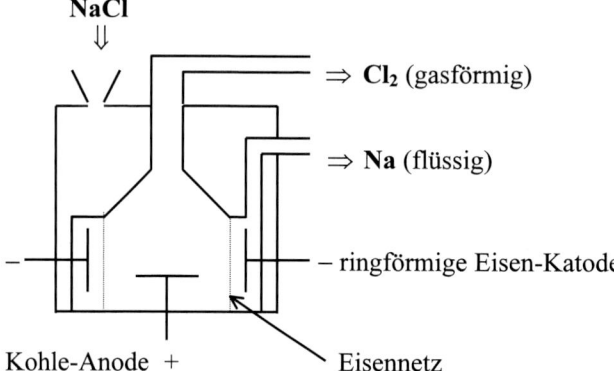

Abb. 3.5.4.2-1. Schmelzflusselektrolyse von Natriumchlorid

An der Anode entsteht durch Oxidation elementares Chlor, das als Gas abgezogen wird. An der ringförmigen Eisenkatode werden die Natriumionen zu elementarem Natrium reduziert, das als Flüssigkeit (Smp. = 98 °C) abgepumpt wird:

Anode (Oxidation): $Cl^- \rightarrow 0,5\ Cl_2 + e^-$
Katode (Reduktion): $Na^+ + e^- \rightarrow Na$

$$NaCl \xrightarrow{\text{Schmelzflusselektrolyse}} 0,5\ Cl_2 + Na$$

Man lässt die Schmelze erkalten und bringt das Natrium in Stangenform in den Handel. Da das Element an der Luft leicht oxidiert wird, sollte es unter einem inerten Lösungsmittel, beispielsweise Benzin, gelagert werden.

Die Gewinnung von **Aluminium** erfolgt nach dem *Hall*-Prozess (Abbildung 3.5.4.2-2). Das aus Bauxit gewonnene Aluminiumoxid (s. Kapitel 3.4.2.2.1) wird mit der vierfachen Menge **Kryolith**, Na_3AlF_6, gemischt und bei knapp 1000 °C aufgeschmolzen. Das Salz bewirkt die für eine Elektrolyse nötige, gute Leitfähigkeit der Schmelze (Leitsalz). Reines Aluminiumoxid zu elektrolysieren ist wegen der hohen Schmelztemperatur von 2045 °C und der geringen Leitfähigkeit indiskutabel.

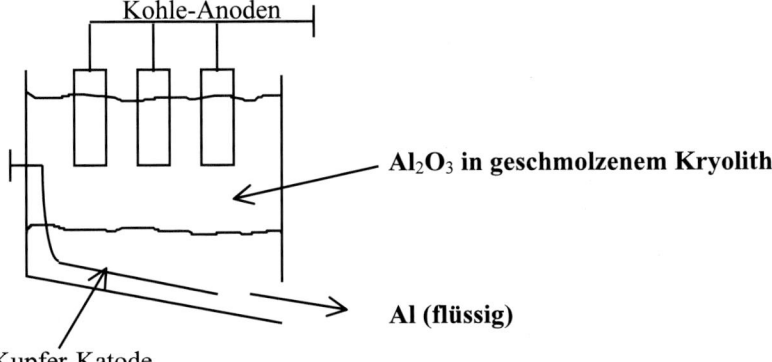

Kupfer-Katode

Abb. 3.5.4.2-2. Aluminiumgewinnung durch Schmelzflusselektrolyse

An der Katode wird Aluminium (nicht das unedlere Natrium) abgeschieden und dem Reaktor in flüssiger Form entnommen. An den Kohle-Anoden entsteht Sauerstoff (nicht das stärkere Oxidationsmittel Fluor), der das Anodenmaterial zu Kohlenstoffdioxid verbrennt. Die verbrannten Anoden müssen deshalb kontinuierlich ersetzt werden:

Katode (Reduktion): $4\,Al^{3+} + 12\,e^- \rightarrow 4\,Al$

Anode (Oxidation): $6\,O^{2-} \rightarrow 3\,O_2 + 12\,e^-$

$$2\,Al_2O_3 \xrightarrow{\text{Schmelzflusselektrolyse}} 4\,Al + 3\,O_2$$

$$\xrightarrow{\text{Kohle (Anoden)}} CO_2$$

3.5.5 Übungen (Metallgewinnung)

1. Was ist der Hauptvorteil carbothermischer Reduktionen?
2. Was versteht man unter „Wind", „Schlacke" und „Gichtgas" bei welchem Prozess?
3. Welche Rolle spielt das *Boudouard*-Gleichgewicht beim Hochofenprozess?
4. Wie kann man bei carbothermischen Reduktionen Temperaturen oberhalb 2000 °C erreichen?
5. Unterscheiden Sie bitte das Röstreduktionsverfahren und das Röstreaktionsverfahren bei der Gewinnung welchen Elementes?
6. Wie gewinnt man Chrom, Molybdän und Wolfram und warum nicht carbothermisch?
7. Wie gewinnt man Titan, ausgehend von Titandioxid?
8. Was versteht man unter Gewinnungselektrolyse?
9. Wieso setzt man beim *Downs*-Prozess Calciumchlorid zu?
10. Was ist Kryolith, und welche Funktion hat der Stoff?
11. Wieso entsteht bei der Aluminiumgewinnung Kohlenstoffdioxid?

3.6 Reinigung von Metallen

Summary

The purification process of a metal depends on the chemical and physical properties of the metal and its impurities.

In the *Bessemer* process, oxygen diluted with argon is blown into the molten pig iron to oxidize the impurities of iron, i.e. mainly carbon, silicon, phosphorus, and manganese, to the corresponding oxides and remove them by slag formation.

Ultrapure silicon is used for solar cells and semi-conductor techniques. It is obtained through special (re)crystallization processes (pulling from a crucible, zone melting).

Lead is freed of its main "impurity" silver by extraction with zinc. The *Parkes* process is another possibility of retrieving crude silver (zinc is removed by distillation).

Titanium is purified with the help of iodine. The covalent metal halide TiI_4 is formed; it is volatile, escapes to the gas phase and can be decomposed at a high temperature to ultrapure titanium and iodine (*van Arkel/de Boer* process). Nickel is purified with the help of carbon monoxide. A volatile complex of the zero valent nickel, $Ni(CO)_4$, is formed; it can be distilled and decomposed at a high temperature to ultrapure nickel and carbon monoxide (*Mond* process).

For noble and semi-noble metals, electro-refining is the method of choice for purification. Slabs of crude copper, for example, are dipped into a copper sulfate solution and serve as the anodes in a cell. At sheets of pure copper, which are the cathodes, the copper cations, formed by anodic oxidation, are reduced to ultrapure copper. Iron, the main impurity of crude copper, is also oxidized, but the cations of the more active metal are not reduced at the cathodes and thus remain in solution. Noble "impurities" of crude copper, such as silver, gold, platinum, or palladium, are not oxidized. They sink to the ground of the electrolysis cell (anode sludge).

Bei den im Kapitel 3.5 beschriebenen Verfahren zur Gewinnung von Metallen fallen diese mehr oder weniger stark verunreinigt an. In den meisten Fällen ist daher eine anschließende Reinigung erforderlich.

3.6.1 Raffination von Roheisen

Beim **Windfrischverfahren** (s. Abbildung 3.6.1-1) wird das Roheisen in einem schwenkbaren Reaktor geschmolzen und mit Kalk als Schlackebildner versetzt. In die Schmelze wird zunächst Luft, dann Sauerstoff eingeblasen, der mit dem Edelgas Argon verdünnt ist. (So wird verhindert, dass unter den Reaktionsbedingungen aus Luft-stickstoff und Metall Nitride entstehen.) Die Hauptverunreinigung des Eisens, Phosphor, Mangan und Kohlenstoff, werden in ihre Oxide umgewandelt, die mit Calciumoxids ver-schlackt oder ausgetrieben werden. Eine Oxidation des edleren Eisens erfolgt erst, wenn die anderen Elemente weitgehend oxidiert sind. Rechtzeitig (nach etwa 20 Minuten) wird die Sauerstoffzufuhr gestoppt, durch Kippen des Reaktors zuerst die oben schwimmende Schlacke und dann das flüssige Reineisen abgegossen.

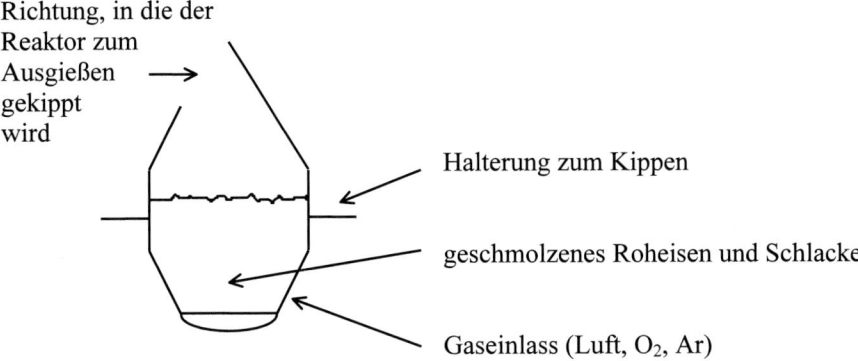

Richtung, in die der Reaktor zum Ausgießen gekippt wird

Halterung zum Kippen

geschmolzenes Roheisen und Schlacke

Gaseinlass (Luft, O_2, Ar)

Abb. 3.6.1-1. Windfrischverfahren zur Reinigung von Eisen

Das Windfrischverfahren wird gleichzeitig als ein Recyclingprozess eingesetzt, denn durch Eintragen von Alteisen (Schrott) in den Reaktor kann hochwertiges Eisen wiedergewonnen werden.

Ist das Roheisen stark siliciumhaltig, so muss auch das Silicium in sein Oxid übergeführt und dieses verschlackt werden. Dazu reichen die beim Windfrischverfahren üblichen Temperaturen nicht aus, so dass auf das Elektrolichtbogenverfahren ausgewichen werden muss, bei dem über Kohleelektroden durch einen elektrischen Lichtbogen die nötige Wärme erzeugt wird.

3.6.2   Herstellung von hoch reinem Silicium

Solar- und Halbleitersilicium zeichnen sich durch eine besonders hohe Reinheit aus. Um diese zu erreichen, sind mehrere Reinigungsschritte erforderlich. Zunächst wird das carbothermisch gewonnene Rohsilicium (s. Kapitel 3.5.1.2) mit Chlorwasserstoff in **Trichlorsilan** (so genanntes Silicochloroform; vgl. das homologe Chloroform, $CHCl_3$) übergeführt:

$$Si + 3\,HCl \rightarrow HSiCl_3 + H_2$$

Dieses ist bei Raumtemperatur flüssig und kann destillativ gereinigt werden. Anschließend wird es in Gegenwart von Wasserstoff bei hoher Temperatur zu elementarem Silicium reduziert, das sich in polykristalliner Form abscheidet:

$$HSiCl_3 + H_2 \xrightarrow{\text{ca. 1000 °C}} Si + 3\,HCl$$

Ein weiterer Reinigungsschritt ist das **Tiegelziehen** (Abbildung 3.6.2-1).

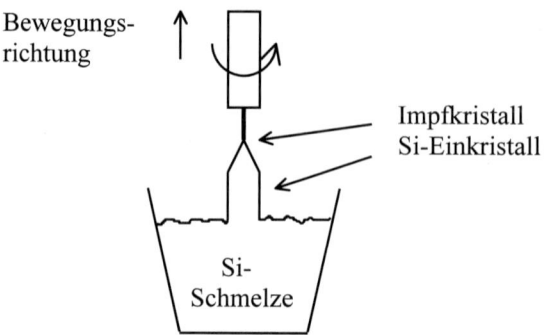

Abb. 3.6.2-1. Tiegelziehen

Hierbei wird ein Impfkristall aus hoch reinem Silicium in Kontakt mit einer Schmelze des noch verunreinigten Siliciums gebracht und dann langsam in einer Drehbewegung nach oben gezogen. Weiteres hoch reines Silicium scheidet sich an dem Einkristall ab und wird aus der Schmelze gezogen. Die Verunreinigungen kristallisieren nicht aus, sondern reichern sich in der Schmelze an. Das Verfahren kann mit einer Umkristallisation verglichen werden.

Noch reineres Silicium erhält man beim **Zonenschmelzen** (Abbildung 3.6.2-2).

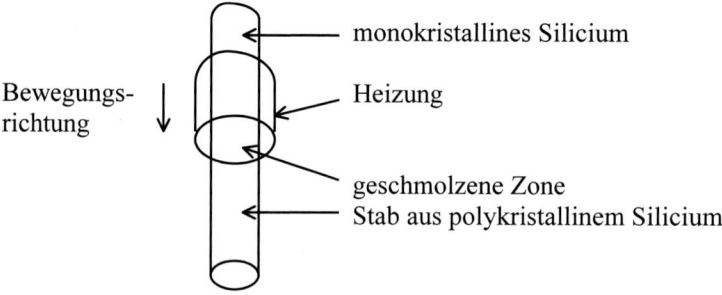

Abb. 3.6.2-2. Zonenschmelzen

Hierbei wird ein ringförmiger Ofen langsam über einen Stab aus polykristallinem Silicium gefahren. In der Heizzone schmilzt das Material. Beim Austritt aus der Heizzone kristallisiert dann bevorzugt das hoch reine Silicium, während die Verunreinigungen dies nicht tun, sich also – wie beim Tiegelziehen (s. o.) – in der Schmelzzone anreichern und mit dieser an das Ende des Stabes wandern. Dieser Teil des erkalteten Stabes wird schließlich abgeschnitten.

Während des Tiegelziehens und Zonenschmelzens können auch die Dotierungsstoffe, insbesondere Bor und Phosphor z. B. in Form ihrer Hydride, in das Silicium eingebracht werden. Die erhaltenen Stäbe werden in Scheiben geschnitten, aus denen dann nach weiterer Strukturierung kleine Elemente z. B. für die Mikroelektronik ausgestanzt werden.

3.6.3   Gewinnung von reinem Blei

Ein wertvolles Begleitelement des Bleis ist das Silber. Diese „Verunreinigung" kann aus dem geschmolzenen Werkblei mit flüssigem Zink extrahieren werden (*Parkes*-Verfahren, Abbildung 3.6.3-1).

Abb. 3.6.3-1. *Parkes*-Verfahren zur Reinigung von Blei und gleichzeitiger Gewinnung von Roh-Silber

Flüssiges Zink ist leichter als flüssiges Blei und mit diesem nicht mischbar. Silber ist im Zink deutlich besser löslich als im Blei und geht deshalb in die Zink-Phase über. Beim Abkühlen erstarrt zunächst die obere Phase, so dass eine Trennung der beiden Phasen leicht möglich ist. Das Blei ist sehr rein. Aus der Zink-Phase wird anschließend noch Silber gewonnen, indem das Zink (Sdp. = 908 °C) abdestilliert wird.

   Das *Parkes*-Verfahren ist mit Ausschüttelvorgängen zu vergleichen, die häufig im Labor durchgeführt werden: Eine organische Verbindung kann dem Wasser in der Regel leicht durch Extraktion mit Ether, einer mit Wasser nicht mischbaren Flüssigkeit, entzogen werden. Nach erfolgter Phasentrennung wird der organische Stoff durch Abdestillieren des organischen Lösungsmittels gewonnen.

3.6.4   Reinigung von Titan durch chemischen Transport

Titan wird nach dem *van Arkel/de Boer*-Verfahren (Abbildung 3.6.4-1) in eine hoch reine Form gebracht. Dabei wird das Rohtitan in einem geschlossenen Reaktor mit Iod bei einer Temperatur von ca. 500 °C („Kaltstelle") zur Reaktion gebracht („Hinreaktion"). Es entsteht das kovalente Halogenid TiI_4, das bei der Reaktionstemperatur gasförmig ist. Die Verunreinigungen des Rohtitans reagieren entweder nicht mit dem Iod oder bilden ionische und daher nicht flüchtige Halogenide. Das Titantetraiodid verteilt sich im Reaktor und kommt mit einem stromdurchflossenen Draht, der 1200-1500 °C heiß ist („Heißstelle"), in Kontakt. Dort findet die Zersetzung der Verbindung zu Titan und Iod statt („Rückreaktion"). Das hoch reine Metall scheidet sich in kristalliner Form auf der Heizwendel ab.

   Da das Titan in der Tat von der Kalt- zur Heißstelle transportiert wird, bezeichnet man das Verfahren auch als **chemischen Transport**.

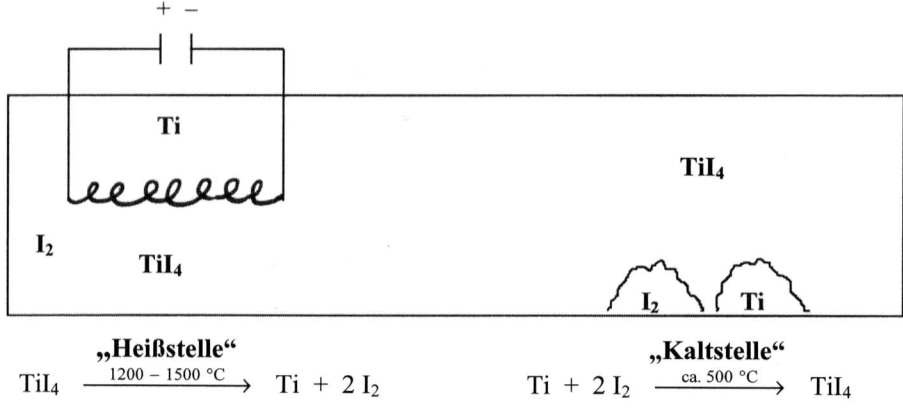

$$TiI_4 \xrightarrow{\text{1200 – 1500 °C}} Ti + 2 I_2 \qquad\qquad Ti + 2 I_2 \xrightarrow{\text{ca. 500 °C}} TiI_4$$

Abb. 3.6.4-1. Reinigung von Titan durch chemischen Transport

3.6.5 Reinigung von Nickel über das Metallcarbonyl

Zur Reinigung von Nickel nutzt man die Tatsache aus, dass das Element einen flüchtigen, destillierbaren und durch Pyrolyse wieder zersetzbaren Carbonylkomplex bilden kann (*Mond*-Verfahren):

$$Ni + 4\,CO \xrightleftharpoons[\text{oberhalb 180 °C}]{\text{unterhalb 80 °C}} Ni(CO)_4$$

Beim Einwirken von Kohlenstoffmonoxid auf Rohnickel und bei Temperaturen unter 80 °C entsteht eine gelbliche Flüssigkeit des tetraedrisch aufgebauten Komplexes des nullwertigen Nickels (vgl. Kapitel 3.7.4). Durch Destillation kann die sehr giftige Verbindung in eine hoch reine Form gebracht werden. Oberhalb 180 °C zersetzt sie sich in Umkehr ihrer Bildungsreaktion (vgl. das *van Arkel/de Boer*-Verfahren, Kapitel 3.6.4), so dass hoch reines Nickel anfällt. (Mehr über Metallcarbonyle steht im ergänzenden Kapitel über Metallorganik, s. CD.)

3.6.6 Elektrolytische Raffination von Kupfer

Rohkupfer enthält neben größeren Mengen Eisen auch einige wertvolle Edelmetalle, vor allem Platin, sowie die Hauptgruppenmetalle Selen und Tellur. Das Rohkupfer wird zu einer Platte gegossen, diese in eine Kupfersulfat-Lösung getaucht und als Anode gegen eine Katode geschaltet, die aus einem Blech aus hoch reinem Kupfer besteht (Abbildung 3.6.6-1).

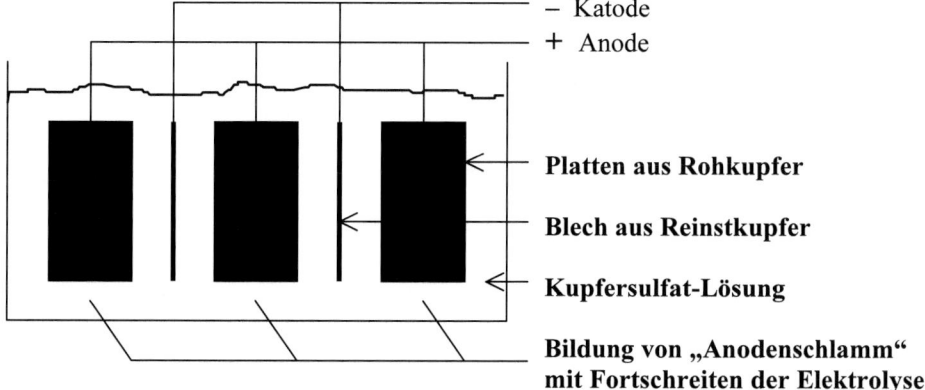

Platten aus Rohkupfer

Blech aus Reinstkupfer

Kupfersulfat-Lösung

Bildung von „Anodenschlamm"
mit Fortschreiten der Elektrolyse

Abb. 3.6.6-1. Elektrolytische Raffination von Kupfer

Die Spannung ist so gewählt, dass an der Anode das Kupfer und die unedleren Begleitelemente, vor allem das Eisen, oxidiert werden und in Form ihrer Ionen in Lösung gehen:

$$\text{Anode (Oxidation): Cu (s)} \rightarrow \text{Cu}^{2+} \text{(aq)} + 2\,\text{e}^-$$
$$\text{Fe (s)} \rightarrow \text{Fe}^{2+} \text{(aq)} + 2\,\text{e}^-$$

Die Anode wird mit der Elektrolysedauer zunehmend zersetzt. Die Metalle, die edler sind als das Kupfer, insbesondere Platin, Selen und Tellur, werden nicht oxidiert, fallen deshalb auf den Boden der Elektrolysezelle und bilden dort den so genannten **Anodenschlamm**. Dieser wird gesammelt und separat auf seine sehr wertvollen Inhaltsstoffe aufgearbeitet.

An der Katode werden von den in Lösung befindlichen Kationen nur die des edelsten Metalls, hier also die Cu^{2+}-Ionen, reduziert, während die des Eisens in der Lösung bleiben:

$$\text{Katode (Reduktion): Cu}^{2+} \text{(aq)} + 2\,\text{e}^- \rightarrow \text{Cu (s)}$$

Wie das Kupfer werden auch andere edle Metalle, z. B. Silber und Gold, durch elektrolytische Raffination in hoch reiner Form gewonnen.

3.6.7 Übungen (Reinigung von Metallen)

1. Beim Windfrischverfahren wird Sauerstoff in den Reaktor eingeblasen. Führt dies nicht zur Bildung von Eisenoxiden? Wieso wird der Sauerstoff – zumindest gegen Ende des Reinigungsprozesses – mit Argon verdünnt, und warum wird nicht einfach Luft eingesetzt? Welche Funktion hat der zugesetzte Kalk?

2. Was ist Silicochloroform, und wozu wird die Verbindung benutzt?
3. Beschreiben Sie bitte die physikalischen Grundlagen des Zonenschmelzens.
4. Erläutern Sie bitte das Prinzip des *Parkes*-Verfahren.
5. Was versteht man unter chemischem Transport? Beschreiben Sie bitte ein Beispiel.
6. Wie funktioniert das *Mond*-Verfahren?
7. Ein Zementkupfer enthält außerdem kleine Mengen Platin. Was passiert bei der elektrolytischen Raffination?

3.7 Komplexe

Summary

Complexes are composed of a metal or metal cation and one or more ligands (*Lewis* bases). Monodentate ligands possess a single donor atom and are able to occupy only one site in a coordination sphere (e.g. H_2O, NH_3, Cl^-, CN^-). Polydentate ligands have two or more donor atoms that can simultaneously bond to a metal, thereby occupying two or more bonding sites (e.g. $H_2NCH_2CH_2NH_2$, porphines, EDTA). They are also called chelating agents. Chelates, complexes with chelating ligands, are favored for entropic reasons.

The most common complexes have a tetrahedral (coordination number 4) or octahedral (coordination number 6) geometry, e.g. $[Cd(CN)_4]^{2-}$ or $[Ni(NH_3)_6]^{2+}$. Square-planar (coordination number 4) and linear (coordination number 2) complexes, e.g. $[Cu(NH_3)_4]^{2+}$ or $[Ag(NH_3)_2]^+$) are less common.

Different types of isomerism (linkage isomerism, coordination-sphere isomerism, geometrical isomerism, optical isomerism) are known in complex chemistry.

If the sum of the valence electrons of the metal or cation and the number of electrons that the ligands donate to the center of the complex equals 18, the complex usually is very stable (compare the noble gas rule).

The magnetic and optical properties of coordination compounds are measured with a magnetic balance and by absorption spectroscopy. They can be explained with the help of the crystal-field theory. This model states that the d-orbitals of the metal or cation that point toward the ligands are energetically disadvantaged, whereas the d-orbitals that point passed the ligands are energetically advantaged. Because of the larger number of ligands in the octahedral complexes, the energy gap (crystal-field splitting energy) between the two sets of d-orbitals is larger than in the tetrahedral complexes. The magnitude of the crystal-field splitting energy also depends on the ligands. Strong alkaline ligands, e.g. CN^-, usually affect the d-orbitals of a metal stronger than less alkaline ligands, e.g. Cl^- (spectrochemical series). Splitting the d-orbitals has consequences for the magnetism and the color of the coordination compound. In d^4-d^7-octahedral complexes with strong-field ligands the low spin configuration (only few unpaired electrons, hence only low paramagnetism or even diamagnetism) is favored over the high spin configuration (many unpaired electrons, hence high paramagnetism). If an electron is excited from a lower to a higher energy d-level by absorbing light ($\Delta_0 = h\nu$), the coordination compound has the color that is complementary to that of the absorbed light.

3.7.1 Koordinationspolyeder

Komplexe bestehen aus einem **Zentralteilchen** (Metallatom oder Metallkation) und **Liganden**. Dies sind Moleküle oder Anionen, die über mindestens ein freies Elektronenpaar verfügen. Den Zusammenhalt zwischen Zentralteilchen und Ligand kann man daher am besten im Sinne von *Lewis* als eine Säure-Base-Wechselwirkung beschreiben:

M←|L

Am häufigsten kommt es vor, dass ein Zentralteilchen **tetraedrisch** von vier oder **oktaedrisch** von sechs Liganden umgeben ist. Weniger häufig findet man den **quadratisch-planaren** Koordinationspolyeder bei vier Liganden (Beispiel: $[Cu(NH_3)_4]^{2+}$; Versuch 38, s. CD) und den **linearen** bei zwei Liganden (Beispiel: $[Ag(NH_3)_2]^+$; Versuch 54, s. CD) (Abbildung 3.7.1-1).

Koordinationszahl / Koordinationspolyeder / Beispiel

2	**4**	**4**	**6**
linear	**quadratisch-planar**	**tetraedrisch**	**oktaedrisch**

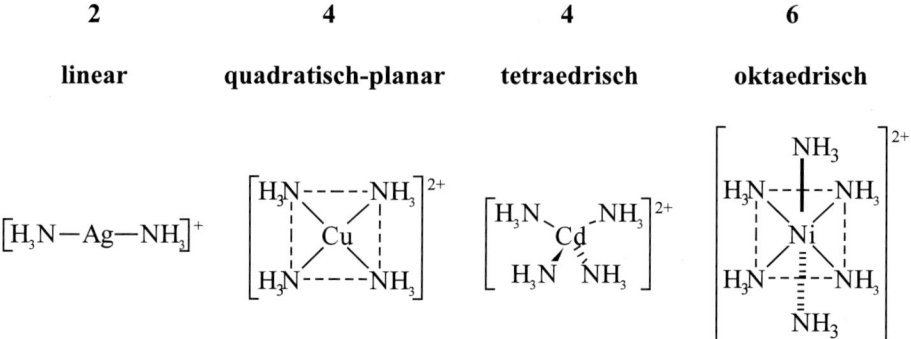

Abb. 3.7.1-1. Strukturen verschiedener Amminkomplexe

3.7.2 Chelatkomplexe

In der Abbildung 3.7.1-1 wurde Ammoniak als Beispiel für einen einzähnigen Liganden vorgestellt. Einzähnig bedeutet, dass das Molekül nur über *ein* freies Elektronenpaar an das Zentralteilchen anbindet. Ähnlich wie Ammoniak wirken auch Wasser (Neutralligand wie Ammoniak oder ein organisches Amin), Cyanid oder Chlorid (anionische Liganden) in der Regel einzähnig:

$$M \longleftarrow \overline{|O} - H \qquad M \longleftarrow \overline{|}C \equiv N| \qquad M \longleftarrow \overline{|}\underline{C}l|$$
$$\qquad\quad | \atop H$$

Es entstehen Aquo-, Cyano- oder Chlorokomplexe (vgl. Versuch 28, s. CD).

Mehrzähnige Liganden verfügen über mehrere freie Elektronenpaare an verschiedenen Positionen des Moleküls, die sie einem Metall oder Metallkation anbieten können. Dabei wird dieses von zwei (zweizähnige Liganden) oder mehreren (mehrzähnige Liganden) Seiten eingeschlossen. Die resultierenden Komplexe heißen – mit dem griechischen Wort für Schere – Chelatkomplexe. So entsteht z. B. aus **Ethylendiamin**, kurz „en", und einem Metallkation ein stabiler Fünfringmetallazyklus:

Chelatkomplexe bilden sich aus **entropischen Gründen** leichter als Nicht-Chelatkomplexe. Versetzt man beispielsweise eine Hexamminnickelchlorid-Lösung mit Ethylendiamin (Abkürzung: en), so werden die einzähnigen NH_3-Liganden spontan von den zweizähnigen en-Liganden verdrängt:

4 Teilchen in der Lösung   →   7 Teilchen in der Lösung

Das Zentralteilchen ist in beiden Komplexen an sechs Stickstoffatome gebunden. Dabei ist es ihm mehr oder weniger egal, ob die N-Atome über eine Brücke aus anderen Atomen miteinander verknüpft sind oder nicht. Bei der Reaktion nimmt allerdings die Teilchenzahl im gesamten System zu, denn aus 4 Ausgangsmolekülen (1 Komplex + 3 freie Ligandmoleküle) werden 7 Produktmoleküle (1 Komplex + 6 freie Ligandmoleküle), womit die Unordnung (Entropie) im System steigt. Im Einklang mit dem zweiten Hauptsatz der Thermodynamik reagiert das System also in Richtung auf ein größeres Chaos hin (s. Kapitel 1.5 und die Übung 3.7.6-2).

Ähnlich wie Ethylendiamin bildet auch das **Oxalat**, $C_2O_4^{2-}$, mit einem Metallteilchen einen Fünfringmetallazyklus:

Diacetyldioxim (formal ein Kondensationsprodukt aus Diaceton und Hydroxylamin) bildet mit Nickelionen im schwach ammoniakalischen Medium einen himbeerroten, schwerlöslichen Chelatkomplex, dessen Auftreten ein charakteristischer Nickelnachweis und der auch für die quantitative, gravimetrische Bestimmung des Übergangsmetalls geeignet ist (Versuch 55, s. CD):

$$[Ni(NH_3)_6]^{2+} + 2\ HONC(CH_3)C(CH_3)NO^- \longrightarrow \qquad + 6\ NH_3$$

Tartrat, das Tetra-Anion der Weinsäure, bildet im ammoniakalischen Medium mit Bleiionen einen löslichen, farblosen Chelatkomplex, der bei der qualitativen Blei-bestimmung eine Rolle spielt (vgl. Versuch 56, s. CD):

$$Pb^{2+} + 2\ C_4O_6H_6 + 8\ NH_3 \longrightarrow \qquad + 8\ NH_4^+$$

Das Paradebeispiel für einen maximal sechszähnigen Liganden ist **Ethylendiamin-tetraacetat**, kurz EDTA. Die sechs Zähne des Liganden – vier Carboxylatanionen, zwei Amine – greifen das Zentralteilchen von sechs Seiten an, so dass ein Oktaederkomplex mit insgesamt sechs Fünfringmetallazyklen als Strukturuntereinheiten resultiert. Von der besonders starken Wechselwirkung des mehrzähnigen EDTAs mit zahlreichen Metall-kationen lebt ein wichtiges maßanalytisches Verfahren zur Bestimmung der Metall-ionenkonzentration in Wasser, die **Komplexometrie**.

$$Ca^{2+} + (^-O_2CCH_2)_2NCH_2CH_2N(CH_2CO_2^-)_2 \longrightarrow$$

Auch die Natur setzt Chelatkomplexe ein, z. B. in Form des **Hämoglobins**, dem roten Blutfarbstoff (Abbildung 3.7.2-1).

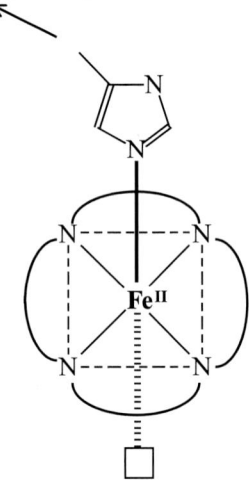

Anbindung an
die α-Helix eines
Proteins (Globin)

Abb. 3.7.2-1. Ausschnitt aus der Struktur des Hämoglobins

Das zentrale, zweiwertige Eisen wird von vier Stickstoffatomen, die in ein planares, aromatisches System (Porphin, vierzähniger dianionischer Ligand) eingebettet sind, quadratisch planar umgeben. Eine weitere Koordinationsstelle des Eisens ist vom **Histidin**, einer weiteren organischen Stickstoffbase, besetzt; diese wiederum ist an die Seitenkette einer **α-Helix eines Proteins** gebunden. (Das Eisen ist damit an eine polymere Matrix fixiert.) An der letzten Koordinationsstelle, die das Eisen ausnutzt, um einen oktaedrischen Komplex zu realisieren, spielt sich bei der Atmung die Sauerstoffaufnahme ab (vgl. Kapitel 2.2.2).

3.7.3 Isomerie bei Komplexen

Isomere Verbindungen weisen die gleiche elementare Zusammensetzung, aber unterschiedliche Strukturen auf. Bei Komplexen gibt es verschiedene Arten von Isomerie.

In den folgenden quadratisch-planaren Komplexen ist das zentrale Platin(IV)-Kation an jeweils zwei Chloro- und zwei Amin-Liganden gebunden:

Im ersten Komplex liegen die Chlorsubstituenten auf einer Seite des Edelmetalls (**cis-Isomeres**), im zweiten auf gegenüber liegenden Seiten (**trans-Isomeres**). Nur die cis-Verbindung weist ein Dipolmoment auf.

Die komplexen Salze $[Cr(OH_2)_6]Cl_3$, $[Cr(OH_2)_5Cl]Cl_2 \cdot H_2O$ und $[Cr(OH_2)_4Cl_2]Cl \cdot 2H_2O$ bezeichnet man als **Hydratisomere**. Jede Verbindung verfügt über sechs Wassermoleküle. In der ersten Verbindung sind alle am zentralen Chrom komplexiert. Die dreifach positive Ladung des Hexaquokomplexes wird durch drei Chloridanionen kompensiert. In der zweiten Verbindung ist ein Aquo- durch einen Chloroliganden ersetzt. Der Komplex ist jetzt nur noch zweifach positiv geladen, und seine Ladung wird von zwei Chloridanionen ausgeglichen. Im Salzkristall ist das sechste Wassermolekül im Gitterzwischenraum untergebracht. In der dritten Verbindung ist noch ein weiterer Aquo- durch einen zweiten Chloroliganden ersetzt, so dass nur noch ein Chloridion zur Kompensation der Ladung des Komplexes erforderlich ist. Zwei Wassermoleküle sind an anderen Stellen im Kristall eingelagert (vgl. Versuch 28, s. CD). Die Verbindungen weisen unterschiedliche Farben und ihre (äquimolaren) Lösungen zusätzlich unterschiedliche Leitfähigkeiten auf.

Von **Bindungsisomeren** spricht man, wenn ein Ligand auf zwei verschiedene Weisen an das Zentralteilchen gebunden werden kann, z. B. das Nitrit-Anion, NO_2^-, über den Sauerstoff oder den Stickstoff, gemäß:

Ähnlich kann das Thiocyanat über den Schwefel oder den Stickstoff an ein Metall anbinden:

(Vgl. die Diskussion der Resonanzstrukturen des Thiocyanatanions im Kapitel 2.7.5.)

Ein weiteres Beispiel für Bindungsisomerie liegt im Berliner Blau vor, das aus gelbem Blutlaugensalz (s. Kapitel 2.7.5) und Eisen(III)-chlorid entsteht (Versuch 44, s. CD):

$$K_4[Fe(CN)_6] + FeCl_3 \rightarrow K[Fe^{II}Fe^{III}(CN)_6] + 3\ KCl$$

Im Kristall des Blaupigments sind die Eisenzentren durch Cyanidanionen verbrückt, wobei ein Eisen vom Stickstoff des Ligandmoleküls und das andere Eisen vom Kohlenstoff komplexiert wird. Da vom zweiwertigen Eisen über den Liganden ein Elektron zum dreiwertigen Eisen geschoben werden kann (Charge-Transfer-(CT)-Komplex), resultiert für das Eisen im statistischen Mittel die Oxidationsstufe +2,5:

$$Fe^{II} - C\equiv N - Fe^{III} \longleftrightarrow Fe^{III} - C\equiv N - Fe^{II}$$

Die Elektronenbewegung erfordert nur eine geringe Aktivierungsenergie, die im Bereich des gelben Lichtes liegt, so dass die Verbindung in der zu Gelb komplementären Farbe tiefblau erscheint. (S. auch das ergänzende Kapitel über Anorganische Pigmente auf der CD.)

Als letztes Beispiel für Isomere seien zwei enantiomere Cobaltkomplexe angeführt:

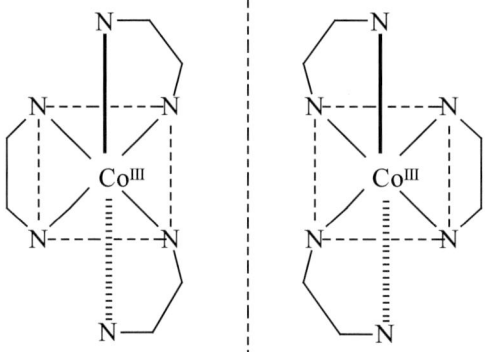

Diese **optischen Isomeren** sehen aus wie Bild und Spiegelbild. Sie drehen die Ebene des polarisierten Lichtes in verschiedene Richtungen und unterscheiden sich in ihrem chemischen Verhalten – wie alle chiralen Verbindungen – lediglich in ihrer Reaktivität gegenüber anderen chiralen Verbindungen.

3.7.4 18-Elektronen-Regel

Die Anwendung der **Edelgasregel** auf Komplexe besagt, dass diese meistens dann besonders stabil sind, wenn die Summe der Valenzelektronen des Zentralteilchens und der von den Liganden zum Komplex beigetragenen Elektronen 18 ist.

Gelbes Blutlaugensalz ist z. B. stabiler als rotes, denn im oktaedrischen $[Fe^{II}(CN)_6]^{4-}$ verfügt das zentrale, zweiwertige Eisen über 6 eigene und $6 \times 2 = 12$ Elektronen von den Liganden, also insgesamt 18 Valenzelektronen, während $[Fe^{III}(CN)_6]^{3-}$ nur ein 17-Elektronen-Komplex ist.

Das beim *Mond*-Verfahren zur Reinigung von Nickel als Zwischenprodukt auftretende Nickeltetracarbonyl (s. Kapitel 3.6.5) ist ein weiteres Beispiel für einen 18-Elektronen-Komplex. Das nullwertige Nickel hat 10 eigene Valenzelektronen und bekommt von den vier Carbonylliganden die zur Auffüllung der Kryptonschale nötigen 8 Elektronen hinzu.

Die 18-Elektronenregel ist eine gute Daumenregel, sollte aber in ihrer Bedeutung nicht überinterpretiert werden. Es gibt nämlich viele Komplexe, die ihr nicht gehorchen, genauso wie auch in der Chemie der Hauptgruppenelemente nicht selten Verstöße gegen die Edelgasregel erfolgen, z. B. in Form von Oktettaufweitungen beim zentralen Iod im IF_7 (s. Kapitel 2.3.7), beim Schwefel im SF_6 (s. Kapitel 2.4.10) oder beim Phosphor im PCl_5 (s. Kapitel 2.6.5).

3.7.5 Kristallfeldtheorie

Es gibt mehrere Theorien, welche die Wechselwirkungen zwischen Zentralteilchen und Liganden in Komplexen beschreiben. Der große Vorteil der Kristallfeldtheorie liegt darin, dass die optischen und magnetischen Eigenschaften von Komplexen gut erklärt werden können. Die Theorie basiert auf der Vorstellung, dass die Zentralteilchen und die Liganden **Punktladungen** sind und zwischen diesen **elektrostatische Interaktionen** stattfinden. Das Zustandekommen von Bindungen wird also nicht im Sinne von Überlappung von Orbitalen interpretiert! Die Kristallfeldtheorie beschreibt vielmehr, wie die einzelnen d-Orbitale des Zentralteilchens im elektrostatischen Feld, das durch die Liganden erzeugt wird, unterschiedlich beeinflusst werden.

In der Abbildung 3.7.5-1 sind die fünf d-Orbitale, über die jedes Übergangsmetall auf seiner Valenzschale verfügt, skizziert. Obwohl die Orbitale unterschiedliche Geometrie und Ausrichtung im Raum besitzen, sind sie in einem nackten (unkomplexierten) Metall oder Metallkation energetisch gleichwertig, man sagt auch fünffach entartet. In einem von Ligandmolekülen erzeugten elektrischen Feld wird diese Entartung aufgehoben, d. h., die d-Orbitale treten mit den Punktladungen der Liganden unterschiedlich stark in Wechselwirkung. Ist ein Orbital direkt auf einen Liganden ausgerichtet, so ist dies energetisch nicht günstig, denn als Träger von negativer Ladung fühlt sich das Orbital in der direkten Nähe der ebenfalls negativen Ladung, die von den jeweiligen

Liganden ausgeht, nicht sehr wohl. Zeigt es hingegen nicht auf den Liganden, sondern seitlich daran vorbei, so ist dies mit weniger elektrostatischer Abstoßung verbunden und daher energetisch günstiger.

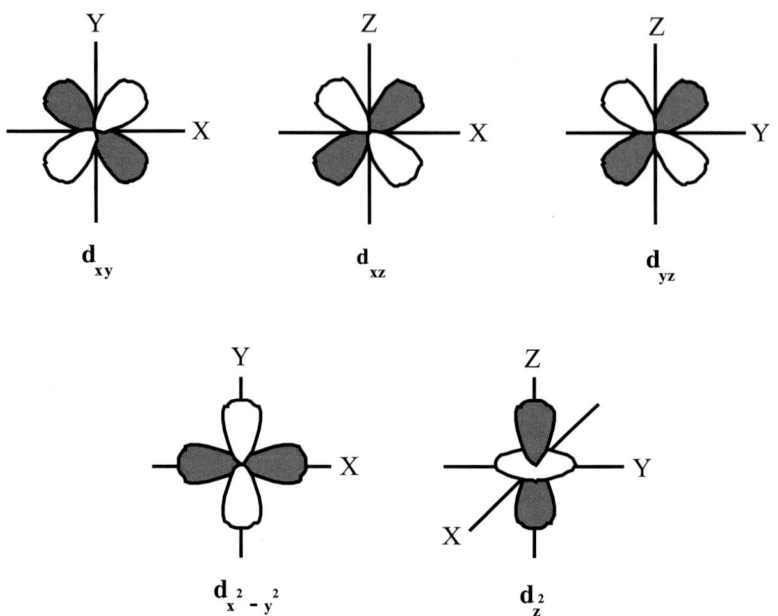

Abb. 3.7.5-1. d-Orbitale

Hier sei ein lebensnahes Vergleichsbeispiel angeführt: Mit einem Auto frontal vor eine Wand zu fahren, ist sicherlich nicht sehr günstig in Hinblick auf die Gesundheit der Insassen. Ein seitliches Touchieren der Wand ist bestimmt auch nicht gut, aber für die Insassen mit einem deutlich geringeren Risiko verbunden.

In einem Oktaederkomplex zeigen die sechs Liganden mit ihren Elektronenpaaren entlang den Koordinationsachsen in die Richtung des Kerns des Zentralteilchens. Sie sind damit direkt auf die Halbkeulen des $d_{x^2-y^2}$ - und des d_{z^2} -Orbitals ausgerichtet, während sie sich an den Halbkeulen der anderen drei d-Orbitale des Zentralteilchens seitlich vorbei schieben. Folglich sind das $d_{x^2-y^2}$ - und das d_{z^2} -Orbital energetisch benachteiligt, das d_{xy}-, d_{xz}- und d_{yz}-Orbital hingegen bevorzugt, und es resultiert die Aufspaltung der d-Orbitale in zwei unterschiedliche Niveaus. Der Abstand dazwischen wird als **Kristallfeldstabilisierungsenergie** oder -aufspaltungsenergie, Δ_O, bezeichnet (s. Abbildung 3.7.5-2).

In Tetraederkomplexen sind die Verhältnisse anders und wegen der verminderten Anzahl von Liganden (4 gegenüber 6 in Oktaederkomplexen) schwächer ausgeprägt. Hier zeigen die zwischen den Koordinatenachsen liegenden Orbitale d_{xy}, d_{xz} und d_{yz} stärker auf die Punktladungen der Liganden als die Orbitale $d_{x^2-y^2}$ und d_{z^2} und sind daher gegenüber den letzteren energetisch benachteiligt (s. Abb. 3.7.5-2).

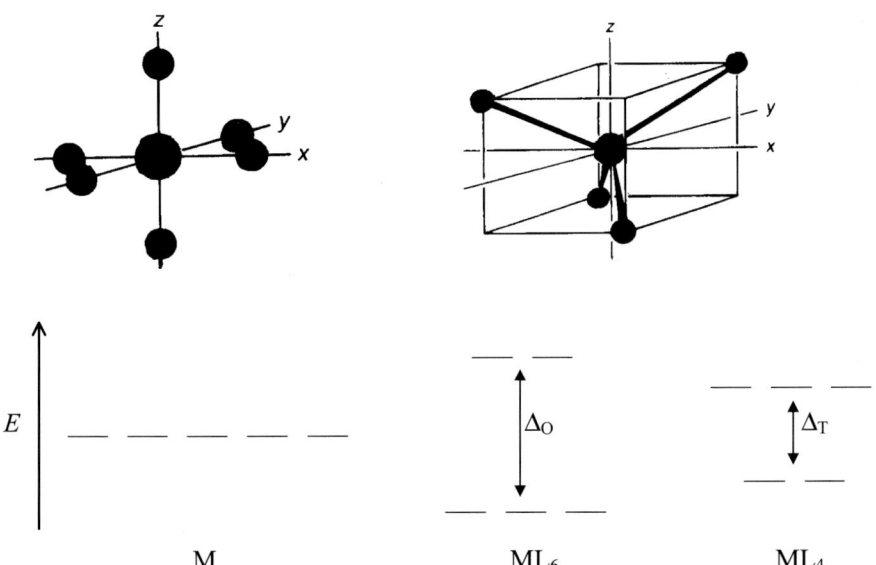

Abb. 3.7.5-2. Anordnung der Liganden in einem Oktaeder- (links) und Tetraeder- (rechts) Komplex und Kristallfeldstabilisierungsenergien

Die Größe der Kristallfeldaufspaltung hängt maßgeblich von der Art der Liganden ab. Tendenziell gilt, dass stark basische Liganden, z. B. Cyanid, starke negative Punktladungen darstellen und somit eine stärkere Aufspaltung der d-Niveaus bewirken als schwach basische Liganden, beispielsweise Halogenid, oder mäßig basische Liganden, z. B. die Neutralmoleküle Wasser oder Ammoniak. In der **spektrochemischen Reihe** sind verschiedene Liganden in Hinblick auf die Zunahme der von ihnen verursachten Aufspaltung Δ_O geordnet:

$$I^- < Br^- < Cl^- < F^- < OH^- < H_2O < NH_3 < NO_3^- < H^- < CN^-$$

Zunahme von Δ_O

Das Maß der Kristallfeldaufspaltung hat nun wiederum einen direkten Einfluss auf die Besetzung der d-Niveaus mit den Elektronen des Zentralteilchens. Liegen die Niveaus nahe beieinander (kleine Kristallfeldaufspaltung), so werden die einzelnen Orbitale eher halb als die günstigeren Niveaus unter Aufbringung von Spinpaarungsenergie (P, ungefähr 200 kJ/mol) mit zwei Elektronen voll besetzt. Liegen die Niveaus allerdings weit auseinander (große Kristallfeldaufspaltung), so werden gemäß *Pauli*-Prinzip und *Hund*scher Regel zunächst die energieärmeren Orbitale aufgefüllt, bevor eine Besetzung der energiereicheren Orbitale erfolgt. Im ersten Fall liegen daher mehr ungepaarte Elektronen vor als im zweiten. Da jedes ungepaarte Elektron ein magnetisches Moment verursacht, liegt im ersten Fall ein stärker magnetischer Komplex vor als im zweiten. Man bezeichnet die in der elektronischen Besetzung der d-Niveaus unterschiedlichen Komplexe als **high-** bzw. **low-spin-Komplexe** (Abbildung 3.7.5-3).

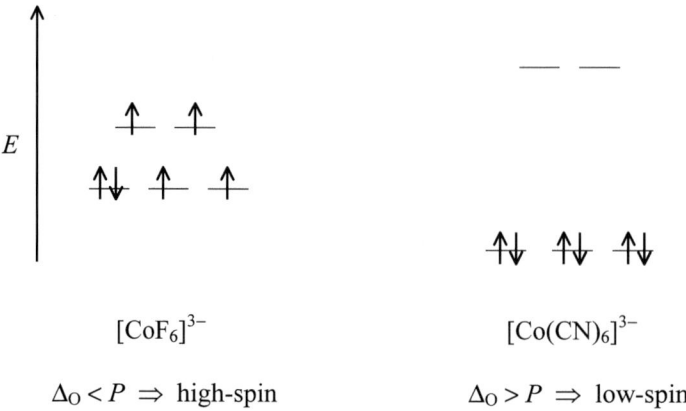

$$\Delta_O < P \implies \text{high-spin} \qquad\qquad \Delta_O > P \implies \text{low-spin}$$

Abb. 3.7.5-3. Ein high-spin und ein low-spin-Koplex des dreiwertigen Cobalts (d^6-System)

Eine Unterscheidung von high- und low-spin-Zuständen ist in Oktaederkomplexen nur möglich, wenn das Zentralteilchen über 4-7 Valenzelektronen verfügt.

In Tetraederkomplexen liegen praktisch nur high-spin-Zustände vor, weil die Aufspaltung der d-Niveaus im Vergleich zu der in oktaedrischen Komplexen recht klein ist (vgl. Abbildung 3.7.5-2).

Ob ein Stoff para- oder diamagnetisch ist, also über mindestens ein ungepaartes Elektron bzw. nur über spingepaarte Elektronen verfügt, lässt sich mit Hilfe der **magnetischen Waage** erkennen (Abbildung 3.7.5-4).

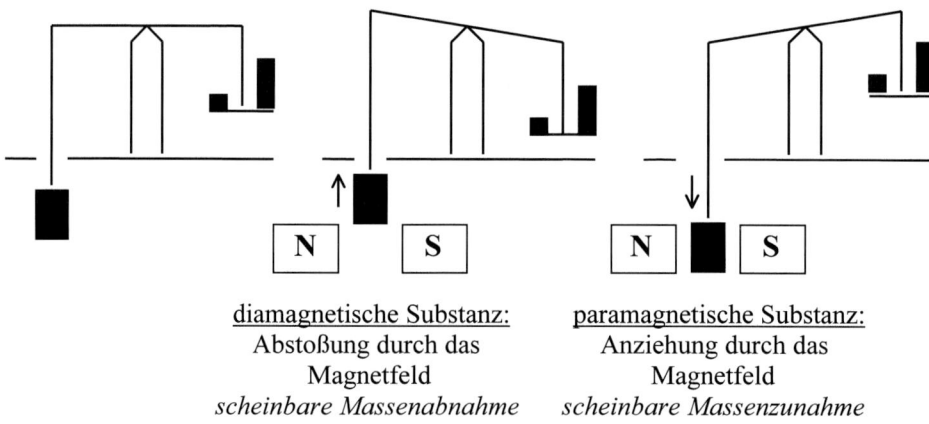

diamagnetische Substanz:
Abstoßung durch das
Magnetfeld
scheinbare Massenabnahme

paramagnetische Substanz:
Anziehung durch das
Magnetfeld
scheinbare Massenzunahme

Abb. 3.7.5-4. Magnetische Waage

Die hier beschriebenen theoretischen Grundlagen der Magnetochemie sind von fundamentaler Bedeutung für die Herstellung von **Magnetpigmenten** (CrO_2, Fe, Fe_3O_4) und deren Anwendung z. B. zwecks magnetischer Datenspeicherung (s. das ergänzende Kapitel über Anorganische Pigmente auf der CD).

Neben den magnetischen Eigenschaften von Komplexen lassen sich mit Hilfe der Kristallfeldtheorie auch **Farbphänomene** erklären. Die Kristallfeldaufspaltungsenergie liegt nämlich im Bereich der Energie des sichtbaren Lichtes, das den Wellenlängenbereich von ca. 400-800 nm umfasst (Abbildung 3.7.5-5).

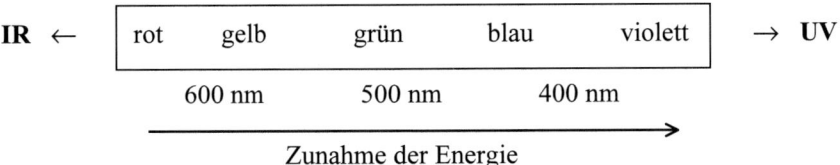

Abb. 3.7.5-5. Licht und Farbe

Scheint weißes Licht, eine additive Mischung verschiedener Farben, auf einen Komplex, so kann durch Absorption von Licht einer geeigneten Frequenz $\Delta_0 = h\nu$ ein Elektron aus einem energetisch niedrigen d-Niveau auf ein energiereicheres angehoben werden. Dem vom Komplex reflektierten Licht fehlt dann diese eine Wellenlänge, und er erscheint in der Farbe, die zur Farbe des absorbierten Lichtes komplementär ist:

Weiß − Farbe des absorbierten Lichtes = Farbe des Komplexes

Im Hexacyanoferrat(II) bewirken die Cyanoliganden eine große Kristallfeldaufspaltung der d-Niveaus des zentralen Eisens. Energiereiches, violettes Licht ist deshalb erforderlich, um ein Elektron zu einem d-d-Übergang zu bewegen. Der Komplex erscheint in der **Komplementärfarbe** zu Violett gelb (gelbes Blutlaugensalz). Das Kation Hexammincobalt(III) ist orange. Diese Farbe kommt zustande, weil der Komplex die zu Orange komplementare Farbe Blau (λ_{max} = 476 nm) absorbiert. (S. das ergänzende Kapitel über Anorganische Pigmente auf der CD.)

Genauer als durch den rein farblichen Eindruck lässt sich die Kristallfeldstabilisierungsenergie in einem Komplex durch Aufnahme eines **Absorptionsspektrums** messen: Weißes (polychromatisches) Licht wird über einen schmalen Spalt auf ein drehbares Gitter oder Prisma geleitet und dort in seine Spektralfarben zerlegt. Nacheinander fallen monochromatische Lichtstrahlen auf die Lösung des Komplexes in einer Küvette. Ein Detektor misst die Intensität des die Probe verlassenden Lichtes im Vergleich zu einem Lichtstrahl, der nicht durch die Probe (sondern nur durch eine Küvette mit dem Lösungsmittel Wasser) geleitet wird, und zeichnet die Absorption gegen die Wellenlänge graphisch auf (Abbildung 3.7.5-6).

Auf Basis der Kristallfeldtheorie können also durch Kombination der analytischen Methoden „Absorptionsspektrometrie" und „magnetische Waage" sehr detaillierte Informationen über die elektronischen Verhältnisse in Komplexen gewonnen werden.

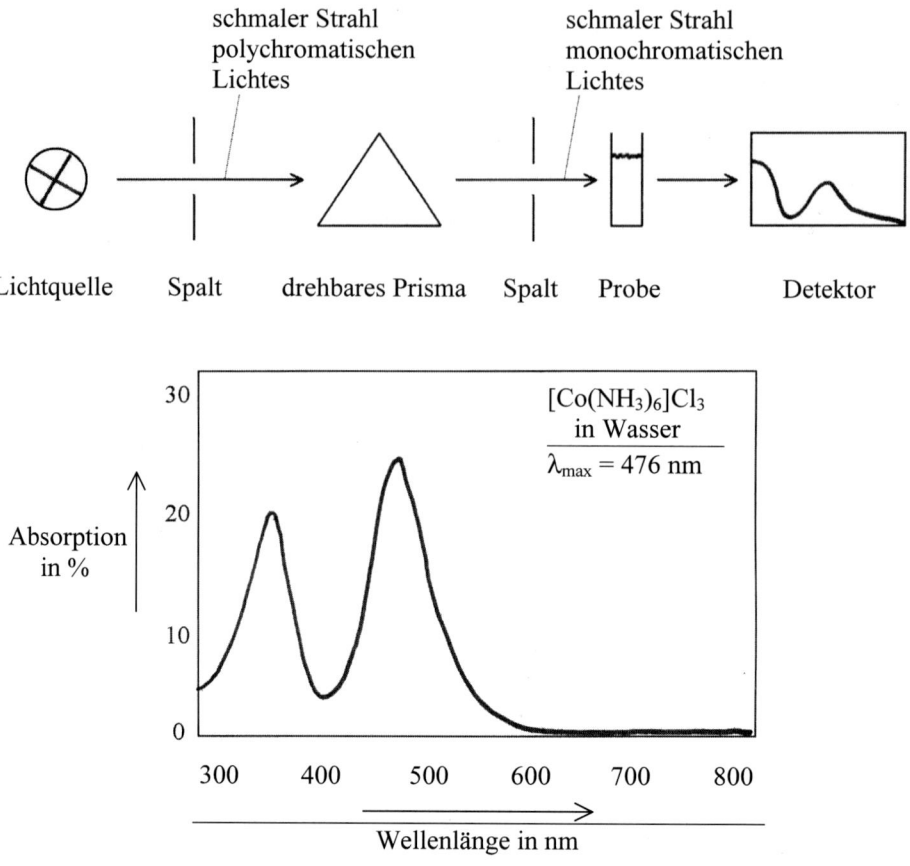

Abb. 3.7.5-6. Prinzip eines Photometers und Absorptionsspektrum einer wässrigen Lösung von Hexammincobalt(III)-chlorid

3.7.6 Übungen (Komplexe)

1. Nennen Sie bitte die beiden wichtigsten und zwei weniger häufig vorkommende Koordinationspolyeder mit jeweils einem Beispiel.
2. Nennen Sie bitte jeweils einen zwei-, vier- und sechszähnigen Liganden und erläutern Sie, wieso sich Chelatkomplexe leichter bilden als Nicht-Chelatkomplexe. Kommentieren Sie außerdem bitte die thermodynamischen Daten (bei 25 °C) der Umsetzungen von $[Cd(H_2O)_4]^{2+}$ mit Methylamin bzw. Ethylendiamin (bitte Reaktionsgleichungen formulieren): $\Delta G = -37$ kJ/mol bzw. -61 kJ/mol, $\Delta H = -57$ kJ/mol bzw. -57 kJ/mol, $\Delta S = -67$ J/mol·K bzw. $+14$ J/mol·K.

3. Benennen Sie bitte folgende Verbindungen:
   - $[Ag(NH_3)_2]Cl$
   - $K_3[Fe(CN)_6]$
   - $K_3[Co(NO_2)_6]$
   - $[Co(NH_3)_5(ONO)]Cl_2$
   - $K_2[Cu(C_2O_4)_2]$
   - $[Pt(NH_3)_4][CuCl_4]$

4. Definieren Sie bitte den Begriff Isomerie. Welche Formen von Isomerie kennen Sie bei Komplexen? Nennen Sie bitte jeweils ein Beispiel.

5. Wieso ist gerade CuCl eine recht stabile und weiße Verbindung? (Hinweis: Die Kristallstruktur des Stoffes entspricht der des Diamanten, wenn man sich die C-Atome alternierend durch Cu^+- und Cl^--Ionen ersetzt vorstellt.)

6. Nur eins der beiden Blutlaugensalze ist giftig. Welches und warum?

7. Ähnlich wie Nickel bilden auch Eisen und Chrom mit Kohlenstoffmonoxid stabile Carbonylkomplexe. Wie sind diese Ihrer Meinung nach zusammengesetzt?

8. Wieso spalten die d-Orbitale eines Metalls in einem Oktaederkomplex anders auf als in einem Tetraederkomplex? Welche Aufspaltungsenergie ist größer und wieso?

9. Ist Hexacyanoferrat(II) ein high- oder low-spin-Komplex?

10. Wie verhalten sich die Komplexe $[CoF_6]^{3-}$ und $[Co(CN)_6]^{3-}$ auf der magnetischen Waage. Erläutern Sie außerdem bitte das Prinzip dieses Analyseverfahrens.

11. Erklären Sie bitte, wieso $[Zn(NH_3)_4]Cl_2$ farblos und diamagnetisch ist.

Experimente

12. Ein Polystyrenharz ist mit $(-CH_2-N(CH_2CO_2Na)_2)$-Gruppen funktionalisiert. Wieso ist das Material u. a. auch für die Entfernung von Schwermetallionen aus dem Wasser geeignet (Versuch 59, s. CD)?

13. Interpretieren Sie bitte folgendes Experiment: Eine Eisen(III)-chlorid-Lösung wird mit überschüssiger Weinsäure versetzt. Dann wird mit Natronlauge alkalisiert. Es bildet sich *kein* Niederschlag. Nach Zugabe von Wasserstoffperoxid-Lösung fällt ein brauner Feststoff aus. Außerdem ist eine Gasentwicklung zu beobachten (Versuch 56, s. CD).

14. Eine Lösung von Eisen(III)-chlorid in konzentrierter Salzsäure ist kräftiger rotbraun gefärbt als eine gleichkonzentrierte Lösung des Salzes in Wasser. Wie ist dies zu erklären (Versuch 28, s. CD)?

15. Eine Eisen(III)-chlorid-Lösung wird bei Zugabe von Natriumthiocyanat rot und bei anschließender Zugabe von Natriumfluorid farblos. Bei weiterer Zugabe von Kalkmilch entsteht ein brauner Niederschlag (Versuch 57, s. CD).

16. Was wird passieren, wenn man eine Berliner-Blau-Suspension mit Kalilauge versetzt (Versuch 58, s. CD)?

17. Versetzt man eine Cobalt(II)-chlorid-Lösung mit Ammoniak, so entsteht ein blassblauer Komplex, dessen Farbe beim längeren Stehen an der Luft zunehmend nach orange wechselt. Wie ist dies zu erklären?

18. Von den wässrigen Lösungen der Komplexsalze $K_3[Co(CN)_6]$ und $[CoCl(H_2O)(NH_3)_4]Cl_2$ wurden Absorptionsspektren aufgenommen:

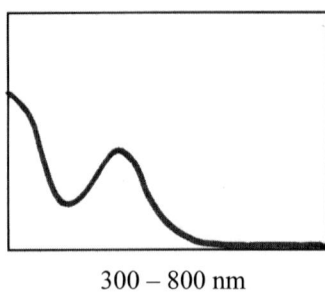 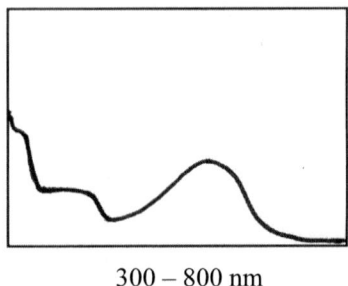

300 – 800 nm   300 – 800 nm

Es wurde allerdings versäumt, die Spektren ordnungsgemäß zu beschriften. Welches Spektrum gehört zu welcher Verbindung? Welche Farben haben die Verbindungen?

19. Wieso wird $CuSO_4 \cdot 5H_2O$ beim Erwärmen farblos, $CoCl_2 \cdot 6H_2O$ hingegen tiefblau (Versuche 60 und 61, s. CD)?

20. Eine Kupfersulfat-Lösung wird mit überschüssiger Ammoniak-Lösung versetzt. Anschließend wird der Reaktionslösung eine größere Menge Ethanol zugegeben, worauf Tetramminkupfersulfat-Hydrat ausfällt. Erklären Sie bitte die hier durchgeführte Aufarbeitungsmethode (Versuch 38-2, s. CD).

21. Eine grüne Kaliumtrisoxalatoferrat(III)-Lösung wird mit UV-Licht bestrahlt. Gelbes Eisen(II)-oxalat fällt aus. Formulieren Sie bitte die Reaktionsgleichung.

Rechenaufgaben

22. Kupfervitriol, $CuSO_4 \cdot 5H_2O$, wurde im Trockenschrank bei 120 °C erwärmt. Die Einwaage betrug 9,477 g, die Auswage 6,721 g. Wie viele Moleküle Wasser der Verbindung wurden ausgetrieben?

23. Wie viel Calciumcarbonat löst sich in einem Liter einer 0,1 molaren EDTA-Lösung (Versuch 62, s. CD)? ($L = 10^{-9}$ mol^2/l^2, $K_K = 5 \cdot 10^{10}$ l/mol)

24. Für $Zn(OH)_2$ ist $L = 10^{-17}$ mol^3/l^3. Für das Tetrahydroxizinkat ist die Komplexbildungskonstante $K = 10^{17}$ l^4/mol^4. Welcher pH-Wert muss eingestellt werden, um 0,01 mol $Zn(OH)_2$ in einem Liter zu lösen?

25. 4,2 g Zinkchlorid und 200 mg Cobalt(II)-chlorid-Hexahydrat werden in Wasser gelöst. Beim leichten Alkalisieren der Mischung fallen Zinkhydroxid und Cobalt(II)-hydroxid gemeinsam aus. Der Schlamm wird abfiltriert, vorgetrocknet und dann im offenen Tiegel bei Rotglut behandelt. Wie groß ist der Massenanteil an *Rinmanns Grün* ($ZnCo_2O_4$) im Produkt? (S. das ergänzende Kapitel über anorganische Pigmente auf der CD.)

26. 2,5 g Aluminiumsulfat-Octadecahydrat und 230 mg Cobalt(II)-nitrat-Hexahydrat werden in Wasser gelöst. Beim leichten Alkalisieren der Mischung fallen Aluminiumhydroxid und Cobalt(II)-hydroxid gemeinsam aus. Der Schlamm wird abfiltriert, vorgetrocknet und dann im Tiegel bei Rotglut behandelt. Wie groß ist der Massenanteil an *Thénards* Blau ($CoAl_2O_4$) im Produkt? (S. das ergänzende Kapitel über anorganische Pigmente auf der CD.)

Zusammenfassende Übung zur Chemie der Metalle

27. Tragen Sie bitte zusammen, was in den voran gegangenen Kapiteln über einzelne Metalle (Na, Mg, Ca, Al, Si, Sn, Pb, Fe, Ni, Cr, Mn, Mo, W, Ti, Cu, Ag, Au, Pt, Zn, Hg) gesagt wurde, und vermitteln Sie sich so ein Bild über wichtige Eigenschaften der Elemente und ihrer Verbindungen (Vorkommen, Gewinnung, Reinigung, Anwendung, chemische Eigenschaften, theoretische Gesichtspunkte, etc.).

4 Toxikologie und Ökotoxikologie anorganischer Stoffe

Summary

Inorganic materials can have very different toxic effects on both humans and nature (toxicology and ecotoxicology).

If, for instance, nitric oxide, NO, is breathed in, it blocks hemoglobin, just as carbon monoxide, CO, does, and is thus a very strong breathing poison. Nitric oxide produced in road traffic catalyzes the photochemical reaction of dioxygen, O_2, into ozone, O_3 (photosmog). Ozone is a very strong oxidant that can lead to lung edemas.

While ozone is not desired near the ground, it has an important function at approx. 30 kilometers height. There it absorbs highly energetic ultraviolet radiation. Thus a destruction of the ozone layer through radicals (e.g. NO, NO_2 or especially Cl out of CCl_2F_2) is very dangerous for life on earth.

Sulfur dioxide, SO_2, is also an aggressive agent and it damages the bronchial tubes if breathed in. In the atmosphere sulfur dioxide (like NO_x) leads to acidic rain.

Carbon dioxide, CO_2, is rather nonhazardous for humans and it is very important for photosynthesis. But if there is too much of it in the atmosphere – produced especially by burning coal, oil, and gas – it absorbs too much heat (energy of infrared light). This leads to the greenhouse effect and a changing climate on the earth.

Heavy metal cations mainly block important functional groups (hydroxy-, carboxyl-, thiol-, and aminogroups) of vital enzymes. The function of these enzymes can sometimes be restored, if the heavy metals are removed, e.g. with the help of strong complexing agents (chelate compound therapy).

Hydrogen sulfide, H_2S, can interact with the central metals of some important enzymes (compare the precipitation of metal sulfides). By doing this it can block or destroy the biocatalysts.

If hydrofluoric acid, HF, gets in contact with the skin, it diffuses to the bones very fast and destroys them by producing calcium fluoride, CaF_2, or it precipitates calcium cations out of the body's fluids. To avoid this, the only option is immediately washing the skin with a calcium salt solution.

Es gehört zum Berufsalltag des Chemikers, mit giftigen Stoffen umzugehen. Dies muss verantwortungsbewusst geschehen, um Schäden an Mensch und Umwelt zu vermeiden. Wenn dennoch solche eingetreten sind, müssen sie fachgerecht behoben oder zumindest in ihrer Auswirkung begrenzt werden. Dazu ist vor allem chemischer Sachverstand erforderlich.

Ziel des vorliegenden Kapitels ist es, ausgewählte anorganische Stoffe in Hinblick auf ihre toxische Wirkung auf Mensch und Umwelt zu diskutieren und Möglichkeiten der Prävention und Therapie aufzuzeigen. Dabei werden nur solche Zusammenhänge behandelt, die mit den Vorkenntnissen über allgemeine und anorganische Chemie, die in den ersten drei Kapiteln dieses Buches vermittelt wurden, verständlich sind.

4.1 Toxikologie

4.1.1 Atemgifte

Kohlenstoffmonoxid entsteht bei der unvollständigen Verbrennung von Kohle, Kohlen-wasserstoffen oder Kohlenhydraten und bei hoher Temperatur (s. Kapitel 2.7.4.1). Es kann mit **Hämoglobin** (s. Abbildung 3.7.2-1) einen Carbonylkomplex bilden, der mehr als 200mal stabiler ist als der aus Hämoglobin und Disauerstoff. Folglich steht ein mit Kohlenstoffmonoxid komplexiertes Hämoglobin für den lebenswichtigen Transport von Sauerstoff aus der Luft ins Körperinnere nicht mehr zur Verfügung, und die mit Kohlen-stoffmonoxid vergiftete Person erstickt, wenn keine sehr schnelle Hilfsmaßnahme getroffen wird. Diese besteht darin, den Patienten mit reinem Sauerstoff (oder zumindest stark sauerstoffangereicherter Luft) unter leichtem Überdruck zu beatmen. Man nutzt hierbei das Prinzip aus, dass eine chemische Reaktion umkehrbar ist, wenn die äußeren Randbedingungen entsprechend günstig sind. Dadurch, dass jetzt die größtmögliche Sauerstoffkonzentration vorliegt, wird das Gleichgewicht vom Eisen-CO- zum Eisen-O_2-Komplex hin verschoben, d. h., selbst dem schwächeren Liganden gelingt es, den stärkeren zu verdrängen, wenn er in einem riesigen Überschuss vorhanden ist:

$$HbFe^{II}\cdot O_2 \xrightleftharpoons[\text{Therapie im Sauerstoffzelt}]{\text{CO-Vergiftung}} HbFe^{II}\cdot CO$$

(Eine Therapie mit reinem Sauerstoff darf ohne Pause nicht länger als ca. 20 Minuten dauern, da es sonst zu Verbrennungen der Lunge kommen kann.)

Ähnlich wie CO wirkt auch **NO**, das Produkt der unvollständigen Verbrennung von Stickstoffverbindungen, unter Blockierung des Hämoglobins hoch toxisch.

Dass **Cyanid** mit Eisenionen stabile Komplexe bildet, ist durch die Existenz der Blutlaugensalze $K_4[Fe^{II}(CN)_6]$ (gelb) und $K_3[Fe^{III}(CN)_6]$ (rot) belegt (s. Kapitel 2.7.5). Diese entstehen u. a. beim Kochen von Blut mit Pottasche (Kaliumcarbonat), also unter sehr drastischen Bedingungen, wobei die stickstoff- und kohlenstoffhaltigen organischen Liganden, Histidin und Porphin, zu Cyanid abgebaut werden. Bei einer Cyanid-vergiftung entsteht ebenfalls ein Eisencyanokomplex: Wegen seines großen Diffusions-vermögens gelangt eingeatmetes oder beim Verschlucken von Cyankali durch die Magensäure freigesetzter Cyanwasserstoff schnell zur **Cytochromoxidase**, einem dem Hämoglobin ähnelnden Enzym, das Sauerstoffübertragungsvorgänge auf einer späteren Stufe der Atmungskette katalysiert, wo sich das Cyanidanion an das zentrale Eisen des Enzyms anlagert:

$$Cyt.Ox.Fe^{III} + CN^- \rightarrow Cyt.Ox.Fe^{III} \leftarrow {}^-|C\equiv N|$$

Durch die Bildung des sehr stabilen Komplexes wird die Atmung an dieser Stelle blockiert.

Die Therapie bei Cyanidvergiftungen basiert auf folgenden Überlegungen: Entscheidend für die komplexierende Wirkung des Cyanidanions ist das freie Elektronenpaar am Kohlenstoff (stark basisches Zentrum). Deshalb kann dem Cyanid die Giftwirkung genommen werden, wenn das Elektronenpaar am C-Atom blockiert wird. Dies geschieht z. B. durch Oxidation mit verabreichter **Natriumthiosulfat-Lösung**. Das Cyanid wird dabei zu mindergiftigem Thiocyanat sulfuriert:

$$NaCN + Na_2S_2O_3 \rightarrow NaSCN + Na_2SO_3$$

Eine ergänzende Behandlung bei Cyanidvergiftungen ist die Übertragung des Cyanids vom Eisen auf Cobalt, das in Form einer **Co[CoEDTA]** verabreicht wird:

$$Cyt.Ox.Fe^{III}\!-\!CN + \text{„Co}^{II}\text{“} \rightarrow Cyt.Ox.Fe^{II} + \text{„Co}^{III}\!-\!CN\text{“}$$

Die Umkomplexierung kommt zustande, weil Cyanokomplexe des dreiwertigen Cobalts zu den stabilsten Komplexen zählen. (Der an sich schon recht stabile EDTA-Komplex des Cobalts wird verabreicht, um das Übergangsmetall gut verfügbar zu machen und Wechselwirkungen mit körpereigenen Enzymen (vgl. Kapitel 4.1.5.1) weitgehend zu vermeiden. Die Therapie mit einem giftigen Schwermetall ist hier zwar lebensrettend, aber mit erheblichen Nebenwirkungen verbunden.)

4.1.2   Methämoglobinbildner

Wenn das zweiwertige Eisen im Hämoglobin ein Elektron abgibt, entsteht Methämoglobin:

$$HbFe^{II} \quad \rightarrow \quad HbFe^{III} + e^-$$
$$\Uparrow \qquad\qquad\quad \Uparrow$$
$$\text{Hämoglobin} \quad \text{Methämoglobin}$$

Dieses Molekül kann keinen Luftsauerstoff binden und ist daher für die Atmung unbrauchbar.

Ein typischer Methämoglobinbildner ist **Nitrit**, das z. B. in Form von Pökelsalz über die Nahrung in den Körper gelangt oder dort durch partielle Reduktion von aufgenommenem Nitrat entstanden ist. Es reagiert mit sauerstoffhaltigem Hämoglobin unter Bildung von Nitrat und unter gleichzeitiger Erhöhung der Wertigkeit des Eisens:

$$2\,HbFe^{II}\!\cdot\!O_2 + NO_2^- + 2\,H^+ \rightarrow 2\,HbFe^{III} + NO_3^- + H_2O$$

Die Rückbildung von normalem Hämoglobin erfordert ein Reduktionsmittel ($Fe^{3+} + e^- \rightarrow Fe^{2+}$), über das der menschliche Organismus in Form der Methämoglobin-Reduktase verfügt (Modellversuch 63, s. CD).

4.1.3   Reizstoffe

In der Tabelle 4.1.3-1 sind einige Reizstoffe und ihre Hauptwirkungsorte aufgelistet.

Tab. 4.1.3-1. Reizstoffe

Reizstoffe:	hauptsächliche Wirkung auf:
NH_3, HCl, F_2	Augen, Rachen
SO_2, SO_3, Cl_2, Br_2	Bronchien
$COCl_2$, NO_2, O_3, (O_2), CdO und andere Stäube	Lungenbläschen

Kommt eine Person mit sehr gut wasserlöslichen Gasen wie **Ammoniak** oder **Chlorwasserstoff** in Kontakt, so lösen sich diese bereits in der Feuchtigkeit des Augen- und Rachenbereichs und führen dort zu Verätzungen. (Über eine geöffnete Flasche mit konzentrierter Ammoniak-Lösung oder konzentrierter Salzsäure sollte man also nicht direkt die Nase halten!). Mäßig lösliche Gase wie **SO_2** oder **SO_3** werden etwas tiefer eingeatmet und entfalten ihre ätzende Wirkung hauptsächlich in den Bronchien. (Folglich sollten auch beim Öffnen einer Flasche mit Schwefliger Säure die entweichenden Dämpfe nicht eingeatmet werden!). Besonders gefährlich sind Gase wie **Phosgen** oder **NO_2**, die in Wasser schlecht löslich sind, deshalb tief in die Lunge gelangen können und erst hier durch Ätzung eine Entzündung der Lungenbläschen bewirken.

Fluor, das stärkste Oxidationsmittel, wirkt gegenüber der exponierten Person schon in der ersten Kontaktzone, den Augen und dem Rachen, oxidierend. **Chlor und Brom** sind schwächere Oxidationsmittel als ihr höher homologes Fluor (vgl. Kapitel 2.3) und haben daher mehr Zeit, tiefer in den Atemtrakt einzudringen und vor allem die Bronchien oxidativ zu schädigen.

Ozon zieht tief in die Lunge ein und ist deshalb sehr gefährlich. Ähnlich verhalten sich auch **feinteilige Stäube**, insbesondere des Cadmiumoxids oder des Nickelcarbonats.

Wenn sich die Kapillarwände in der Lunge entzünden, weiten unwillkürlich auch die Zellmembranen ihre Poren auf. Dann kann Plasmaflüssigkeit in die Lunge eintreten (**Lungenödem**), und die betroffene Person erstickt durch Ertrinken der Lunge. Die Lungenödembildung erfolgt häufig erst mehrere Stunden nach dem eigentlichen Ein- atmen des Reizgases. Deshalb muss nach erfolgter Exposition unbedingt vorbeugend ein entzündungshemmendes Cortison-Aerosol inhaliert werden.

Auch *reiner* **Sauerstoff** oxidiert bei längerer Einwirkzeit das Lungengewebe. Die Atmung und damit das Leben der Menschen funktioniert nur, weil der lebenswichtige Sauerstoff in der Luft mit ausreichend Stickstoff *verdünnt* ist.

4.1.4 Flusssäure und Schwefelwasserstoff

Flusssäure ist ausgesprochen gefährlich, weil das kleine HF-Molekül ein sehr gutes Diffusionsvermögen besitzt und nach einem erfolgten Hautkontakt rasch bis auf die calciumhaltige Knochensubstanz diffundiert und dort Calciumfluorid bildet:

$$Ca_3(PO_4)_2 + 6\,HF \rightarrow 3\,CaF_2 + 2\,H_3PO_4$$

Dies verwundert nicht, da das Calciumfluorid eine stabile und auch in der Natur häufig vorkommende, schwerlösliche Fluorverbindung (Flussspat, Fluorapatit, s. Kapitel 2.3.1) ist.

Bei einer Kontamination mit Flusssäure muss die benetzte Körperstelle deshalb sofort mit einer Calciumsalz-Lösung behandelt werden, um das Fluorid rechtzeitig auszufällen und am Eindringen ins Körperinnere zu hindern. Deshalb ist es vorgeschrieben, dass überall, wo mit Flusssäure gearbeitet wird, eine ausreichende Menge einer Calciumgluconat-Lösung (Calciumsalz eines Zuckers) bereit steht.

Bei **chronischen Vergiftungen** mit über die Nahrung eingenommenen Fluorid wird dieses ebenfalls in den Knochen abgelagert. Da das Fluoridanion kleiner ist als das ersetzte Phosphatanion, schrumpft der geschädigte Knochen etwas (Osteoporose) und wird gleichzeitig härter. (Der Einbau von Fluorapatit bzw. Calciumfluorid in die Zahnsubstanz ist zu deren Härtung erwünscht. Deshalb hat Zahnpasta einen Fluorid-Zusatz.)

Schwefelwasserstoff wurde im Kapitel 2.4.4 u. a. als Fällungsreagenz für Schwermetalle in wässriger Lösung vorgestellt:

$$M^{2+}\,(aq) + H_2S \rightarrow MS\,(s) + 2\,H^+$$

Daher ist es zu erwarten, dass in den Körper gelangtes Sulfid bzw. gelangter Schwefelwasserstoff auch dort mit körpereigenen Metallen, die an große organische Moleküle (Proteine) gebunden sind und lebenswichtige Funktionen ausüben (Metalloenzyme), in Wechselwirkung tritt und das Enzym irreversibel zerstört:

$$Prot.\!\!\backsim\!\!M + H_2S \longrightarrow \begin{cases} Prot.\!\!\backsim\!\!H + M\!-\!Sulfid \\ oder \\ Prot.\!\!\backsim\!\!M\!-\!SH + H^+ \end{cases}$$

4.1.5   Schwermetalle

4.1.5.1   Prinzip der giftigen Wirkung von Schwermetallen und Chelatkomplex-Therapie

Zahlreiche Schwermetalle bilden mit Sulfid, Hydroxid oder Carbonat schwerlösliche Salze und mit Aminen oder Ammoniak stabile Komplexe, z. B. (Versuch 64, s. CD):

$$Cu^{2+} + S^{2-} \rightarrow CuS$$
$$Cu^{2+} + 2\, OH^- \rightarrow Cu(OH)_2$$
$$Cu^{2+} + CO_3{}^{2-} \rightarrow \text{basisches } CuCO_3$$
$$Cu^{2+} + 4\, NH_3 \rightarrow [Cu(NH_3)_4]^{2+}$$

Artverwandte Reaktionen spielen sich auch ab, wenn Schwermetallionen in einen lebenden Organismus eintreten. Hier liegen nämlich Biomoleküle mit Thiol-, Hydroxyl-, Carboxyl- und aminischen Funktionen vor, die ähnlich mit den aufgenommenen Schwermetallionen in Beziehung treten können, vergleichbar den basischen Reagenzien in den angeführten Reaktionsgleichungen. Wenn man bedenkt, dass die genannten funktionellen Gruppen in der Regel lebenswichtige Aufgaben erfüllen, ist es einleuchtend, dass dies nicht mehr möglich ist, sobald eine Komplexierung durch ein Metallion vorliegt.

Das Prinzip der **therapeutischen Behandlung** ist recht einfach: Die Metallionen können von den Biomolekülen wieder abgetrennt werden, wenn es gelingt, sie mit verabreichten Medikamenten stärker in Wechselwirkung zu bringen als mit den Biomolekülen. **Chelatkomplexbildner** (vgl. Kapitel 3.7.2) wie EDTA, Dimercaptopropanol (bekannt als BAL, British Anti Lewisite, einem gegen den Kampfstoff Lewisite, $[ClCH=CH]_n AsCl_{3-n}$, n = 1-3, entwickelten Antidots) Penicillamin, Diethylendithiocarbamat oder Salicylsäure sind die Medikamente der Wahl. Die Ligandmoleküle binden sich gleich mehrmals an das giftige Metallkation, so dass ausgesprochen stabile Komplexe resultieren, die wasserlöslich sind und über den Urin ausgeschieden werden können.

$$Pb^{2+} + EDTA^{4-} \rightarrow [PbEDTA]^{2-} \quad ; \quad pK_{PbEDTA} = 18{,}2 \quad (\text{vgl.: } pK_{CaEDTA} = 10{,}6)$$

(insbesondere bei Hg- und As-Vergiftungen)

$$(H_3C)_2C-CH-CO_2H \; + \; M^{n+} \xrightarrow[-H^+]{} (H_3C)_2C-CH-CO_2H$$

(mit SH und NH₂ am linken Molekül, und S–M–NH₂ Komplex am rechten Molekül)

(insbesondere bei Cu, Pb, Hg, Co, und Zn-Vergiftungen; ggf. kann auch die Carboxylatgruppe in die Komplexbildung einbezogen werden)

$$(C_2H_5)_2N-C\overset{S}{\underset{SH}{\big\langle}} \; + \; M^{n+} \xrightarrow[-H^+]{} (C_2H_5)_2N-C\overset{S}{\underset{S}{\big\langle}}M$$

(insbesondere bei Ni-Vergiftungen)

(Salicylsäure-Struktur mit OH und CO₂H) $+ \; M^{n+} \xrightarrow[-H^+]{}$ (Komplex mit O–M–O–C=O)

(insbesondere bei Be-Vergiftungen)

4.1.5.2   Blei

Wenn eine Person **akut** größere Mengen einer Bleiverbindung verschluckt, werden die Bleiionen wie im Kapitel 4.1.5.1 geschildert an basische Zentren von Enzymen angelagert. **Chronische Bleivergiftungen**, die z. B. durch jahrelanges Trinken von Wasser, das durch Bleirohre geleitet wurde, zustande kommen, äußern sich hingegen hauptsächlich darin, dass die aufgenommenen Bleiionen die ähnlich großen Calciumionen in den Knochen verdrängen:

$$Ca_3(PO_4)_2 \; + \; Pb^{2+} \; \rightarrow \; Pb_3(PO_4)_2 \; + \; Ca^{2+}$$

(Vgl. die knochenzerstörende Wirkung von Fluorid; Kap. 4.1.4.) Der Körper schützt sich dabei praktisch selbst, indem er die toxischen Ionen an eine Stelle bringt, wo sie den geringsten Schaden anrichten können.

Am gefährlichsten sind Vergiftungen durch organische Bleiverbindungen, z. B. durch das früher im bleihaltigen Benzin als Antiklopfmittel enthaltene **Tetraethylblei** (s. das ergänzende Kapitel über Metallorganik auf der CD). Diese flüchtige Verbindung ist wegen ihres organischen Anteils fettlöslich, dissoziiert geringfügig, und das resultierende Kation bildet mit der Thiolatgruppe von Schwefelenzymen stabile Bindungen:

$$PbEt_4 \; \rightarrow \; PbEt_3^+ \; + \; Et^-$$
$$Prot.\!\!\sim\!\!SH \; + \; PbEt_4 \; \longrightarrow \; Prot.\!\!\sim\!\!S-PbEt_3 \; + \; HEt \; (= C_2H_6)$$

Die kovalente Organoblei(IV)-Verbindung ist durch Komplexbildner (s. Kapitel 4.1.5.1) kaum angreifbar, so dass das Enzym nicht mehr zu reparieren ist.

4.1.5.3   Quecksilber

Gelangt Quecksilber in metallischer oder ionischer Form in die Natur, so wird es von bestimmten Bakterien in H_3C-Hg^+ umgewandelt (**Biomethylierung**). Diese lipophile Verbindung kann über die Nahrungskette schließlich auch vom Menschen aufgenommen und – ähnlich wie $PbEt_3^+$ (s. Kapitel 4.1.5.2) – an ein Schwefelprotein angelagert werden:

$$Prot.\text{\small www}SH + H_3C-Hg^+ \longrightarrow Prot.\text{\small www}S-Hg-CH_3 + H^+$$

Von diesem kann es nicht mehr abgetrennt werden, so dass das Enzym irreversibel unbrauchbar ist.

Das Verschlucken von elementarem Quecksilber ist kaum gefährlich; sehr gefährlich hingegen ist das Einatmen von Quecksilberdampf. Verschüttetes Quecksilber – beispielsweise aus einem (früher viel verkauften) zerbrochenen Thermometer – muss daher rasch entsorgt werden. Dies kann mit Zinnfolie unter Ausbildung eines Amalgams, mit Schwefel durch Überführen in extrem schwerlösliches schwarzes Quecksilbersulfid, oder mit Iod/Aktivkohle durch Bildung von schwerlöslichem rotem HgI_2 und Adsorption geschehen:

$$Hg + Sn\ (Folie) \rightarrow Hg/Sn\text{-Legierung}$$
$$Hg + S \qquad\quad \rightarrow HgS$$
$$Hg + I_2 \qquad\quad \rightarrow HgI_2$$
$$\qquad\qquad\qquad\quad \rightarrow \text{Adsorption an Aktivkohle}$$

4.1.5.4   Arsen

Arsen steht im Periodensystem unter dem Phosphor und zeigt in Form des Arsenats, AsO_4^{3-}, gewisse Ähnlichkeit mit dem Phosphat, PO_4^{3-}. In den Körper aufgenommenes Arsen kann deshalb in die Knochensubstanz eingebaut werden:

$$Ca_3(PO_4)_2 + 2\ AsO_4^{3-} \rightarrow Ca_3(AsO_4)_2 + 2\ PO_4^{3-}$$

oder – was viel gesundheitsschädlicher ist – das für die Energielieferung und -speicherung wichtige Adenosindiphosphat/-triphosphat-Gleichgewicht (s. Kapitel 2.6.4) durch Cokondensation mit Adenosindiphosphat empfindlich stören:

$$\text{Adenosin}-O-\underset{\underset{OH}{|}}{\overset{\overset{O}{\|}}{P}}-O-\underset{\underset{OH}{|}}{\overset{\overset{O}{\|}}{P}}-OH + H_3AsO_4 \xrightarrow[-H_2O]{} \text{Adenosin}-O-\underset{\underset{OH}{|}}{\overset{\overset{O}{\|}}{P}}-O-\underset{\underset{OH}{|}}{\overset{\overset{O}{\|}}{P}}-O-\underset{\underset{OH}{|}}{\overset{\overset{O}{\|}}{As}}-OH$$

4.1.5.5 Cadmium

Cadmium ist – wie Arsen – ein Begleitelement des Zinks und kann in Zinkhütten beim Rösten von Zinksulfid als Cadmiumoxid-Flugstaub freigesetzt werden. So eingeatmet, kann es zu Lungenödemen führen (s. Kapitel 4.1.3). Außerdem kann es aus seinen schwerlöslichen Salzen z. B. durch sauren Regen (s. Kapitel 4.2.1) solubilisiert und danach global verteilt werden:

$$
\begin{array}{lllll}
CdO & & & & H_2O \\
CdCO_3 & + & H_2SO_4 \text{ (saurer Regen)} & \rightarrow \quad CdSO_4 \quad + & H_2CO_3 \\
CdS & & & & H_2S
\end{array}
$$

⇑   ⇑

schwerlösliche Cd-Verbindungen   löslich

In Lebewesen werden insbesondere Metallothioneine durch den Einbau des größeren Cd^{2+} anstelle des kleineren Zn^{2+} denaturiert, d. h. in ihrer Struktur zerstört:

$$Zn\text{–Enzym} + Cd^{2+} \rightarrow Cd\text{–Enzym} + Zn^{2+}$$

(Vgl. den AsO_4^{3-}-Einbau in ADT/ATP; Kapitel 4.1.5.4.)

4.1.5.6 Thallium

Thallium(I)-sulfat, Tl_2SO_4, ist das klassische Rattengift. Das Element Thallium zeigt ein ähnliches chemisches Verhalten wie das Kalium. Es liegt meistens einwertig vor, obwohl es in der 3. Hauptgruppe steht. Die Ähnlichkeit zwischen Tl und K ist verständlich, wenn man bedenkt, dass das Tl^+-Kation nur unwesentlich größer ist als das K^+-Ion. Eine Thalliumvergiftung lässt sich daher nicht wie andere Schwermetallvergiftungen mit Komplexbildnern behandeln. Als Therapie verabreicht man vielmehr ein negativ geladenes Berliner-Blau-Sol. Dieses entsteht aus Eisen(III)-chlorid und überschüssigem gelben Blutlaugensalz, in dem das eigentliche Blaupigment $K[Fe^{II}Fe^{III}(CN)_6]$ an seiner Oberfläche von Hexacyanoferrat(II)-Anionen belegt und dadurch negativ aufgeladen wird. In die zweite Koordinationssphäre des Sols werden Kationen elektrostatisch hinein gezogen. Dies sind die überschüssigen K^+-Ionen als auch die zu entfernenden Tl^+-Ionen (Abbildung 4.1.5.6-1). Das giftbeladene Sol wird über den Darm abtransportiert.

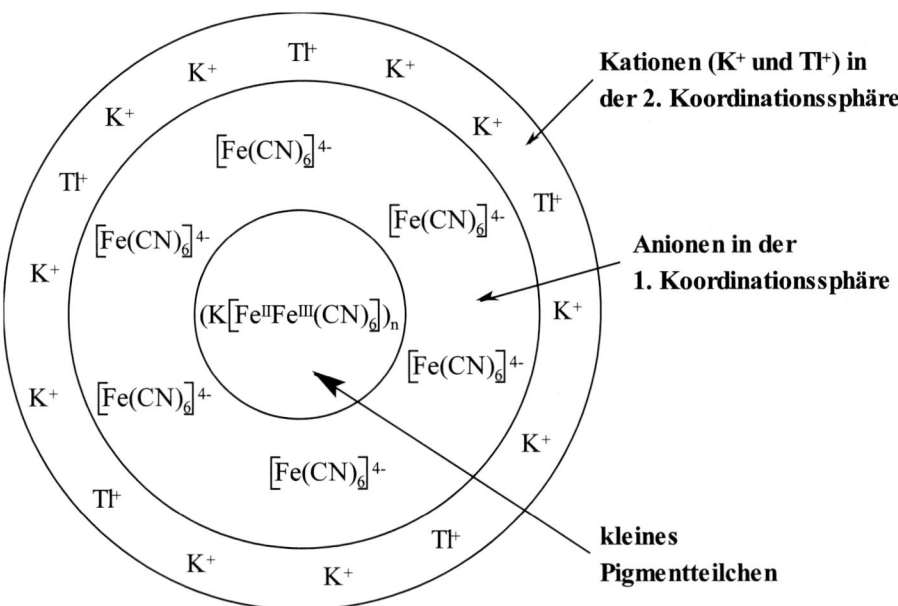

Abb. 4.1.5.6-1. Negativ geladenes Berliner-Blau-Sol als therapeutisches Mittel bei Thallium-Vergiftungen

4.2 Ökotoxikologie

4.2.1 Saurer Regen

Das Verbrennen schwefelhaltiger fossiler Rohstoffe und das Rösten von Metallsulfiden sind die Hauptquellen für **Schwefeldioxid** (SO_2). Falls dieses Gas nicht durch basische und ggf. oxidierende (Wasserstoffperoxid) Wäsche (Rauchgasentschwefelung) zurückgehalten wird, gelangt es in die Luft, wo es langsam durch den Luftsauerstoff zu Schwefeltrioxid (SO_3) oxidiert wird. Dieses reagiert als Anhydrid der Schwefelsäure mit der Luftfeuchtigkeit – ebenfalls langsam – zu Schwefelsäure (H_2SO_4), dem Hauptbestandteil des sauren Regens (vgl. Kapitel 2.4.6).

Der andere Anteil des sauren Regens ist **Salpetersäure** (HNO_3). Diese bildet sich bei der Disproportionierung von NO_2 mit Luftfeuchtigkeit. Das NO_2 stammt aus der Oxidation von NO mit Luftsauerstoff und das NO wiederum aus der Reaktion von N_2 und O_2 z. B. im Motorblock eines Kraftfahrzeuges oder bei Gewittern (s. Kapitel 2.5.4).

Der saure Regen bewirkt eine **Senkung des pH-Wertes natürlicher Gewässer**, was zu erheblichen Störungen des biologischen Gleichgewichts führt. Weiterhin kann er zur **Solubilisierung von Schwermetallen** beitragen, indem die an sich schwerlöslichen Sulfide oder Carbonate einiger giftiger Schwermetalle unter der Einwirkung der starken Säuren H_2SO_4 bzw. HNO_3 in lösliche Sulfate bzw. Nitrate (und H_2S bzw. CO_2) übergeführt werden.

Gegen übersäuerte Böden und saure Seen hilft vor allem das **Kalken**:

$$H_2SO_4 + CaCO_3 \rightarrow CaSO_4 + H_2O + CO_2$$
$$2\,HNO_3 + CaCO_3 \rightarrow Ca(NO_3)_2 + H_2O + CO_2$$

Sinnvoller ist es – dies sei ausdrücklich wiederholt – den Emissionen von Schwefel- und Stickstoffoxiden durch **Gaswäsche**, **Adsorption** oder **katalytische Abgaszersetzung**, z. B. durch den 3-Wege-Katalysator im Auto (s. Kapitel 4.2.4), vorzubeugen.

4.2.2 Treibhauseffekt

Bei Verbrennungsprozessen zwecks Energieerzeugung entsteht u. a. eine zunehmende Menge **Kohlenstoffdioxid** (s. Kapitel 2.7.4.2). Dieses kann nicht mehr in dem Ausmaße, wie es produziert wird, von den Ozeanen gelöst und in $CaCO_3$-Sedimentgestein oder von den Pflanzen durch die Photosynthese in Kohlenhydrate umgewandelt werden und reichert sich daher in der Atmosphäre an. Das linear aufgebaute Molekül mit Doppelbindungen zwischen den beiden Sauerstoffatomen und dem zentralen Kohlenstoffatom, O=C=O, wird von der von der Erde ausgehenden Wärmestrahlung, deren Energie mit der von Infrarotlicht vergleichbar ist, zum **Schwingen** angeregt. Die Erdwärme wird also nicht mehr im früher üblichen und gewünschten Maße in den Kosmos abgestrahlt, sondern von der Kohlenstoffdioxidschicht um den Erdball absorbiert, so dass ein treibhausähnlicher Effekt resultiert, der zum Anstieg der Temperatur auf der Erdoberfläche führt. Die ökologischen Folgen einer Klimaveränderung dürften gravierend sein. (Seit der Industriellen Revolution in der ersten Hälfte des 19. Jahrhunderts ist der Kohlenstoffdioxid-Anteil in der Atmosphäre um ca. 30 % und die globale Temperatur um knapp 1 °C angestiegen.)

Unter den drei fossilen Brennstoffen Kohle, Erdöl und Erdgas ist letzterer bei der Verbrennung ökologisch gesehen am günstigsten. Die Zahlenwerte der Verbrennungsenthalphien von Graphit (reiner Kohlenstoff), Pentan (repräsentatives Beispiel für ein Erdöl-Destillat) und Methan belegen, dass mit steigendem Wasserstoffanteil im Brennstoff dessen Brennwert steigt:

$$C + O_2 \rightarrow CO_2 \qquad\qquad \Delta H = -32,8 \text{ kJ/g}$$
$$C_5H_{12} + 8\,O_2 \rightarrow 5\,CO_2 + 6\,H_2O \qquad \Delta H = -48,7 \text{ kJ/g}$$
$$CH_4 + 2\,O_2 \rightarrow CO_2 + 2\,H_2O \qquad \Delta H = -55,7 \text{ kJ/g}$$

Gleichzeitig ist die entstehende CO_2-Menge mit steigenden Wasserstoffanteil im Brennstoff geringer (vgl. Übung 4.3-21).

Die Überlegung, aus Jahrespflanzen wie Raps oder Zuckerrüben Kraftstoffe zu gewinnen und zur Energiegewinnung zu verbrennen, ist *auf den ersten Blick* charmant. Denn diese Pflanzen binden zunächst bei ihrer Photosynthese das Kohlenstoffdioxid, welches bei der anschließenden Verbrennung wieder an die Atmosphäre zurückgegeben wird. Mit **Nachwachsenden Kraftstoffen** CO_2-Emissionen einzudämmen kann aber *fatale Nebenwirkungen* haben. Wenn nämlich Pflanzen, die ursprünglich der Ernährung der Menscheit dienten, verheizt werden, kann dies zur Verteuerung von Grundnahrungsmitteln und folglich zu Hungerkatastrophen, insbesondere in den Ländern der Dritten Welt, führen. Wenn dann noch CO_2-Senken wie Urwälder abgeholzt werden, um neue Anbauflächen für die Bio-Diesel- und Bio-Ethanol-Produktion zu schaffen, wenn der Boden zwecks Ertragssteigerung überdüngt und der Einsatz von Pflanzenschutzmitteln mit dem Argument übertrieben wird, die Pflanzenprodukte seien ja nicht zum Verzehr gedacht, wird das Konzept der Nachwachsenden Kraftstoffe geradezu pervers.

Zur Eindämmung des Treibhauseffektes muss sich die Menschheit auf die Urkräfte von Sonne, Wind und bewegtem Wasser besinnen und Maßnahmen zum **Einsparen von Energie** einleiten und konsequent befolgen.

4.2.3   Ozonloch

Die Ozonschicht in ca. 30 Kilometer Höhe über der Erdoberfläche hat die wichtige Funktion, ein Übermaß an kosmischer (überwiegend ultravioletter) Strahlung zu absorbieren und dadurch zu verhindern, dass diese sehr energiereiche Strahlung Biomoleküle auf der Erde irreversibel zerstört (vgl. Kapitel 2.2.6). (Energiereiche UV-Strahlung kann den Bruch zahlreicher chemischer Bindungen bewirken:

$$A\text{–}B \xrightarrow{\text{energiereiches UV–Licht}} A\cdot + \cdot B$$

Die resultierenden Bruchstücke (Radikale) vollziehen unkontrollierbare Folgereaktionen. Ein häufiges Krankheitsbild ist Hautkrebs.)

In die Atmosphäre gelangte Radikale, z. B. Stickstoffoxide und vor allem die aus der photochemischen Spaltung von Fluor-Chlor-Kohlenstoffen (FCK) resultierenden Chloratome, können mit dem starken Oxidationsmittel Ozon reagieren und so die Ozonschicht zerstören:

$$F_2Cl_2C \xrightarrow{\text{UV–Licht}} F_2ClC\cdot + Cl\cdot$$

$$\xrightarrow{O_3} \text{„Cl–O“} + O_2$$

Um diesen Effekt möglichst weitgehend einzudämmen, wurde der Einsatz von FCK als Treibgase und Kühlmittel verboten.

4.2.4   Smog

Bei schönem Wetter und starkem Autoverkehr kommt es leicht zur Bildung von Photosmog (auch Los-Angeles-Smog genannt). Darunter versteht man das Entstehen überhöhter Ozonkonzentrationen in Bodennähe, was wegen der reizenden und im Extremfall Lungenödem-bildenden Wirkung von Ozon (s. Kapitel 4.1.3) eine Gesundheitsgefährdung bedeuten kann. Ozon bildet sich folgendermaßen: Beim Verbrennen von Benzin entstehen im Motorblock der Kraftfahrzeuge Temperaturen über 1000 °C. Diese reichen aus, um den Luftstickstoff mit dem Luftsauerstoff zur Reaktion zu bringen, so dass u. a. Stickstoff(II)-oxid aus dem Auspuff des Autos entweicht:

$$N_2 + O_2 \xrightarrow{\text{ca. 1000 °C}} 2\,NO$$

Das NO reagiert bei der äußeren Umgebungstemperatur mit Luftsauerstoff zu braunem Stickstoff(IV)-oxid weiter (s. Kap. 2.5.4). Aus diesem und Luftsauerstoff entsteht nun unter Einwirkung von energiereichem UV-Licht – also bei schönem Wetter und Sonnenschein – Stickstoff(II)-oxid und Ozon. Als Bruttoreaktionsgleichung resultiert die Umwandlung von Disauerstoff in Ozon. Die Stickstoffoxide fungieren dabei als Katalysatoren:

$$2\,NO + O_2 \xrightarrow{\text{Normaltemperatur}} 2\,NO_2$$
$$2\,NO_2 + 2\,O_2 \xrightarrow{\text{UV–Licht}} 2\,NO + 2\,O_3$$
$$\overline{\qquad 3\,O_2 \xrightarrow{h\nu;[NO_x]} 2\,O_3 \qquad}$$

Eine erhebliche Reduzierung der NO_x-Emission im Straßenverkehr ist durch die Einführung des **3-Wege-Katalysators** gelungen: Die aus dem Motor kommenden heißen Verbrennungsgase werden über eine Edelmetalllegierung aus Platin (Hauptmetall), Palladium und Rhodium, die auf ein hochtemperaturstabiles, poröses Trägermaterial aus Aluminiumoxid und Magnesiumalumosilikat aufgezogen ist, geleitet. Hier werden restliche Kohlenwasserstoffe, die noch nicht im Motor verbrannt worden sind, zu Kohlenstoffmonoxid und Wasser verbrannt:

$$\text{Rest-C–H} + O_2 \xrightarrow{\text{3–Wege–Katalysator}} CO + H_2O$$

Weiterhin wird hoch giftiges CO (s. 4.1) zu CO_2 oxidiert und (öko)toxisches NO zu ungiftigem N_2 reduziert (womit die drei Hauptfunktionen des 3-Wege-Katalysators beschrieben sind). Eine wichtige Reaktion ist dabei die Oxidation von Kohlenstoffmonoxid mit Stickstoffmonoxid:

$$2\,CO + 2\,NO \xrightarrow{\text{3–Wege–Katalysator}} 2\,CO_2 + N_2$$

4.3 Übungen
(Toxikologie und Ökotoxikologie)

1. Nennen Sie bitte einfache Unterscheidungskriterien für Atemgifte und Reizstoffe.
2. Nach welchem chemischen Prinzip funktioniert die Therapie bei einer CO-Vergiftung?
3. Schlagen Sie bitte eine Therapie bei einer akuten Vergiftung mit Schwermetallionen (z. B. Pb^{2+}, Cu^{2+}, Hg^{2+}, As^{3+}) vor.
4. Wie äußert sich u. a. eine chronische Bleivergiftung? Wie kann diese beispielsweise zustande kommen?
5. Wieso ist das (frühere) Antiklopfmittel im bleihaltigen Benzin so gefährlich?
6. Wieso geht von Quecksilber-kontaminierten Böden eine besondere Gefahr aus?
7. Nennen Sie bitte eine Möglichkeit der Therapie bei einer Vergiftung mit dem (welchem?) klassischen Rattengift und diskutieren Sie die chemischen Grundlagen dafür.
8. Nennen Sie bitte eine mögliche Präventivmaßnahme gegen das Entstehen von saurem Regen und eine Möglichkeit, bereits durch sauren Regen entstandene Schäden zu kurieren.
9. Erklären Sie bitte das Zustandekommen des Treibhauseffektes.
10. Was versteht man unter Photosmog?
11. Was ist ein 3-Wege-Katalysator, und welche Funktionen hat er?

Experimente

12. Interpretieren Sie bitte folgende Versuche in Hinblick auf die toxische Wirkung von Nitrit: Eine leicht saure Eisen(II)-sulfat-Lösung wird mit etwas Thiocyanat versetzt. Die ganz schwach rosa gefärbte (wieso?) Lösung wird auf zwei Reagenzgläser verteilt. Zum einen Teil wird Natriumnitrat, zum anderen Natriumnitrit gegeben. Im ersten Fall passiert nichts, im zweiten Fall wird die Reaktionslösung sofort tiefrot (Versuch 63, s. CD).
13. Interpretieren Sie bitte folgenden Versuch in Hinblick auf die hautzerstörende Wirkung von Säuren und Basen: Eine Eiweißsuspension (Milch) wird mit Salzsäure bzw. Natronlauge versetzt. Im ersten Fall bildet sich ein flockiger Niederschlag, bei der Zugabe von Natronlauge kommt es zu einer Aufklarung (Versuch 65, s. CD).
14. Interpretieren Sie bitte folgenden Versuch in Hinblick auf die hautzerstörende Wirkung von Salpetersäure: Eine wässrige Lösung einer aromatischen Aminosäure, z. B. Phenylalanin, (oder Milch; Versuch 66, s. CD) wird mit Salpetersäure versetzt (und kurz aufgekocht). Die Lösung wird dabei bräunlich.

15. Welche Aspekte der Toxikologie bzw. Therapie werden durch folgende Reagenz-glasversuche modelliert?

- Eine Kupfersulfat-Lösung wird mit Natronlauge bzw. Soda-Lösung bzw. Ammoniak versetzt. Anschließend wird EDTA-Lösung zugegeben (Versuch 64, s. CD).
- Eine Bleinitrat-Lösung wird mit Soda- bzw. Phosphat-Lösung versetzt (Versuch 67, s. CD).
- Eine Natriumfluorid-Lösung wird mit Calciumchlorid-Lösung versetzt.
- Eine (verdünnte) Cyankali-Lösung wird mit überschüssigem Thiosulfat versetzt und kurz aufgekocht. Einige Tropfen der Reaktionslösung werden zu einer Eisen(III)-chlorid-Lösung gegeben, die sich sofort tiefrot färbt.
- Eine Lösung von rotem Blutlaugensalz wird mit überschüssigem Cobalt(II)-chlorid versetzt. Es entsteht ein rotbrauner Niederschlag.

Umwelt- und Sicherheitsprobleme im Labor

16. Ein Praktikant bekommt Flusssäure auf die Hand. Was ist zu tun?
17. Ein altes Thermometer mit Quecksilberfüllung zerbricht. Wie kann das verschüttete Metall beseitigt werden?

Rechenaufgaben

18. In einem Becherglas befinden sich 10 ml einer 1 mol/L Kupfersulfat-Lösung. Beim Ausschütten in das Sammelgefäß für Kupferreste bleiben 0,5 ml Flüssigkeit im Becherglas zurück. Zum Spülen werden 10 ml Wasser verwendet. Darf die Spül-lösung in den Ausguss geschüttet werden, ohne dass die Einleitgrenze für Cu von 1 mg/l überschritten wird? Wenn dies nicht der Fall ist, ist zu berechnen, welches Spülwasser bei wiederholtem Ausspülen mit jeweils 10 ml Wasser der Anforderung entspricht.
19. Einem Studenten fällt eine Flasche mit 200 ml Aceton aus der Hand und zerbricht. Das Lösungsmittel verdampft in kurzer Zeit im Raum, der ein Volumen von 500 m³ hat. Ist das Aceton/Luft-Gemisch im Raum explosionsfähig?
    Definition: Die Explosionsgrenze beschreibt die obere und untere Konzentration von explosiven Gasen oder Dämpfen in Luft (in Vol.-%), die durch Erhitzen oder Zündung zur Explosion gebracht werden können (oft auch als „Zündbereich" ange-geben).
    (d_{Aceton} = 0,79 g/cm³; M_{Aceton} = 58,0 g/mol; Expl.-Grenzen: 2,1 – 13,0 Vol.-%)
20. Ein Student verkocht eine Lösung mit 100 mg Thioacetamid am Arbeitsplatz und nicht wie vorgeschrieben unter dem Abzug. Wird im Labor, das eine Größe von 500 m³ hat, der MAK-Wert (maximale Arbeitsplatzkonzentration) für Schwefel-wasserstoff von 15 mg/m³ bzw. die Geruchsschwelle von 0,038 mg/m³ über-schritten? (M_{TAA} = 76 g/mol).
21. Wie kommen die in der folgenden Tabelle angegebenen Zahlenwerte für die CO_2-Freisetzung bei der Verbrennung von Erdgas, Benzin, Diesel/Heizöl und Steinkohle zustande?

Brennstoff	Wärmewert	CO_2-Freisetzung	CO_2-Bilanz
Erdgas, 1 m^3	~ 10,00 kWh	~ 1,98 kg	0,198 kg CO_2 / kWh
Benzin, 1 l	~ 9,30 kWh	~ 2,16 kg	0,232 kg CO_2 / kWh
Diesel/Heizöl, 1 l	~ 9,80 kWh	~ 2,40 kg	0,245 kg CO_2 / kWh
Steinkohle, 1 kg	~ 8,14 kWh	~ 3,70 kg	0,455 kg CO_2 / kWh

22. Wie viele Liter Benzin- bzw. Diesel-Kraftstoff darf ein Personenkraftwagen pro 100 Kilometer maximal verbrauchen, wenn es das Ziel ist, dass nicht mehr als 120 g CO_2/km als Abgas in die Atmosphäre abgegeben werden dürfen?

5 Anorganische Stoffchemie als Grundlage der Analytischen Chemie

Summary

Qualitative (Which substance is present?) and quantitative (How much of the substance is present?) analyzing methods are important to characterize inorganic materials (elements, ions and compounds).

The presence of an ion in a sample is proven if a specific reaction takes place in a specific way. Two typical examples are the raspberry red precipitate if diacetyldioxime is added to a nickel salt solution or the blue color if yellow potassium hexacyanoferrat(II), is added to an iron(III)-salt solution.

Before such specific determination reactions are possible, however, extracting the desired material from the other material is necessary. This can be achieved through selective solving (with water, acids, bases or complexing agents), decomposition (alkaline melting with soda, acid melting with potassium hydrogen sulfate, oxidizing melt with potassium nitrate or sodium peroxide) or precipitation (as sulfide, hydroxide or carbonate). A combination of these methods is also possible.

The separation processes often mirror methods that are used in industrial chemistry to separate minerals from their gangue. They are also used to produce elements and their compounds or to clean materials from by-products. The separation of iron and aluminum ions (precipitation of iron(III) oxide/hydroxide and dissolving aluminum as water soluble tetrahydroxyaluminate, $[Al(OH)_4]^-$), for example, is similar to one step in the production of aluminum oxide out of bauxite, a mixture of aluminum, iron, and silicon oxide. The dissolution (with soda) and the analysis of silicates is also similar to the industrial chemistry of glas, water glass and silica gel. And the electrochemical quantitative analysis of copper is comparable to the industrial purification of the element.

It can thus rightly be said that for successful analytic work it is necessary to have a good and detailed knowledge of the chemistry of inorganic materials.

5.1 Ziele der Analytischen Chemie

Aufgabe der Analytischen Chemie ist es, zuverlässige Aussagen über die Zusammensetzung unbekannter Proben zu machen. Die Qualitative Analyse gibt Aufschluss darüber, welche chemischen Substanzen in der jeweiligen Probe vorliegen, die Quantitative Analyse sagt, wie groß der Anteil eines bestimmten Stoffes in einer Probe ist. Um eine (anorganische) Probe analysieren zu können, muss der Analytiker die (anorganische) Stoffchemie beherrschen, denn die anzuwendenden Methoden sind auf die charakteristische Eigenschaften einzelner Elemente, Ionen oder Verbindungen maßgeschneidert.

Der **systematische Gang einer Analyse** umfasst:

- **Qualitative Analyse**

    - Vorproben (Aussehen der Probe, Flammenfärbung, Löslichkeit in Wasser, Säuren, Laugen, Komplexligand-Lösungen)
    - Direktnachweise aus der Probe (ohne vorherige Trennoperationen)
    - Trennen der einzelnen Komponenten der Probe
    - Selektive Einzelnachweise der getrennten Komponenten

- **Quantitative Analyse**

    - Trennen der einzelnen Komponenten einer eingewogenen Probenmenge
    - Quantitative Bestimmung der einzelnen Komponenten

Ziel des vorliegenden Kapitels ist es *nicht*, die Analytische Chemie in vollem Umfang zu präsentieren. Es sollen vielmehr die in den Kapiteln 1-3 dieses Buches vorgestellten Grundlagen der Allgemeinen und Anorganischen Chemie in Hinblick auf ihre Bedeutung für die Qualitative und Quantitative Analyse beleuchtet und vertieft werden. Dies geschieht anhand ausgewählter Fallbeispiele.

5.2 Einzelnachweise ausgewählter Ionen

Das Vorliegen eines Ions in einer Probe ist bewiesen, wenn eine für dieses Ion **charakteristische Reaktion** erwartungsgemäß verläuft. Einige Ionen lassen sich direkt aus der zu untersuchenden Festsubstanz nachweisen, ohne dass vorab Trennschritte erforderlich sind, andere können nur aus wässrigen Lösungen, ggf. nach vorheriger Abtrennung anderer Ionen und nach Einstellung eines bestimmten pH-Wertes, eindeutig identifiziert werden.

5.2.1   Direktnachweise aus der zu untersuchenden Festsubstanz

Zum Nachweis von **Acetat** nutzt man die Tatsache aus, dass das Ion das Anion der schwachen Essigsäure ist (s. Kap. 2.2.7.3), die bei Zugabe einer starken Säure zur acetathaltigen Probe frei wird und an ihrem charakteristischen Essiggeruch erkennbar ist. Praktisch geht man so vor, dass man die feste Probe mit Kaliumhydrogensulfat, $KHSO_4$ – Schwefelsäure ist auch in ihrer zweiten Dissoziationsstufe noch eine sehr starke Säure (s. Kapitel 2.4.6) – verreibt und die Nase als Detektor verwendet:

$$KOAc\,(s) \;+\; KHSO_4\,(s) \;\rightarrow\; HOAc\,(g) \;+\; K_2SO_4\,(s)$$

Nach ähnlichen Gesetzmäßigkeiten wie beim Acetatnachweis lassen sich auch Sulfid und Carbonat nachweisen. Eine **sulfid**haltige Probe liefert bei Zugabe der starken Salzsäure Schwefelwasserstoff, der ganz typisch nach faulen Eiern stinkt (s. Kapitel 2.4.4):

$$MS\,(s) \;+\; 2\,HCl\,(aq) \;\rightarrow\; H_2S\,(g) \;+\; MCl_2\,(aq)$$

Aus einer **carbonat**haltigen Probe setzt zugetropfte Salzsäure die sehr schwache Kohlensäure frei, die zu Wasser und Kohlenstoffdioxid zerfällt, welches ausgast und, eingeleitet in Barytwasser, eine Fällung von weißem Bariumcarbonat bewirkt (s. Kapitel 2.7.4.2 und vgl. Versuch 7, s. CD):

$$MCO_3 \;+\; 2\,HCl \;\rightarrow\; MCl_2 \;+\; H_2O \;+\; CO_2\,(g)$$
$$\xrightarrow{\;\text{ges. Ba(OH)}_2-\text{Lösung}\;} BaCO_3$$

Das Prinzip „starke Säure setzt schwache Säure frei" lässt sich auch übertragen gemäß „starke Base setzt schwache Base frei". Gibt man zu einer **ammonium**haltigen Probe die starke Natronlauge, so wird die schwache Base Ammoniak ausgetrieben und kann an ihrem Geruch identifiziert werden (vgl. Kapitel 2.5.2; Versuch 37-1, s. CD):

$$NH_4Cl\,(s) \;+\; NaOH\,(aq) \;\rightarrow\; NH_3\,(g) \;+\; NaCl\,(aq) \;+\; H_2O$$

Nitrat lässt sich ebenfalls als Ammoniak nachweisen, wenn man es vorab zu diesem reduziert. Dazu eignet sich beispielsweise das unedle Zink, Magnesium oder Aluminium (s. Kapitel 2.5.4). Experimentell geht man so vor, dass man die zu prüfende Substanz mit Natronlauge und einer Zinkgranalie bzw. mit etwas Magnesium- oder Aluminiumgrieß versetzt (Versuch 37-2, s. CD)[1]:

---

[1] Eine Zwischenstufe bei der Reduktion von Nitrat zu Ammoniak ist das Nitrit. Dieses kann zum Aufbau eines Azofarbstoffes – Kondensation mit einem Anilin-Derivat zu einem Diazoniumion, das anschließend eine weitere aromatische Verbindung elektrophil substituiert – genutzt werden. Diese Reaktion ermöglicht einen weiteren Nitrat-Nachweis und verdeutlicht gleichzeitig eine Hauptanwendung von Nitrit in der Industriellen Organischen Chemie.

$$NaNO_3 \ + \ 4\,Zn \ + \ 7\,NaOH \ + \ 6\,H_2O \quad \rightarrow \quad NH_3 \ + \ 4\,Na_2[Zn(OH)_4]$$
$$NaNO_3 \ + \ 4\,Mg \ + \ 6\,H_2O \qquad\qquad \rightarrow \quad NH_3 \ + \ 4\,Mg(OH)_2 \ + \ NaOH$$
$$3\,NaNO_3 \ + \ 8\,Al \ + \ 5\,NaOH \ + \ 18\,H_2O \ \rightarrow \ 3\,NH_3 \ + \ 8\,Na[Al(OH)_4]$$

Wie die bislang besprochenen Ionen lassen sich auch Borat und Iodid durch gezielte Überführung in gasförmige Verbindungen identifizieren. Beim **Borat**-Nachweis nutzt man aus, dass die aus Boraten und Schwefelsäure entstandene Borsäure mit Methanol verestert werden kann. Der resultierende Borsäuretrimethylester ist flüchtig und verbrennt beim „Flammbieren" der Reaktionsmischung mit leuchtend grüner Farbe (s. Kapitel 2.9.1; Versuch 50-1, s. CD):

$$\text{Borate (s)} \xrightarrow{\ H_2SO_4\ } H_3BO_3 \xrightarrow{\ 3\,CH_3OH;\ -\,3\,H_2O\ } B(OCH_3)_3 \ (g)$$

Wenn aus einer Probe nach Zutropfen von konzentrierter Schwefelsäure violetter Dampf entweicht, kann dieser nur Iod sein, das aus **Iodid** durch Oxidation mit dem sechswertigen Schwefel der Schwefelsäure entstanden ist (s. Kapitel 2.3.5.1; Versuch 27, s. CD):

$$8\,KI \ (s) \ + \ 5\,H_2SO_4 \ (konz.) \ \rightarrow \ 4\,I_2 \ (g) \ + \ H_2S \ (g) \ + \ 4\,K_2SO_4 \ + \ 4\,H_2O$$

Einige Übergangsmetalle können aus der Ursubstanz durch Anfertigen einer **Phosphorsalzperle** nachgewiesen werden. Man erhitzt die zu prüfende Substanz mit Phosphorsalz, $NaNH_4HPO_4$, das unter Freisetzung von Ammoniak und Wasser zu Polyphosphaten (s. Kapitel 2.6.4) kondensiert, die besonders Übergangsmetallverbindungen unter Ausbildung charakteristisch gefärbter Gläser (vgl. Kapitel 2.8.2, Versuch 68, s. CD) lösen:

$$x\,NaNH_4HPO_4 \quad \xrightarrow{\ \Delta T\ } \quad [NaPO_3]_x + x\,NH_3 \ + \ x\,H_2O$$
$$[NaPO_3]_x \ + \ y\,CoSO_4 \quad \xrightarrow{\ \Delta T\ } \quad [(NaPO_3)_x \cdot (CoO)_y] \ + \ y\,SO_3$$

blaue „Cobalt-Perle"

Ganz analog können **Boraxperlen** hergestellt werden (vgl. Kapitel 2.9.1, Versuch 68, s. CD):

$$x\ Na_2B_4O_7\ +\ y\ CoSO_4\ \xrightarrow{\Delta T}\ [(NaBO_2)_{2x}{\cdot}(B_2O_3)_x{\cdot}(CoO)_y]\ +\ y\ SO_3$$

blaue „Cobalt-Perle"

5.2.2 Einzelnachweise aus wässrigen Lösungen der zu untersuchenden Substanz

Um **Sulfat** nachzuweisen, nutzt man aus, dass das Anion in der Natur u. a. im Schwerspat, $BaSO_4$ (s. Tabelle 3.4.1-1), vorkommt, also diesen Stoff auch bei Zusatz von Bariumionen liefert:

$$H_2SO_4\ +\ BaCl_2\ (aq)\ \rightarrow\ BaSO_4\ (s)\ +\ 2\ HCl$$

Praktisch verläuft der Test so, dass man die wässrige Lösung der zu untersuchenden Substanz mit Salpetersäure leicht ansäuert – dadurch wird ggf. vorliegendes und störendes Carbonat als Kohlenstoffdioxid ausgetrieben – und dann eine Bariumchlorid-Lösung zutropft. Die auftretende Niederschlagsbildung ist eindeutig (Versuch 69, s. CD).

Chloridionen lassen sich in einer salpetersauren Lösung der zu untersuchenden Probe eindeutig erkennen, wenn beim Zutropfen von Silbernitrat-Lösung ein weißer Niederschlag auftritt, der mit Ammoniak unter Komplexbildung (s. Kapitel 3.7.1; Versuch 54, s. CD) wieder in Lösung geht:

$$HCl\ +\ AgNO_3\ (aq)\ \rightarrow\ HNO_3\ +\ AgCl\ (s)$$
$$\xrightarrow{2\ NH_3}\ [Ag(NH_3)_2]Cl\ (aq)$$

Aus einer **fluorid**haltigen Lösung kann man durch Zugabe von Schwefelsäure die schwache Flusssäure erzeugen. Diese hat die charakteristische Eigenschaft, Glas – und damit auch das Reagenzglas, in dem die Nachweisreaktion durchgeführt wird – unter Ausbildung von Hexafluorokieselsäure zu ätzen (s. Kapitel 2.3.5.2), was zu ihrer Erkennung herangezogen werden kann:

$$2\ NaF\ +\ H_2SO_4\ \rightarrow\ Na_2SO_4\ +\ 2\ HF$$
$$\xrightarrow{SiO_2\ (Glas)}\ H_2[SiF_6]$$

Allein schon das Vorliegen einer violetten Lösung deutet auf das Vorliegen von **Permanganat** hin. Wenn die mit Natronlauge alkalisierte Lösung dann mit Wasserstoffperoxid noch einen braunen Niederschlag liefert und gast bzw. die schwefelsaure Lösung bei Zugabe von Wasserstoffperoxid oder Schwefliger Säure farblos wird (s. Kapitel 2.2.5.3), ist das Vorliegen von Permanganat eindeutig (Versuche 15 und 34, s. CD):

$$2\,KMnO_4 \;+\; 3\,H_2O_2 \qquad\qquad \rightarrow \quad 2\,MnO_2 \;\;+\; 3\,O_2 \;+\; 2\,KOH \;+\; 2\,H_2O$$
$$2\,KMnO_4 \;+\; 5\,H_2O_2 \;+\; 3\,H_2SO_4 \;\rightarrow\; 2\,MnSO_4 \;+\; K_2SO_4 \;+\; 5\,O_2 \;+\; 8\,H_2O$$
$$2\,KMnO_4 \;+\; 5\,H_2SO_3 \qquad\quad \rightarrow \quad 2\,MnSO_4 \;+\; K_2SO_4 \;+\; 2\,H_2SO_4 \;+\; 3\,H_2O$$

Als Nachweise für Übergangsmetallkationen seien die von Titan, Eisen und Nickel angeführt. Wird eine farblose, schwefelsaure Lösung bei Wasserstoffperoxid-Zugabe gelb, so hat sich ein Peroxokomplex gebildet, der nur für das vierwertige **Titan** typisch ist (s. Kapitel 2.2.5.2; Versuch 13, s. CD):

$$[TiO]SO_4 \;+\; H_2O_2 \;\rightarrow\; [TiO_2]SO_4 \;+\; H_2O$$

Eisen(III)-ionen lassen sich in ihrer salzsauren, gelb-bräunlichen Lösung nicht übersehen, weil sie mit gelbem Blutlaugensalz tiefblaues Berliner-Blau-Sol und mit Thiocyanat eine rote, lösliche Verbindung bilden (s. die Kapitel 3.7.3, 4.1.5.6 und 2.7.5; Versuche 44 und 45, s. CD):

$$FeCl_3 \;+\; K_4[Fe(CN)_6] \quad\rightarrow\quad K[Fe^{III}Fe^{II}(CN)_6] \;+\; 3\,KCl$$
$$FeCl_3 \;+\; 3\,NH_4SCN \quad\rightarrow\quad Fe(SCN)_3 \;+\; 3\,NH_4Cl$$

Eine wässrige **Nickel**salz-Lösung ist wegen des vorliegenden Hexaquokomplexes grün. Beim schwachen Alkalisieren mit Ammoniak entsteht ein blauer Hexamminkomplex und bei anschließender Zugabe einer ammoniakalischen Lösung von Diacetyldioxim (dmglH$_2$) ein himbeerroter Niederschlag (Versuch 55, s. CD):

$$[Ni(H_2O)_6]^{2+} \xrightarrow{\;6\,NH_3;\, -\,6\,H_2O\;} [Ni(NH_3)_6]^{2+} \xrightarrow{\;2\,dmglH^-;\, -\,6\,NH_3\;} Ni(dmglH)_2$$

Bei dieser Reaktionsfolge verdrängt ein stärker basischer Ligand (NH$_3$) den weniger basischen (H$_2$O) und der zweizähnige (dmglH$^-$) den einzähnigen (NH$_3$) vom Zentralteilchen (vgl. Kapitel 3.7.2).

5.3 Lösen und Aufschließen

Bevor die im Kapitel 5.2 exemplarisch beschriebenen Einzelnachweise durchgeführt werden können, muss die zu untersuchende Probe in der Regel in Lösung gebracht werden. Die Löslichkeit ist eine ganz wichtige Eigenschaft einer chemischen Substanz und kann u. a. auch dazu ausgenutzt werden, um diese von anderen Substanzen zu trennen. Bei der Probenvorbereitung geht man deshalb so vor, dass man die feste Substanz mit einem Lösungsmittel versetzt und danach die gelösten Anteile von den ungelösten durch Filtration oder Zentrifugieren abtrennt. Man erhält also immer zwei Fraktionen. (Dies entspricht in etwa auch der Vorgehensweise in der industriellen Chemie, z. B. bei der Trennung von Mineral und Gangart (s. Kapitel 3.4.2) oder eines Metalls von seinen Verunreinigungen (s. Kapitel 3.6).) Durch geeignete Wahl verschiedener Lösemittel kann man schließlich auch Vielkomponentensysteme in ihre

Einzelbestandteile zerlegen und diese dann qualitativ und quantitativ bestimmen. Für die Anorganische Analytik kommen als Lösungsmittel vor allem Wasser (neutral), Salzsäure oder Salpetersäure (sauer) und Soda-Lösung (alkalisch) in Frage. Ferner bieten sich wässrige Lösungen von komplexbildenden Ligandmolekülen, z. B. Ammoniak oder Tartrat (Salz der Weinsäure), an. Doch nicht alle Substanzen lassen sich mit wässrigen Lösungsmitteln lösen. Häufig sind vorab chemische Umwandlungen durch Reaktionen in der Schmelze (Aufschlüsse) nötig, um wasserlösliche Produkte zu erzielen.

Reines **Wasser** ist für die Analytische Chemie als Lösemittel nur selten ausreichend, denn zu viele Mineralien und technische Produkte sind wasserunlöslich.

Salzsäure hat den Vorteil, als starke Säure viele wasserunlösliche Salze schwacher Säuren, insbesondere die Sulfide und Carbonate, in lösliche Chloride unter Verdrängung der schwachen Säure (Schwefelwasserstoff bzw. Kohlenstoffdioxid) zu überführen, z. B.:

$$ZnS \quad + 2\,HCl \quad \rightarrow \quad ZnCl_2 + H_2S$$
$$CaCO_3 + 2\,HCl \quad \rightarrow \quad CaCl_2 + CO_2 + H_2O$$

Außerdem kann sie unedle Metalle oxidierend (durch H^+) lösen (s. die Kapitel 2.3.5 und 2.3.6 sowie Versuch 1, s. CD), z. B.:

$$Fe + 2\,HCl\,(aq) \quad \rightarrow \quad FeCl_2 + H_2\,(g)$$

Nicht geeignet ist Salzsäure zum Lösen von Halbedel- oder Edelmetallen oder von Silber- oder Bleiverbindungen. Letztere liefern nämlich mit Salzsäure schwerlösliche Chloride, AgCl bzw. $PbCl_2$. Hier ist Lösen mit **Salpetersäure** möglich. Diese hat nicht nur den Vorteil einer starken Säure, sondern zusätzlich den eines starken Oxidationsmittels (s. Kapitel 2.5.4). Sie überführt wasserunlösliches Bleiweiß, $PbCO_3$, in lösliches Bleinitrat oder das Halbedelmetall Kupfer in Kupfernitrat:

$$PbCO_3 + 2\,HNO_3 \quad \rightarrow \quad Pb(NO_3)_2 \quad + CO_2 + H_2O$$
$$3\,Cu \quad + 8\,HNO_3 \quad \rightarrow \quad 3\,Cu(NO_3)_2 + 2\,NO + 4\,H_2O$$

Für quantitative Bestimmungen (s. Kapitel 5.6) wird häufig **Königswasser**, eine 1:3-Mischung aus konzentrierter Salpetersäure und konzentrierter Salzsäure, eingesetzt, deren verstärkte Oxidationskraft auf Chlor in statu nascendi zurückzuführen ist (s. Kapitel 2.5.4):

$$HNO_3 + 3\,HCl \quad \rightarrow \quad NOCl + 2\,H_2O + 2\,,,Cl``$$

Die Salze AgCl und $PbCl_2$ kann man auch gezielt unter Komplexbildung in Lösung bringen, und zwar Silberchlorid mit Ammoniak (Versuch 54, s. CD) und Bleichlorid mit ammoniakalischer Weinsäure (s. die Kapitel 3.7.1 und 3.7.2):

$$AgCl \quad + 2\,NH_3 \quad \rightarrow \quad [Ag(NH_3)_2]Cl$$
$$PbCl_2 \quad + 2\,HO_2CCH(OH)CH(OH)CO_2H + 8\,NH_3 \quad \rightarrow$$
$$(NH_4)_6[Pb(C_4O_6H_2)_2] + 2\,NH_4Cl$$

Die Extraktion der zu untersuchenden Substanz mit **Soda-Lösung** (s. Kapitel 2.7.4.4) ist in Hinblick auf die Anionenanalytik günstig. Im Filtrat, dem **Sodaauszug**, lassen sich u. a. Sulfat, Phosphat, Nitrat, die Halogenide sowie Chromat finden. Besonders vorteilhaft ist, dass einige die Nachweise störende Kationen, z. B. Ba^{2+} für den Sulfat- oder Ag^+ für den Halogenidnachweis, mit Soda in schwerlösliches Bariumcarbonat (Carbonatanteil der Soda) bzw. Silberhydroxid (basische Eigenschaft der Soda) übergeführt und dann abfiltriert werden können.

Mit wässrigen Systemen nicht in Lösung zu bringen sind z. B. schwerlösliche Sulfate wie $BaSO_4$, Polysilicate oder stark verwitterte bzw. geglühte Oxide wie TiO_2, Fe_2O_3, Al_2O_3 oder Cr_2O_3. Diese müssen zuerst über **Schmelzreaktionen** in wasserlösliche Verbindungen übergeführt werden.

Bariumsulfat wandelt sich in einer Soda-Schmelze in Bariumcarbonat um:

$$BaSO_4 + Na_2CO_3 \text{ (Überschuss)} \xrightarrow{\text{Schmelze}} BaCO_3 + Na_2SO_4$$

Der Schmelzkuchen wird zunächst mit Wasser ausgewaschen, um überschüssiges Aufschlussmittel und entstandenes Natriumsulfat zu entfernen. Das übrig gebliebene Bariumcarbonat lässt sich dann mit Salz- oder Essigsäure in das wasserlösliche Bariumchlorid bzw. -acetat überführen und ist in der Form einer qualitativen Bestimmung zugänglich:

$$BaCO_3 \text{ (s)} + 2\,HX \rightarrow BaX_2 \text{ (aq)} + CO_2 + H_2O \qquad (X = Cl, OAc)$$

Die Raumnetzstrukturen der Silicate und des Quarzes (s. Abbildung 2.8.1-1) werden mit Soda in der Schmelze so weit abgebaut, dass nur noch kleine und daher wasserlösliche Oligosilicate und im Idealfall das Orthosilicat, SiO_4^{4-}, übrig bleiben. Durch den riesigen Soda-Überschuss und die drastische Reaktionsbedingung wird so zu sagen eine extreme Netzwerkwandlung (Soda wird bei der Fensterglasherstellung – in deutlich kleineren Mengen als hier beim Aufschluss – als Netzwerkwandler eingesetzt; s. Kapitel 2.8.2) erzielt. Wird der anschließend in Wasser gelöste Schmelzkuchen, der einer Wasserglas-Lösung ähnelt, mit Salzsäure angesäuert, entsteht die Orthokieselsäure, die langsam polykondensiert, was anfangs nur an einer gelartigen Trübung, später am Abscheiden eines weißen Feststoffes zu beobachten ist (vgl. Fällungskieselsäure; Kapitel 2.8.1):

$$Quarz \xrightarrow{\text{Soda−Schmelze}} Na_4SiO_4 \xrightarrow{4\,HCl;-\,4\,NaCl} H_4SiO_4 \xrightarrow{-\,H_2O} (SiO_2)_n$$

Aus TiO_2, Fe_2O_3, Al_2O_3 und Cr_2O_3 lassen sich in einer Kaliumhydrogensulfat-Schmelze, in der durch Entwässerung das Anhydrid der Schwefelsäure, **SO_3**, entsteht, die entsprechenden Sulfate herstellen (**saurer Aufschluss**):

$$2\,KHSO_4 \xrightarrow{\text{Schmelze}} K_2SO_4 + H_2O + SO_3$$

$$TiO_2 + SO_3 \xrightarrow{\text{Schmelze}} TiOSO_4$$

$$M_2O_3 + 3\,SO_3 \xrightarrow{\text{Schmelze}} M_2(SO_4)_3 \;;\; M = Fe, Al, Cr$$

Die Reaktion ist verständlich, weil TiO_2 und Fe_2O_3 als basische und Al_2O_3 und Cr_2O_3 als amphotere Oxide gerne mit dem sauren Schwefeltrioxid in Wechselwirkung treten.

Cr_2O_3 kann auch oxidierend aufgeschlossen werden (**Oxidationsschmelze**). Mit einer Kaliumnitrat/Soda-Mischung oder mit Natriumperoxid (dem Hauptprodukt der Verbrennung von Natrium; s. Kapitel 2.2.4) geht es in der Schmelze in Chromat (sechswertiges Chrom) über, das gut wasserlöslich ist (vgl. Versuch 18, s. CD):

$$Cr_2O_3 + 3\,KNO_3 + 2\,Na_2CO_3 \xrightarrow{\text{Schmelze}} 2\,Na_2CrO_4 + 3\,KNO_2 + 2\,CO_2$$

$$Cr_2O_3 + 3\,Na_2O_2 \xrightarrow{\text{Schmelze}} 2\,Na_2CrO_4 + Na_2O$$

5.4 Gruppenfällungen

Nach den im Kapitel 5.3 beschriebenen Methoden in Lösung gebracht, müssen die ggf. nebeneinander vorliegenden Ionen getrennt werden. Dies kann insbesondere über Fällungen der Sulfide, Hydroxide oder Carbonate erfolgen, womit die Kationen in der Regel in die Verbindungen übergeführt werden, die auch in der Natur besonders häufig vorkommen (s. Tabelle 3.4.1-1).

Leitet man in eine salzsaure Lösung **Schwefelwasserstoff** ein (oder erzeugt diesen durch Verkochen von Thioacetamid: $CH_3C(S)NH_2 + H_2O \rightarrow CH_3C(O)NH_2 + H_2S$; s. Kapitel 2.4.4), so fallen nur solche Schwermetalle als Sulfide aus, die besonders kleine Löslichkeitsprodukte (z. B. $c_{M^{2+}} \cdot c_{S^{2-}} = L$) besitzen, beispielsweise Hg^{2+}, Pb^{2+}, $Cu^{+/2+}$, Cd^{2+}, $As^{3+/5+}$, $Sb^{3+/5+}$ oder $Sn^{2+/4+}$, denn im sauren Medium ist Schwefelwasserstoff nur sehr wenig dissoziert, so dass auch nur wenig freies Sulfid als eigentliches Fällungsmittel zur Verfügung steht:

$$H_2S \underset{\text{sauer}}{\overset{\text{alkalisch}}{\rightleftharpoons}} 2\,H^+ + S^{2-}$$

Im schwach alkalischen Medium werden allerdings auch die etwas besser löslichen – aber immer noch sehr schwerlöslichen – Sulfide, z. B. des Ni^{2+}, Co^{2+}, Zn^{2+} oder Mn^{2+}, ausgefällt, weil unter diesen Bedingungen die Protonen aus dem H_2S-Dissoziationsgleichgewicht durch Neutralisation abgefangen und das Gleichgewicht folglich in Richtung Fällungsreagenz S^{2-} hin verschoben wird, so dass dieses in größerer Menge zur Verfügung steht. Eine erste Stofftrennung gelingt deshalb schon, wenn man zuerst im sauren Medium mit Schwefelwasserstoff fällt, die Niederschläge abfiltriert, das Filtrat alkalisiert und erneut mit Schwefelwasserstoff behandelt, um die anderen Sulfide auszufällen (vgl. Versuch 33, s. CD).

Ein pH-Wert von 8 ist optimal für die gemeinsame **Fällung der Hydroxide** des Titans, Eisens, Aluminiums und Chroms. Ein stärker alkalisches Medium ist zu vermeiden, weil $Al(OH)_3$ und $Cr(OH)_3$ dann aufgrund ihres amphoteren Charakters Komplexe bilden (Versuch 52, s. CD) und nicht – wie an dieser Stelle erwünscht – als Hydroxide ausfallen würden:

$$Al(OH)_3 + NaOH \rightarrow Na[Al(OH)_4]$$

$$Cr(OH)_3 + 3\,NaOH \rightarrow Na_3[Cr(OH)_6]$$

(vgl. Bayer-Verfahren zum Bauxit-Aufschluss; Kapitel 3.4.2.2.1). Die günstige pH-Einstellung erreicht man durch Einsatz des **Puffers** NH_3/NH_4Cl, also durch Kombination einer schwachen Base und eines Salz dieser Base mit einer starken Säure (vgl. Kapitel 2.2.7.3).

Als letztes Beispiel für eine Gruppenfällung sei die der **Carbonate** vorgestellt. Die Erdalkalimetallionen Ba^{2+}, Sr^{2+} und Ca^{2+} (nicht Mg^{2+}) lassen sich im schwach alkalischen Medium mit Ammoniumcarbonat als Carbonate fällen:

$$MCl_2 + (NH_4)_2CO_3 \rightarrow MCO_3 + 2\,NH_4Cl \; ; \; M = Ba, Sr, Ca$$

Ein bewährtes Schema zur Trennung der wichtigsten Kationen ist in der Abbildung 5.4-1 gezeigt.

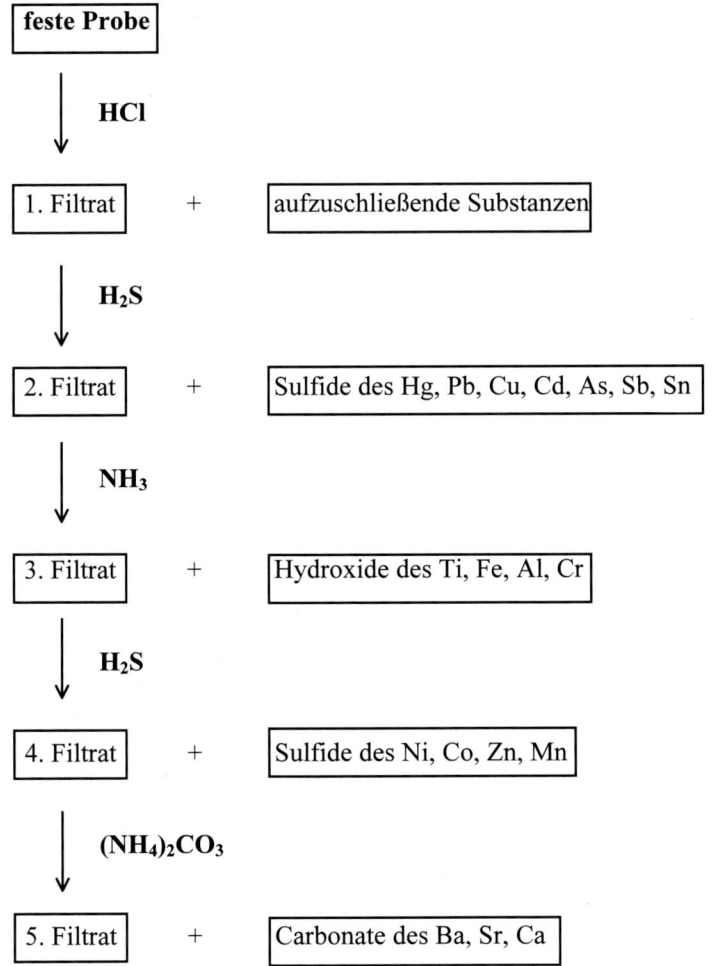

Abb. 5.4-1. Vereinfachter Kationentrennungsgang

5.5 Nachweise nebeneinander vorliegender Stoffe

Im Folgenden werden einige Methoden vorgestellt, nach denen sich Stoffe nebeneinander nachweisen lassen. Die gewählten Beispiele spiegeln repräsentative und vielseitige Aspekte der Fällungs-, Lösungs-, Redox- und Komplexchemie wider.

5.5.1 Trennung von Bromid und Iodid

Bromid- und Iodidionen lassen sich – wie Chlorid – mit Silberionen als schwerlösliche Salze, AgBr (gelblich, vgl. Schwarz-Weiß-Photographie; Kapitel 2.4.9) und AgI (gelb), fällen. Dies ist jedoch für ihre Unterscheidung wenig hilfreich. Günstiger ist es, ihre **unterschiedliche Oxidierbarkeit** und Überführbarkeit in **Interhalogenverbindungen** auszunutzen (s. Kapitel 2.3.7). Dazu wird ihre salzsaure Lösung mit Toluol überschichtet und tropfenweise mit Chlorbleichlauge versetzt. Das aus Chlorid und Hypochlorit durch Komproportionierung erzeugte Chlor (s. Kapitel 2.3.8) oxidiert zuerst den am leichtesten zu oxidierenden Stoff, hier das Iodid, zu elementarem Iod (vgl. die technische Synthese des Elements; Kapitel 2.3.4.1):

$$2\,HCl + NaOCl \;\rightarrow\; Cl_2 + NaCl + H_2O$$
$$2\,I^- \;\;+ Cl_2 \;\;\;\;\rightarrow\; I_2 + 2\,Cl^-$$

Dieses färbt die organische Phase rotviolett. Die nächste Portion Chlor oxidiert das Iod weiter zu Iodtrichlorid, das nur schwach gefärbt ist, so dass die vorher kräftige Farbe in der organischen Phase verschwindet:

$$I_2 + 3\,Cl_2 \;\rightarrow\; 2\,ICl_3$$

Nachdem auf diese Weise sämtliches Iod verbraucht worden ist, steht der nächsten Portion Chlor nur noch das Bromid zum Oxidieren zur Verfügung. Es entsteht elementares Brom (vgl. die technische Synthese des Elements; 2.3.3), das die organische Phase bräunlich färbt:

$$2\,Br^- + Cl_2 \;\rightarrow\; Br_2 + 2\,Cl^-$$

Bei Überschuss von Chlor wird schließlich auch dieses zur Interhalogenverbindung weiter oxidiert:

$$Br_2 + 3\,Cl_2 \;\rightarrow\; 2\,BrCl_3$$

Wie gut die Unterscheidungsoperation gelingt, hängt nicht zuletzt von Geschick des Experimentators ab. Er muss die Hypochlorit-Lösung langsam genug dosieren, damit immer nur eine minimale Menge Chlor entsteht, die dann auch nur den Stoff oxidiert, der nach seinem Redoxpotential gerade am leichtesten zu oxidieren ist.

5.5.2   Trennung von Kupfer und Cadmium

Eine wässrige Kupfer(II)-salz-Lösung ist türkisblau, was auf den Tetraquokomplex des zweiwertigen Kupfers (d^9-System) zurückzuführen ist. Cadmium(II)-Verbindungen (d^{10}-System) sind farblos. Die sichere Entscheidung, ob Cadmium- neben Kupferionen vorliegen, gelingt folgendermaßen: Die Lösung wird ammoniakalisch gemacht, wobei sich der tiefblaue, quadratisch-planar aufgebaute Tetramminkomplex des zweiwertigen Kupfers und der tetraedrische des zweiwertigen Cadmiums bilden (s. Abbildung 3.7.1-1). Danach wird die Lösung mit Cyankali entfärbt. Während beim Cadmium lediglich die Ammoniak- gegen Cyanoliganden ausgetauscht werden, erfolgt beim Kupfer zusätzlich eine Reduktion ($Cu^{2+} + e^- \rightarrow Cu^+$) unter gleichzeitiger Bildung von Dicyan (s. Kapitel 2.7.5). Außerdem ändert sich der Koordinationspolyeder: Das einwertige Kupfer ist jetzt tetraedrisch von vier Cyanoliganden umgeben, und das d^{10}-System ist farblos. Der 18-Elektronenkomplex ist so stabil, dass selbst beim anschließenden Einleiten von Schwefelwasserstoff in die Lösung kein Kupfer(I)-sulfid ausfällt. Man sagt auch, dass das einwertige Kupfer von seinen Cyanid-Liganden **maskiert** wurde, so dass es vom Fällungsmittel Sulfid nicht „gesehen" wird. Der Cyanokomplex des Cadmiums ist weniger stabil, so dass bei Einwirkung von Schwefelwasserstoff leuchtend gelbes Cadmiumsulfid (früher als Pigment verwendet) ausfällt:

$$Cu^{2+} \xrightarrow{4\,NH_3} [Cu(NH_3)_4]^{2+} \xrightarrow{5\,CN^-;\,-0,5\,NC-CN;\,-4\,NH_3} [Cu(CN)_4]^{3-}$$

$$Cd^{2+} \xrightarrow{4\,NH_3} [Cd(NH_3)_4]^{2+} \xrightarrow{4\,CN^-;\,-4\,NH_3} [Cd(CN)_4]^{2-} \xrightarrow{H_2S} CdS$$

5.5.3   Trennung von Titan, Eisen, Aluminium und Chrom

In der Abbildung 5.4-1 wurde bereits dargestellt, dass die Kationen des vierwertigen Titans und des dreiwertigen Eisens, Aluminiums und Chroms bei pH 8 gemeinsam als Hydroxide ($TiO(OH)_2$: weiß, $Fe(OH)_3$: rostbraun, $Al(OH)_3$: weiß, $Cr(OH)_3$: grün) ausfallen. Eine detaillierte Unterscheidung der Niederschläge basiert auf folgenden Überlegungen: $TiO(OH)_2$ und $Fe(OH)_3$ sind basische, $Al(OH)_3$ und $Cr(OH)_3$ hingegen amphotere Hydroxide. Schon allein deswegen sollte eine Untergruppentrennung möglich sein. Das Chrom unterscheidet sich von den anderen Elementen zusätzlich dadurch, dass es von seinem vorliegenden dreiwertigen Zustand in den sechswertigen gebracht werden kann (vgl. die Aufschlüsse der entsprechenden Metalloxide; Kapitel 5.3).

Folgende praktische Vorgehensweise ist empfehlenswert: Die Hydroxid-Mischung wird zunächst in Salzsäure gelöst und die Lösung in eine Mischung aus Natronlauge und Wasserstoffperoxid gegossen (so genannter **alkalischer Einlauf** oder Sturz). In dem stark basischen Medium fallen die basischen Hydroxide des Titans und Eisens wieder aus, während das Aluminium als Tetrahydroxialuminat in Lösung bleibt (vgl. Fe/Al-Trennung beim Bauxit-Aufschluss; Kap. 3.4.2.2.1). Das Chrom wird vom Wasserstoffperoxid oxidiert und bleibt als gelbes Chromat ebenfalls in Lösung (Versuch 18, s. CD):

$$
\begin{array}{ll}
TiO^{2+} & TiO(OH)_2 \\
Fe^{3+} & Fe(OH)_3 \\
\xrightarrow{\quad NaOH\ /\ H_2O_2 \quad} & \\
Al^{3+} & Na[Al(OH)_4] \\
Cr^{3+} & Na_2CrO_4
\end{array}
$$

Wenn das Filtrat also gelb ist, ist das Vorliegen von Chrom bewiesen. Stellt man den pH-Wert des Filtrates wieder auf 7-8 zurück, so fällt gelartiges, weißes Aluminium-hydroxid aus, womit auch die Anwesenheit von Aluminium bewiesen ist. Wenn der Niederschlag beim alkalischer Sturz braun ist, ist weiterhin das Eisen identifiziert. Ob sich unter dem braunen Niederschlag weißes Titanoxidhydrat versteckt, muss abschließend noch geprüft werden. Dazu wird der Hydroxidniederschlag mit Schwefel-säure gelöst. Titan kann mit Wasserstoffperoxid als gelber Peroxokomplex nachge-wiesen werden (s. Kapitel 5.2.2). Dessen Farbe ist nur dann gut zu beobachten, wenn die Ausgangslösung farblos ist. Hier bewirkt das Vorliegen von Eisen(III)-ionen aber eine gelbbraune Grundfarbe der zu analysierenden Lösung. Diese Störung kann durch Zusatz von Phosphorsäure oder Natriumfluorid beseitigt werden, denn mit diesen Ligand-molekülen entstehen farblose, lösliche Eisenkomplexe:

$$[Fe(H_2O)_6]^{3+} + 2\ PO_4^{3-} \rightarrow [Fe(PO_4)_2]^{3-} + 6\ H_2O$$
$$[Fe(H_2O)_6]^{3+} + 6\ F^- \quad \rightarrow [FeF_6]^{3-} \quad + 6\ H_2O$$

Jetzt kann die Reaktion von Titanylsulfat mit Wasserstoffperoxid eindeutig verfolgt werden (Versuch 13, s. CD):

$$
\begin{array}{ll}
[TiO]SO_4 + H_2O_2 \rightarrow [TiO_2]SO_4 + H_2O \\
\text{farblos} \qquad\qquad\quad \text{gelb-orange}
\end{array}
$$

5.6 Quantitative Bestimmung der Bestandteile von Mineralien und Legierungen

In diesem Kapitel werden anhand zweier ausgewählter Mineralien und zweier Legierungen grundlegende Strategien zur quantitativen Bestimmung einzelner Bestandteile der Stoffe aufgezeigt.

5.6.1 Calcium- und Magnesiumbestimmung in einem Dolomit

Dolomit ist ein Gestein, das als Hauptbestandteile Calcium- und Magnesiumcarbonat enthält. Zwecks Bestimmung der Metallionenanteile wird eine Probe des Materials genau eingewogen und mit Salzsäure extrahiert. Calcium und Magnesium gehen dabei als Chloride in Lösung, die von der unlöslichen Gangart, z. B. Sandstein, abfiltriert wird:

$$MCO_3 + 2\,HCl \rightarrow MCl_2 + CO_2 + H_2O \qquad (M = Ca.\ Mg)$$

Gründliches Nachwaschen des Rückstandes ist wichtig, um keine Verluste an lösbaren Stoffen zu erleiden. Das Filtrat wird in einem Messkolben zum Eichvolumen aufgefüllt, dem man für die folgenden Analysen jeweils definierte Mengen entnimmt. Am einfachsten gelingt die Bestimmung komplexometrisch. Zunächst wird eine Summenbestimmung der beiden Metallionen durch Titration mit einer EDTA-Maßlösung (s. Kapitel 3.7.2) in der auf pH 8 gebrachten Analyselösung (Ammoniak/Ammoniumchlorid-Puffer) durchgeführt. In einem zweiten Arbeitsschritt wird zunächst mit Natronlauge ein pH-Wert von 12 eingestellt, um das Magnesium als Hydroxid auszufällen (vgl. Gewinnung von Magnesium aus Meerwasser; Kap. 3.4.2.2.2), und dann mit EDTA titriert, wobei jetzt nur die noch in Lösung befindlichen Calciumionen erfasst werden:

$$Ca^{2+} / Mg^{2+} \xrightarrow{\quad EDTA \quad} [CaEDTA]^{2-} + [MgEDTA]^{2-}$$

$$Ca^{2+} / Mg^{2+} \xrightarrow{\quad NaOH,\ -\,Mg(OH)_2 \quad} Ca^{2+} \xrightarrow{\quad EDTA \quad} [CaEDTA]^{2-}$$

Aus der Differenz der beiden Titrationsergebnisse wird die Magnesiumkonzentration berechnet.

5.6.2   Kupfer-, Eisen- und Schwefelbestimmung in einem Kupferkies

Kupferkies, $CuFeS_2$, ist ein wichtiger Rohstoff für die Kupfergewinnung. Durch Aufschluss mit Schwefelsäure wird eine Kupfersulfat-Lösung erhalten, aus der elementares Kupfer mit Eisen zementiert werden kann (s. Kapitel 3.4.2.2.3).

Eine Qualitätskontrolle des Rohstoffes kann folgendermaßen aussehen: Ein quantitativer Aufschluss einer eingewogenen Probe gelingt am besten mit Königswasser. Dadurch wird sichergestellt, dass das Kupfer zweiwertig, das Eisen dreiwertig und der Schwefel sechswertig als Sulfat vorliegt.

Ein aliquoter Teil der mit Wasser aufgefüllten Aufschlusslösung wird mit überschüssiger Bariumchlorid-Lösung versetzt, um Sulfat als Bariumsulfat auszufällen:

$$H_2SO_4 + BaCl_2 \ \rightarrow \ BaSO_4 + 2\,HCl$$

Dieses wird abfiltriert, gewaschen, bis zur Gewichtskonstanz geglüht und zur Auswaage gebracht.

Ein zweiter aliquoter Teil der Aufschlusslösung wird leicht schwefelsauer gestellt und danach das Kupfer elektrolytisch (vgl. Gewinnungselektrolyse bzw. elektrolytische Raffination von Kupfer; Kapitel 3.5.4.1 und 3.6.6) an einer Platin-Netzkatode abgeschieden:

$$Cu^{2+} + 2\,e^- \ \rightarrow \ Cu$$

Die Gewichtszunahme der Elektrode wird gemessen.

Aus der jetzt kupferfreien Lösung wird das Eisen schließlich mit Ammoniak als Hydroxid ausgefällt, dieses abfiltriert, gewaschen, zu Fe_2O_3 verglüht und als solches zur Auswaage gebracht:

$$Fe^{3+} \ \xrightarrow{\ 3\,OH^-\ } \ Fe(OH)_3 \ \xrightarrow{\ 600\ °C,\ -\,H_2O\ } \ Fe_2O_3$$

$$\qquad\qquad\qquad \text{Fällungsform} \qquad\qquad\qquad\qquad \text{Wägeform}$$

(Ähnlich wird in der Industrie das Rotpigment Fe_2O_3 hergestellt. Vgl. hierzu das ergänzende Kapitel über Anorganische Pigmente auf der CD.)

5.6.3   Analysen von Bronze und Messing

Bronze ist eine Legierung von Kupfer und Zinn, Messing eine von Kupfer und Zink (s. Kapitel 3.2 und Tabelle 3.2.4-1). Zur Bestimmung der prozentualen Zusammensetzung werden eingewogene Proben zunächst mit Salpetersäure behandelt. Zinn geht dabei in unlöslichen **Zinnstein**, SnO_2, über, Kupfer und Zink gehen als Nitrate in Lösung:

Cu / Sn (Bronze) $\xrightarrow{\text{Salpetersäure–Aufschluss}}$ Cu^{2+} (aq)/ SnO_2 (s)

Cu / Zn (Messing) $\xrightarrow{\text{Salpetersäure–Aufschluss}}$ Cu^{2+} (aq) / Zn^{2+} (aq)

Der Zinnstein wird abfiltriert, gewaschen, getrocknet und ausgewogen. Das Kupfer kann – wie im Kapitel 5.6.2 beschrieben – elektrogravimetrisch aus einer schwefelsauren Lösung abgeschieden und das Zink dann in der kupferfreien Lösung komplexometrisch mit EDTA bestimmt werden. Auch eine Cu^{2+}/Zn^{2+}-Summenbestimmung mit EDTA ist möglich (vgl. die in Kapitel 5.6.1 beschriebene Summenanalyse von Ca^{2+} und Mg^{2+}) und kann durch eine photometrische oder iodometrische Einzelbestimmung von Kupfer ergänzt werden.

Zur **photometrischen Kupferanalyse** nutzt man beispielsweise die Farbigkeit des Kupfertetramminkomplexes (s. Kapitel 3.7.1; Versuch 38, s. CD) aus: Je höher die Kupferkonzentration ist, desto intensiver ist auch die blaue Farbe. Durch Messung der Lichtabsorption bzw. Extinktion und Vergleich mit der von Kupfer-Standardlösungen (Eichgerade) ist eine Quantifizierung möglich (*Lambert-Beer*sches Gesetz).

Bei der **iodometrischen Kupferbestimmung** wird ein aliquoter Teil der Aufschlusslösung leicht angesäuert und mit überschüssiger Kaliumiodid-Lösung versetzt. Dabei entsteht eine der Cu^{2+}-Menge entsprechende Menge elementares Iod, das als KI_3 in Lösung bleibt (s. Kapitel 2.3.4.2) und mit einer Natriumthiosulfat-Lösung unter Rückbildung von Iodid und gleichzeitigem Entstehen von Tetrathionat quantitativ bestimmbar ist (s. Kapitel 2.4.9):

$$2\,Cu^{2+} + 4\,I^- \rightarrow 2\,CuI + I_2$$
$$I_2 + 2\,S_2O_3^{2-} \rightarrow 2\,I^- + S_4O_6^{2-}$$

Die eindeutige Erkennung des Endpunktes der Titration ist durch Zusatz von Stärke möglich. Diese bildet nämlich mit Iod – natürlich nur solange, wie davon noch etwas vorhanden ist – einen tiefblauen Charge-Transfer-Komplex (Einlagerung von I_5^- in das helical aufgebaute Polysaccharid; Kapitel 2.3.4.2 und Versuch 24, s. CD).

5.7 Übungen (Analytische Chemie)

Experimente

1. Formulieren Sie bitte die Reaktionsgleichungen für die Nachweise von OAc^-, S^{2-}, CO_3^{2-}, NH_4^+, NO_3^-, BO_3^{3-}, I^-, SO_4^{2-}, Cl^-, F^-, MnO_4^-, TiO^{2+}, Fe^{3+} und Ni^{2+}.
2. Wie kann man Nitrat neben Ammonium nachweisen?
3. Aus einer chloridhaltigen Lösung kann man mit Silbernitrat schwerlösliches Silberchlorid ausfällen und dieses mit Ammoniak wieder in Lösung bringen. Wie kann man ausgefälltes Silberbromid wieder in Lösung bringen?
4. Wie kann man Fe^{2+} nachweisen?

5. Eine im Qualitativen Praktikum ausgegebene (farblose) Probe kann folgende Stoffe enthalten: SiO_2, $BaSO_4$, TiO_2, Al_2O_3, $AgCl$, Na_2SO_4 und $NaCl$. Wie wird ein Analysengang zweckmäßigerweise aussehen?

6. Geben Sie bitte die vollständige Reaktionsgleichung für den „alkalischen Einlauf" einer Chrom(III)-Lösung an.

7. Eine in der Qualitativen Analyse ausgegebene Probe kann folgende Stoffe enthalten: $CuCl_2$, $FeCl_3$, $NiCl_2$, $CaCl_2$ und NH_4Cl. Wie wird ein Analysengang zweckmäßigerweise aussehen?

8. Kaliumionen lassen sich mit Perchlorsäure in schwerlösliches Kaliumperchlorat überführen und so nachweisen (Versuch 31, s. CD). Ammoniumionen stören diesen Nachweis. Wieso? Wie kann man die Ammoniumionen vor dem Kaliumnachweis entfernen?

9. Schlagen Sie bitte einen Weg für die quantitative Bestimmung der Metalle in einer Kupfer/Nickel-Legierung vor.

Rechenaufgaben

10. Die Löslichkeitsprodukte der Silberhalogenide sind ungefähr: $L_{AgCl} = 10^{-10}$ mol²/l², $L_{AgBr} = 10^{-13}$ mol²/l² und $L_{AgI} = 10^{-16}$ mol²/l². Kommentieren Sie bitte den Vorschlag, die drei Halogenide durch fraktionierte Fällung zu trennen.

11. Wie groß ist die Löslichkeit von Silberchlorid in 0,1-molarer Ammoniak-Lösung, wenn die Bildungskonstante für den Diamminsilberkomplex $1,7 \cdot 10^7$ l²/mol² und das Löslichkeitsprodukt von Silberchlorid $1,7 \cdot 10^{-10}$ mol²/l² beträgt?

12. Für die Dissoziation von Schwefelwasserstoff ist $K_{S_1} = 10^{-7}$ mol/l und $K_{S_2} = 10^{-13}$ mol/l. Wie groß muss eine Cu^{2+}-, Ni^{2+}- bzw. Fe^{2+}-Konzentration sein, damit die Ionen bei pH 1 als Sulfide ausfallen? ($L_{CuS} = 10^{-42}$ mol²/l², $L_{NiS} = 3 \cdot 10^{-21}$ mol²/l², $L_{FeS} = 4 \cdot 10^{-19}$ mol²/l²)

13. Im Kapitel 5.5.2 wurde geschildert, wie sich Cadmium neben Kupfer nachweisen lässt. Führen Sie bitte anhand folgender Daten einen rechnerischen Beweis dafür durch:
    Die Konzentration an Cyanokomplex sei jeweils 0,01 mol/l, die Konzentration an überschüssigem, freiem Cyanid beträgt 0,1 mol/l, der pH-Wert 12.
    Die Komplexbildungskonstanten sind:
    $K_{Cd-Komplex} = 10^{17}$ l⁴/mol⁴ und $K_{Cu-Komplex} = 10^{27}$ l⁴/mol⁴.
    Die Löslichkeitsprodukte sind: $L_{CdS} = 10^{-27}$ mol²/l² und $L_{Cu_2S} = 10^{-47}$ mol³/l³.

14. Barium kann gravimetrisch als Bariumsulfat bestimmt werden. Dazu gibt man Schwefelsäure zu der zu untersuchenden Lösung, wobei der weiße Stoff ausfällt. Er wird abfiltriert und muss gut ausgewaschen werden. Es werden zwei Versuche durchgeführt: Einmal wird das ausgefällte Salz mit 100 ml reinem Wasser gewaschen. Beim zweiten Versuch wird es mit 100 ml 0,1-molarer Schwefelsäure gewaschen. Wie viel Bariumsulfat geht bei den Waschvorgängen verloren? ($L_{BaSO_4} = 1,08 \cdot 10^{-10}$ mol²/l² und $M_{BaSO_4} = 233,4$ g/mol)

15. 638 mg Bariumchlorid-Dihydrat werden in Wasser gelöst. Welche Masse an Bariumsulfat entsteht beim Zusatz vom überschüssiger Schwefelsäure?

16. In einer Bronze wurde der Gehalt an Zinn wie im Kapitel 5.6.3 beschrieben durch Überführen in Zinnstein ermittelt. Aus 531,3 mg Legierung wurden 128,2 mg SnO_2 gewonnen. Welchen Massenanteil an Zinn hat die Bronze?
    (M_{Sn} = 118,7 g/mol, M_O = 16,0 g/mol)

17. Ein Messingstück wurde elektrogravimetrisch auf seinen Kupfergehalt untersucht. 419,4 mg wurden aufgelöst und die Lösung elektrolysiert. Die Platin-Elektrode wog vor der Elektrolyse 30,0197 g, nachher 30,3429 g. Welchen Massenanteil an Kupfer hat die Legierung? Machen Sie außerdem bitte einen Vorschlag, wie man die wertvolle Elektrode wieder reinigen kann.

18. 202,3 mg eines Stahls werden gravimetrisch auf den Eisengehalt untersucht. 211,7 mg Fe_2O_3 kommen zur Auswaage. Wie viel Eisen enthält der Stahl?
    (M_{Fe} = 55,85 g/mol, $M_{Fe_2O_3}$ = 159,69 g/mol)

19. Von einem Rohsilber werden 153,4 mg eingewogen und mit Salpetersäure aufgeschlossen (bitte Reaktionsgleichung formulieren!). Die Lösung wird im Messkolben zu 100 ml mit Wasser aufgefüllt. Ein 20-ml-Aliquot wird mit Salzsäure versetzt und das ausgefallene Silberchlorid abfiltriert, gewaschen und bis zur Gewichtskonstanz getrocknet. Es wiegt 38,1 mg. Welchen Reinheitsgrad hat das Ausgangsprodukt? (M_{Ag} = 107,87 g/mol, M_{AgCl} = 143,32 g/mol)

Lösungen zu den Übungsaufgaben

1.1.8 Chemisches Rechnen

1. $K = \dfrac{c_{H_2O}^2}{c_{H_2}^2 \cdot c_{O_2}}$ und $K = \dfrac{c_{MnCl_2}^2 \cdot c_{KCl}^2 \cdot c_{Cl_2}^5 \cdot c_{H_2O}^8}{c_{KMnO_4}^2 \cdot c_{HCl}^{16}}$

2. Es gilt: $K = \dfrac{\text{Anzahl der Teilchen B}}{\text{Anzahl der Teilchen A}}$ und

   (Anzahl der Teilchen A) + (Anzahl der Teilchen B) = $6 \cdot 10^{23}$

   Durch Zusammenfassung der beiden Gleichungen erhält man:

   (Anzahl der Teilchen A) = $\dfrac{6 \cdot 10^{23}}{1 + K}$

   a) (Anzahl der Teilchen A) = $3 \cdot 10^{23}$ = (Anzahl der Teichen B)
   b) (Anzahl der Teilchen A) = $0{,}545 \cdot 10^{23}$, (Anzahl der Teilchen B) = $5{,}455 \cdot 10^{23}$
   c) (Anzahl der Teilchen A) = $5{,}455 \cdot 10^{23}$, (Anzahl der Teilchen B) = $0{,}545 \cdot 10^{23}$

3. $M(CaCO_3) = M(Ca) + M(C) + 3 \cdot M(O)$

   Da die molaren Massen der in der Verbindung enthaltenen Elemente unterschiedlich genau bekannt sind, müssen die besser bekannten molaren Massen der Elemente C und O durch Ab- bzw. Aufrunden der Genauigkeit der weniger genau bekannten molaren Masse des Ca angepasst werden. Damit ergibt sich:

   $M(CaCO_3) = (40{,}08 + 12{,}01 + 3 \cdot 16{,}00)$ g/mol = 100,09 g/mol

4. $M(P^{5+}) = M(P) - 5 \cdot M(e^-) = \left(30{,}97367 - 5 \cdot \dfrac{1{,}0079}{1837{,}4} \right)$ g/mol = 30,9710 g/mol

5. $m(Na) = 2 \, t \cdot \dfrac{M(Na)}{M(NaCl)} = 2 \, t \cdot 0{,}3934 = 0{,}7868$ Tonnen

6. gef.: 28,2 % K $\Rightarrow$ $n(K) = \dfrac{28{,}2 \, g}{39{,}1 \, g/mol} = 0{,}721$ mol

   gef.: 25,6 % Cl $\Rightarrow$ $n(Cl) = \dfrac{25{,}6 \, g}{35{,}45 \, g/mol} = 0{,}722$ mol

   gef.: 46,2 % O $\Rightarrow$ $n(O) = \dfrac{46{,}2 \, g}{16{,}0 \, g/mol} = 2{,}888$ mol

Aus dem Stoffmengenverhältlnis $n(K) / n(Cl) / n(O) = 1 / 1 / 4$ ergibt sich die empirische Formel: $[KClO_4]_x$.

7. $K_3[Fe(CN)_6]$:   K: +I, Fe: +III, C: +II, N: –III
    $[Cu(O_2C–CO_2)_2]^{2-}$:   Cu: +II, O: –II, C: +III

8. Oxidation: $3\,Ag \quad\quad \rightarrow\; 3\,Ag^+ + 3\,e^-$
    Reduktion: $N^{5+} + 3\,e^- \;\rightarrow\; N^{2+}$

    einfache Ionengleichung: $3\,Ag^+ + N^{5+} \;\rightarrow\; 3\,Ag^+ + N^{2+}$
    erweiterte Ionengleichung: $3\,Ag + NO_3^- + 4\,H^+ \rightarrow 3\,Ag^+ + NO + 2\,H_2O$
    vollständige Reaktionsgleichung: $3\,Ag + 4\,HNO_3 \;\rightarrow\; 3\,AgNO_3 + NO + 2\,H_2O$

9. 100 g Lösung enthalten nach Definition des Massenanteils w genau 8 g reines Kaliumiodid. 125 g Lösung enthalten dann 10 g KI und $(125 - 10)$ g = 115 g Wasser.

10. 1 kg 8%ige Kaliumbromid-Lösung enthält 80,0 g reines, d. h. 100%iges KBr. In 100 g des technischen Produktes sind nur 98,1 g reines KBr enthalten. Deshalb müssen
    $$80,0 \cdot \frac{100}{98,1}\ g = 81,6\ g$$ des technischen Produktes eingewogen werden, um die
    erforderliche Menge an reinem Kaliumbromid zu erhalten. Für 1 kg Lösung werden $(1000,0 - 81,6)$ g = 918,4 g Wasser benötigt.

11. Nach Definition des Massenanteils enthalten 100 g 5%ige Lösung genau 5 g reines, d. h. wasserfreies Natriumcarbonat, 750 g Lösung dann entsprechend 37,5 g. Für die Einwaage gilt: $n(Na_2CO_3) = n(Na_2CO_3 \cdot 10H_2O)$, so dass sich mit der Beziehung $n = m/M$ die Masse an einzuwiegender Kristallsoda berechnet zu:

    $$m(Na_2CO_3 \cdot 10H_2O) = 37,5\ g \cdot \frac{286,1\,g/mol}{106,0\,g/mol} = 101,2\ g$$

    Um 750 g Lösung zu erhalten, sind noch $(750,0 - 101,2)$ g = 648,8 g Wasser einzuwiegen. (Die Lösung enthält insgesamt $(750,0 - 37,5)$ g = 712,5 g Wasser.)

12. $m(\text{reine } HNO_3) = 0,08 \cdot (\,150\ ml \cdot 1,043\ g/ml) = 12,52\ g$

13. Nach Definition der Volumenkonzentration enthalten 100 ml der Lösung genau 46 ml reines Methanol, 500 ml Lösung entsprechend 230 ml Methanol. Unter Berücksichtigung der Tatsache, dass sich Volumina von Flüssigkeiten nicht additiv verhalten, berechnet sich die abzufüllende Wassermenge folgendermaßen:
    500 ml der Mischung haben die Masse $m(\text{Lsg.}) = 500$ ml $\cdot$ 0,939 g/ml = 469,5 g.
    230 ml reines MeOH haben die Masse $m(\text{MeOH}) = 230$ ml $\cdot$ 0,796 g/ml = 183,1 g.
    Durch Differenzbildung erhält man die Masse an einzuwiegendem Wasser $m(\text{Wasser}) = (469,5 - 183,1)$ g = 286,4 g (= 286,4 ml, wegen der Dichte 1 g/ml von Wasser). Man beobachtet beim Mischen von Wasser und Methanol eine Volumenkontraktion (vgl. Versuch 4, s. CD).

14. $c = \dfrac{n}{V} = \dfrac{m}{M \cdot V} = \dfrac{10\,g}{40\,g/mol \cdot 0,25\,l} = 1$ mol/l   (1-molare Natronlauge)

15. 1 Liter 0,1-molare Lösung erfordert eine Einwaage von 0,1 mol Na_2CO_3 oder $Na_2CO_3 \cdot 10\,H_2O$. 500 ml Maßlösung erfordern folglich nur die Hälfte, also m(Kristallsoda) = 0,05 mol · 288,1 g/mol = 14,41 g, die im 500-ml-Messkolben mit Wasser gelöst und zum geeichten Volumen aufgefüllt werden.

16. 0,1 mol Natriumchlorid, welche die erforderlichen 0,1 mol Chloridionen für die geplante Reaktion liefern, entsprechen einer Masse von (0,1 mol · 58,44 g/mol) = 5,844 g , die in 58,4 ml der Ausgangslösung enthalten ist.

17. Die Löslichkeit des orangefarbenen $K_2Cr_2O_7$ bei 80 °C beträgt:

$$L^* = \dfrac{300\,g\,(Salz)}{411\,g\,(Wasser)} = 73,0 \text{ g pro 100 g Wasser.}$$ Da 100 g Wasser bei 10 °C 7,75 g Kaliumdichromat lösen, verbleiben in den eingesetzten 411 g Wasser 31,9 g des Salzes, das sind $\dfrac{31,9\,g}{300\,g} = 10,6$ %, die beim Umkristallisieren verloren gehen. Der auskristallisierte Bodenkörper hat die Masse (300 − 31,9) g = 268,1 g (vgl. Versuch 5, s. CD).

18. $Ag_2CrO_4\,(s) \;\rightarrow\; 2\,Ag^+\,(aq) + CrO_4^{2-}\,(aq)$; $c_{Ag^+}^2 \cdot c_{CrO_4^{2-}} = L$

Mit $c_{Ag^+} = 2 \cdot c_{CrO_4^{2-}} = 2 \cdot 7,8 \cdot 10^{-5}$ mol/l ergibt sich:

$L = 7,8 \cdot 10^{-5} \cdot (2 \cdot 7,8 \cdot 10^{-5})^2$ mol^3/l^3 = $1,9 \cdot 10^{-12}$ mol^3/l^3

19. $c_{Ba^{2+}} = \dfrac{L}{c_{SO_4^{2-}}} = \dfrac{1,5 \cdot 10^{-9}\ \text{mol}^2/\text{l}^2}{0,05\ \text{mol/l}} = 3 \cdot 10^{-8}$ mol/l

Es gehen $3 \cdot 10^{-8}$ mol $BaSO_4$ in Lösung.
(Vgl.: In 1 l reinem Wasser lösen sich nur $\sqrt{L} = 3,9 \cdot 10^{-5}$ mol $BaSO_4$.)

20. Reines Wasser geht als 0%ige NaOAc-Lösung und reines Natriumacetat als 100%ige NaOAc-Lösung in die allgemeine Mischungsgleichung ein:

$$100g \cdot 0,10 + 50g \cdot 0,05 + 100g \cdot 0,00 + 5g \cdot 1,00 = (100 + 50 + 100 + 5)g \cdot w_M$$

Daraus folgt: $w_M = \dfrac{17,5\,g}{255\,g} = 6,9$ %

21. 98 %⟍   ⟋ 20
        20 %
0 % ⟋   ⟍ 78

Aus dem Mischungskreuz folgt: Konzentrierte Schwefelsäure und Wasser sind im Massenverhältnis 20/78 zu mischen. (20 + 78) g Mischung erfordern 20 g Säure und 78 g Wasser, folglich erfordern 1000 g Mischung 204,1 g Säure und 795,9 g Wasser.

Alternative Rechnung über die Mischungsgleichung:

m(Säure) · 0,98 + m(Wasser) · 0,00 = 1000 g · 0,20

Daraus folgt: m(Säure) = 204,1 g ; m(Wasser) = (1000 − 204,1) g = 795,9 g

22. $$\begin{array}{ccc} 10\,\% & & 15 \\ & 15\,\% & \\ 0\,\% & & 5 \end{array}$$

Aus dem Mischungskreuz folgt: 15 g 10%iger Säure sind 5 g Wasser zu entziehen, um 10 g 15%ige Säure zu erhalten. Folglich sind von 1000 g der Ausgangssäure 333,3 g Wasser abzudestillieren, um 666,7 g 15%ige Schwefelsäure zu erhalten.

Alternative Rechnung über die Mischungsgleichung:

1000 g · 0,10 − m(Destillat) · 0,00 = m(Konzentrat) · 0,15

Daraus folgt: m(Konzentrat) = 666,7 g ; m(Destillat) = 333,3 g.

23. 70,9 g Cl_2 (1 mol) haben das Volumen 22,4 l. 10^6 g (1 Tonne) haben dann das Volumen $0,316 \cdot 10^6$ l = 316 m^3.

24. $CaCO_3 \xrightarrow{\text{ca. 1000 °C}} CaO + CO_2$

Aus 100,09 g (1 mol) $CaCO_3$ entstehen 22,4 l (1 mol) CO_2. Folglich entstehen beim „Brennen" von 10^6 g (1 Tonne) Kalkstein $0,224 \cdot 10^6$ l CO_2 = 224 m^3.

1.2.1 Atomaufbau

1. Im Periodensystem findet man: $^{63}_{29}Cu$ (Kupferatom). Das Kation des zweiwertigen Kupfers enthält also 29 Protonen, (29 − 2) = 27 Elektronen und (63 − 29) = 34 Neutronen.

2. M(Mg) = (0,7899 · 24 + 0,1000 · 25 + 0,1101 · 26) g/mol = 24,3 g/mol.

3. Das Ausschlussprinzip nach *Pauli* besagt, dass sich Elektronen in einem Atom mindestens in einer Quantenzahl unterscheiden müssen. Die *Hund*sche Regel schreibt vor, dass entartete Orbitale zunächst mit Elektronen halb besetzt werden müssen, bevor eine Doppelbesetzung unter Spinpaarung möglich ist.

4. Der mathematische Ausdruck für die Wellenfunktion eines Elektrons heißt Orbital. Die Grenzfläche eines Orbitals beschreibt den Raum (Kugel, Hantel etc.), in dem das Elektron sehr wahrscheinlich zu finden ist.

1.3.3   Periodensystem der Elemente

1. Bei einem Hauptgruppenelement werden s- und p-Orbitale aufgefüllt, bei einem Übergangselement d-Orbitale und bei einem inneren Übergangselement f-Orbitale. Wenn eine Schale mit Elektronen voll besetzt ist, liegt ein Edelgas vor.

2. a) 18, b) 6, c) nicht möglich.

3. Cs: $[Xe]\,6s^1$ $\Rightarrow$ Cs^+ (Xe-Edelgaskonfiguration)
   Ba: $[Xe]\,6s^2$ $\Rightarrow$ Ba^{2+} (Xe-Edelgaskonfiguration)
   I: $[Kr]\,4d^{10}\,5s^2\,5p^5$ $\Rightarrow$ I^- (Xe-Edelgaskonfiguration)
   Zn: $[Ar]\,3d^{10}\,4s^2$ $\Rightarrow$ Zn^{2+} (gefüllte 3d-Schale, leere 4s-Schale)
   Ag: $[Kr]\,4d^{10}\,5s^1$ $\Rightarrow$ Ag^+ (gefüllte 4d-Schale, leere 5s-Schale)
   Ce: $[Xe]\,4f^2\,6s^2$ $\Rightarrow$ Ce^{4+} (Xe-Edelgaskonfiguration)
   Eu: $[Xe]\,4f^7\,6s^2$ $\Rightarrow$ Eu^{2+} (halb gefüllte f-Schale).

4. V: $[Ar]\,3d^3\,4s^2$ $\Rightarrow$ V^{3+} ($[Ar]4s^2$; leere d-Schale)
                                      V^{5+} (Ar-Edelgaskonfiguration)
   Sn: $[Kr]\,4d^{10}\,5s^2\,5p^2$ $\Rightarrow$ Sn^{2+} ($[Kr]\,2d^{10}\,5s^2$)
                                      Sn^{4+} ($[Kr]\,4d^{10}$; nicht ganz so günstig, da zwei Elektronen aus dem 5s-Orbital entfernt werden müssen, die etwas energiereicher sind als die Elektronen der 4d-Schale. Deren Entfernen wäre aber mit einer ungleichen Besetzung der d-Niveaus verbunden.)

5. Durch Aufnahme eines Elektrons entsteht aus Cu^{2+} Cu^+, das mit der Konfiguration $[Ar]\,d^{10}$ eine volle d-Schale aufweist.

6. Lanthanoiden-Kontraktion bzw. Schrägbeziehung im Periodensystem.

7. Beim Alkalimetall Natrium ist nur eine geringe Energie erforderlich, um das einzige Valenzelektron zu entfernen und die Neon-Konfiguration zu realisieren. Ein weiteres Elektron zu entfernen, würde die Zerstörung der Edelgas-Konfiguration bedeuten und ist deshalb nur unter sehr hohem Energieaufwand möglich. Das Erdalkalimetall Magnesium gibt jedoch bereitwillig zwei Elektronen ab, um die Neon-Konfiguration zu erreichen.

8. Edelgase zeigen kaum ein Bestreben, Elektronen abzugeben und positive Oxidationszahlen einzunehmen. Wenn überhaupt Elektronen abgegeben werden, dann solche, die weit vom Atomkern entfernt sind – also von großen Edelgasen stammen – und von der positiven Kernladung nicht mehr allzu stark angezogen werden, und nur an besonders elektronegative Elemente wie Fluor oder Sauerstoff. In der Tat konnten Verbindungen wie XeF_2, XeF_4, XeF_6, XeO_3, XeO_4 oder $XeOF_4$ hergestellt werden.

9. Die mit der Aufnahme eines Elektrons durch ein Atom in der Gasphase verbundene Energieänderung wird als Elektronenaffinität bezeichnet. Unter Elektronegativität

nach *Pauling* versteht man die Fähigkeit eines Atoms, die Elektronen in einer chemischen Bindung an sich zu ziehen.

1.4.6   Chemische Bindung

1. S. Kapitel 1.4.

2. S. Abbildung 1.4.1-1.
   Koordinationszahl (Na in NaCl) = 6, Koordinationszahl (Zn in ZnS) = 4.

3. Aus der *Lewis*-Schreibweise von Disauerstoff kann nicht abgeleitet werden, dass das Molekül über zwei ungepaarte Elektronen verfügt, wie aus seinem MO-Schema (s. Abbildung 1.4.4-4) hervor geht.

4. Das MO-Schema von N_2, das sich aus der Linearkombination der Atomorbitale der beiden Stickstoffatome ergibt, ähnelt dem des Moleküls O_2 (s. Abbildung 1.4.4-4), wobei zu berücksichtigen ist, dass insgesamt zwei Elektronen weniger vorhanden sind, die π^*-Orbitale also leer sind. Demzufolge berechnet sich die Bindungsordnung von Distickstoff zu:

$$BO\ (N_2) = \frac{8-2}{2} = 3 \quad \dots \quad \text{Dreifachbindung}$$

   Ausgehend von einer sp-Hybridisierung der beiden N-Atome lassen sich die Bindungsverhältnisse im Distickstoff durch die Abbildung 1.4.5-5 beschreiben.

5. Das große K^+ (weiche Säure) wirkt auf das Hydridanion weniger polarisierend als das kleinere Li^+ (harte Säure), so dass KH ionischer (polarer) ist als LiH. Das dreiwertige Kation Al^{3+} zieht die Elektronenwolke des Oxidanions stärker an sich heran (Deformation der Elektronenwolke des Anions) als das weniger geladene Mg^{2+}. Folglich ist Aluminiumoxid kovalenter als Magnesiumoxid.

6. Aufgrund der freien Beweglichkeit der Elektronen in den Gitterhohlräumen des aus positiv geladenen Rümpfen bestehenden Gitters sind Metalle in der Regel gute bis hervorragende elektrische Leiter (Näheres s. Kapitel 3.1).

7. S. Kapitel 1.4.4.

8. Aus n Atomorbitalen entstehen $n/2$ bindende und $n/2$ antibindende Molekülorbitale.

9. Die verschiedenen Formen der Angleichung von s-, p- und d-Atomorbitalen zu artgleichen Hybridorbitalen sind in den Abbildungen 1.4.5-5 (sp, lineares Molekül), 1.4.5-4 (sp^2, trigonal planares Molekül), 1.4.5-1 (sp^3, Tetraeder), 1.4.5-2 (sp^3d, trigonale Bipyramide), 1.4.5-3 (sp^3d^2, Oktaeder) und 2.3.7-1 (sp^3d^3, pentagonale Bipyramide) beschrieben.

1.5.1   Energetik

1. Der Volksmund sagt: „1 Liter reinstes Wasser ist 1 Liter reinstes Wasser." Ein System, bestehend aus einem Liter reinstem Wasser hat nämlich immer die gleiche Innere Energie – vorausgesetzt die Temperatur ist konstant. Deshalb ist es egal, ob das Wasser ein aufgereinigtes Uferfiltrat eines Flusses oder ein entsalztes und gereinigtes Meerwasser ist. (Vgl. Abbildung 1.5.1.)

2. Zwischen dem energiereicheren (warmen) Wasser und dem energieärmeren (kalten) Wasser findet ein Ausgleich statt. Man erhält
   a) 100 g Wasser der Temperatur $T = 45\ °C$,
   b) 150 g Wasser der Temperatur $T = 70\ °C$. **60°C**

3. Nach dem zweiten Hauptsatz der Thermodynamik wird ein Entropie-Maximum, umgangssprachlich ein Maximum an Chaos oder Unordnung, angestrebt. Um Ordnung zu schaffen, ist Energie erforderlich. Deshalb müssen alle Lebewesen aus ihrer Umgebung Nähstoffe aufnehmen und diese in exergonischen Reaktionen verstoffwechseln. Dabei zerstören sie anderes Leben – Pflanzen oder Tiere. Leben auf der Erde insgesamt bedeutet – so brutal es auch klingt – fressen und gefressen werden.

4. Wenn $\Delta H > 0$ ist (endotherme Reaktion), kann die Reaktion nur dann freiwillig ablaufen, wenn eine Entropiezunahme stattfindet ($\Delta S > O$) *und* das Produkt aus Temperatur und Entropieänderung die Endothermie der Reaktion überkompensiert, so dass $\Delta G < 0$ wird ($\Delta G = \Delta H - T \cdot \Delta S$).
   Dazu ein Beispiel. Calciumcarbonat muss auf fast 1000 °C erhitzt werden, bevor es – nun freiwillig – zu Calciumoxid und Kohlenstoffdioxid zerfällt. Aus dem kristallinen Ausgangsmaterial wird ein neuer Feststoff und ein Gas, das sich im Raum chaotisch bewegen kann. Die Reaktion ist also endotherm und exergonisch; letzteres aber erst ab der genannten Temperatur knapp unter 1000 °C, so dass das mathematische Produkt $T \cdot \Delta S$, welches ein Energieäquivalent ist, größer ist als die Enthalphieänderung der Reaktion. Bei niedrigerer Temperatur ist das Calciumcarbonat hingegen stabil. (Vgl. Kapitel 2.7.4.3.)

5. $NaHCO_3$ (s) + HOAc (aq) $\rightarrow$ NaOAc (aq) + H_2O + CO_2 (g)

   Die Reaktion (Versuch 7, s. CD) ist stark von der Änderung der Entropie kontrolliert. Dadurch, dass ein Gas (Kohlenstoffdioxid) frei wird, nimmt die Unordnung im System erheblich zu. Das mathematische Produkt $T \cdot \Delta S$ überkompensiert die leichte Endothermie der Reaktion, so dass $\Delta G < 0$ wird (vgl. Übung 1.5.1-4).

6. Verbrennungswärmen misst man in einem Verbrennungskalorimeter. Die zu untersuchende Substanz (hier Graphit) wird genau eingewogen und in einem Stahlgefäß eingesperrt, dass zusätzlich mit reinem Sauerstoff unter hohem Druck befüllt wird. Durch einen elektrisch erzeugten Funken wird das Graphit-Sauerstoff-Gemisch gezündet. Man kann davon ausgehen, dass eine vollständige Verbrennung zu Kohlenstoffdioxid erfolgt. Die Verbrennungsreaktion ist exotherm. Die Reaktionswärme

wird auf das Stahlgefäß übertragen. Dieses befindet sich in einem isolierten Gefäß mit einer definierten Menge Wasser. Von dem heiß gewordenen Stahlgefäß wird nun das Wasser erwärmt. Die Temperaturerhöhung wird mit einem Präzisionsthermomether gemessen. Da für die Erwärmung von einem Gramm Wasser um 1 °C 1 Kalorie (1 cal = 4,184 J) gebraucht wird, kann man ausrechnen, welche Wärmemenge bei der Verbrennung von 1 mol bzw. 1 g Graphit frei wird.

7. *M. Planck*: $E = h \cdot \nu$
    A. Einstein: $E = m \cdot c^2$

8. In der folgenden Tabelle sind die Einheiten von Kraft, Energie und Leistung zusammengestellt:

Kraft:	1 N	(Newton)	=	1 kgm/s^2	
Energie:	1 J	(Joule)	=	1 Nm	(Newtonmeter)
			=	1 Ws	(Wattsekunde)
			=	1 VAs	(Voltampersekunde)
	1 kJ	(Kilojoule)	=	1000 J	(Kilowattsekunde)
	3600 kJ		=	1 kWh	(Kilowattstunde)
	4,19 kJ		=	1 kcal	(Kilokalorie)
Leistung:	1 W		=	1 J/s	
	1 PS	(Pferdestärke)	=	0,735 kW	
	1 kW		=	1,36 PS	

2.1.5   Wasserstoff

1. S. Abbildungen 1.4.4-1 und -2.

2. Beim Steam-Reforming wird Erdgas, bei der Kohlevergasung Kohle mit Wasserdampf bei hoher Temperatur in ein Gemisch von Kohlenstoffmonoxid und Wasserstoff umgewandelt. Durch Umsetzung dieses so genannten Synthesegases mit Wasser bei niedrigerer Temperatur wird das Kohlenstoffmonoxid zu Kohlenstoffdioxid konvertiert und kann durch Gaswäsche entfernt werden, so dass Wasserstoff übrig bleibt. Bei der Elektrolyse von Wasser entsteht an der Katode Wasserstoff, an der Anode Sauerstoff.

3. Aluminium kann als unedles Metall den im Wasser einwertigen Wasserstoff zum Element reduzieren. Die Redoxreaktion wird dadurch unterstützt, dass das resultierende dreiwertige Aluminium als Tetrahydroxyaluminat stabilisiert wird (Versuch 8, s. CD):

$$2\,Al + 2\,NaOH + 6\,H_2O \;\rightarrow\; 2\,Na[Al(OH)_4] + 3\,H_2$$

4. In den kovalenten Verbindungen, z. B. H_2O, NH_3, CH_4, ist der Wasserstoff über eine kovalente Einfachbindung an ein anderes Element gebunden: E–H. In den

metallischen Hydriden sind H-Atome in die Hohlräume der Gitter von Metallen eingelagert. Es resultieren nicht-stöchiometrische Verbindungen, allgemein MH_x, z. B. $TiH_{1,8}$. In den ionischen Hydriden übernimmt der Wasserstoff als H^- die Funktion des Anions in einem Salzgitter, z. B. CaH_2, KH.

5. Das Energieprofil der Chlorknallgasreaktion $H_2 + Cl_2 \rightarrow 2\,HCl$ entspricht im Wesentlichen dem der Knallgasreaktion (s. Abbildung 2.1.4-1). Eine Aktivierungsenergie muss aufgebracht werden, um das metastabile Gemisch zur Reaktion zu bringen. Die frei werdende Reaktionsenergie ist nicht ganz so groß wie die bei der Reaktion von Wasserstoff und Sauerstoff zu Wasser. Der Reaktionsmechanismus (radikalische Kettenreaktion) ist im Kapitel 2.3.2.4 erklärt.

Rechenaufgabe

6. Die Stoffmenge Knallgas berechnet sich nach dem idealen Gasgesetz:

$$n(\text{Knallgas}) = \frac{p \cdot V}{R \cdot T} = \frac{0,991\,\text{bar} \cdot 50\,\text{ml}}{0,08314\;\text{l} \cdot \text{bar/mol} \cdot \text{K} \cdot 292,15\,\text{K}} = 2,04\,\text{mmol}$$

Da nach der Elektrolysegleichung: $2\,H_2O \rightarrow O_2 + 2\,H_2$
3 mol Knallgas 2 mol Wasser erfordern, lässt sich über den Dreisatz berechnen, dass zur Bildung von 2,04 mmol Knallgas 1,36 mmol (= 24,5 mg) Wasser zersetzt wurden.

2.2.8   Sauerstoff

1. Physikalisch: *Linde*-Verfahren:

   Luft $\rightarrow$ flüssige Luft $\xrightarrow{\text{fraktionierte Destillation}}$ N_2 / O_2 / Edelgase

   Chemisch: *Brin*sches Verfahren:

   $$BaO + 0,5\,O_2 \underset{700\,°C}{\overset{500\,°C}{\rightleftharpoons}} BaO_2$$
   $$\Uparrow \qquad\qquad\qquad + N_2$$
   $$\text{aus der Luft}$$

2. Allotropie liegt vor, wenn ein Element im gleichen Aggregatzustand in verschiedenen Formen vorkommt; O_2 und O_3.

3. Bei einer σ-Bindung erfolgt die Annäherung der Atomorbitale entlang, bei einer π-Bindung parallel zur Kern-Kern-Verbindungsachse. Ein σ-Molekülorbital weist demzufolge eine hohe Elektronendichte zwischen den Atomkernen, ein π-Molekülorbital oberhalb und unterhalb der Kern-Kern-Verbindungsachse auf.

4. S. Abbildungen 2.2.4-1 und 2.2.6-1.

5. Wasser ist als kleines gewinkeltes Molekül ein stärkerer Dipol als der zwar auch gewinkelte, aber viel größere Schwefelwasserstoff. Demzufolge sind die Wasserstoffbrücken im Wasser viel stärker ausgeprägt als im Schwefelwasserstoff. Um einen Stoff in den Gaszustand zu bringen, müssen die Wasserstoffbrückenbindungen aufgehoben werden. Dies geschieht beim Schwefelwasserstoff mit weniger Energieaufwand als beim Wasser, so dass Schwefelwasserstoff bei deutlich niedrigerer Temperatur gasförmig wird (siedet) als Wasser.

6. O_2 aus der Luft reagiert in den Lungenbläschen mit dem zweiwertigen Eisen des Hämoglobins zu einem Komplex $HbFe^{II} \cdot O_2$. Dieser Blutbestandteil wird ins Körperinnere transportiert, wo ein Sauerstoffmangel herrscht. Hier erfolgt die Dekomplexierung, so dass O_2 für Stoffwechselvorgänge zur Verfügung steht und das $HbFe^{II}$ recycelt ist.

7. $6\,CO_2 + 6\,H_2O \xrightarrow{\text{Chlorophyll und Sonnenlicht}} C_6H_{12}O_6$ (Glucose) $+\ 6n\ O_2$

8. Stille Verbrennungen:
    - Rosten von Metallen: $4\,Fe + 3\,O_2 \rightarrow 2\,Fe_2O_3$
    - Abbrand von Kohlehalden: $C + O_2 \rightarrow CO_2$
    - Verdauung: $(C_6H_{10}O_5)_n + 6n\,O_2 \rightarrow 6n\,CO_2 + 5n\,H_2O$

9. Herstellung von Wasserstoffperoxid:

    - Anthrachinon-Verfahren:

    $$\text{Dihydroanthrachinon} \underset{H_2;\ \left[\text{Kat.}\right]}{\overset{O_2;\ -\,H_2O_2}{\rightleftharpoons}} \text{Anthrachinon}$$

    - $BaO_2 + H_2SO_4 \rightarrow BaSO_4 + H_2O_2$

    - $2\,H_2SO_4 \xrightarrow{\text{Elektrolyse}} HO_3S\!-\!O\!-\!O\!-\!SO_3H$ (Anode) $+\ H_2$ (Katode)

    $$\underset{-\,\mathbf{H_2O_2}}{\overset{2\,H_2O}{\longmapsfrom}}$$

10. Wasserstoffperoxid-Nachweis: $[TiO]SO_4 + H_2O_2 \rightarrow [TiO_2]SO_4$ (gelb) $+\ H_2O$

11. Rösten: $2\,MS + 3\,O_2 \rightarrow 2\,MO + 2\,SO_2$

Experimente

12. $2\,KClO_3 \xrightarrow{\Delta T} 2\,KCl + 3\,O_2$ (Versuch 10, s. CD)
    $2\,KNO_3 \xrightarrow{\Delta T} 2\,KNO_2 + O_2$
    $2\,H_2O_2 \xrightarrow{\Delta T} 2\,H_2O + O_2$

13. $2\,KMnO_4 + 5\,H_2O_2 + 3\,H_2SO_4 \rightarrow 2\,MnSO_4 + K_2SO_4 + 5\,O_2 + 8\,H_2O$
    $2\,KI + H_2O_2 + H_2SO_4 \rightarrow I_2 + K_2SO_4 + 2\,H_2O$

14. Braunstein katalysiert den Zerfall von Wasserstoffperoxid (Versuch 11, s. CD):

    $$2\,H_2O_2 \xrightarrow{[MnO_2]} 2\,H_2O + O_2 \qquad \text{(Vorsicht: heftige Gasentwicklung)}$$

15. $2 \, CrCl_3$ (grün) $+ \, 3 \, H_2O_2 \, + \, 10 \, KOH \quad \rightarrow \quad 2 \, K_2CrO_4$ (gelb) $+ \, 6 \, KCl \, + \, 8 \, H_2O$
(Versuch 18, s. CD)

16. $Pb(NO_3)_2 \xrightarrow{\quad Na_2CO_3 \quad} PbCO_3 \xrightarrow{\quad Na_2S \quad} PbS \xrightarrow{\quad H_2O_2 \quad} PbSO_4$
(Versuch 17, s. CD)

Rechenaufgaben

17. Knallgasreaktion: $2 \, H_2 \, + \, O_2 \quad \rightarrow \quad 2 \, H_2O \quad ; \quad \dfrac{c_{H_2O}^2}{c_{H_2}^2 \cdot c_{O_2}} = K$

Energieprofil: s. Abbildung 2.1.4-1

18. $c_{OH^-} = 10^{-2} \, mol/l \quad \Rightarrow \quad c_{H^+} = 10^{-12} \, mol/l \quad \Rightarrow \quad pH = -\log c_{H^+} = 12$

19. Vor dem Auffüllen mit Wasser liegt genau 0,1 mol undissoziierte Essigsäure vor. Nach dem Auffüllen mit Wasser ist ein Teil x davon durch Dissoziation verloren gegangen, so dass in der Lösung $c_{HOAc} = (0,1 - x) \, mol/l$ beträgt. Da für jedes dissoziierte Essigsäure-Molekül ein Acetat und ein Proton entstanden ist, ist in der Lösung $c_{OAc^-} = x \, mol/l$ und ebenso $c_{H^+} = x \, mol/l$. Einsetzen der (im Lösungsgleichgewicht) vorliegenden Konzentrationen in das Massenwirkungsgesetz der Essigsäure-Dissoziation ergibt: $K_S = \dfrac{x \cdot x}{0,1 - x}$. Da der dissoziierte Anteil x im Vergleich zur eingewogenen Menge Eisessig klein ist, kann vereinfacht werden:

$$K_S = \frac{x^2}{0,1} \quad \Rightarrow \quad x = c_{H^+} = \sqrt{0,1 \cdot K_S}$$

Mit $K_S = 1,8 \cdot 10^{-5} \, mol/l$ ergibt sich: $c_{H^+} = 1,3 \cdot 10^{-3} \, mol/l$ oder $pH = 2,87$

Ganz analog gilt, dass beim Einleiten von Ammoniak-Gas in Wasser nur ein kleiner Teil x der ursprünglichen NH_3-Menge (0,1 mol) dissoziiert und diesen Anteil NH_4^+ und OH^- liefert. Für die (sich im Gleichgewicht befindliche) Lösung gilt:

$$K_B = \frac{c_{NH_4^+} \cdot c_{OH^-}}{c_{NH_3}} = \frac{x \cdot x}{0,1 - x} \cong \frac{x^2}{0,1}$$

$$\Rightarrow \quad x = c_{OH^-} = \sqrt{0,1 \cdot K_B} = 1,3 \cdot 10^{-3} \, mol/l$$

$$\Rightarrow \quad c_{H^+} = \frac{10^{-14} \, mol^2/l^2}{1,3 \cdot 10^{-3} \, mol/l} \quad \text{oder} \quad pH = 11,11$$

20. $NH_3 + H_2O \rightarrow NH_4^+ + OH^-$; $K_B = \dfrac{c_{NH_4^+} \cdot c_{OH^-}}{c_{NH_3}}$

$NH_4^+ \rightarrow H^+ + NH_3$; $K_S = \dfrac{c_{NH_3} \cdot c_{H^+}}{c_{NH_4^+}}$

Das Paar NH_4^+/NH_3 bezeichnet man als korrespondierendes Säure/Base-Paar. Es gilt:

$K_S \cdot K_B = 10^{-14}\ mol^2/l^2$ oder $pK_S + pK_B = 14$

21. Für Essigsäure ist der Dissoziationsgrad α definiert als

$\alpha = \dfrac{c_{OAc^-}\ \text{im Gleichgewicht}}{c_{HOAc}\ \text{eingesetzt}} = \dfrac{c_{H^+}\ \text{im Gleichgewicht}}{c_{HOAc}\ \text{eingesetzt}}$ mit $c_{HOAc\ \text{eingesetzt}} = c_0$

Die im thermodynamischen Gleichgewicht vorliegende Konzentration an Essigsäure unterscheidet sich von der Einwaage c_0 folgendermaßen:

$c_{HOAc\ \text{im Gleichgewicht}} = c_0 - c_{OAc^-\ \text{im Gleichgewicht}} = c_0 - c_{H^+\ \text{im Gleichgewicht}}$

Damit folgt:

$K_S = \dfrac{c_{H^+\ \text{im Gleichgewicht}} \cdot c_{OAc^-\ \text{im Gleichgewicht}}}{c_{HOAc\ \text{im Gleichgewicht}}} = \dfrac{c_{OAc^-}^2}{c_0 - c_{OAc^-}} = \dfrac{(\alpha \cdot c_0)^2}{c_0 - \alpha \cdot c_0}$

$\Rightarrow K_S = \dfrac{\alpha^2 \cdot c_0}{1 - \alpha}$

22. $\alpha = \dfrac{c_{H^+}}{c_0} \Rightarrow c_{H^+} = 0,92 \cdot 0,1\ mol/l \Rightarrow pH = 1,04$

$K_S = \dfrac{\alpha^2 \cdot c_0}{1 - \alpha} = \dfrac{0,92^2 \cdot 0,1\ mol/l}{1 - 0,92} = 1,058\ mol/l$

Die Näherung $K_S = \alpha^2 \cdot c_0$ ist hier nicht zulässig, da α sehr groß ist.
Anders ausgedrückt: Salzsäure ist eine starke Säure (ein starker Elektrolyt).

23. Natriumchlorid ist das Salz der starken Natronlauge und der starken Salzsäure. Natriumacetat ist hingegen das Salz der gleichen Base, aber der schwachen Essigsäure.

24. Für $NH_4Cl \rightarrow NH_4^+ + Cl^-$ und $NH_4^+ \rightarrow H^+ + NH_3$ gilt:

$K_S = \dfrac{c_{NH_3} \cdot c_{H^+}}{c_{NH_4^+}} = 5,6 \cdot 10^{-10}\ mol/l$. Im Gleichgewicht ist (vgl. Aufgabe 2.2.8-19):

$$K_S = \frac{x \cdot x}{0,1 - x} \cong \frac{x^2}{0,1} \quad \Rightarrow \quad x = c_{H^+} = 7,4 \cdot 10^{-6} \text{ mol/l} \quad \text{oder} \quad pH = 5,1$$

25. Bei Zugabe von Salzsäure zu der HOAc/NaOAc-Mischung ergibt sich:

    a) $c_{HOAc} = (1 + 0,01) \text{ mol/l}$ und $c_{OAc^-} = (1 - 0,01) \text{ mol/l}$

    b) $c_{HOAc} = (1 + 0,1) \text{ mol/l}$ und $c_{OAc^-} = (1 - 0,1) \text{ mol/l}$

    Analog ergibt sich bei der Zugabe von Natronlauge zu der Puffermischung:

    c) $c_{HOAc} = (1 - 0,01) \text{ mol/l}$ und $c_{OAc^-} = (1 + 0,01) \text{ mol/l}$

    d) $c_{HOAc} = (1 - 0,1) \text{ mol/l}$ und $c_{OAc^-} = (1 + 0,1) \text{ mol/l}$

    Nach $c_{H^+} = K_S \cdot \dfrac{c_{HOAc}}{c_{OAc^-}}$ und $pH = -\log c_{H^+}$ berechnet sich

    pH(Ausgangspuffer) = 4,742 und
    a) pH = 4,733 ; ΔpH = 0,009 (vgl.: 0,01-molare Salzsäure hat pH = 2)
    b) pH = 4,655 ; ΔpH = 0,087 (vgl.: 0,1-molare Salzsäure hat pH = 1)
    c) pH = 4,751 ; ΔpH = 0,009 (vgl.: 0,01-molare Natronlauge hat pH = 12)
    d) pH = 4,829 ; ΔpH = 0,087 (vgl.: 0,1-molare Natronlauge hat pH = 13)

26. Beide Puffer haben den Ausgangs-pH-Wert 4,742. Der Puffer mit 1 mol/l Essigsäure und 1 mol/l Natriumacetat hat die größere **Pufferkapazität** als der Puffer mit nur 0,1 mol/l HOAc und 0,1 mol/l NaOAc.

27. Das System NH$_4$Cl/NH$_3$ ist ein Puffer. Zugesetzte Base wird von vorliegendem Ammonium, $NH_4^+ + OH^- \rightarrow NH_3 + H_2O$, zugesetzte Säure von vorliegendem Ammoniak, $NH_3 + H^+ \rightarrow NH_4^+$, abgefangen, so dass sich der pH-Wert nur unwesentlich ins Basische bzw. Saure verschiebt.

28. Für den Ammoniak/Ammoniumchlorid-Puffer gilt hier:

$$pH = pK_S + \log \frac{c_{NH_3}}{c_{NH_4^+}} = 9,25 + \log \frac{0,1}{c_{NH_4^+}} = 9 \quad \Rightarrow \quad c_{NH_4^+} = 0,18 \text{ mol/l}$$

    1 Liter der Ammoniak-Lösung müssen deshalb 0,18 mol Ammoniumchlorid zugesetzt werden.

29. Aus dem pH-Wert berechnet sich die Protonenkonzentration zu $4,2 \cdot 10^{-3}$ mol/l. Aufgrund der Dissoziationsgleichung $HCO_2H \rightarrow H^+ + HCO_2^-$ (vgl. die Dissoziation von Essigsäure) beträgt die Formiat-Konzentration auch $4,2 \cdot 10^{-3}$ mol/l. Die Konzentration der im Gleichgewicht vorliegenden Ameisensäure beträgt $(0,1 - 4,2 \cdot 10^{-3})$ mol/l. Mit diesen Zahlenwerten kann die Säurekonstante berechnet werden:

$$K_S = \frac{(4,2 \cdot 10^{-3}) \cdot (4,2 \cdot 10^{-3})}{0,1 - 4,2 \cdot 10^{-3}} \text{ mol/l} \approx \frac{(4,2 \cdot 10^{-3}) \cdot (4,2 \cdot 10^{-3})}{0,1} \text{ mol/l} = 1,8 \cdot 10^{-4} \text{ mol/l}$$

Die Ameisensäure ist also eine etwas stärkere Säure als die Essigsäure. Ihr Dissoziationsgrad ergibt sich aus dem Verhältnis von im Gleichgewicht dissoziierter Säure- ($4{,}2 \cdot 10^{-3}$ mol/l) und ursprünglich eingesetzter Säuremenge ($c_0 = 0{,}1$ mol/l):

$\alpha = 4{,}2\,\%$

2.3.9 Halogene

1. Aufgeschmolzenes Kaliumfluorid leitet den elektrischen Strom, was eine Grundvoraussetzung für die Durchführung einer Elektrolyse ist. An die in der Schmelze vorliegenden Fluoridionen können sich HF-Moleküle (Einleiten von Fluorwasserstoff in die Schmelze) über Wasserstoffbrückenbindungen anlagern, so dass bei der Elektrolyse an der Anode Fluor und an der Katode Wasserstoff entsteht.

2. Beim Membranverfahren der Chloralkalielektrolyse entsteht im Katodenraum Wasserstoff, im Anodenraum Chlor, und in der Zelle bleibt eine mit unumgesetztem Natriumchlorid verunreinigte Natronlauge zurück. Ein Reinigung dieser Natronlauge durch Kristallisation ist erforderlich. Beim Amalgamverfahren bilden sich in der Elektrolysezelle Chlor und Natriumamalgam (nicht Wasserstoff, wegen der Überspannung dieses Elementes an der Hg-Katode). Nachteilig ist die im Vergleich zum Membranverfahren höhere Betriebsspannung und der damit verbundene höhere Energiebedarf des Amalgamverfahrens. Vorteilhaft ist hingegen, dass in der zweiten Stufe des Prozesses beim Auswaschen des Amalgams mit Wasser neben Wasserstoff hoch reine Natronlauge anfällt, die nicht wie beim Membranverfahren nachgereinigt werden muss. Weiterhin nachteilig beim Amalgamverfahren sind die höheren Arbeits- und Umweltschutzauflagen wegen des Arbeitens mit dem sehr giftigen Quecksilber.

3. Natriumchlorid wird aus Salzstöcken bergmännisch abgebaut oder mit Wasser aus seinen unterirdischen Lägern herausgelöst. Durch Verdampfen des Wassers erhält man festes Salz. Häufig wird die Sole direkt weiterverwendet. Aus Meerwasser, das ca. 3 % Natriumchlorid enthält, kann das Salz ebenfalls durch Verdunsten des Wassers durch Sonneneinstrahlung in so genannten Salzgärten gewonnen werden.

4. Bei der Schmelzflusselektrolyse von Natriumchlorid entstehen Chlor und elementares Natrium. Der Prozess ist allein schon wegen der aufzubringenden hohen Temperatur zum Schmelzen des Salzes (Zusatz von Calciumchlorid bewirkt eine Schmelzpunktserniedrigung um rund 200 Kelvin gegenüber dem Schmelzpunkt des reinen Natriums von 808 °C) sehr energieintensiv. Er ist die einzige technische Möglichkeit zur Herstellung von Natrium und wird aus dem Grunde durchgeführt. Das entstehende Chlor ist dabei ein willkommenes Zusatzprodukt. Unter dem Gesichtspunkt der Chlorherstellung ist die Chloralkalielektrolyse, d. h., die Elektrolyse einer wässrigen Natriumchlorid-Lösung, viel günstiger.

5. Die Synthesen der Halogenwasserstoffe aus den Elementen verlaufen nach einem radikalischen Kettenmechanismus (s. Kapitel 2.3.2.4). Die HCl-Synthese ist stark exotherm, die HI-Synthese hingegen leicht endotherm (s. Abbildung 2.3.5.1-1).

6. Fluor ist ein deutlich stärkeres Oxidationsmittel als Chlor und demzufolge dazu in der Lage, elementaren Schwefel unter Bildung von SF_6 vollständig zu oxidieren. Mit Chlor bleibt die Reaktion auf der Stufe S_2Cl_2 bzw. SCl_2 stehen. Analog reagiert Fluor mit Phosphor zu PF_5, während die Reaktion zwischen Phosphor und Chlor zunächst auf der Stufe des PCl_3 stehen bleibt und dieses erst mit überschüssigem Chlor bei leichter Temperaturerhöhung zu PCl_5 weiter reagiert.

7. BCl_3 entsteht u. a. durch reduktive Chlorierung von Boroxid:

    $$B_2O_3 + 3\,C + 3\,Cl_2 \rightarrow 2\,BCl_3 + 3\,CO$$

    Die typische *Lewis*säure stabilisiert sich, indem sowohl das Boratom als auch die Chloratome sp^2-Hybridisierungen eingehen, so dass eine Bindungsverstärkung durch Ausbildung von pπ-pπ-Doppelbindungen in dem planaren Molekül möglich wird (s. Abbildung 2.3.6.2-1).

8. Wasserfreies Aluminiumchlorid wird aus den Elementen Chlor und Aluminium hergestellt. (Die Behandlung von Aluminiumoxid oder -hydroxid mit Salzsäure liefert $AlCl_3 \cdot 6H_2O$, das nicht entwässert werden kann!). Die *Lewis*säure stabilisiert sich durch Dimerisierung (Ausbildung von Chlorobrücken; s. Kapitel 2.3.6.2).

9. Die Verbindung Iodheptafluorid ist existent, weil das zentrale Iodatom groß genug ist, um sieben kleine Fluoratome um sich herum (unter Ausbildung einer pentagonalen Bipyramide) anzulagern. Sieben Chloratome, die viel größer als Fluoratome sind, passen nicht um ein zentrales Iodatom, so dass ICl_7 nicht existent ist.

10. Im Perchloratanion sind vier Sauerstoffatome über jeweils eine $1\frac{3}{4}$-Bindung an das zentrale Chloratom gebunden und tetraedrisch um dieses herum gruppiert (s. Abbildung 2.3.8.1-1). Das zentrale Iodatom in der ortho-Periodsäure ist groß genug, um sechs Sauerstoffe, ein doppelt gebundenes O-Atom und fünf OH-Reste, oktaedrisch um sich herum anzuordnen (s. Abbildung 2.3.8.1-1).

11. Silberbromid ist die lichtempfindliche Schicht bei Photomaterialien. Durch Lichteinwirkung (beim Drücken auf den Auslöser der Kamera) wird ein Teil der Edelmetallverbindung in die Elemente zerlegt und der optische Eindruck somit in Form von elementarem Silber gespeichert (latentes Bild).

12. Cl_2O_7 ist das **Anhydrid** der Perchlorsäure, aus der es durch Entwässern mit dem stark hygroskopischen Phosphor(V)-oxid gewonnen werden kann. Mit Wasser reagiert es zur Perchlorsäure:

    $$Cl_2O_7 + H_2O \rightarrow 2\,HClO_4$$

    ClO_2 und ClO_3 sind **gemischte Säureanhydride**, die bei Einwirkung von Wasser unter Disproportionierung zu zwei verschiedenen Säuren reagieren:

    $$2\,ClO_2 + H_2O \rightarrow HClO_2 + HClO_3$$

$$2\ ClO_3 + H_2O \rightarrow HClO_3 + HClO_4$$

Experimente

13. Die Lösung wird farblos, weil der Chromophor des Farbstoffes durch die Chlorbleichlauge oxidativ zerstört wird (Versuch 14, s. CD).

14. Eine definierte Menge der zu untersuchenden Hypochlorit-Lösung, z. B. 1 ml, wird zu einer leicht schwefelsauren Kaliumiodid-Lösung (Überschuss) gegeben:

$$NaOCl + 3\ KI\ (\text{Überschuss}) + H_2SO_4 \rightarrow KI_3 + K_2SO_4 + NaCl + H_2O$$

Die Menge an entstandenem Iod, als KI_3 in Lösung, wird mit 0,1-molarer Natriumthiosulfat-Maßlösung (vgl. Kapitel 2.4.9) titrimetrisch bestimmt:

$$KI_3 + 2\ Na_2S_2O_3 \rightarrow 2\ NaI + KI + Na_2S_4O_6$$

1 ml 0,1-molare Thiosulfat-Lösung zeigt 0,05 mmol I_2 bzw. NaOCl an. Üblicherweise wird der Gehalt einer Hypochlorit-Lösung als „aktives Chlor" angegeben: 1 ml 0,1-molare Thiosulfat-Lösung entspricht 0,05 mmol Cl_2 oder 3,54 mg Cl.

15. Ein definiertes Volumen, z. B. 50 ml, einer wässrigen Kaliumiodid-Lösung, in der eine definierte Menge Iod, z. B. 0,1 mol/l, gelöst ist, wird mit einem definierten Volumen, z. B. 50 ml, Petrolether ausgeschüttelt. Die Phasen werden sorgfältig getrennt. Der Rest-Gehalt an Iod in der unteren, wässrigen Phase wird nach Ansäuern mit Schwefelsäure durch Titration mit 0,1-molarer $Na_2S_2O_3$-Maßlösung ermittelt (vgl. Übung 2.3.9-14). Der Gehalt an Iod in der organischen Phase wird folgendermaßen bestimmt: Die organische Phase wird mit einer definierten Menge, z. B. 50 ml, 0,1-molarer Thiosulfat-Lösung extrahiert, wobei es zur Entfärbung kommt. Nach Abtrennung der oberen, organischen Phase wird das überschüssige Thiosulfat in der wässrigen Phase mit 0,1-molare Iod-Maßlösung bestimmt.

$$I_2 + 2\ Na_2S_2O_3 \rightarrow 2\ NaI + Na_2S_4O_6$$

1 ml 0,1 molare Thiosulfat-Maßlösung zeigt 0,05 mmol I_2 oder 0,1 mmol I an. Der Verteilungskoeffizient ist folgendermaßen definiert (vgl. Kapitel 1.1.7):

$$K = \frac{c(\text{Iod im Petrolether})}{c(\text{Iod im Wasser})}$$

Bei gleichen Volumina der Phasen ergibt sich: $K = \dfrac{n(\text{Iod im Petrolether})}{n(\text{Iod im Wasser})}$

Weiterhin muss sich ergeben:

$n(\text{Iod in der Ausgangslösung}) = n(\text{Iod im Wasser}) + n(\text{Iod im Petrolether})$

$\Uparrow$ vor dem Ausschütteln $\Uparrow$ nach dem Ausschütteln

16. $NaOCl + 2\ HCl \rightarrow NaCl + H_2O + Cl_2$ (grünliches, stechend riechendes Gas)

$NaOCl + H_2O_2 \rightarrow NaCl + H_2O + O_2$ (Gasentwicklung) (Versuch 14, s. CD)

$2\,KMnO_4 + 16\,HCl \rightarrow 2\,MnCl_2 + 2\,KCl + 5\,Cl_2$ (grünliches Gas) $+ 8\,H_2O$

$2\,HIO_3 + 5\,H_2SO_3 \rightarrow I_2$ (Ausfallen eines violetten Schlamms) $+ 5\,H_2SO_4 + H_2O$

$NaBrO_3 + 6\,HBr \rightarrow 3\,Br_2$ (Braunfärbung der Lösung) $+ NaBr + 3\,H_2O$
(Versuch 30, s. CD)

$I_2 + 2\,NaOH$ (kalt) $\rightarrow NaI + NaOI + H_2O$

$I_2 + KI \rightarrow KI_3$ (Iod löst sich in einer KI-Lösung unter Bildung des Trihalogenids, wobei das I_2-Molekül als Elektronenpaarakzeptor (*Lewis*säure) Ladungsdichte vom Iodid-Anion (*Lewis*base) übernimmt, was auch eine Farbänderung von Violett (Eigenfarbe des Iods) nach Rotbraun (I_3^-) zur Folge hat (vgl. Kapitel 2.3.4.2 und Versuch 23, s. CD).)

$Cl_2 + 6\,NaOH$ (heiß) $\rightarrow 5\,NaCl + NaClO_3 + 3\,H_2O$

$Fe + 2\,HCl \rightarrow FeCl_2 + H_2$ (Gasentwicklung; Versuch 1, s. CD)

$2\,NaI + 2\,H_2SO_4 \rightarrow I_2$ (violette Dämpfe) $+ SO_2 + Na_2SO_4 + 2\,H_2O$
und: $\quad 8\,NaI + 5\,H_2SO_4 \rightarrow 4\,I_2 + H_2S + 4\,Na_2SO_4 + 4\,H_2O$
(Versuch 27, s. CD)

$Cl_2 + CO \rightarrow Cl_2C{=}O$ (Phosgen)

$2\,NaBr + Cl_2 \rightarrow Br_2$ (Braunfärbung der Lösung) $+ 2\,NaCl$

$HClO_4 + KCl \rightarrow KClO_4$ (weißer Niederschlag) $+ HCl$ (Versuch 31, s. CD)

Rechenaufgaben

17. Das Löslichkeitsprodukt von Flussspat lautet: $L = c_{Ca^{2+}} \cdot c_{F^-}^2 = 3{,}9{\cdot}10^{-11}$ mol³/l³

    In einer gesättigten Lösung ist $c_{F^-} = 2 \cdot c_{Ca^{2+}}$

    Daraus folgt: $L = c_{Ca^{2+}} \cdot (2 \cdot c_{Ca^{2+}})^2 = 4 \cdot c_{Ca^{2+}}^3 \Rightarrow c_{Ca^{2+}} = \sqrt[3]{\dfrac{L}{4}} = 2{,}1{\cdot}10^{-4}$ mol/l

    Die Konzentration der Fluoridionen ist doppelt so groß wie die der Calciumionen, also: $c_{F^-} = 4{,}2{\cdot}10^{-4}$ mol/l

    Anders ausgedrückt: Es gehen $2{,}1{\cdot}10^{-4}$ mol/l Calciumfluorid in Lösung. Das sind 16 mg/l.

18. Ein Zusammenhang zwischen Dissoziationsgrad und Säurekonstante ist durch das *Ostwald*sche Verdünnungsgesetz gegeben (s. Kapitel 2.2.7.3):

$$K_S = \frac{\alpha^2 \cdot c_0}{1 - \alpha} = 6{,}8{\cdot}10^{-4} \text{ mol/l} \Rightarrow \alpha^2 + \frac{K_S}{c_0} \cdot \alpha - \frac{K_S}{c_0} = 0$$

(Die Näherung $K_S = \alpha^2 \cdot c_0$ ist hier nicht mehr zulässig, da K_S bereits zu groß ist!)
Die quadratische Gleichung löst man folgendermaßen:

$$\alpha = -0,5 \cdot \frac{K_S}{c_0} + \sqrt{\left(0,5 \cdot \frac{K_S}{c_0}\right)^2 + \frac{K_S}{c_0}}$$

$\Rightarrow \quad \alpha(0,1\text{-molare HF}) = 7,9\,\%$ und $\alpha(0,01\text{-molare HF}) = 23\,\%$

19. 1000 Liter Sole enthalten 310 kg reines Natriumchlorid. Davon werden (310 − 270) kg = 40 kg umgesetzt. Da nach der Elektrolysegleichung:

$$NaCl + H_2O \xrightarrow{\text{Elektrolyse}} NaOH + 0,5\,H_2 + 0,5\,Cl_2$$

aus 1 mol NaCl (= 58,5 g) 1 mol NaOH (= 40 g) entsteht, lässt es sich über den Dreisatz ausrechnen, dass aus den 40 kg umgesetztem Natriumchlorid 27,35 kg reines Natriumhydroxid gewonnen werden können, bzw. $27,35 \cdot \dfrac{100}{45}$ kg = 60,8 kg einer 45%igen Natronlauge.

20. Nach der Reaktionsgleichung: $MnO_2 + 4\,HCl \rightarrow MnCl_2 + Cl_2 + 2\,H_2O$ erfordert 1 mol (70,90 g) Cl_2 1 mol reines MnO_2 (86,94 g). Zur Herstellung von 10 g Chlorgas werden dann $\dfrac{10,00 \cdot 86,94}{70,90 \cdot 0,81}$ g = 15,14 g 81%iger Braunstein benötigt.

21. 0,6 Tonnen Chlorwasserstoff entsprechen 16500 mol HCl und diese unter Berücksichtigung der Tatsache, dass 1 mol eines Gases bei Normalbedingungen (0 °C, 1 atm = 101,325 Pa) ein Volumen von 22,4 l aufweist, einem Volumen von 369 m³. Nach der Reaktionsgleichung: $H_2 + Cl_2 \rightarrow 2\,HCl$ erfordern 2 mol HCl 2 mol einer H_2/Cl_2-(1:1)-Mischung oder 369 m³ HCl eine Mischung, bestehend aus 184,5 m³ H_2 und 184,5 m³ Cl_2. Um sicherzustellen, dass das Chlor bei dem radikalischen Kettenmechanismus, nach dem die Synthese abläuft, vollständig umgesetzt wird, arbeitet man mit einem kleinen Überschuss an Wasserstoff. Die einzusetzende Menge an Wasserstoff berechnet sich zu 184,5 $\cdot \dfrac{104.7}{100}$ m³ = 193,7 m³. Damit werden in dem Betrieb insgesamt (193,7 + 184,5) m³ = 378,2 m³ Synthesegas eingesetzt.

22. Nach der Reaktionsgleichung: $2\,NaCl + H_2SO_4 \rightarrow Na_2SO_4 + 2\,HCl$ entsteht aus 1 mol NaCl (58,4 g) 1 mol HCl (36,5 g). Über den Dreisatz lässt sich ausrechnen, dass aus 40 g NaCl 25 g (0,685 mol) HCl freigesetzt werden. Das Volumen des Gases berechnet sich nach dem idealen Gasgesetz:

$$V = \frac{n \cdot R \cdot T}{p} = \frac{0,685\ \text{mol} \cdot 0,0831\ \dfrac{l \cdot bar}{mol \cdot K} \cdot 294,15\ K}{0,987\ bar} = 16,96\ l$$

23. Nach der Reaktionsgleichung: $Na_2CO_3 + 2\,HCl \rightarrow 2\,NaCl + H_2O + CO_2$ erfordert 1 ml 0,1-molare HCl ($t = 1,000$) 0,05 mol (5,299 mg) Na_2CO_3. Über den Dreisatz lässt sich berechnen, dass die eingewogenen 107,1 mg Soda dann genau 20,21 ml einer 0,1-molaren HCl ($t = 1,000$) verbrauchen müssten. In der Tat wird

aber mehr Maßlösung verbraucht, d. h., der Titer der Salzsäure ist kleiner als 1,000 und berechnet sich folgendermaßen:

$$t = \frac{\text{Soll(Verbrauch)}}{\text{Ist(Verbrauch)}} = \frac{20,21\,\text{ml}}{20,26\,\text{ml}} = 0,981$$

24. Da die Salzsäure zu über 90 % (vgl. Aufgabe 2.2-22), die Flusssäure hingegen nur zu unter 10 % dissoziiert ist, wird der pH-Wert der Säuremischung maßgeblich durch den Gehalt der starken Säure, – obwohl diese in geringerer Konzentration als die schwache Säure vorliegt –, bestimmt. Näherungsweise kann man den pH-Wert 1 angeben.

25. Natriumhypochlorit ist das Salz der starken Base NaOH und der schwachen Säure HOCl. Folglich ist das Hypochlorit-Anion (starke, zur hypochlorigen Säure korrespondierende Base) bestrebt, dem Lösungsmittel Wasser ein Proton zu entziehen, so dass eine alkalische Lösung resultiert (vgl. Übungen 2.2.8-19 und -24):

$$OCl^- + H_2O \rightarrow HOCl + OH^- \quad ; \quad K_B = \frac{c_{HOCl} \cdot c_{OH^-}}{c_{OCl^-}} = 3,3 \cdot 10^{-7}\,\text{mol/l}$$

Nach Einstellung des Säure/Base-Gleichgewichtes ist ein Teil x von den eingesetzten 0,01 mol/l Hypochlorit verbraucht worden. Dafür ist die gleiche Menge x an hypochloriger Säure und an OH^--Ionen entstanden. Damit ist: $K_B = \dfrac{x \cdot x}{0,01 - x}$

Wegen der kleinen Basenkonstante gilt näherungsweise: $K_B \approx \dfrac{x^2}{0,01}$

Daraus folgt: $x = c_{OH^-} = \sqrt{0,01 \cdot 3,3 \cdot 10^{-7}}\,\text{mol/l} = 5,7 \cdot 10^{-5}\,\text{mol/l} \Rightarrow \text{pH} = 9,75$

2.4.11 Schwefel

1. Schwefel wird nach dem *Frasch*-Verfahren durch Ausschmelzen aus seinen unterirdischen Lagerstätten mit Wasserdampf oder nach dem *Claus*-Prozess durch Verbrennen von Schwefelwasserstoff gewonnen.

2. Sechs Fluorsubstituenten finden um ein zentrales S-Atom ausreichend Platz, sechs Chlorsubstituenten sind dafür zu groß, so dass es die zu SF_6 homologe Verbindung SCl_6 nicht gibt (vgl. die Übungen 2.3.9-9 und -10).

3. Unter Sulfurierung versteht man die Addition einer *Lewis*base an elementaren Schwefel (s. Kapitel 2.4.3).

4. Pyrit („Katzengold") ist eine ionische Verbindung mit Fe^{2+}-Kationen und Disulfid-Anionen:

$$^-|\overline{\underline{S}}\!-\!\overline{\underline{S}}|^-$$

5. Die homologen Verbindungen Schwefeldioxid und Ozon sind gewinkelte Moleküle. Im Ozon liegen 1,5fach-Bindungen, im Schwefeldioxid Doppelbindungen vor. Der Schwefel als Element der dritten Periode verfügt über d-Orbitale und kann deshalb anders als der zentrale Sauerstoff im Ozon sein Oktett aufweiten und höhere Bindungsordnungen realisieren. Demzufolge ist Schwefeldioxid deutlich stabiler als Ozon.

6. S. Kapitel 2.4.6.

7. **Filmbeschichtung**: $AgNO_3 + NH_4Br \xrightarrow{\text{Gelatine}} NH_4NO_3 + AgBr$

   Belichtung: $\quad\quad AgBr \xrightarrow{h\nu} Ag + 0,5\,Br_2$ (so genanntes latentes Bild)

   Entwickeln: $\quad\quad AgBr + e^- \xrightarrow{[Ag]} Ag + Br^-$ (Verstärken)

   Funktion des Entwicklers:

   $+ 2\,H^+ + 2\,e^-$

   Hydrochinon $\quad\quad$ Benzochinon

   Fixieren: $\quad\quad AgBr + 2\,S_2O_3{}^{2-} \rightarrow [Ag(S_2O_3)_2]^{3-} + Br^-$

   Kopieren: $\quad\quad$ „Negativ" $\rightarrow$ „Positiv"

Experimente

8. $2\,KHSO_4 \xrightarrow{\Delta T} K_2SO_4 + SO_3 + H_2O$

Bei diesem thermischen Entwässerungsprozess wird gleichzeitig das Anhydrid der Schwefelsäure ausgetrieben. Die Reaktion spielt bei sauren Schmelzaufschlüssen in der Analytischen Chemie eine Rolle (s. Kapitel 5.3). Auch Calciumsulfat zerfällt beim Erwärmen zunächst zu dem Basenanhydrid CaO und dem Säureanhydrid SO_3. Bei höherer Temperatur zersetzt sich dieses weiter zu Schwefeldioxid und Sauerstoff:

$$CaSO_4 \xrightarrow{\Delta T} CaO + SO_3$$
$$\xrightarrow{\Delta T} SO_2 + 0,5\,O_2$$

Die Reaktion spielt beim Umweltschutz eine große Rolle: Bei Verbrennungsprozessen (z. B. der Braunkohleverbrennung) frei werdendes Schwefeldioxid wird in Kalkmilch ($Ca(OH)_2$) unter Bildung von Gips (Oxidation des vierwertigen Schwefels des SO_2 mit Luftsauerstoff) aufgenommen (Gaswäsche). Das bei der anschließenden Pyrolyse des Gipses erzeugte Schwefeldioxid wird in die Stoffflüsse der Schwefelsäureproduktion eingeschleust und gelangt somit nicht in die Luft.

9. Durch Zusatz des unedlen Magnesiums oder von Dithionit, $Na_2S_2O_4$, wird elementares Silber ausgefällt. Es kann anschließend mit Salpetersäure oxidierend zu wieder verwertbarem Silbernitrat gelöst werden:

$$2\,Na_3[Ag(S_2O_3)_2] + Mg \rightarrow 2\,Ag + MgS_2O_3 + 3\,Na_2S_2O_3$$
$$2\,Na_3[Ag(S_2O_3)_2] + NaO_2S\text{–}SO_2Na + 4\,NaOH \rightarrow$$
$$2\,Ag + 2\,Na_2SO_3 + 4\,Na_2S_2O_3 + 2\,H_2O$$
$$3\,Ag + 4\,HNO_3 \rightarrow 3\,AgNO_3 + NO + 2\,H_2O$$
$$\rightarrow \text{Binden als Nitrat, z. B. in NaOH/}H_2O_2$$

10. Thioacetamid und Thioharnstoff sind schwefelorganische Verbindungen, CH_3CSNH_2 bzw. NH_2CSNH_2, die in Wasser gut löslich sind und beim Kochen formal ihr doppelt gebundenes Schwefelatom gegen ein doppelt gebundenes Sauerstoffatom aus dem Wasser tauschen. Es resultieren Acetamid bzw. Harnstoff sowie Schwefelwasserstoff. In der Analytischen Chemie werden Thioacetamid (TAA) und Thioharnstoff gerne zur Fällung von Schwermetallsulfiden aus „homogener Lösung" eingesetzt.

$$Cu + 2\,H_2SO_4 \text{ (konz.)} \rightarrow CuSO_4 \text{ (türkisblaue Lösung)} + SO_2 + 2\,H_2O$$

$$K_2S_2O_8 + MnSO_4 + 4\,NaOH \rightarrow MnO(OH)_2 + K_2SO_4 + 2\,Na_2SO_4 + H_2O$$

$$2\,NaOCl + 2\,SO_2 + 2\,H_2O \rightarrow Na_2SO_4 + 2\,HCl + H_2SO_4$$

$$2\,H_2SO_4 \xrightarrow{\text{Elektrolyse}} H_2S_2O_8 \text{ (Peroxodischwefelsäure)} + H_2$$

$$Na_2S_2O_3 + H_2SO_4 \rightarrow Na_2SO_4 + S + SO_2 + H_2O$$
(Umkehr der Bildungsreaktion von Thiosulfat aus Sulfit und Schwefel)

$$Na_2S_2O_3 + 4\,Br_2 \text{ (braun)} + 5\,H_2O \rightarrow Na_2SO_4 + H_2SO_4 + 8\,HBr \text{ (farblos)}$$
(analog wird Thiosulfat von Chlor oxidiert; „Antichlor")

$$CoCl_2 \cdot 6H_2O \text{ (weinrot)} + 6\,SOCl_2 \rightarrow CoCl_2 \text{ (tiefblau)} + 6\,SO_2 + 12\,HCl$$
(Es handelt sich hier um eine äußerst effektive Methode zur Trocknung von Metallsalzen)

$$SO_2 \text{ (g)} + PCl_5 \text{ (s)} \rightarrow SOCl_2 \text{ (l)} + POCl_3 \text{ (l)}$$
(farblose Flüssigkeiten, die destillativ getrennt werden können)

Rechenaufgaben

11. Nach der Reaktionsgleichung $FeS + 2\,HCl \rightarrow FeCl_2 + H_2S$ entsteht 1 mol H_2S (34,1 g) aus 2 mol HCl (2 · 36,46 g). Über den Dreisatz lässt sich ausrechnen, dass die gewünschten 60,0 g H_2S genau 128,4 g reinen Chlorwasserstoff erfordern.
Die Menge an 35%iger Salzsäure ergibt sich zu $(128{,}4 \cdot \dfrac{100}{35})$ g = 366,8 g.

12. Schwefelwasserstoff löst sich in Wasser mit einer Konzentration $c_{H_2S} = 0,1$ mol/l
und dissoziiert in zwei Stufen:

$$H_2S \rightarrow H^+ + HS^- \quad ; \quad \frac{c_{H^+} \cdot c_{HS^-}}{c_{H_2S}} = K_{S_1} = 10^{-7} \text{ mol/l} \quad (1)$$

$$HS^- \rightarrow H^+ + S^{2-} \quad ; \quad \frac{c_{H^+} \cdot c_{S^{2-}}}{c_{HS^-}} = K_{S_2} = 10^{-13} \text{ mol/l} \quad (2)$$

Die Lage des Dissoziationsgleichgewichtes ist von der Protonenkonzentration
abhängig. Im vorliegenden Beispiel ist $c_{H^+} = 0,1$ mol/l (pH = 1). Um die
Quecksilberionen als HgS auszufällen, benötigt man die im Gleichgewicht
vorliegenden S^{2-}-Anionen. Deren Konzentration berechnet sich durch Umstellen der
Gleichung (2) und Einbeziehen der nach c_{HS^-} umgestellten Gleichung (1) :

$$c_{S^{2-}} = K_{S_2} \cdot \frac{c_{HS^-}}{c_{H^+}} = K_{S_2} \cdot K_{S_1} \cdot \frac{c_{H_2S}}{c_{H^+}^2} = 10^{-13} \cdot 10^{-7} \cdot \frac{0,1}{(0,1)^2} \text{ mol/l} = 10^{-19} \text{ mol/l}$$

Das Löslichkeitsprodukt von Quecksilbersulfid beträgt zwischen 10^{-56}-10^{-52} mol²/l².
(Der Wert ist so klein, dass er gar nicht exakt bekannt ist. Im Folgenden wird mit
dem größeren Wert weiter gerechnet.) Damit ergibt sich die Restkonzentration an

Quecksilberionen in Lösung zu $c_{Hg^{2+}} = \dfrac{L}{c_{S^{2-}}} = \dfrac{10^{-52}}{10^{-19}}$ mol/l = 10^{-33} mol/l.

13. Nach der Verbrennungsgleichung $S + O_2 \rightarrow SO_2$ erfordert 1 mol Schwefel
(32 g) genau 1 mol Disauerstoff (32 g). Es ist einfach zu berechnen, dass die zu
verbrennenden 7,2 g Schwefel dann 7,2 g O_2 erfordern. Dessen Volumen ergibt sich
nach dem idealen Gasgesetz:

$$V(O_2) = \frac{n \cdot R \cdot T}{p} = \frac{7,2 \text{ g} \cdot 0,08314 \dfrac{l \cdot bar}{mol \cdot K} \cdot 296,15 \text{ K}}{32 \dfrac{g}{mol} \cdot 1,003 \text{ bar}} = 5,52 \text{ l}$$

Da der Volumenanteil von Sauerstoff in der Luft 20,95 % beträgt, berechnet sich das

Volumen an verbrauchter Luft: $V(\text{Luft}) = \left(5,52 \cdot \dfrac{100}{20,95} \right) l = 26,36 \text{ l}$

14. Die der Titration zugrunde liegende Reaktionsgleichung lautet:

$$2 \, KMnO_4 + 5 \, H_2SO_3 \rightarrow 2 \, MnSO_4 + K_2SO_4 + 2 \, H_2SO_4 + 3 \, H_2O$$

Danach zeigen 2 mol Permanganat 5 mol Schwefeldioxid an. Anders ausgedrückt:
1 ml 0,02-molare $KMnO_4$-Maßlösung entspricht 0,05 mmol SO_2 oder 3,2 mg SO_2.
Bei einem Verbrauch von 15,8 ml Maßlösung enthält die Schweflige Säure
50,56 g SO_2/l.

15. Aus 1 mol FeS_2 (120 g) können beim Abrösten 2 mol SO_2 und daraus anschließend 2 mol H_2SO_4 (2 · 98 g) gewonnen werden. Da die gewünschte Menge von 1000 Tonnen 80%iger Schwefelsäure genau 800 Tonnen reine Säure enthalten, erfordern diese – nach Berechnung über den Dreisatz – 489,3 Tonnen reines FeS_2.

Da das Roherz aber nur 88%ig ist, sind davon $\left(489{,}3 \cdot \dfrac{100}{88} \right)$ Tonnen = 556 Tonnen abzurösten.

16. Oleum ist eine Lösung von Schwefeltrioxid in Schwefelsäure. Mit Wasser bildet sich verdünnte Schwefelsäure. Ein Teil der H_2SO_4-Stoffmenge war ursprünglich schon im Oleum vorhanden, ein zweiter Teil ist erst bei der Hydrolyse entstanden, gemäß:

$$SO_3 + H_2O \;\rightarrow\; H_2SO_4$$

Der Gesamtgehalt an H_2SO_4 kann durch Titration mit NaOH-Maßlösung ermittelt werden:

$$2\,NaOH + H_2SO_4 \rightarrow Na_2SO_4 + 2\,H_2O$$

1 ml 0,5-molare Natronlauge zeigt dabei 0,25 mmol SO_3 (20,01 mg) an. Über den Dreisatz lässt sich berechnen, dass die zur Titration des 100-ml-Aliquots verbrauchten 17,4 mL der Maßlösung dann 0,3482 g Gesamt-SO_3 anzeigen. Die Masse an freiem SO_3 im Oleum ergibt sich aus den Massen an gebundenem Wasser und gebundenem SO_3 :

Masse an Oleum	0,4122 g/100 ml
– Gesamtmasse an SO_3	0,3482 g/100 ml
Masse an gebundenem H_2O	0,0640 g/100 ml

Da 1 mol Wasser (18 g) genau 1 mol SO_3 (80 g) zu Schwefelsäure bindet, bindet die soeben berechnete Menge Wasser genau 0,2844 g SO_3/100 ml. Die Masse an *freiem* SO_3 berechnet sich als Differenz:

Gesamtmasse an SO_3	0,3482 g
– Masse an gebundenem SO_3	0,2844 g
Masse an freiem SO_3	0,0638 g

Der Massenanteil des SO_3 im Oleum ergibt sich zu $\quad w = \dfrac{0{,}0638\,g}{0{,}4122\,g} = 15{,}5\,\%$.

17. Nach der Reaktionsgleichung $\quad Na_2SO_3 + S \;\rightarrow\; Na_2S_2O_3 \quad$ entsteht aus 1 mol $Na_2SO_3 \cdot 7H_2O$ (252,15 g) 1 mol $Na_2S_2O_3 \cdot 5H_2O$ (248,20 g). Beim Einsatz von 13,0 g Edukt kann die Ausbeute an Natriumthiosulfat-Pentahydrat maximal 12,8 g betragen.

18. Eine korrekte Elementaranalyse von $Na_2S_2O_3 \cdot 5H_2O$ berechnet sich gemäß:

$$\text{Massenanteil (Element)} = \frac{\text{stöchiometrischer Faktor} \cdot M\,(\text{Element})}{M\,(\text{Verbindung})}$$

Sie lautet: 18,53 % Na, 25,83 % S, 19,34 % O, 36,30 % H_2O

19. 3,6 kg der herzustellenden 15%igen Lösung enthalten 540 g reines $Na_2S_2O_3$. Um diese Menge zu erhalten, muss eine äquimolare Stoffmenge $Na_2S_2O_3 \cdot 5H_2O$ eingewogen werden. Das sind $540 \text{ g} \cdot \dfrac{248,2 \text{ g/mol}}{158,1 \text{ g/mol}} = 847,73$ g. Die einzuwiegende Menge Wasser beträgt $(3600 - 847,73)$ g $= 2,752$ kg.

20. Die der Titration zugrunde liegenden Reaktionsgleichungen lauten:

$3 \text{ KI (Überschuss)} + H_2O_2 + H_2SO_4 \rightarrow KI_3 \text{ (löslich)} + K_2SO_4 + 2 H_2O$
$KI_3 + 2 Na_2S_2O_3 \text{ (Maßlösung)} \rightarrow KI + 2 NaI + Na_2S_4O_6$

Danach zeigen 2 mol Thiosulfat 1 mol I_2 bzw. 1 mol H_2O_2 an. Anders ausgedrückt: 1 ml 0,1-molare $Na_2S_2O_3$-Maßlösung entspricht 0,05 mmol H_2O_2 oder 1,7 mg H_2O_2. Bei einem Verbrauch von 17,6 ml Maßlösung enthält die Peroxid-Lösung 299,2 g H_2O_2/l.

21. Iod vermag Schweflwasserstoff selektiv zu elementarem Schwefel zu oxidieren, und überschüssiges Iod kann mit Thiosulfat unter gleichzeitiger Bildung von Tetrathionat zu Iodid reduziert werden (vgl. Übung 2.4.11-20):

$H_2S + I_2 \rightarrow S + 2 HI$; $I_2 + 2 Na_2S_2O_3 \rightarrow 2 NaI + Na_2S_4O_6$

1 ml 0,05-molare I_2-Lösung zeigt 0,05-mmol H_2S (1,704 mg) an, und 1 ml 0,1-molare $Na_2S_2O_3$ Lösung zeigt 1 ml 0,05-molare I_2-Lösung an. Die im vorliegenden Fall benutzten Maßlösungen sind nicht exakt 0,05- bzw. 0,1-molar; deshalb müssen die angegebenen Titer wie folgt berücksichtigt werden: 50 ml einer 0,05-molaren I_2-Lösung mit der Titer $t = 1,010$ entsprechen 50,50 ml einer exakt 0,05 molaren I_2-Lösung, und 14,70 ml einer 0,1-molaren Thiosulfat-Lösung mit dem Titer $t = 1,018$ entsprechen 14,96 ml einer exakt 0,1molaren Thiosulfat-Lösung.

Vom Schwefelwasserstoff verbraucht werden $(50,50 - 14,96)$ ml $= 35,54$ ml 0,05-molare Iod-Lösung, die 60,56 mg H_2S anzeigen, die sich in 50 ml Lösung befinden. Die 20fache Menge Schwefelwasserstoff befindet sich dann in 1 Liter Wasser: 1,211 g/l.

22. Die Stoffmengen an Chlor und Schwefel in der Verbindung berechnen sich gemäß:

$$n(\text{Cl}) = \frac{52,2 \text{ g}}{35,45 \text{ g/mol}} = 1,472 \text{ mol} \qquad \text{und} \qquad n(\text{S}) = \frac{47,9 \text{ g}}{32,06 \text{ g/mol}} = 1,494 \text{ mol}$$

Da sich die Werte mit guter Näherung entsprechen, kann die **empirische Formel** $(SCl)_x$ für die vorliegende Verbindung angegeben werden. Die Molmassenbestimmung gibt Aufschluss über die Größe von x:

$$M(\text{Verbindung}) = [M(\text{Cl}) + M(\text{S})] \cdot x = (67,51 \text{ g/mol}) \cdot x = 134 \text{ g/mol} \Rightarrow x = 2$$

Die Verbindung hat die Formel S_2Cl_2.

2.5.6 Stickstoff

1. $2\,[(NH_3)_5Ru(H_2O)]^{2+} + N_2 \rightarrow [(NH_3)_5Ru{\leftarrow}|N{\equiv}N|{\rightarrow}Ru(NH_3)_5]^{4+} + 2\,H_2O$

2. S. Abbildung 2.5.2-1 und die Erläuterung dazu in Kapitel 2.5.2.

3. Wegen seines freien Elektronenpaares hat Ammoniak *lewis*basische Eigenschaften, was sich z. B. in den Reaktionen mit H^+ oder Cu^{2+} unter Bildung von NH_4^+ bzw. des Komplexes $[Cu(NH_3)_4]^{2+}$ äußert. Im *Brönstedt*schen Sinn ist Ammoniak eine Base, die mit Wasser unter (geringfügiger) Bildung von Ammonium und OH^- reagiert. Wegen der Oxidationsstufe $-III$ des Stickstoffs kann Ammoniak reduzierend wirken, z. B. gegenüber Disauerstoff, womit sich die Explosivität eines Ammoniak/Luft-Gemisches erklären lässt ($\rightarrow N_2 + H_2O$) oder was in der ersten Stufe des *Ostwald*-Verfahrens ausgenutzt wird ($\rightarrow NO + H_2O$). Leitet man Ammoniak in eine Natrium-Schmelze, so entstehen Natriumamid, $NaNH_2$, und Wasserstoff. Hier wirkt Ammoniak über seinen Wasserstoff ($+I$) gegenüber dem unedlen Metall oxidierend. Da Ammoniak im flüssigen Zustand etwas dissoziiert ($\rightarrow NH_2^- + H^+$), kann er als Quelle für H^+ durchaus als eine Säure angesehen werden.

4. $Na + n\,NH_3\,(\text{fl.}) \rightarrow Na^+ + e^-(NH_3)_n$. Zur Erklärung s. Kapitel 2.5.2.

5. S. Kapitel 2.5.3. Die besondere Reaktivität von Wasserstoffperoxid und Hydrazin ist durch das Vorliegen ungewöhnlicher Oxidationsstufen des Sauerstoffs ($-I$) bzw. Stickstoffs ($-II$) zu erklären. Wasserstoffperoxid fungiert überwiegend als Oxidationsmittel (Triebkraft: Bildung des stabilen Wassers), Hydrazin hingegen nur als Reduktionsmittel (Triebkraft: Bildung von Distickstoff).

6. Bei der Dissoziation der gewinkelten Stickstoffwasserstoffsäure, HN_3, entsteht neben H^+ das lineare Azidanion N_3^-, das isoelektronisch mit dem Kohlenstoffdioxid ist. Da es wie Chlorid, Bromid und Iodid mit Silberionen einen schwerlöslichen Niederschlag, AgN_3 (Silberazid), bildet, wird es als Pseudohalogenid bezeichnet.

7. $NH_4NO_3 \xrightarrow{\Delta T} N_2O + 2\,H_2O$

   $N_2 + O_2 \xrightarrow{\Delta E} 2\,NO$ oder $4\,NH_3 + 5\,O_2 \xrightarrow{Pt/Rh} 4\,NO + 6\,H_2O$

   $NO + NO_2 \rightarrow N_2O_3$

   $NO + 0{,}5\,O_2 \rightarrow NO_2$

   $2\,HNO_3 \xrightarrow{P_4O_{10}} N_2O_5 + H_2O$

8. S. Abbildung 2.5.4-1. Das einsame Elektron im antibindenden π^*-Molekülorbital ist für das paramagnetische Verhalten des Stickstoffmonoxids (und gleichzeitig für dessen monoradikalischen Charakter) verantwortlich. Wird dieses Elektron entfernt, ergibt sich das MO-Schema des Nitrosylkations, NO^+. Die Bindungsordnung in dem zweiatomigen Teilchen berechnet sich definitionsgemäß zu:

$$BO = \frac{8(\text{Elektronen in bindenden MO}) - 2(\text{Elektronen in antibindenden MO})}{2} = 3$$

9. Während im gasförmigen N_2O_5 zwei NO_2-Reste über eine Sauerstoffbrücke miteinander verknüpft sind, liegt im festen Zustand ein Salz $[NO_2]^+[NO_3]^-$ vor. Wegen der bei seiner Entstehung frei werdenden Gitterenergie ist es begünstigt. Außerdem weisen sowohl das Nitryl-Kation (stäbchenförmiges $O=\overset{+}{N}=O$) als auch das Nitrat-Anion (trigonal planares Ion mit delokalisierten π-Elektronenwolken über- und unterhalb der Molekülebene; $BO = 1\frac{1}{3}$ zwischen den Sauerstoffatomen und dem zentralen Stickstoffatom) günstige Strukturen auf.

10. Die Einzelschritte des *Ostwald*-Verfahrens laufen nach folgenden Gleichungen ab:

$$4\,NH_3 + 5\,O_2 \rightarrow 4\,NO + 6\,H_2O$$
$$NO + 0{,}5\,O_2 \rightarrow NO_2$$
$$3\,NO_2 + H_2O \rightarrow 2\,HNO_3 + NO$$
$$\overline{NH_3 + 2\,O_2 \quad\rightarrow\quad HNO_3 + H_2O}$$

Experimente

11. $N_2 + 3\,Mg\ (\text{Schmelze}) \rightarrow Mg_3N_2$
    $Mg_3N_2 + 6\,H_2O \rightarrow 3\,Mg(OH)_2 + 2\,NH_3$

12. $(NH_4)_2Cr_2O_7\ (\text{orange})\ (s) \xrightarrow{\Delta T} Cr_2O_3\ (\text{grün})\ (s) + N_2\ (g) + 4\,H_2O\ (g)$

Das sechswertige Chrom oxidiert den Ammonium-Stickstoff und wird dabei selbst zum dreiwertigen Chrom reduziert. Die Reaktion spielt bei der Gewinnung des Grünpigmentes Cr_2O_3 eine Rolle (s. das ergänzende Kapitel über anorganische Pigmente auf der CD).

$$NH_4Cl\ (s) \xrightarrow{\Delta T} NH_3\ (g) + HCl\ (g)$$

Erhitzt man in einem Reagenzglas eine kleine Menge Ammoniumchlorid, so zerfällt dieses in Ammoniak und Chlorwasserstoff, zwei farblose Gase. Oben an der kalten Stelle des Reagenzglases reagieren das saure Gas (HCl) und das basische (NH_3) wieder zu Ammoniumchlorid, das sich niederschlägt. Der geschilderte Vorgang ähnelt einer Sublimation und ist als ein chemischer Transport zu verstehen.

13. $H_2NCONH_2\ (\text{Harnstoff}) + H_2O \xrightarrow{\text{Kochen}} 2\,NH_3 + CO_2$

$C_6H_{12}N_4$ (Urotropin)

$$3\,\text{Cu} + 8\,\text{HNO}_3 \;\rightarrow\; 3\,\text{Cu(NO}_3)_2 \text{ (blaugrüne Lösung)} + 2\,\text{NO} + 4\,\text{H}_2\text{O}$$

$$4\,\text{Zn} + 10\,\text{HNO}_3 \;\rightarrow\; 4\,\text{Zn(NO}_3)_2 + \text{NH}_4\text{NO}_3 + 6\,\text{H}_2\text{O}$$

$$\text{HNO}_3 + 3\,\text{HCl} \;\rightarrow\; \text{NOCl} + 2\,\text{H}_2\text{O} + 2\,\text{Cl} \quad \text{(Königswasser)}$$

$$\text{C}_6\text{H}_{12}\text{O}_6 \text{ (Glucose)} + 8\,\text{HNO}_3 \;\rightarrow\; 6\,\text{CO}_2 + 8\,\text{NO} + 10\,\text{H}_2\text{O}$$

(Anders als die hygroskopische Schwefelsäure entwässert die nicht-hygroskopische Salpetersäure das Kohlenhydrat nicht zu elementarem Kohlenstoff (Versuch 35, s. CD), sondern oxidiert den Zucker direkt.)

Rechenaufgaben

14. Nach der Reaktionsgleichung $\text{NH}_4\text{NO}_2 \xrightarrow{\Delta T} \text{N}_2 + 2\,\text{H}_2\text{O}$ entstehen aus 64 g (1 mol) Ammoniumnitrit 22,4 l (1 mol) Distickstoff. Zur Gewinnung von 3 Litern N_2 müssen also 8,6 g Ammoniumnitrit thermisch zersetzt werden.

15. Nach der Reaktionsgleichung $\text{NH}_4\text{Cl} + \text{NaOH} \;\rightarrow\; \text{NH}_3 + \text{NaCl} + \text{H}_2\text{O}$ liefern 53,5 g (1 mol) Ammoniumchlorid 1 mol Ammoniak, 6,3 g des Salzes folglich 0,118 mol des Gases. Nach dem idealen Gasgesetz berechnet sich dessen Volumen:

$$V(\text{NH}_3) = \frac{n \cdot R \cdot T}{p} = \frac{0{,}118\,\text{mol} \cdot 0{,}08314\,\dfrac{\text{l} \cdot \text{bar}}{\text{mol} \cdot \text{K}} \cdot 291{,}5\,\text{K}}{1{,}016\,\text{bar}} = 2{,}81\,\text{l}$$

16. Der Massenanteil Ammoniak in reinem Ammoniumsulfat berechnet sich gemäß:

$$w(\text{NH}_3) = \frac{2 \cdot M(\text{NH}_3)}{M((\text{NH}_4)_2\text{SO}_4)} = \frac{2 \cdot 17}{132} = 25{,}76\,\%$$

Das untersuchte technische Produkt weist einen geringeren Anteil an Ammoniak auf.

Es ist deshalb nur $\dfrac{25{,}45}{25{,}76} = 98{,}8\%$ig.

2.6.6 Phosphor

1. Bei der carbothermischen Reduktion von Calciumphosphat ohne Sand würde eine große Menge Calciumoxid-Flugstaub anfallen:

$$2\,\text{Ca}_3(\text{PO}_4)_2 + 10\,\text{C} \;\rightarrow\; \text{P}_4 + 10\,\text{CO} + 6\,\text{CaO}$$

$$\xrightarrow{6\,\text{SiO}_2} 6\,\text{CaSiO}_3$$

Um dies zu verhindern, wird der Stoff durch Verschlackung mit Sand gebunden. Es handelt sich hier um die Reaktion des Basenanhydrids CaO mit dem Säureanhydrid SiO_2 zu einem Salz, das dem Reaktor als Schmelze entnommen werden kann.

2. Eine Wasserschicht schützt den weißen Phosphor vor Oxidation durch Luftsauerstoff zu P_4O_{10}.

3. S. die ausführliche Diskussion im Kapitel 2.6.2.

4. P_4O_{10} ist ein sehr hygroskopischer Stoff, der zahlreichen Mineralsäuren Wasser entziehen kann, so dass die entsprechenden Säureanhydride, hier N_2O_5, SO_3 bzw. Cl_2O_7, resultieren.

5. $(P_4 \xrightarrow{Cl_2})$ $PCl_3 + 3\,H_2O \longrightarrow 3\,HCl + HO-\overset{\displaystyle O}{\underset{\displaystyle H}{\overset{\|}{\underset{|}{P}}}}-OH$

In der Säure des dreiwertigen Phosphors ist ein H-Atom fest an das zentrale P-Atom gebunden und nicht dissoziierbar. Deshalb ist die Phosphorige Säure maximal zweiprotonig.

6. Das Triphosphat bildet als Waschmitteladditiv sehr stabile, lösliche Komplexe mit Ca^{2+} und Mg^{2+}, so dass in einer Waschflotte kein störendes $CaCO_3$ und $MgCO_3$ ausfallen (Härtestabilisierung). Adenosintriphosphat ist eine gespeicherte Form von Energie. Durch Hydrolyse der Verbindung zu Phosphat und Adenosindiphosphat kann diese Energie für Lebensprozesse freigesetzt werden.

7. S. die Abbildung 2.6.5-1 und die Diskussion im Kapitel 2.6.5.

Rechenaufgaben

8. Nach der Hydrolysegleichung: $n\,P_4O_{10} + 2n\,H_2O \longrightarrow 4\,(HPO_3)_n$
(vgl. Versuch 2, s. CD) bindet 1 mol P_4O_{10} (284 g) 2 mol Wasser (36 g). Über den Dreisatz kann man ausrechnen, dass 20 g P_4O_{10} dann 2,52 g H_2O erfordern.

9. 100 g der untersuchten Substanz enthalten:

$$n(H_2O) = \frac{34,5\,g}{18\,g/mol} = 1,92\,mol \quad ; \quad n(O) = \frac{30,6\,g}{16\,g/mol} = 1,91\,mol$$

$$n(P) = \frac{14,8\,g}{31\,g/mol} = 0,48\,mol \quad ; \quad n(Na) = \frac{11,0\,g}{23\,g/mol} = 0,48\,mol$$

$$n(N) = \frac{6,7\,g}{14\,g/mol} = 0,49\,mol \quad ; \quad n(H) = \frac{2,4\,g}{1\,g/mol} = 2,40\,mol$$

Aus den molaren Verhältnissen ergibt sich die Formel $NaNH_4HPO_4 \cdot 4H_2O$.
Der Stoff wird z. B. in der Analytischen Chemie gebraucht, um bestimmte Übergangsmetalle durch Zusammenschmelzen ihrer Salze als charakteristisch gefärbte „Phosphorsalzperlen" zu identifizieren (vgl. Kapitel 5.2.1 und den Versuch 65, s. CD).

10. Dinatriumhydrogenphosphat dissoziiert in Wasser zunächst gemäß:

$$Na_2HPO_4 \rightarrow 2\,Na^+ + HPO_4^{2-}$$

Das Anion kann als Säure oder Base wirken (Amphoterie):

$$HPO_4^{2-} \rightarrow H^+ + PO_4^{3-} \quad ; \quad K_S = 4{,}2 \cdot 10^{-13}\ mol/l$$
$$HPO_4^{2-} + H_2O \rightarrow H_2PO_4^- + OH^- \quad ; \quad K_B = 1{,}6 \cdot 10^{-7}\ mol/l$$

(K_S ist die Konstante für die dritte Dissoziationsstufe K_{S_3} der Phosphorsäure (s. Kapitel 2.6.2). K_B kann man gemäß $K_B \cdot K_S = 10^{-14}\ mol^2/l^2$ (s. Kapitel 2.2.7.3) aus der zweiten Dissoziationsstufe der Phosphorsäure $K_{S_2} = 6{,}2 \cdot 10^{-8}\ mol/l$ berechnen. Durch den Vergleich der beiden Gleichgewichtskonstanten ($K_B \gg K_S$) kann vorausgesagt werden, dass das Monohydrogenphosphatanion eher basisch als sauer reagiert. Die Lösung des Salzes ist also alkalisch (Versuch 41, s. CD).

11. Die Stoffmenge an Phosphor ist durch die Einwaage bekannt. Im Produktgemisch befindet sie sich in Form zweier Verbindungen wieder: $n(P) = n(PCl_3) + n(PCl_5)$ Die Zusammensetzung der Produktmischung ist ebenfalls bekannt, und zwar:

100 g Produkt enthalten 95 g PCl_3 = 0,692 mol PCl_3 und
100 g Produkt enthalten 5 g PCl_5 = 0,024 mol PCl_5

Die Summenbildung ergibt, dass 100 g Produkt 0,716 mol P = 22,18 g P enthalten. Da 35 g Phosphor umgesetzt wurden, lässt es sich über den Dreisatz ausrechnen, dass 157,84 g Produktmischung entstanden sind. Diese enthält (157,84 – 35,00) g = 122,8 g gebundenes Chlor.

12. Die Herstellung von Essigsäurechlorid läuft nach folgender Reaktionsgleichung:

$$3\,CH_3COOH + PCl_3 \rightarrow 3\,CH_3COCl + H_3PO_3$$

3 mol Essigsäurechlorid (3 · 78,49 g) erfordern also 3 mol Essigsäure (3 · 60,05 g) und 1 mol Phosphor(III)-chlorid (137,33 g). Durch zweimaliges Anwenden des Dreisatzes lässt es sich ausrechnen, dass für die herzustellenden 20 g Acetylchlorid theoretisch, d. h. unter der Annahme einer quantitativen Umsetzung gemäß der Reaktionsgleichung, 15,3 g Essigsäure und 11,7 g PCl_3 erforderlich wären. Da aber nur mit einer 45%igen Ausbeute zu rechnen ist, muss mehr eingewogen werden, und die Zahlen müssen entsprechend um den Faktor $\frac{100}{45}$ korrigiert werden. Dann ergeben sich Einwaagen von 34,0 g Essigsäure und 26,0 g PCl_3. Die abzumessenden Volumina berechnen sich gemäß $V = \frac{m}{d}$ zu 32,4 ml Essigsäure und 16,5 ml PCl_3.

2.7.7 Kohlenstoff

1. S. Tabelle 2.7.2.3-1.

2. Organische Polymerfasern, z. B. aus Polyacrylnitril oder Cellulose, werden unter Sauerstoffausschluss pyrolysiert, wobei Kohlenstoff übrig bleibt. Die makroskopische Form der Faser bleibt bei dem Vorgang erhalten. Anschließendes Tempern der Kohlenstofffaser bei 2500-2700 °C führt den Kohlenstoff in seine stabilste Modifikation, den Graphit, über (Graphitfaser).

3. Aktivkohle wird durch Entwässern von Kohlenhydraten mit hygroskopischen Stoffen oder durch Gasaktivierung natürlicher Kohlen hergestellt. Näheres s. Kapitel 2.7.3.

4. S. Kapitel 2.7.6.

5. Im Kohlenstoffmonoxid und im Cyanid liegt eine BO = 3 vor: $^-|C\equiv O|^+$ bzw. $^-|C\equiv N|$. Zur Erstellung von MO-Schemata kann man sich (stark vereinfacht) an dem des Disauerstoffs (s. Abbildung 1.4.4-4) orientieren:

6. $C + CO_2 \xrightarrow{\text{hohe Temperatur}} 2\,CO$

$CaCO_3 \xrightarrow{\text{ca. 1000 °C}} CaO + CO_2$

$6\,CO_2 + 6\,H_2O + \text{Sonnenenergie} \xrightarrow{\text{Chlorophyll}} C_6H_{12}O_6 \text{ (Glucose)} + 6\,O_2$

$Fe_2O_3 + 3\,CO \rightarrow 2\,Fe + 3\,CO_2$ (Hochofenprozess zur Eisen-Gewinnung)

$CO + 2\,H_2 \rightarrow CH_3OH$ oder $n\,CO + 2\,n\,H_2 \rightarrow (CH_2)_n + n\,H_2O$

(Hier hängt es von den Reaktionsbedingungen, insbesondere dem Katalysator, ab, ob Methanol oder künstliches Benzin (*Fischer-Tropsch*-Verfahren) entsteht.)

$CH_3CH_2OH \text{ (Ethanol)} + 3\,O_2 \rightarrow 2\,CO_2 + 3\,H_2O$

$NaHCO_3 \text{ (Bicarbonat)} + HCl \rightarrow NaCl + CO_2 + H_2O$

$CaCO_3 + 2\,HCl \rightarrow CaCl_2 + CO_2 + H_2O$

$KCN + HCl \rightarrow KCl + HCN$ (Cyanwasserstoff, Blausäuregas)

$8\,KCN + S_8 \rightarrow 8\,KSCN$ (Thiocyanat, auch Rhodanid genannt)

$KCN + H_2O_2 \rightarrow KOCN$ (Cyanat) $+ H_2O$

7. Natriumcarbonat ist das Salz der starken Base NaOH und der schwachen Säure H_2CO_3. Bei der Hydrolyse des Salzes entstehen OH^--Ionen, die einen alkalischen pH-Wert verursachen und den Indikator Phenolphthalein nach Rot umschlagen lassen.

8. Eigentlich dürfte die Reaktion: $2\,NaCl + CaCO_3 \rightarrow Na_2CO_3 + CaCl_2$, welche die Bruttoreaktionsgleichung des *Solvay*-Verfahrens beschreibt, in der angegebenen Richtung nicht ablaufen. Nur die Rückreaktion läuft freiwillig ab. Der Soda-Prozess ist in der Tat fünfstufig mit stark endothermen Vorgängen bei der Pyrolyse von Natriumhydrogencarbonat und Calciumcarbonat. Die in der Bruttoreaktions-gleichung angegebenen Stoffe Natriumchlorid und Calciumcarbonat kommen gar nicht miteinander in Kontakt.

9. Calcinierte Soda: $2\,NaHCO_3 \xrightarrow{\Delta T} Na_2CO_3 + CO_2 + H_2O$

    Kalkbrennen: $CaCO_3 \xrightarrow{\Delta T} CaO + CO_2$

    Kalklöschen: $CaO + H_2O \rightarrow Ca(OH)_2$

    Kalkmilch: Suspension von $Ca(OH)_2$ in Wasser, stark alkalisch

    Abbinden: $Ca(OH)_2 + CO_2$ (aus der Luft) $\rightarrow CaCO_3 + H_2O$

    1 Grad deutscher Härte: 10 mg gelöstes Calciumoxid pro Liter Wasser

    temporäre Härte (°d):   gelöstes Calciumhydrogencarbonat, das durch Erwärmen in schwerlösliches Calciumcarbonat übergeführt werden kann:

                           $Ca(HCO_3)_2 \xrightarrow{\Delta T} CaCO_3 + CO_2 + H_2O$

    Kesselstein: Ablagerung von $CaCO_3$ beim Kochen von $Ca(HCO_3)_2$-reichem Wasser

    Kalkseife: $NaOOC\text{ⴠⴠ} + 0,5\,Ca^{2+} \longrightarrow Ca_{0,5}OOC\text{ⴠⴠ} + Na^+$

           löslich   schwerlöslich

10. Fällung von Gips: $Ca(HCO_3)_2 + H_2SO_4 \rightarrow CaSO_4 + 2\,CO_2 + 2\,H_2O$

    Fällung von Kalkstein: $Ca(HCO_3)_2 + Na_2CO_3 \rightarrow CaCO_3 + 2\,NaHCO_3$

    Härtestabilisierung: Bildung löslicher, stabiler Komplexe des Ca^{2+} mit chelatisierend wirkenden Ligandmolekülen wie Triphosphat oder EDTA

    Ionenaustausch: z. B. $2\,Na^+$ gegen $1\,Ca^{2+}$ mittels Zeolith A

Experiment

11. Aktivkohle ist in der Regel ein gutes Adsorbens für organische Wasserinhaltstoffe. Der Farbstoff Fuchsin z. B. zieht auf die große Oberfläche der Kohle auf, so dass ein farbloses Filtrat resultiert. Alkohol ist für den Farbstoff ein viel besseres Lösemittel als Wasser. Deshalb ist es möglich, den Farbstoff von der Kohle abzuwaschen, womit Kohle und Farbstoff gleichermaßen recycelt sind.

Rechenaufgaben

12. 0,0037 mol Kohlenstoffdioxid liefern beim Einleiten in 1 Liter Wasser formal 0,0037 mol Kohlensäure, die zu einem geringen Anteil x in ein Proton und ein Hydrogencarbonatanion dissoziiert: $CO_2 + H_2O \rightarrow H_2CO_3 \rightarrow H^+ + HCO_3^-$. Es gilt:

$$K_{S_1} = \frac{x \cdot x}{(0,0037 - x)} \cong \frac{x^2}{0,0037} \quad \text{(vgl. die Übungen 2.2.8-19, -24 und 2.3.9-17)}$$

$$\Rightarrow x = c_{HCO_3^-} = c_{H^+} = \sqrt{1,72 \cdot 10^{-4} \cdot 0,0037} \ \text{mol/l} = 8 \cdot 10^{-4} \ \text{mol/l}$$

oder pH = 3,1

Von den 0,0008 mol/l Hydrogencarbonat ist ein geringer Anteil y zu Carbonatanionen dissoziiert. Gleichzeitig erhöht sich die Protonenkonzentration von 0,0008 mol/l um den (für die pH-Wert-Berechnung vernachlässigbaren) geringen Anteil y: $HCO_3^- \rightarrow H^+ + CO_3^{2-}$. Es gilt:

$$K_{S_2} = \frac{(0,0008 + y) \cdot y}{(0,0008 - y)} \cong y = c_{CO_3^{2-}} = 4,87 \cdot 10^{-11} \ \text{mol/l}$$

13. CO_2 (g) + $Ba(OH)_2$ (aq) $\rightarrow$ $BaCO_3$ (s) + H_2O (CO_2-Nachweis)

Nach der Definition der Löslichkeit L^* sind in 1 kg Wasser 34,8 g reines, wasserfreies $Ba(OH)_2$ gelöst. Eingesetzt wird hier allerdings das Hydrat, und nicht der reine Wirkstoff. Nach dem Auflösen des Hydrates im Wasser ist das Kristallwasser von dem zugesetzten Frischwasser nicht mehr zu unterscheiden. Es ergibt sich folgende Wasserbilanz: 171,35 g $Ba(OH)_2$ (1 mol) binden zum 8-Hydrat 144,12 g H_2O (8 mol). 34,8 g $Ba(OH)_2$ binden dann 29,3 g H_2O zum 8-Hydrat. Damit lösen (1000,0 − 29,3) g = 970,7 g Frischwasser 64,1 g $Ba(OH)_2 \cdot 8H_2O$ (= 34,8 g wasserfreies $Ba(OH)_2$ + 29,3 g Kristallwasser). In der Tat wird aber genau 1 kg Frischwasser eingesetzt, das dann 66,0 g $Ba(OH)_2 \cdot 8H_2O$ löst. Als Bodenkörper bleiben (75,0 − 66,0) g = 9,0 g $Ba(OH)_2 \cdot 8H_2O$ ungelöst zurück.

14. Der Verteilungskoeffizient ist hier:

$$K = \frac{c_{Fe(SCN)_3 \ \text{im Ether}}}{c_{Fe(SCN)_3 \ \text{im Wasser}}} = 1,81$$

Bei 1 Liter Ausgangslösung beträgt die Stoffmenge an Fe(SCN)$_3$: $n_{ges.}$ = 0,0165 mol. Nach dem Ausschütteln hat sich diese Stoffmenge auf die beiden Phasen verteilt: n $_{im\ Ether}$ + n $_{im\ Wasser}$ = 0,0165 mol. Durch Kombination der beiden Bestimmungsgleichungen und unter Berücksichtigung des bekannten Volumenverhältnisses von Ether und Wasser kommt man zu folgendem Ergebnis:

$$n \text{ }_{im\ Ether} = 1,81 \cdot n \text{ }_{im\ Wasser} \cdot \frac{V(\text{Ether})}{V(\text{Wasser})} = 1,81 \cdot (0,0165 \text{ mol} - n \text{ }_{im\ Ether}) \cdot 0,1$$

$$\Rightarrow n \text{ }_{im\ Ether} = 0,00253 \text{ mol. Das sind } \frac{0,00253 \text{ mol}}{0,0165 \text{ mol}} = 15,3 \text{ \% der Ausgangsmenge.}$$

15. Nach der Reaktionsgleichung: CaC_2 + 2 H_2O → Ca(OH)_2 + H−C≡C−H verbrauchen 64,1 g (1 mol) Calciumcarbid 36 g (2 mol) Wasser und setzen dabei gleichzeitig 22,4 Liter (1 mol) Ethin frei. Zur Vernichtung von 1 g des 81%igen Carbids sind dann $\dfrac{1 \cdot 36 \cdot 0,81}{64,1}$ g = 455 mg Wasser erforderlich.

Es entstehen $\dfrac{1 \cdot 22,4 \cdot 0,81}{64,1}$ l = 283 ml Ethin (Vorsicht: brennbar und explosiv!).

2.8.6 Silicium

1. Im Quarz ist jedes Siliciumatom tetraedrisch von vier Sauerstoffatomen umgeben und jedes Sauerstoffatom verbrückt zwei Siliciumatome, so dass eine Raumnetzstruktur resultiert (s. Abbildung 2.8.1-1). Im Zeolith A ist jedes zweite Siliciumatom durch das isoelektronische Al$^-$ ersetzt. Die dadurch resultierenden negativen Ladungen werden durch Natrium-Kationen ausgeglichen, die auf Zwischengitterplätzen sitzen (s. Abbildung 2.8.3-1). Quarz und Zeolith A sind kristalline Produkte. Die Na$^+$-Ionen in Zeolith können z. B. gegen die halbe Anzahl Ca^{2+}-Ionen ausgetauscht werden, womit die Hauptanwendung des Alumosilicats als Ionenaustauscher in Waschmitteln verständlich wird. Gläser entstehen, wenn (SiO$_2$)$_n$ mit anderen Metalloxiden oder -carbonaten zusammen geschmolzen und die Schmelze anschließend in der gewünschten Form (Fensterscheibe, Flasche etc.) zum Erstarren gebracht wird. Ein Glas ist nicht kristallin, sondern amorph, also durchsichtig. Dies ist verständlich, weil die eingebauten Netzwerkbildner, z. B. P$_4$O$_{10}$ oder B$_2$O$_3$, bzw. -wandler, z. B. Na$_2$O oder CaO, die ideale Struktur des Quarzes mehr oder weniger stark stören.

2. Ein Flussmittel, z. B. Soda, soll einen Stoff durch Schmelzpunktserniedrigung zum frühzeitigen Schmelzen bringen. Ein Läuterungsmittel liefert beim Eintrag in eine Glasschmelze durch Zersetzung große Gasblasen, z. B. Na$_2$SO$_4$ → SO$_3$/SO$_2$ + O$_2$, welche die in der Schmelze vorliegenden kleinen Gasblasen von CO$_2$ (aus Na$_2$CO$_3$

oder $CaCO_3 \rightarrow Na_2O$ bzw. $CaO + CO_2$) mitreißen und die Schmelze dadurch entgasen.

3. Flusssäure und Natronlauge lösen Glas langsam auf:

$$SiO_2 + 4\,HF \rightarrow 2\,H_2O + SiF_4$$

$$\xrightarrow{\quad 2\,HF \quad} H_2[SiF_6] \text{ (Hexafluorokieselsäure)}$$

$$SiO_2 + 4\,NaOH \rightarrow Na_4SiO_4 \text{ (Wasserglas)} + 2\,H_2O$$

4. „Pyrogene Kieselsäure" entsteht bei der Hydrolyse von gasförmigem Siliciumtetrachlorid (hergestellt aus den Elementen) in einer Knallgasflamme:

$$n\,SiCl_4 + 2\,n\,H_2O \rightarrow (SiO_2)_n + 4\,n\,HCl$$

Der Stoff ist feinpulvrig, zeichnet sich durch eine sehr große Oberfläche mit vielen OH-Gruppen aus und ist als verstärkender Füllstoff für zahlreiche Polymere gut geeignet. „Fällungskieselsäure" hat ähnliche Eigenschaften und wird durch Ansäuern von Wasserglas hergestellt:

$$Na_4SiO_4 + 4\,H^+ \rightarrow 4\,Na^+ + H_4SiO_4 \text{ (instabile Orthokieselsäure)}$$

$$\xrightarrow{\quad n\times \quad} (SiO_2)_n + 2\,n\,H_2O$$

5. Die blaue Farbe des zeolithischen Trockenmittels ist auf kleine Mengen wasserfreies $CoCl_2$ zurückzuführen. Wenn das Alumosilicat Wasser (Luftfeuchtigkeit) aufnimmt, bildet sich ein weinroter Oktaederkomplex $[Co(H_2O)_6]Cl_2$. An einer Rosa-Färbung kann man also erkennen, dass die Aufnahmekapazität des Zeoliths für Wasser erschöpft ist. Legt man das nasse Material in den Trockenschrank (mindestens 150 °C), so wird das Wasser verdampft und damit auch das wasserfreie $CoCl_2$ recycelt. Das jetzt wieder blaue Material kann erneut zum Trocknen verwendet werden.

Rechenaufgabe

6. Der Titration liegt folgende Reaktionsgleichung zugrunde (vgl. Kapitel 3.7.2):

$$Ca^{2+} + EDTA^{4-} \rightarrow [CaEDTA]^{2-}$$

Danach zeigt 1 mol EDTA genau 1 mol (40,0 g) Calcium an. Anders ausgedrückt: 1 ml einer 0,01-molaren EDTA-Maßlösung entspricht 0,400 mg Ca^{2+}.
Die eingesetzte Calciumchlorid-Stammlösung enthält $(42,3 \cdot 0,400)$ mg Ca^{2+}, die mit dem Zeolith behandelte Lösung nur noch $(14,6 \cdot 0,400)$ mg Ca^{2+}. Folglich wurden $(42,3 - 14,6) \cdot 0,400$ mg Ca^{2+} von den eingewogenen 151,3 mg Zeolith aufgenommen. Die Austauschkapazität ergibt sich damit zu 73,4 mg Ca^{2+} pro 1 g Zeolith.

2.9.4 Bor

1. Borsäure reagiert mit Wasser zum Tetrahydroxyboranat und H^+. Der Stoff ist also keine *Brönstedt*säure. Erst die Wechselwirkung der *Lewis*säure $B(OH)_3$ mit der *Lewis*base H_2O ermöglicht die Abspaltung eines Protons:

$$B(OH)_3 + H_2O \rightarrow [B(OH)_4]^- + H^+$$

2. Borsäure oder Borate können mit Methanol in Gegenwart von Schwefelsäure verestert und der Borsäuremethylester kann mit charakteristisch grüner Flamme verbrannt werden:

$$B(OH)_3 + 3\,CH_3OH \rightarrow B(OCH_3)_3 + 3\,H_2O$$

3. S. Abbildung 2.9.1-1.

4. S. Kapitel 2.9-2.

5. $4\,BCl_3 + 3\,LiAlH_4 \rightarrow 2\,B_2H_6 + 3\,LiCl + 3\,AlCl_3$
   $B_2H_6 + 2\,LiH \rightarrow 2\,LiBH_4$

6. S. Kapitel 2.9.3.

Rechenaufgabe

7. 1 ml 0,1-molare Natronlauge zeigt 0,1 mmol $B(OH)_3$ ($= 6,183$ mg) an. Folglich zeigt die verbrauchte Menge Maßlösung $(23,90 \cdot 6,183)$ mg $= 147,8$ mg $B(OH)_3$ an. Diese Menge ist in 25 ml der zur Titration angesetzten Lösung enthalten. In dem vollen 100-ml-Messkolben befinden sich dann $\dfrac{100}{25} \cdot 147,8$ mg $= 591,1$ mg $B(OH)_3$, die auch in den 20 ml der Ausgangslösung enthalten waren.

1 Liter der Borsäure-Lösung enthält also $\dfrac{1000}{20} \cdot 591,1$ mg $= 29,56$ g $B(OH)_3$.

3.1.4 Eigenschaften der Metalle

1. Unter Normalbedingungen liegt Wasserstoff als Dimer, H_2, und Lithium als Polymer, Li_x, vor. Nach der MO-Theorie müssen demzufolge beim Diwasserstoff zwei 1s-Atomorbitale zu zwei Molekülorbitalen und beim Lithium entsprechend x 2s-Atomorbitale (vereinfachend werden nur die Valenzorbitale berücksichtigt) zu x Molekülorbitalen linearkombiniert werden, so dass die in den Abbildungen 1.4.4-2 und 3.1.3-1 gezeigten MO-Schemata resultieren. Während beim H_2 diskrete Energieniveaus (bindende und antibindende Molekülorbitale) vorliegen, resultieren beim Lithium zwei Energiebänder (Valenz- und Leitungsband), die sich berühren und von

denen das energiegünstigere untere mit Elektronen voll besetzt, das obere hingegen leer ist.

2. Setzt man Wasserstoff unter hohen Druck, so bildet sich eine polymere Modifikation H_x, die (wie ein Alkalimetall) elektrisch leitend ist. Auch die Tatsache, dass Wasserstoff wie einige Metalle mit bestimmten Metallen Legierungen bilden kann, ist ein Indiz dafür, dass das Element durchaus metallische Eigenschaften hat. Die resultierenden Hydride (s. Abbildung 2.1.3-2) haben nämlich z. B. die typische metallische Leitfähigkeit.

3. Die Definitionen können dem Text von Kapitel 3.1 entnommen werden.

4. Schlägt man mit einem Hammer auf einen Natriumchlorid-Kristall, so zerspringt dieser; ein Bleistück verformt sich bei der entsprechenden Behandlung. Dies lässt sich am besten mit der Abbildung 3.1.2-2 erklären.

5. Die elektrische Leitfähigkeit von Metallen nimmt mit steigender Temperatur ab, weil zunehmende Schwingungen der großen Metallrümpfe die freie Beweglichkeit der Elektronen behindern. Hoch reines Silicium ist ein Halbleiter. Erst eine geringfügige Erwärmung macht es möglich, dass Elektronen aus dem Valenzband die (kleine) verbotene Zone ins Leitungsband überspringen und dann für den Transport von elektrischem Strom zur Verfügung stehen. Bei Halbleitern nimmt die Leitfähigkeit mit der Temperatur zu, anders als bei den metallischen Leitern.

6. Wärmezufuhr an einem Ende eines Metallblocks führt dort zu verstärkten Schwingungen der Atomrümpfe, die sich durch das ganze Werkstück fortpflanzen (gekoppelte Schwingungen). Die Schwingungsenergie kann am anderen Ende des Metallblocks wieder in Form von Wärme abgegeben werden.

7. Die drei Metalle Eisen, Chrom und Nickel bilden eine Legierung (V2A-Stahl), in der ihre statistisch angeordneten, ungefähr gleich großen, positiv geladenen Atomrümpfe durch ein gemeinsames Elektronengas zusammengehalten werden.

3.2.5 Legierungen

1. Eine Elementarzelle ist das kleinste Bauelement eines Kristalls, aus dem sich durch einfaches Parallelverschieben der gesamte Kristall konstruieren lässt. Das kubisch flächenzentrierte Gitter ist in der Abbildung 3.2.3-1, das kubisch raumzentrierte Gitter und die hexagonal dichteste Kugelpackung sind in der Abbildung 3.2.3-2 gezeigt.

2. Eine kleine Menge (0,1 %) Kohlenstoff kann in Zwischengitterhohlräume des Eisen-Kristallgitters eingelagert werden, so dass eine homogene Legierung resultiert. Da der C-Gehalt sehr niedrig ist, ist der Stahl weich. 3,5 % Kohlenstoff können nicht mehr im Eisengitter eingelagert werden. Eisen und Kohlenstoff ent-

mischen sich deshalb zu einer heterogenen Legierung. Das resultierende Gusseisen ist hart und spröde, und zwar um so spröder, je grobteiliger die C-Partikel sind.

3. Ein Messing mit 50 % Kupfer hat die ungefähre stöchiometrische Zusammensetzung CuZn und gehört zu den *Hume-Rothery*-β-Phasen. Bei einem Kupfer-Gehalt von 38 % hat die Legierung die ungefähre Zusammensetzung Cu_5Zn_8 und ist damit eine *Hume-Rothery*-γ-Phase. Ein Messing mit 24 % Kupfer gehört schließlich mit einer stöchiometrischen Zusammensetzung von ungefähr $CuZn_3$ zu den *Hume-Rothery*-ε-Phasen (s. Tabelle 3.2.3-1). Ein kleiner Gehalt von 5 % Zink substituiert Kupferatome auf den Gitterplätzen des Grundmetalls. Eine derartige Legierung ist daher homogen (Typ Substitutionsmischkristall).

4. S. Tabelle 3.2.4-1.

5. Das Lanthanidenelement Samarium verfügt über sechs ungepaarte f-Elektronen und ist daher stark magnetisch. Die intermetallische Phase Co_5Sm ist ein Hochleistungsmagnet, der in kleiner Menge große Wirkung zeigt und sich daher besonders zum Einbau in kleine Apparate, hier den Lautsprecher im „Walkman", eignet.

3.3.6   Elektrochemie

1. *Daniell*-Element: $Zn + CuSO_4 \rightarrow ZnSO_4 + Cu$
    Lechlanché-Element: $Zn + 2\,MnO_2 + 2\,NH_4Cl \rightarrow [Zn(NH_3)_2]Cl_2 + 2\,MnO(OH)$

    Die beiden Elemente gehören zu den Primärelementen, die nicht wieder aufladbar sind, d. h., die Zellreaktionen sind nicht umkehrbar.

    Bleiakku: $Pb + PbO_2 + 2\,H_2SO_4 \rightarrow 2\,PbSO_4 + 2\,H_2O$

    Der Bleiakku ist ein Sekundärelement. Die Zellreaktion ist durch Zufuhr elektrischer Energie (Elektrolyse) wieder umkehrbar, die Batterie also wieder aufladbar.

2. In die *Nernst*sche Gleichung, welche die Zellspannung beschreibt, gehen neben den Standard-Reduktionspotentialen der Metalle auch die Konzentrationen der Salzlösungen in den beiden Halbzellen ein:

$$E_{\text{Zelle}} = (E^0_{\text{edleres Metall}} - E^0_{\text{unedleres Metall}}) + \frac{0{,}059\,\text{V}}{z} \cdot \log \frac{c(\text{Ionen des edleren Metalls})}{c(\text{Ionen des unedleren Metalls})}$$

Diese ändern sich mit der Gebrauchszeit der Zelle. Im Katodenraum (Reduktion) nimmt die Konzentration der Ionen des edleren Metalls ab, im Anodenraum (Oxidation) die der Ionen des unedleren Metalls entsprechend zu. Folglich wird die Zellspannung kleiner.

3. S. Abbildung 3.3.1-4.

4. S. Abbildung 3.3.1-5.

5. Bei einer galvanischen Zelle ist die Anode der Minus- und die Katode der Pluspol. Bei einer Elektrolysezelle ist es genau umgekehrt. In beiden Zellen laufen an der Anode Oxidations- und an der Katode Reduktionsprozesse ab. Beim Betrieb einer galvanischen Zelle läuft eine exergonische elektrochemische Reaktion ab. Die dabei frei werdende Energie wird in Form von elektrischem Strom abgezapft. Eine galvanische Zelle liefert also Energie. Bei einer Elektrolyse wird hingegen elektrische Energie verbraucht und dazu genutzt, um eine Verbindung elektrochemisch zu zerlegen (endergonische Reaktion).

6. S. Abbildung 3.3.5.1-3.

7. Aluminium lässt sich nach dem Eloxalverfahren (s. Abbildung 3.3.5.1-1) mit einer korrosionsverhütenden Aluminiumoxid-Schicht überziehen.

8. Eiserne Wasserleitungen werden durch Anschluss an eine Opferanode (s. Abbildung 3.3.5.2-1) wirkungsvoll vor Korrosion geschützt.

Experiment

9. An der Kontaktstelle zwischen Eisen und Kupfer bildet sich ein Lokalelement. Das unedlere Eisen geht als Fe^{2+} in den aufliegenden Regentropfen (Elektrolyt). Die dabei frei werden Elektronen wandern durch das elektrisch leitende Kupfer und reduzieren in dem dort aufliegenden Regentropfen den gelösten Sauerstoff:

Anode: $Fe \rightarrow Fe^{2+} + 2\,e^-$
Katode: $0{,}5\,O_2 + 2\,e^- + H_2O \rightarrow 2\,OH^-$

Die Eisenionen verbinden sich dann mit den Hydroxidionen zu schwerlöslichem $Fe(OH)_2$, das durch Luftsauerstoff zu $Fe_2O_3 \cdot xH_2O$ (Rost) weiter oxidiert wird (vgl. Abbildung 3.3.4-1).

Rechenaufgabe

10. Zellgleichung: $Fe + 2\,Ag^+ \rightarrow Fe^{2+} + 2\,Ag$

$$E_{Zelle} = (E^0_{Ag} - E^0_{Fe}) + \frac{0{,}059\ \text{V}}{2} \cdot \log \frac{c^2_{Ag^+}}{c_{Fe^{2+}}}$$

$$= (0{,}80\ \text{V} - (-0{,}44\ \text{V})) + \frac{0{,}059\ \text{V}}{2} \cdot \log \frac{0{,}5^2}{2} = 1{,}21\ \text{V}$$

3.4.3   Rohstoffe für die Metallgewinnung

1. S. Tabelle 3.4.1-1.

2. Die am häufigsten anzutreffenden tauben Gesteine sind Sand, SiO_2, und Kalkstein, $CaCO_3$.

3. Goldgewinnung durch
   - Dichtesortierung („Goldwäsche", s. Kapitel 3.4.2.1.1)
   - Amalgamieren (s. Kapitel 3.4.2.1.6)
   - Cyanidlaugung (s. Kapitel 3.4.2.2.4)

4. Abtrennung von
   - Fe_3O_4 (Magnetit) durch Magnetscheidung (s. Kapitel 3.4.2.1.2)
   - Kaliumchlorid durch elektrostatische Abscheidung (s. Kapitel 3.4.2.1.3)
   - Wismut durch Seigern (Ausschmelzen, s. Kapitel 3.4.2.1.4)

5. Natriumchlorid wird aus Salzstöcken mit Wasser heraus gelöst (s. Kapitel 3.4.2.1.7).

6. Mg^{2+}-Ionen werden dem Wasser durch Alkalisieren in Form von schwerlöslichem Magnesiumhydroxid, entzogen, das mit Salzsäure in Magnesiumchlorid übergeführt wird (s. Kapitel 3.4.2.2.2).

7. Zur Beschreibung der Flotation s. Kapitel 3.4.2.1.5.

8. Aluminiumoxid wird aus Bauxit durch Hydroxidlaugung gewonnen (s. Kapitel 3.4.2.2.1).

9. Kupferkies, $CuFeS_2$, wird mit Schwefelsäure und Luftsauerstoff aufgeschlossen, elementares Kupfer anschließend durch Zementation mit Eisen gewonnen (s. Kapitel 3.4.2.2.3).

3.5.5   Metallgewinnung

1. Kohle ist ein billiges technisches Reduktionsmittel.

2. In den Hochofen wird auf ca. 900 °C vorgewärmte Luft, der „Wind", eingeblasen, um Koks zu verbrennen und den Hochofen dadurch aufzuheizen. Die den Hochofen verlassenden Abgase werden als „Gichtgas" bezeichnet und enthalten hauptsächlich Kohlenstoffdioxid. Kleine Mengen des giftigen Kohlenstoffmonoxids werden bei einer anschließenden Gaswäsche zum ungiftigem CO_2 oxidiert. Sand, eine wichtige Verunreinigung in Eisenerz wird durch Reaktion mit Calciumoxid zu $CaSiO_3$ verschlackt. Die flüssige Masse lagert sich über dem flüssigen Eisen ab und schützt dieses wirkungsvoll vor Rückoxidation durch den weit unten in den Reaktor eingeblasenen Luftsauerstoff (s. Abbildung 3.5.1.1-1).

3. In den Hochofen wird Koks eingetragen und – je nach Temperatur – zu Kohlenstoffmonoxid bzw. Kohlenstoffdioxid verbrannt. Die drei Stoffe stehen in einem temperaturabhängigen (*Boudouard-*) Gleichgewicht:

$$C + CO_2 \xrightleftharpoons[\text{niedrige Temperatur}]{\text{hohe Temperatur}} 2\,CO$$

Kohlenstoff und Kohlenstoffmonoxid wirken gegenüber dem Eisenoxid als Reduktionsmittel.

4. Zur carbothermischen Gewinnung von Silicium aus Sand sind Temperaturen deutlich oberhalb 2000 °C erforderlich. Diese werden durch eine klassische Hochofentechnik (Heizen durch Verbrennen von Kohle) nicht erreicht, sondern in einem elektrischen Lichtbogen (s. Abbildung 3.5.1.2-1).

5. Beim Röstreduktionsverfahren wird Bleiglanz, PbS, zunächst vollständig zu Bleioxid (und Schwefeldioxid) geröstet und das gewonnene PbO anschließend carbothermisch zu elementarem Blei reduziert. Beim Röstreaktionsverfahren werden nur etwa Zweidrittel des Bleisulfids geröstet. Das gebildete Bleioxid reagiert dann mit noch vorhandenem Bleisulfid zu elementarem Blei und Schwefeldioxid:

$$3\,PbS + 3\,O_2 \rightarrow 2\,PbO + PbS + 2\,SO_2$$

$$\downarrow$$

$$3\,Pb + SO_2$$

6. Chrom wird aluminothermisch aus seinem Oxid gewonnen (*Goldschmidt*-Verfahren):

$$Cr_2O_3 + 2\,Al \rightarrow 2\,Cr + Al_2O_3$$

Molybdän und Wolfram werden aus ihren Oxiden und Wasserstoff gewonnen:

$$MO_3 + 3\,H_2 \rightarrow M + 3\,H_2O \qquad (M = Mo,\,W)$$

Carbothermische Reduktionen sind nicht möglich, da die Metalle mit Kohlenstoff stabile Carbide bilden.

7. Titandioxid wird durch reduktive Chlorierung in Titantetrachlorid übergeführt und dieses anschließend nach dem *Kroll*-Prozess in eine Magnesium-Schmelze eingeleitet:

$$TiO_2 + 2\,C + 2\,Cl_2 \quad \rightarrow \quad TiCl_4 + 2\,CO$$
$$TiCl_4 + 2\,Mg \quad \rightarrow \quad Ti + 2\,MgCl_2$$

8. Wird Kupferkies, $CuFeS_2$, mit Schwefelsäure aufgeschlossen, so resultiert eine Kupfersulfat-Lösung, aus der durch katodische Reduktion Kupfer gewonnen werden kann.

9. Um eine Schmelzflusselektrolyse durchführen zu können, muss der Rohstoff zunächst aufgeschmolzen werden. (Feste Salze leiten nämlich den elektrischen Strom nicht.) Bei reinem Natriumchlorid wäre dazu eine Temperatur von 808 °C erforderlich. Das dem Natriumchlorid zugesetzte Calciumchlorid bewirkt als Verunreinigung eine Schmelzpunkterniedrigung auf ca. 600 °C. Dies ist eine günstigere Betriebstemperatur. (An der Katode wird von den beiden in der Schmelze vorliegenden Kationen, Na^+ und Ca^{2+}, nur das im Überschuss vorliegende einwertige

und etwas edlere Natrium ($E^\circ_{Na} = -2,71$ V) und nicht das zweiwertige und etwas unedlere Calcium ($E^\circ_{Ca} = -2,76$ V) abgeschieden.)

10. Kryolith, Na_3AlF_6, hat die Funktion, Aluminiumoxid zu lösen und damit die Betriebstemperatur für die Schmelzflusselektrolyse von 2045 °C (Schmelzpunkt des reinen Korunds) auf vertretbare knapp 1000 °C zu senken. Weiterhin ist das geschmolzene Salz ein besserer Elektrolyt als Aluminiumoxid. Eine gute elektrische Leitfähigkeit der Schmelze ist eine Grundvoraussetzung für eine erfolgreiche Elektrolyse.

11. Beim *Hall*-Prozeß der Aluminiumgewinnung aus Aluminiumoxid werden Kohle-Anoden verwendet. Diese werden durch den dort entstehenden Sauerstoff zu Kohlenstoffoxid verbrannt und müssen deshalb kontinuierlich ersetzt werden.

3.6.7   Reinigung von Metallen

1. Beim Windfrischverfahren wird Sauerstoff in den Reaktor eingeblasen, um die Hauptverunreinigungen Kohlenstoff, Phosphor und Mangan zu oxidieren, die leichter oxidierbar sind als Eisen. Das resultierende Phosphor(V)-oxid wird mit Kalk ($CaCO_3 \rightarrow CaO + CO_2$) zu Calciumphosphat verschlackt. Nach der Oxidation seiner Verunreinigungen würde auch das Eisen oxidiert. Deshalb muss der Reinigungsprozess rechtzeitig abgebrochen werden. Der Einsatz von billiger Luft als Oxidationsmittel im Endstadium des Windfrischens ist ungünstig, da der Luftstickstoff mit dem geschmolzenen Eisen Nitride und damit unerwünschte Verunreinigungen bilden würde. Deshalb wird nicht Luft, sondern Sauerstoff verwendet, der zuvor mit Argon verdünnt wurde.

2. Silicochloroform, $HSiCl_3$, entsteht aus Silicium und Chlorwasserstoff, kann destillativ gereinigt und anschließend mit Wasserstoff bei hoher Temperatur in polykristallines Silicium umgewandelt werden. Dadurch wird Rohsilicium in eine viel reinere Form gebracht.

3. Beim Zonenschmelzen wird ein ringförmiger Ofen langsam über einen Stab aus noch leicht verunreinigtem, polykristallinen Silicium gefahren (s. Abbildung 3.6.2-2). Im Ofenbereich schmilzt das Material. Beim Austreten der Schmelze aus dem Ofen setzt eine Kristallisation ein, und zwar scheidet sich bevorzugt einkristallines Silicium ab. Die Verunreinigungen kristallisieren nicht aus, sondern wandern mit der Schmelzzone zum Ende des Stabes, das schließlich abgeschnitten wird.

4. Beim *Parkes*-Verfahren wird das Silber im Werkblei mit flüssigem Zink extrahiert. Nach der Phasentrennung bleibt reines Blei und eine Zink/Silber-Legierung zurück, aus der durch Abdestillieren des Zinks Rohsilber gewonnen wird (s. Abbildung 3.6.3-1).

5. Bei Transportreaktionen, z. B. dem *van Arkel/de Boer*-Verfahren, nutzt man aus, dass eine chemische Reaktion bei einer niedrigen Temperatur in die eine und bei einer höheren Temperatur in die andere Richtung läuft:

$$Ti + 2 I_2 \underset{1200\text{-}1500\,°C}{\overset{ca.\ 500\,°C}{\rightleftharpoons}} TiI_4$$

Hier wird Rohtitan durch eine Reaktion mit Iod in eine gasförmige Verbindung übergeführt und so von seinen Verunreinigungen abgetrennt. Die Pyrolyse der Verbindung liefert dann hoch reines Titan (s. Abbildung 3.6.4-1).

6. Beim *Mond*-Verfahren wird Nickel mit Kohlenstoffmonoxid in Nickeltetracarbonyl, $Ni(CO)_4$, übergeführt und so von seinen Begleitstoffen getrennt. Die Komplexverbindung wird destilliert und anschließend pyrolytisch zersetzt, so dass hoch reines Nickel anfällt.

7. Wenn eine aus Kupferkies, $CuFeS_2$, durch Schwefelsäure-Aufschluss gewonnene Kupfersulfat-Lösung mit Eisenschrott versetzt wird, fällt Rohkupfer an (Zementation), das ca. 5 % Eisen eingeschlossen enthält. Dieses Zementkupfer wird zu Platten gegossen, die in eine Kupfersulfat-Lösung getaucht und als Anoden geschaltet werden. Als Katoden dienen Bleche aus hoch reinem Kupfer (s. Abbildung 3.6.6-1). Die Anoden zersetzen sich mit der Zeit, weil das Kupfer als Cu^{2+} und das unedlere Eisen als Fe^{2+} in Lösung gehen, während das Edelmetall Platin nicht oxidiert wird, sondern als so genannter Anodenschlamm einfach auf den Boden der Elektrolysezelle fällt. An den Katoden wird nur das Halbedelmetall Kupfer – jetzt in hoch reiner Form – abgeschieden, nicht das unedlere Eisen.

3.7.6   Komplexe

1. S. Abbildung 3.7.1-1.

2. S. ausführliche Diskussion in Kapitel 3.7.2.

$$[Cd(H_2O)_4]^{2+} + 4\,NH_2CH_3 \qquad\qquad \rightarrow\ [Cd(NH_2CH_3)_4]^{2+} + 4\,H_2O$$
$$[Cd(H_2O)_4]^{2+} + 2\,H_2NCH_2CH_2NH_2\ (en) \rightarrow\ [Cd(en)_2]^{2+} \qquad + 4\,H_2O$$

Bei beiden Reaktionen werden vier Aquoliganden durch vier basischere Amine vom zentralen Cadmiumion verdrängt. Da es sich bei den neuen Liganden um sehr ähnliche primäre Amine (zwei H-Atome und ein Alkylrest am Stickstoff) handelt, sind beide Reaktionen mit einer Wärmetönung (Enthalpie) $\Delta H = -57$ kJ/mol gleich exotherm. Den Reaktionen liegen dennoch unterschiedliche Triebkräfte (freie Enthalpie) zugrunde. Die erste Reaktion ist mit $\Delta G = -37$ kJ/mol weniger exergonisch als die zweite mit $\Delta G = -61$ kJ/mol. Das ist nach der *Gibbs*schen Gleichung ($\Delta G = \Delta H - T\cdot\Delta S$) mit unterschiedlichen Änderungen der Entropie ΔS (Ordnung im System) bei den Umkomplexierungen zu erklären. Im ersten Fall ersetzen vier Monoamine vier Aquoliganden; die Teilchenzahl im System insgesamt bleibt also konstant. Im zweiten Fall nimmt die Teilchenzahl hingegen zu, denn zwei chelatisierend wirkende Diamine verdrängen vier einzähnige H_2O-Liganden.

3. Bei der Benennung von Komplexen sind folgende Grundregeln zu beachten:
   - Zuerst wird das Kation benannt, dann das Anion.
   - Die Anzahl der Liganden wird mit griechischen Vokabeln angegeben.
   - Bei verschiedenen Liganden erfolgt eine alphabetische Sortierung.
   - Ist der Komplex ein Kation, so erhält das Zentralteilchen den Namen des Metalls; ist der Komplex hingegen ein Anion, so wird dem Namen des zentralen Metalls die Silbe „at" angehängt.
   - Die Oxidationsstufe des Metalls wird in Klammern als römische Zahl dem Namen des Zentralteilchens angefügt.

   - $[Ag(NH_3)_2]Cl$: Diamminsilber(I)-chlorid
     (Um klarzustellen, dass der aminische Ligand an ein Zentralteilchen komplexiert ist, wählt man eine veränderte Schreibweise: ammin)
   - $K_3[Fe(CN)_6]$: Kaliumhexacyanoferrat(III) (rotes Blutlaugensalz)
   - $K_3[Co(NO_2)_6]$: Kaliumhexanitrocobalt(III)-at
   - $[Co(NH_3)_5(ONO)]Cl_2$: Pentammin-nitrito-cobalt(III)-chlorid
   - $K_2[Cu(C_2O_4)_2]$: Kaliumdioxalatocuprat(II)
   - $[Pt(NH_3)_4][CuCl_4]$: Tetramminplatin(II)-tetrachlorocuprat(II)

4. S. ausführliche Diskussion in Kapitel 3.7.3.

5. Im $(CuCl)_n$ ist jedes Cu^+-Ion tetraedrisch von vier Cl^--Ionen und jedes Cl^--Ion ebenfalls tetraedrisch von vier Cu^+-Ionen umgeben. Jedem Cu^I (d^{10}-System) werden somit acht Elektronen von seinen vier Chloroliganden zur Verfügung gestellt, womit die stabile 18-Elektronen-Konfiguration (Edelgasschale) erreicht wird. Das Chlorid nutzt in der Verbindung alle seine vier Valenzelektronenpaare für dative Bindungen aus. Die d-Orbitale des Zentralteilchens sind zwar in der für tetraedrische Komplexe typischen Weise aufgespalten (3 energetisch ungünstige, 2 günstige Niveaus), aber mit jeweils zwei Elektronen voll besetzt, so dass ein lichtinduzierter d-d-Übergang nicht möglich ist. Die Verbindung ist deshalb farblos.

6. Das Hexacyanoferrat(II), Anion des „gelben Blutlaugensalzes", ist ein stabiler 18-Elektronen-Komplex, dessen Cyanoligand unter physiologischen Bedingungen praktisch nicht vom Eisen verdrängt werden und ihre Giftwirkung (vgl. Kapitel 4.1.1) deshalb auch nicht entfalten können. Das Hexacyanoferrat(III), das Anion des „roten Blutlaugensalzes", ist hingegen nur ein 17-Elektronen-Komplex, der hydrolysierbar ist und dabei das hoch giftige Cyanid freisetzt.

7. $Ni(CO)_4$ ist ein 18-Elektronen-Komplex des nullwertigen Nickels. Stabile 18-Elektronen-Komplexe des Eisens (acht Valenzelektronen) und Chroms (sechs Valenzelektronen) mit Kohlenstoffmonoxid haben die Zusammensetzung $Fe(CO)_5$ bzw. $Cr(CO)_6$.

8. S. ausführliche Diskussion in Kapitel 3.7.5, insbesondere Abbildung 3.7.5-2.

9. Der Cyanoligand ist stark basisch und bewirkt deshalb eine große Aufspaltung der d-Niveaus im Oktaederkomplex des gelben Blutlaugensalzes. Die sechs Valenzelektronen des zweiwertigen Eisens besetzen daher die drei energetisch günstigen d-Niveaus unter Spinnpaarung. Der Low-spin-Komplex ist diamagnetisch.

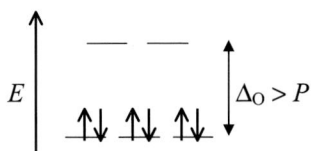

10. S. Abbildungen 3.7.5-3 und -6. Eine diamagnetische Substanz, hier $[Co(CN)_6]^{3-}$, wird vom Magnetfeld der magnetischen Waage abgestoßen, so dass die Substanz scheinbar leichter wird. Ein paramagnetischer Stoff, hier $[CoF_6]^{3-}$, wird hingegen in das Magnetfeld der Waage gezogen und ist daher scheinbar schwerer.

11. Zn^{2+} verfügt über zehn d-Elektronen. Ein d-d-Übergang ist nicht möglich, weil alle d-Niveaus mit Elektronen voll besetzt sind. Die Verbindung ist demzufolge farblos.

Experimente

12. Die funktionelle Gruppe des Ionenaustauscherharzes kann sich chelatisierend (wie ein halbes EDTA) um ein mehrwertiges (Schwermetall)Kation lagern und dieses besonders gut festhalten:

$$\text{≋}—CH_2N(CH_2COONa)_2 \xrightarrow[-2\,Na^+]{M^{2+}} \text{≋}—CH_2—N\!I \rightarrow M^{2+}$$

$$\text{NaOH} \diagdown$$

$$\text{≋}—CH_2\overset{+}{N}H(CH_2COOH)_2 \xleftarrow[-MSO_4]{H_2SO_4}$$

Der Komplex kann beispielsweise mit Schwefelsäure zerstört werden (Protonierung der Liganden), so dass das Metallion als Sulfat vom Harz abgewaschen werden kann. Der Ionenaustauscher, der dann in seiner so genannten (sauren) H-Form vorliegt, kann anschließend mit Natronlauge in seine ursprüngliche Na-Form zurückverwandelt werden (Recycling).

13. Eisenionen können mit Tartrationen maskiert werden, so dass eine Eisenhydroxid-Fällung ausbleibt. Die organischen Ligandmoleküle können mit Wasserstoffperoxid oxidativ zerstört werden. Das (ligandfreie) Eisen ist dann einer Hydroxidfällung zugänglich. Die beobachtete Gasentwicklung (Sauerstoff) resultiert, weil Eisenionen – wie viele andere Übergangsmetallionen auch – überschüssiges Wasserstoffperoxid katalytisch zu Wasser und Sauerstoff zersetzen.

14. Dreiwertiges Eisen liegt in konzentrierter Salzsäure überwiegend als $[FeCl_6]^{3-}$, im Wasser hingegen überwiegend als $[Fe(H_2O)_6]^{3+}$ vor (Koordinationsisomerie). Die unterschiedlichen Liganden verursachen eine etwas andere Farbigkeit der Eisensalz-Lösungen (s. spektrochemische Reihe, Kapitel 3.7.5).

15. $[Fe(H_2O)_6]^{3+}$ $\xrightarrow{\text{3 SCN}^-;\ -\text{3 H}_2\text{O}}$ $[Fe(SCN)_3(H_2O)_3]$

$\xrightarrow{\text{6 F}^-;\ -\text{3 SCN}^-;\ -\text{3 H}_2\text{O}}$ $[FeF_6]^{3-}$ $\xrightarrow{\text{Ca(OH)}_2}$ $Fe(OH)_3/CaF_2$ - Fällung

16. $K[Fe^{III}Fe^{II}(CN)_6] + 3\ KOH \rightarrow$ $Fe^{III}(OH)_3$ + $K_4[Fe^{II}(CN)_6]$

blaue Suspension   brauner Niederschlag   gelbes Filtrat

17. Zweiwertiges Cobalt verfügt im nackten Zustand über 7, im oktaedrischen Amminkomplex folglich über (7 + 6 · 2) = 19 Valenzelektronen. Durch Abgabe eines Elektrons (Oxidation mit Luftsauerstoff) bildet sich der elektronisch günstigere 18-Elektronen-Komplex mit einer gefüllten Edelgasschale:

$[Co^{II}(H_2O)_6]^{2+}$ $\xrightarrow{\text{6 NH}_3;\ -\text{6 H}_2\text{O}}$ $[Co^{II}(NH_3)_6]^{2+}$ $\xrightarrow{\text{O}_2}$ $[Co^{III}(NH_3)_6]^{3+}$

18. Der Cyano-Ligand verursacht laut spektrochemischer Reihe eine viel stärkere Kristallfeldaufspaltung Δ_O als die Liganden H_2O, NH_3 und Cl^-. Folglich erfordert ein d-d-Übergang im Cyanokomplex Licht höherer Energie (kleinerer Wellenlänge) als ein d-d-Übergang im Ammin-aquo-chloro-Komplex. Das Spektrum mit λ_{max} = 390 nm ist also dem Cyanokomplex zuzuordnen. Die Wellenlänge des absorbierten Lichtes liegt schon am UV-Rand des visuellen Lichtes. Der Cyanokomplex erscheint daher in der zu violett komplementären Farbe gelb. Das Absorptionsmaximum des Tetramminaquochlorocobalt(III)-chlorids bei 525 nm liegt im Bereich des gelben Lichtes. Der Komplex ist daher violett.

19. Im Kupfervitriol ist das zentrale Kupfer quadratisch planar von vier Aquoliganden umgeben, so dass seine d-Orbitale unterschiedlich beeinflusst werden und ein lichtinduzierter d-d-Übergang möglich ist. Im (beim Erwärmen entstehenden) wasserfreien Kupfersulfat ist das Kupfer hingegen ligandfrei. Ohne Ligandenfeld sind die d-Orbitale des Kupfers fünffach entartet, und ein d-d-Übergang eines Elektrons ist nicht möglich. Das wasserfreie Kupfersulfat ist daher weiß:

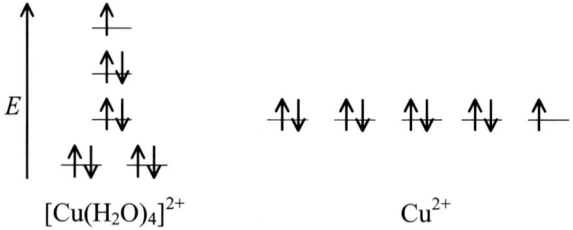

$[Cu(H_2O)_4]^{2+}$ Cu^{2+}

Die Verbindung $CoCl_2 \cdot 6H_2O$ ist ein Oktaederkomplex des zweiwertigen Cobalts. Die Liganden bewirken die für Oktaederkomplexe typische Aufspaltung der d-Orbitale in drei energieärmere und zwei energiereichere. Ein lichtinduzierter d-d-Übergang ist möglich. Im wasserfreien Cobaltchlorid sind einzelne $CoCl_2$-Einheiten über Chlorobrücken (vgl. die Struktur des dimeren Aluminiumchlorids in Kapitel 2.3.6.2) miteinander verknüpft:

etc. $\ce{>Co^{III}}$\begin{matrix}Cl\\Cl\end{matrix} $\ce{Co}$\begin{matrix}Cl\\Cl\end{matrix} $\ce{Co^{III}}$\begin{matrix}Cl\\Cl\end{matrix} $\ce{Co}$\begin{matrix}Cl\\Cl\end{matrix}   etc.

Jedes Cobalt ist tetraedrisch von vier Chloroliganden umgeben. Seine d-Orbitale erfahren deshalb die für Tetraederkomplexe charakteristische Aufspaltung in drei energiereichere und zwei energieärmere Orbitale, und ein entsprechender d-d-Übergang eines Elektrons ist möglich:

E

$[Co(H_2O)_6]^{2+}$ $[CoCl_4]^{2-}$

(Hinweis: Der tiefblaue Chlorokomplex resultiert auch, wenn man Cobalt(II)-chlorid in konzentrierter Salzsäure löst. Erst beim Verdünnen der Lösung mit Wasser bildet sich der weinrote Aquokomplex.)

20. Tetramminkupfersulfat ist in Wasser sehr gut löslich. Deshalb lässt sich die Verbindung nicht auskristallisieren. Durch Zugabe von Ethanol (CH_3CH_2OH), welches mit Wasser in jedem Verhältnis mischbar ist, wird das Medium unpolarer. Folglich ist die salzartige Komplexverbindung schlechter löslich und fällt aus. (Ganz analog kann man Natriumchlorid aus einer konzentrierten Salzsole ausfällen.) Im Laborjargon wird diese Aufarbeitungsmethode als „Aussüßen" bezeichnet.

21. Bei der Photoreaktion wird dreiwertiges Eisen zu zweiwertigem reduziert. Im Gegenzug wird ein Teil der Oxalato-Liganden, in denen die Kohlenstoffatome die Oxidationsstufe +III haben, zu Kohlenstoffdioxid oxidiert.

$$2\,K_3[Fe(C_2O_4)_3] \;\rightarrow\; 2\,FeC_2O_4 + 2\,CO_2 + 3\,K_2C_2O_4$$

Rechenaufgaben

22. Von den fünf Wassermolekülen im Kupfervitriol, $CuSO_4 \cdot 5H_2O$, sitzen vier als Liganden am Kupfer, eins bildet Wasserstoffbrücken zum Sulfatanion aus. Mit dem Experiment soll herausgefunden werden, ob die Wassermoleküle unterschiedlich fest gebunden sind. Die thermische Entwässerung läuft nach folgender Gleichung ab:

$$CuSO_4 \cdot 5H_2O \quad \xrightarrow{\Delta T} \quad CuSO_4 \cdot (5-x)H_2O + x\,H_2O$$

Damit entspricht die Stoffmenge an eingesetztem Kupfervitriol der Stoffmenge an (partiell) entwässertem Produkt. Mit $n = m/M$ lässt sich die molare Masse des Produktes ermitteln:

$$\frac{Einwaage}{M(CuSO_4 \cdot 5H_2O)} = \frac{Auswaage}{M(CuSO_4 \cdot (5-x)H_2O)} \qquad (M(CuSO_4) = 159{,}6 \text{ g/mol})$$

$$\Rightarrow \quad M(\text{Produkt}) = \frac{6{,}721\,g \cdot 249{,}7\,\frac{g}{mol}}{9{,}447\,g} = 177{,}6 \text{ g/mol} = (159{,}6 + 18{,}0) \text{ g/mol}$$

Das erwärmte Produkt enthält also noch ein Äquivalent Kristallwasser. Die vier Aquo-Liganden sind ausgetrieben worden. Das Produkt ist deshalb auch weiß (vgl. die Übung 3.7.6-19 und den Versuch 60, s, CD).

23. Kalkstein löst sich mit EDTA nach folgender Gleichung auf:

$$CaCO_3 + EDTA^{4-} \rightarrow [CaEDTA]^{2-} + CO_3^{2-}$$

Grundlagen für die Berechnung sind das Löslichkeitsprodukt von Calciumcarbonat und die Konstante für die Bildung des CaEDTA-Komplexes:

$$L = c_{Ca^{2+}} \cdot c_{CO_3^{2-}} = 10^{-9} \text{ mol}^2/l^2 \quad \text{und} \quad K_K = \frac{c_{[CaEDTA]^{2-}}}{c_{Ca^{2+}} \cdot c_{EDTA^{4-}}} = 5 \cdot 10^{10} \text{ l/mol}$$

Durch Zusammenfassen der beiden Gleichungen erhält man:

$$\frac{c_{[CaEDTA]^{2-}} \cdot c_{CO_3^{2-}}}{c_{EDTA^{4-}}} = K_K \cdot L = 50 \text{ mol/l}$$

Im Gleichgewicht sind nach der Reaktionsgleichung die Konzentrationen an Komplex und Carbonat gleich. Weiterhin wurde für jedes komplexierte Calcium- bzw. jedes in Lösung gegangene Carbonation ein EDTA verbraucht:

$$c_{[CaEDTA]^{2-}} = c_{CO_3^{2-}} \quad \text{und} \quad c_{EDTA^{4-}} = 0{,}1 \text{ mol/l} - c_{CO_3^{2-}}$$

Es folgt: $\dfrac{c_{CO_3^{2-}}^2}{0{,}1 \text{ mol/l} - c_{CO_3^{2-}}} = 50 \text{ mol/l}$

Umgestellt: $c_{CO_3^{2-}}^2 + 50 \text{ mol/l} \cdot c_{CO_3^{2-}} - 5 \text{ mol}^2/l^2 = 0$

Diese quadratische Gleichung wird folgendermaßen gelöst:

$$c_{CO_3^{2-}} = \left(-\frac{50}{2} + \sqrt{\left(\frac{50}{2}\right)^2 + 5} \right) \text{mol/l} = 0{,}099 \text{ mol/l}$$

Fast das gesamte EDTA wurde verbraucht, und fast 0,1 mol Calciumcarbonat gingen in Lösung. Dies ist eine recht große Menge, vor allem wenn man bedenkt, das sich in reinem Wasser nur $\sqrt{L} = 3{,}16 \cdot 10^{-5}$ mol/l des Salzes lösen!

24. Zinkionen fallen im schwach alkalischen Medium als Zinkhydroxid aus:

$$Zn^{2+} + 2\,OH^- \;\rightarrow\; Zn(OH)_2 \;;\; L = c_{Zn^{2+}} \cdot c_{OH^-}^2 = 10^{-17}\,\frac{mol^3}{l^3} \;\Rightarrow\; c_{Zn^{2+}} = \frac{L}{c_{OH^-}^2}$$

Im stark alkalischen Medium bildet sich hingegen ein löslicher Tetrahydroxi-komplex (vgl. den amphoteren Charakter des Aluminiumhydroxids, Versuch 52, s. CD):

$$Zn^{2+} + 4\,OH^- \;\rightarrow\; [Zn(OH)_4]^{2-} \;;\; K_K = \frac{c_{[Zn(OH)_4]^{2-}}}{c_{Zn^{2+}} \cdot c_{OH^-}^4} = 10^{17}\,\frac{l^4}{mol^4}$$

Aus 0,01 mol vorhandenem $Zn(OH)_2$ können maximal 0,01 mol Komplex entstehen, folglich wird $c_{[Zn(OH)_4]^{2-}} = 0,01$ mol. Setzt man diesen Zahlenwert in den Term für die Komplexbildungskonstante K_K ein und substituiert außerdem den dortigen Term der Zinkionenkonzentration durch $L/c_{OH^-}^2$, so erhält man eine Gleichung für die Bestimmung der Hydroxidionen-Konzentration, nach der in der vorliegenden Aufgabe gefragt ist:

$$K_K = \frac{0,01\,mol/l \cdot c_{OH^-}^2}{L \cdot c_{OH^-}^4} \;\Rightarrow\; c_{OH^-} = 0,1\,mol/l$$

Der einzustellende pH-Wert beträgt also 13.

25. Bei der Herstellung des Grünpigmentes (s. das ergänzende Kapitel über anorganische Pigmente auf der CD) laufen folgende Reaktionen ab:

$ZnCl_2 + 2\,NaOH \;\rightarrow\; Zn(OH)_2 + 2\,NaCl$

$Zn(OH)_2 \;\rightarrow\; ZnO + H_2O$

$CoCl_2 + 2\,NaOH \;\rightarrow\; Co(OH)_2 + 2\,NaCl$

$Co(OH)_2 \;\rightarrow\; CoO + H_2O$

$ZnO + 2\,CoO + 0,5\,O_2 \;\rightarrow\; ZnCo_2O_4$ (Luftsauerstoff zur Oxidation des Cobalts)

Die eingewogenen 200 mg Cobaltchlorid-Hexahydrat ($M = 237,9$ g/mol) entsprechen 0,84 mmol. Die eingewogenen 4,2 g Zinkchlorid ($M = 136,3$ g/mol) entsprechen hingegen der viel größeren Stoffmenge von 30,81 mmol. Es können also maximal 0,42 mmol formelreines $ZnCo_2O_4$ ($M = 247,3$ g/mol) entstehen. Das sind 103,9 mg. Das erhaltene Produkt enthält zusätzlich $(30,81 - 0,42)$ mmol = 30,39 mmol Zinkoxid (M = 81,4 g/mol), entsprechend 2,2737 g. Das Grünpigment ist also mit dem Weißpigment „verdünnt". Insgesamt werden (theoretisch) $(2,2737 + 0,1039)$ g = 2,3776 g Produkt erhalten. Der Anteil an *Rinmanns* Grün darin beträgt $0,1039/2,3776 = 4,4\,\%$.

26. Bei der Herstellung des Blaupigmentes (s. das ergänzende Kapitel über anorganische Pigmente auf der CD) laufen folgende Reaktionen ab:

$Al_2(SO_4)_3 + 6\,NaOH \;\rightarrow\; 2\,Al(OH)_3 + 3\,Na_2SO_4$

$2\,Al(OH)_3 \;\rightarrow\; Al_2O_3 + 3\,H_2O$

$Co(NO_3)_2 + 2\,NaOH \;\rightarrow\; Co(OH)_2 + 2\,NaNO_3$

$$Co(OH)_2 \;\; \rightarrow \;\; CoO \; + \; H_2O$$
$$Al_2O_3 \; + \; CoO \;\; \rightarrow \;\; CoAl_2O_4$$

Die eingewogenen 230 mg Cobaltnitrat-Hexahydrat (M = 291,0 g/mol) entsprechen 0,79 mmol. Die eingewogenen 2,5 g Aluminiumsulfat-Octadecahydrat (M = 666,4 g/mol) entsprechen hingegen der viel größeren Stoffmenge von 3,75 mmol. Es können also maximal 0,79 mmol formelreines $CoAl_2O_4$ (M = 176,9 g/mol) entstehen. Das sind 139,8 mg. Das erhaltene Produkt enthält zusätzlich (3,75 – 0,79) mmol = 2,96 mmol Aluminiumoxid (M = 102,0 g/mol), entsprechend 301,9 mg. Das Blaupigment ist also mit dem farblosen Aluminiumoxid „verdünnt". Insgesamt werden (theoretisch) (301,9 + 139,8) g = 441,7 mg Produkt erhalten. Der Anteil an *Thénards* Blau darin beträgt 139,8/441,6 = 32 %.

Zusammenfassende Übung zur Chemie der Metalle

27. Im Folgenden sind stichwortartig wichtige Gesichtspunkte der Chemie einzelner Metalle zusammengestellt.

Natrium: (wie alle hier angeführten Elemente) typisches Metall (metallische Bindung, Eigenschaften der Metalle), Herstellung über Schmelzflusselektrolyse (*Downs*-Zelle), NaCl-Gewinnung durch Aussolen von Salzstöcken oder Eindampfen von Meerwasser. Natriumchlorid ist eine typische Ionenverbindung, NaOH-Gewinnung durch die Chloralkalielektrolyse (Diaphragma-, Membran-, Amalgamverfahren), Natronlauge ist der Prototyp einer starken Base, Na_2CO_3-Gewinnung nach dem *Solvay*-Prozess, Na_2O_2, ist das Hauptprodukt der Verbrennung von Natrium mit Luft, Na_2O (Pyrolyseprodukt von Soda) ist ein wichtiger Netzwerkwandler in Gläsern.

Magnesium: Gewinnung durch Hydroxidfällung, Metall-Darstellung durch Schmelzflusselektrolyse, Magnesium ist u. a. bei der Titangewinnung (*Kroll*-Prozess) das Reduktionsmittel, Magnesium dient als Opferanode z. B. bei Wasserrohren.

Calcium: Kalkstein, Kalkbrennen, Kalklöschen, Kalkmilch, Härte des Wassers, [CaEDTA]$^{2-}$, Calciumoxid ist ein wichtiger Netzwerkwandler in Gläsern sowie ein Schlackebildner.

Aluminium: Gewinnung von Aluminiumoxid aus Bauxit (*Bayer*-Verfahren), Aluminium-Gewinnung durch Schmelzflusselektrolyse (*Hall*-Prozess), wichtiges Leichtmetall, Passivierung durch Oxidschicht, Verstärkung der Oxidschicht nach dem Eloxal-Verfahren, Reduktionsmittel vor allem bei der Chrom- und Manganherstellung (*Goldschmidt*-Verfahren), Aluminiumhydroxid ist das Paradebeispiel für einen Ampholyten, Alumosilicate (Feldspat, Zeolith A), Aluminiumchlorid ist eine typische *Lewis*säure (Stabilisierung durch Dimerisierung über Chlorobrücken; vgl. BX_3).

Silicium: Carbothermische Gewinnung aus Sand im Elektrolichtbogenverfahren, Silicium ist der Rohstoff für die siliciumorganische Chemie (Silicone) und die

Halbleiter-Industrie (Halbleiter, Fotohalbleiter, Dotierung, Reinigungsverfahren); Nichtmetallchemie: Quarz, Silicate, Gläser, Siliciumcarbid (kovalentes Carbid).

Zinn: Carbothermische Gewinnung aus Zinnstein (SnO_2), Legierungen (Lötzinn, Bronze), Korrosionsschutz durch Verzinnen (Galvanisieren).

Zink: Carbothermische Gewinnung nach Abrösten von Zinkblende, Legierungen (Messing), Korrosionsschutz durch Verzinken oder Zink-Phosphatierung, Extraktionsmittel bei der Blei/Silber-Trennung (*Parkes*-Verfahren), Reduktionsmittel bei Zementationen, Anode im *Daniell*- und *Lechlanché*-Element (Primärelemente, Spannungsreihe, *Nernst*sche Gleichung), amphoterer Charakter des Zinkhydroxids.

Blei: Gewinnung aus Bleiglanz nach dem Röstreduktions- oder Röstreaktionsverfahren, Reinigung nach dem *Parkes*-Verfahren, Bleiakku (Sekundärelement), schwerlösliche Bleiverbindungen ($PbCO_3$, PbS, $PbSO_4$), Blei-Tartrat-Komplex, Giftigkeit von Bleiverbindungen.

Eisen: Hochofenprozess, Windfrischen, Eisenlegierungen, Korrosion und Korrosionsschutz, Eisen ist ein gängiges Reduktionsmittel bei Zementationen (Kupfer-Gewinnung), Eisen katalysiert die Ammoniak-Bildung beim *Haber-Bosch*-Verfahren, Redox- ($FeCl_2/FeCl_3$, $Fe(OH)_2/Fe(OH)_3$) und Komplexchemie (Hydratisomerie beim $FeCl_3 \cdot 6H_2O$, Eisennachweis mit Thiocyanat, $[FeF_6]^{3-}$, Blutlaugensalze, Hämoglobin und Atemgifte), Farb- (Fe_2O_3, Berliner Blau) und Magnetpigmente (Fe, Fe_3O_4).

Nickel: Carbothermische Gewinnung, Reinigung nach dem *Mond*-Verfahren ($Ni(CO)_4$), wichtiger Legierungspartner im V2A-Stahl, Vernickeln (Galvanisieren), Nickelnachweis mit Diacetyldioxim.

Chrom: Aluminothermische Gewinnung aus Cr_2O_3, wichtiger Legierungspartner im V2A-Stahl, Verchromen, Chromat/Dichromat-Gleichgewicht, Redoxchemie Cr(III)/Cr(VI), Farb- (Cr_2O_3) und Magnetpigmente (CrO_2).

Mangan: Aluminothermische Gewinnung aus Mn_3O_4, Braunstein im *Leclanché*-Element, Redoxchemie ($MnSO_4$, MnO_2, $KMnO_4$).

Molybdän und **Wolfram**: Gewinnung durch Reduktion der Metalloxide (MO_3) mit Wasserstoff, wichtige Legierungspartner für Eisen.

Titan: Gewinnung durch Einleiten von Titantetrachlorid (kovalentes Halogenid) in eine Magnesium-Schmelze, Reinigung durch chemischen Transport nach dem *van-Arkel-de-Boer*-Verfahren; Gewinnung von $TiCl_4$ durch reduktive Chlorierung von TiO_2, Titandioxid ist das wichtigste Weißpigment.

Kupfer: Carbothermische (nach Abrösten von Kupfersulfiden), hydrometallurgische (Zementation mit Eisen) oder elektrochemische (katodische Reduktion) Gewinnung, Reinigung durch elektrolytische Raffination, Legierungen (insbesondere Messing und Bronze), Katode im *Daniell*-Element, Nachweis als $[Cu(NH_3)_4]^{2+}$.

Gold: Gewinnung durch Dichtesortierung, Amalgamieren oder Cyanidlaugung, Reinigung durch elektrolytische Raffination.

Silber: Gewinnung und Reinigung wie von Gold, Nachweis als $AgCl/[Ag(NH_3)_2]^+$, Photoprozess (Beschichten, Belichten, Verstärken, Fixieren; Aufbereiten der Fixierbäder).

Platin: Gewinnung aus den Anodenschlämmen der Kupfer- und Silber-Raffination, wichtiger Katalysator (Hydrierungen, *Ostwald*-Verfahren, 3-Wege-Katalysator)

Quecksilber: Flüssiges und destillierbares Metall, Amalgame, Giftigkeit von Quecksilber-Verbindungen.

Cobalt: Co_5Sm ist ein Hochleistungsmagnet für miniaturisierte Bauteile, $CoCl_2$ diente u. a. als Feuchtigkeitsindikator im Blaugel (Zeolith), Co(III)-Oktaederkomplexe erfüllen die 18-Elektronenregel und sind daher besonders stabil, Farbigkeit (spektrochemische Reihe) und magnetische (high-spin/low-spin) Eigenschaften von Cobalt-Komplexen, Co[CoEDTA] wirkt als Antidot bei Vergiftungen mit Cyanid.

4.3 Toxikologie und Ökotoxikologie

1. Atemgifte komplexieren das Eisen im Hämoglobin (CO, NO) bzw. der Cytochromoxidase (CN^-) und blockieren damit die Atmung (O_2-Aufnahme). Reizstoffe wirken entzündend auf Schleimhäute, Bronchien und Lungenbläschen durch Ätz- (NH_3, HCl, SO_2, SO_3) oder Oxidationsprozesse (F_2, Cl_2, Br_2, O_3).

2. Ein mit Kohlenstoffmonoxid vergifteter Patient wird unter ein Sauerstoffzelt gelegt. Die hohe Sauerstoff-Konzentration bewirkt die Verdrängung des CO-Liganden vom Eisen des Hämoglobins, wobei dessen Funktion für die Atmung wieder hergestellt wird.

3. Akute Schwermetallvergiftungen, bei denen die Kationen Hydroxyl-, Thiol-, Carboxyl- oder Aminfunktionen lebenswichtiger Enzyme blockieren, können häufig mit Chelatkomplexbildnern erfolgreich behandelt werden. (Die Formeln einiger Liganden sind im Kapitel 4.1.5.1 angegeben.) Die sehr stabilen Komplexe sind wasserlöslich und werden mit dem Urin ausgeschieden.

4. Eine chronische Bleivergiftung kann vorliegen, wenn z. B. längere Zeit Wasser aus Bleirohren getrunken wurde. Die Pb^{2+}-Ionen werden hauptsächlich in der Knochensubstanz abgelagert, wo sie die ähnlich großen Ca^{2+}-Ionen verdrängen.

5. Tetraethylblei reagiert mit Thiolgruppen von Enzymen und blockiert diese irreversibel, denn die organische Verbindung des vierwertigen Bleis ist einer Chelatkomplex-Therapie nicht zugänglich:

Enzym-S–H + $PbEt_4$ $\rightarrow$ Enzym-S–$PbEt_3$ + HEt

6. Quecksilber im Boden wird allmählich von Bakterien biomethyliert. Das resultierende H_3C-Hg^+ gelangt wegen seiner guten Fettlöslichkeit in die Nahrungskette und blockiert irreversibel Thiolgruppen von lebenswichtigen Enzymen.

7. Tl^+-Ionen (aus dem klassischen Rattengift) können von einem negativ geladenen Berliner-Blau-Sol elektrostatisch angezogen und mit diesem abgeführt werden (s. Abbildung 4.1.5.6-1).

8. Saure Abgase aus technischen Prozessen werden am besten durch Wäsche mit einem basischen Medium, z. B. Kalkmilch, gereinigt, so dass die Inhaltsstoffe SO_x und NO_x gar nicht erst in die Atmosphäre gelangen. Durch sauren Regen bereits sauer gewordene Böden und Gewässer können mit Kalk ($CaCO_3$) neutralisiert werden (Nachteil: Gipsbildung).

9. Zunehmende Mengen an Kohlenstoffdioxid in der Atmosphäre absorbieren die von der Erdoberfläche ausgehende Wärmestrahlung und wandeln sie in Molekülschwingungen um. Dadurch wird die Wärme nicht mehr wie früher und wünschenswert ins All abgestrahlt, sondern bleibt wie in einem Treibhaus in der Atmosphäre, was eine Klimaveränderung (Aufwärmung der Erde) zur Folge hat.

10. Unter Photosmog versteht man die Umwandlung von O_2 in O_3 bei Einstrahlung von UV-Licht und unter Katalyse von Stickstoffoxiden (insbesondere aus dem Autoverkehr):

$$2\,NO + O_2 \longrightarrow 2\,NO_2$$
$$2\,NO_2 + 2\,O_2 \xrightarrow{\ h\nu\ } 2\,NO + 2\,O_3$$
$$\overline{\quad 3\,O_2 \xrightarrow{\ h\nu;\ [NO_x]\ } 2\,O_3 \quad}$$

11. An einer Edelmetalllegierung auf einem alumosilicatischen Träger werden Abgase aus dem Verbrennungsmotor eines Kraftfahrzeugs entgiftet, und zwar werden restliche Kohlenwasserstoffe vollständig zu CO und Wasser verbrannt, CO zu CO_2 oxidiert und NO zu N_2 reduziert.

Experimente

12. Zweiwertiges Eisen wird im verdünnten, leicht sauren Medium nicht von Nitrat oxidiert, allerdings von Nitrit. Das resultierende dreiwertige Eisen reagiert dann mit Thiocyanat zu tiefrotem $Fe(SCN)_3$. (Kleine Mengen dreiwertigen Eisens im verwendeten $FeSO_4$ färben dessen Lösung bereits schwach rosa.) Der Versuch modelliert, dass auch das Eisen im Hämoglobin von Nitrit oxidiert werden kann:

$$2\,HbFe^{II} \cdot O_2 + NO_2^- + 2\,H^+ \rightarrow 2\,HbFe^{III} + NO_3^- + H_2O$$

Das dreiwertige Eisen im Methämoglobin kann keinen Sauerstoff binden und ist daher atmungsinaktiv.

Ergänzung: Ein wirkungsvolles Antioxidanz ist L-Ascorbinsäure, Vitamin C. Sie reagiert als Reduktionsmittel sowohl mit Nitrit, als auch mit dreiwertigem Eisen:

$$C_6H_8O_6 + 2\,NO_2^- + 2\,H^+ \rightarrow C_6H_6O_6 + 2\,NO + 2\,H_2O$$

$$C_6H_8O_6 + 2\,Fe^{3+} \rightarrow C_6H_6O_6 + 2\,Fe^{2+} + 2\,H^+$$

Ascorbinsäure $\qquad$ Dehydroascorbinsäure

13. Säuren protonieren basische Zentren (Carbonyl-, Carboxyl-, Hydroxyl- oder Amin-gruppen) von Proteinen und lösen dadurch Wasserstoffbrücken, welche die charakteristischen Überstrukturen (Faltblätter, Helices) der Makromoleküle verursachen (Denaturierung). Natronlauge bewirkt eine noch tiefer greifende Zerstörung von Proteinen. Die starke Base spaltet nämlich Peptidbindungen:

$$R^1{-}\overset{\overset{\displaystyle H}{|}}{N}{-}\overset{\overset{\displaystyle O}{\|}}{C}{-}R^2 \;+\; NaOH \longrightarrow R^1NH_2 + NaOOCR^2$$

14. Die Hautproteine enthalten u. a. aromatische Aminosäuren als Bausteine. Deren aromatische Ringe können von Salpetersäure nitriert werden (vgl. „Nitriersäure", Kapitel 2.4.6). Das resultierende Chromophor hat eine orange-braune Eigenfarbe:

15. EDTA^{4-} vermag in Wasser schwerlösliches Kupferhydroxid oder -carbonat unter Bildung des Komplexes [CuEDTA]$^{2-}$ zu lösen (Versuch 64, s. CD). Der tiefblaue Komplex [Cu(NH$_3$)$_4$]$^{2+}$ geht ebenfalls in den blassblauen Chelatkomplex über. (Hinweis: Da das zweiwertige Kupfer den quadratisch-planaren Koordinations-polyeder bevorzugt, wirkt das EDTA gegenüber dem Zentralteilchen nur vierzähnig, und zwar über seine beiden Stickstoffatome und über zwei seiner insgesamt vier Carboxylgruppen.) Die Reaktionen modellieren, dass auch mit Kupferionen blockierte Hydroxyl-, Carboxyl- oder Aminfunktionen von Enzymen durch Einnahme des Medikamentes EDTA vom Kupfer befreit werden können (Chelat-komplex-Therapie).
Die Fällung von PbCO$_3$ (Bleiweiß) bzw. Pb$_3$(PO$_4$)$_2$ bei Zugabe von Soda bzw. Phosphorsäure zu einer Bleinitrat-Lösung (Versuch 76, s, CD) modelliert die Abscheidung von Bleiionen in der carbonat- und -phosphathaltigen Knochensubstanz (chronische Bleivergiftung).
Die Fällung von CaF$_2$ (Flussspat) beim Mischen einer Calciumchlorid- und einer Natriumfluorid-Lösung zeigt, wie Fluorid die Knochensubstanz zerstören kann, bzw. welche Gegenmaßnahme bei einer Fluoridkontamination zu treffen ist (s. auch Übung 4.3-16).
Cyanid kann mit Thiosulfat in mindergiftiges Thiocyanat übergeführt werden:

$$CN^- + S_2O_3^{2-} \rightarrow SCN^- + SO_3^{2-}$$

(Dessen Entstehen wird im Modellversuch mit Eisenchlorid als tiefrotes $Fe(SCN)_3$ nachgewiesen.)

An das dreiwertige Eisen der Cytochromoxidase gebundenes Cyanid kann durch Umkomplexierung mit Co[CoEDTA] (Medikament) entfernt werden:

$$Cyt.Ox.Fe^{III}-CN + „Co^{II}" \rightarrow Cyt.Ox.Fe^{II} + „Co^{III}-CN"$$

Setzt man rotes Blutlaugensalz mit $CoCl_2$-Lösung um, so entsteht ein dem Berliner Blau ähnelnder Cyanokomplex mit Zentralatomen in den Oxidationsstufen II und III:

$$K_3[Fe(CN)_6] + CoCl_2 \rightarrow K[CoFe(CN)_6] + 2 KCl$$

Die Existenz dieser Verbindung belegt, dass das Cyanid grundsätzlich vom Eisen auf das Cobalt übertragbar ist, wie dies bei der Therapie auch ausgenutzt wird.

Umwelt- und Sicherheitsprobleme im Labor

16. Die mit Flusssäure benetzte Haut muss sofort mit Calciumgluconat-Lösung gespült werden (Bildung von Calciumfluorid), um zu verhindern, dass der Fluorwasserstoff zur Knochensubstanz diffundiert und diese unter Ausbildung von CaF_2 zerstört bzw. Ca^{2+}-Ionen im Blut und in den Zellen ausfällt.

17. Verschüttetes Quecksilber kann mit Zinnfolie als Amalgam, mit Schwefel als HgS oder mit Iod/Aktivkohle als adsorbiertes HgI_2 gebunden werden.

18. Die Stoffmengenkonzentration von Kupfer bei der Einleitgrenze beträgt:

$$c_{Einleitgrenze} = \frac{1\,mg/l}{63,55\,g/mol} = 1,57 \cdot 10^{-5}\,mol/l$$

Bei jedem Spülvorgang wird die Konzentration an Kupferionen um den Faktor 0,5/10,5 verringert.

1. Spülung: $c_{Cu} = 0,5/10,5 \cdot 1$ mol/l $= 4,76 \cdot 10^{-2}\,mol/l \Rightarrow$ zu hoch
2. Spülung: $c_{Cu} = 0,5/10,5 \cdot 4,76 \cdot 10^{-2}\,mol/l = 2,27 \cdot 10^{-3}\,mol/l \Rightarrow$ zu hoch
3. Spülung: $c_{Cu} = 0,5/10,5 \cdot 2,27 \cdot 10^{-3}\,mol/l = 1,08 \cdot 10^{-4}\,mol/l \Rightarrow$ zu hoch
4. Spülung: $c_{Cu} = 0,5/10,5 \cdot 1,08 \cdot 10^{-4}\,mol/l = 5,14 \cdot 10^{-6}\,mol/l$

$\Rightarrow$ kann verworfen werden

19. Unter der Annahme, dass sich gasförmiges Aceton wie ein ideales Gas verhält, und mit Hilfe der Umrechnungsformeln $d = m/V$, $n = m/M$ und $V_M = 22,4\,l$ ergibt sich: 200 ml Aceton $=$ 158 g Aceton $=$ 2,72 mol Aceton $=$ 61 l Aceton-Gas.

Der Volumenanteil von Aceton im Raum berechnet sich zu:

$$Vol.-\% (Aceton) = \frac{V(Aceton)}{V(Gemisch)} = \frac{61\,l}{500000\,l} = 0,0122\,\%$$

Er liegt deutlich unterhalb der unteren Explosionsgrenze. Das Aceton-Luft-Gemisch ist nicht explosionsfähig. (Doch Vorsicht: Bevor sich das Gas gleichmäßig im Raum verteilt hat, wird am Ort des Verdampfens des Acetons eine besonders hohe

Konzentration vorliegen, so dass eine lokale Entzündung durchaus möglich sein kann!)

20. 1 mol Thioacetamid liefert maximal 1 mol Schwefelwasserstoff. Folglich berechnet sich die entstehende H_2S-Menge:

100 mg TAA = 1,32 mmol $\Rightarrow$ 1,32 mmol H_2S = 45 mg H_2S.

Die Konzentration an Schwefelwasserstoff im Raum beträgt $\dfrac{45\ mg}{500\ m^3} = 0{,}09$

mg/m³. Die maximale Arbeitsplatzkonzentration wird noch nicht erreicht, die Geruchsschwelle ist hingegen deutlich überschritten. (Vorsicht: Bevor sich das Gas homogen im Raum verteilt hat, liegt unmittelbar am Ort der Gasentstehung eine viel höhere Konzentration vor!)

21. 1 Kubikmeter (1000 l) Erdgas enthält unter Normalbedingungen (V_n = 22,4 l/mol) knapp 45 mol Methan, CH_4. Bei der Verbrennung entstehen daraus 45 mol Kohlenstoffdioxid, CO_2 (M = 44 g/mol), entsprechend ($n = m/M$) 1,98 kg.

Benzin ist ein Kohlenwasserstoffgemisch mit der mittleren Zusammensetzung C_8H_{18} (M = 114 g/mol) und mit einer Dichte von 0,7 kg/l. Ein Liter Benzin enthält also 6,14 mol dieses Kohlenwasserstoffes, aus dem bei der Verbrennung die achtfache Stoffmenge Kohlenstoffdioxid entsteht. Die Masse an CO_2, die aus einem Liter Benzin hervor geht, berechnet sich zu 6,14 mol · 8 · 44 g/mol = 2,16 kg.

Diesel/Heizöl enthält höher siedende Kohlenwasserstoffe als Benzin mit der mittleren Zusammensetzung $C_{16}H_{34}$ (M = 226 g/mol) und mit einer Dichte von 0,77 kg/l, so dass auf einen Liter 3,4 mol entfallen. Bei der vollständigen Verbrennung entsteht daraus die 16fache Stoffmenge Kohlenstoffdioxid oder 3,4 mol · 16 · 44 g/mol = 2,39 kg.

Aus 12 g *reinem* Kohlenstoff entstehen bei der Verbrennung 44 g Kohlenstoffdioxid, aus 1 kg Kohlenstoff folglich 3,7 kg CO_2. (1 kg *reiner* Kohlenstoff liefert bei seiner Verbrennung 9,10 kWh Wärme, 1 kg Steinkohle bei ihrer Verbrennung etwas weniger, und zwar 8,14 kWh. Diese Wärmemenge wird 1 kg SKE, Steinkohleeinheit, genannt.)

22. Aus der Tabelle in der Aufgabe 4.3-21 kann entnommen werden, dass bei der Verbrennung von einem Liter Benzin- bzw. Diesel-Kraftstoff 2,16 bzw. 2,40 kg Kohlenstoffdioxid freigesetzt werden. Wenn pro Kilometer maximal 120 g bzw. pro 100 Kilometer 12 kg Kohlestoffdioxid freigesetzt werden dürfen, darf das Auto höchstens 5,6 Liter Benzin bzw. 5,0 Liter Diesel für eine Fahrstrecke von 100 Kilometern verbrauchen.

5.7 Analytische Chemie

Experimente

1. S. Kapitel 5.2.1 und 5.2.2.

2. Der Nachweis von Nitrat neben Ammonium gelingt folgendermaßen: Die zu untersuchende Substanz wird zunächst nur mit Natronlauge behandelt und ggf. aufgekocht, bis kein Ammoniakgeruch mehr nachweisbar ist. Erst dann wird in die alkalische Lösung eine Zinkgranalie oder etwas Aluminium- oder Magnesiumgrieß gelegt. Tritt jetzt wieder der typische Ammoniakgeruch auf, ist auch das Vorliegen von Nitrat bewiesen (vgl. Versuch 37, s. CD).

3. Silberbromid ist schon zu schwer löslich, um von Ammoniak vollständig gelöst werden zu können. Dies kann aber mit Natriumthiosulfat-Lösung geschehen, wobei sich ein linear aufgebauter Thiosulfatokomplex bildet:

$$AgBr + 2\,Na_2S_2O_3 \rightarrow Na_3[Ag(S_2O_3)_2] + NaBr$$

Diese Reaktion spielt beim Fixieren von entwickelten Photos eine große Rolle (Versuch 21, s. CD).

4. Fe^{2+} gibt mit SCN^- keine rotgefärbte Lösung, sondern erst, wenn es z. B. mit Salpetersäure oder Wasserstoffperoxid zu Fe^{3+} oxidiert wurde (Versuch 45, s. CD):

$$Fe^{2+} \xrightarrow{\text{Oxidation}} Fe^{3+} \xrightarrow{3\,SCN^-} Fe(SCN)_3$$

Alternativ liefert der Zusatz von rotem Blutlaugensalz zu der Fe^{2+}-Lösung einen typischen Eisennachweis als Berliner Blau (Versuch 44, s. CD):

$$Fe^{2+} + K_3[Fe(CN)_6] \rightarrow K[Fe^{II}Fe^{III}(CN)_6] + 2\,K^+$$

5. Von den angegebenen Stoffen können das Natriumsulfat und das Natriumchlorid mit Wasser ausgewaschen und – nach Ansäuern mit Salpetersäure – durch Zugabe von Bariumchlorid- bzw. Silbernitrat-Lösung bewiesen werden. Das möglicherweise vorhandene Silberchlorid lässt sich mit Ammoniak auswaschen. Die Lösung des erhaltenen Silberdiamminchlorids wird dann angesäuert, wobei der Komplex unter Ausbildung eines Ammoniumsalzes zerstört wird, was am Ausfallen von weißem Silberchlorid zu beobachten ist. Die restlichen Stoffe müssen aufgeschlossen werden. Es empfiehlt sich, zuerst den sauren Aufschluss mit Kaliumhydrogensulfat durchzuführen, den Schmelzkuchen dann gründlich mit Wasser auszuwaschen, um überschüssiges Kaliumhydrogensulfat und die gebildeten Sulfate des Titans und Aluminiums zu enfernen. Durch starkes Alkalisieren wird Titan als Oxidhydrat ausgefällt und das Aluminium als Tetrahydroxyaluminat in Lösung gehalten. Nach Filtration wird das Filtrat neutralisiert, um am Auftreten eines weißen, gelartigen Niederschlages das Aluminium endgültig nachzuweisen. Der beim sauren Aufschluss unumgesetzte Rest wird einem basischen Aufschluss mit Soda unterzogen, wobei wasserlösliches (Ortho)Silicat entsteht, das zusammen mit überschüssigem Aufschlussmittel und aus dem Bariumsulfat entstandenen Natriumsulfat ausgewaschen wird. Zurückgebliebenes, beim Aufschluss entstandenes Bariumcarbonat wird z. B. mit Essigsäure unter CO_2-Entwicklung gelöst und der endgültige Bariumnachweis durch Zugabe von Schwefelsäure durchgeführt. Die Silicat-Lösung wird salzsauer gestellt, wobei Kieselgel ausfällt (Polykondensation der intermediär gebildeten Kieselsäure(n)).

6. $$2\,CrCl_3 + 10\,NaOH + 3\,H_2O_2 \rightarrow 2\,Na_2CrO_4 + 6\,NaCl + 8\,H_2O$$

7. Das Ammonium wird aus der Ursubstanz mit Natronlauge ausgetrieben und am auftretenden Ammoniakgeruch identifiziert. Zur Erkennung der anderen Kationen kann genau nach dem in der Abbildung 5.4-1 beschriebenen Trennungsgang vorgegangen werden: Aus der salzsauren Lösung der zu untersuchenden Substanz wird mit Schwefelwasserstoff zuerst schwarzes Kupfersulfid, aus dem Filtrat mit Ammoniak dann rostbraunes Eisenhydroxid ausgefällt. Nach erneuter Filtration wird aus dem Filtrat mit Schwefelwasserstoff schwarzes Nickelsulfid und aus dem letzten Filtrat mit Ammoniumcarbonat schließlich Calciumcarbonat gefällt. Die abfiltrierten und gewaschenen Niederschläge werden jeweils in Salzsäure gelöst und die Lösungen selektiven Einzelnachweisen auf die entsprechenden Ionen unterzogen: Cu^{2+} mit Ammoniak als tiefblauer Tetramminkomplex, Fe^{3+} mit Thiocyanat als rotes $Fe(SCN)_3$ oder mit gelbem Blutlaugensalz als Berliner Blau, Ni^{2+} als himbeerrotes $Ni(dmglH)_2$ und Ca^{2+} als schwerlösliches, weißes CaC_2O_4 (Oxalat).

8. Ammoniumionen sind vergleichbar groß wie Kaliumionen und bilden deshalb mit Perchlorationen ein schwerlösliches Salz, das dem Kaliumperchlorat sehr ähnelt. Damit ein Kaliumnachweis störungsfrei verlaufen kann, müssen die Ammoniumionen – in der Regel ist wegen des im Kationentrennungsgang häufig angewendeten NH_3/NH_4Cl-Puffers recht viel Ammonium vorhanden! – sorgfältig entfernt werden. Dies kann durch mehrfaches Abrauchen mit Salzsäure erfolgen. Beim Erhitzen zersetzt sich Ammoniumchlorid nämlich zu NH_3 und HCl, zwei Substanzen, die flüchtig sind und verdampfen (vgl. Versuch 40, s. CD).

9. Eine Kupfer/Nickel-Legierung wird mit Salpetersäure (oder Königswasser) aufgeschlossen, das Kupfer z. B. elektrogravimetrisch bestimmt und das Nickel aus der kupferfreien Lösung als $Ni(dmglH)_2$ gravimetrisch bestimmt.
Alternativ ist auch eine komplexometrische Summenbestimmung (mit EDTA), gekoppelt mit einer iodometrischen Kupfer-Einzelbestimmung möglich.

Rechenaufgaben

10. Die Löslichkeitsprodukte der drei Silberhalogenide unterscheiden sich jeweils um etwa den Faktor 1000. D. h., 99,9 % des am schwersten löslichen Silberiodids sind bereits ausgefallen, bevor die Fällung des etwas besser löslichen Silberbromids beginnt. Davon sind wiederum 99,9 % ausgefallen, bevor das noch besser lösliche Silberchlorid anfängt auszufallen. Wenn man also eine verdünnte Lösung tropfenweise mit verdünnter Silbernitrat-Lösung versetzt und nach jedem Tropfen den gerade entstandenen Niederschlag abzentrifugiert, sollte in der Tat eine fraktionierte Fällung möglich sein. Da ein so sauberes Arbeiten in der Regel kaum gelingt, wird man sich bestenfalls mit einer stark AgI-angereicherten ersten Fraktion und einer AgCl-angereicherten letzten Fraktion zufrieden geben müssen.

11. Silberionen werden mit Salzsäure als Silberchlorid ausgefällt:

$$Ag^+ + Cl^- \rightarrow AgCl \; ; \quad L = c_{Ag^+} \cdot c_{Cl^-} = 1,7 \cdot 10^{-10} \frac{mol^2}{l^2} \quad \Rightarrow \quad c_{Ag^+} = \frac{L}{c_{Cl^-}}$$

Mit Ammoniak bilden Silberionen einen löslichen Komplex:

$$Ag^+ + 2\,NH_3 \;\rightarrow\; [Ag(NH_3)_2]^+ \;;\quad K_K = \frac{c_{[Ag(NH_3)_2]^+}}{c_{Ag^+} \cdot c_{NH_3}^2} = 1{,}7 \cdot 10^7 \; \frac{l^2}{mol^2}$$

Anders ausgedrückt: Ausgefallenes Silberchlorid geht mit Ammoniak wieder in Lösung. Fasst man die Formeln für K_K und L rechnerisch zusammen, ergibt sich folgender Ausdruck:

$$K_K = \frac{c_{[Ag(NH_3)_2]^+} \cdot c_{Cl^-}}{L \cdot c_{NH_3}^2}$$

Dieser lässt sich weiter vereinfachen, wenn man bedenkt, dass aus 1 mol AgCl genau 1 mol $[Ag(NH_3)_2]^+$ entsteht, folglich gilt: $c_{Cl^-} = c_{[Ag(NH_3)_2]^+}$

Laut Aufgabenstellung steht zum Auflösen des festen Silberchlorids genau 0,1 mol/l Ammoniak zur Verfügung. Nach Einstellung des Gleichgewichtes ist davon ein Teil verbraucht. Da für jedes in Lösung gegangene Silberchlorid bzw. Chloridion zwei Äquivalente Ammoniak benötigt werden, ergibt sich für die in die Gleichung einzusetzende Gleichgewichtskonzentration an Ammoniak: $c_{NH_3} = 0,1\ mol/l - 2 \cdot c_{Cl^-}$

Damit enthält die Berechnungsgleichung nur noch eine Unbekannte:

$$K_K = \frac{c_{Cl^-}^2}{L \cdot (0,1\,mol/l - 2 \cdot c_{Cl^-})^2}$$

Lösen der quadratischen Gleichung (vgl. Übung 3.7.6-21) ergibt: $c_{Cl^-} = 4{,}8 \cdot 10^{-3}$ mol/l. Es lösen sich also $4{,}8 \cdot 10^{-3}$ mol Silberchlorid in einem Liter 0,1-molarer Ammoniak-Lösung auf. Dies ist fast 400mal so viel wie in reinem Wasser, wo $c_{Ag^+} = c_{Cl^-} = \sqrt{L} = 1{,}3 \cdot 10^{-5}$ mol/l ist.

12. Das eigentliche Fällungsmittel S^{2-} entsteht bei der stufenweisen Dissoziation von Schwefelwasserstoff (vgl. Übung 2.4.11-12):

$$H_2S \;\rightarrow\; H^+ + HS^- \quad;\quad K_{S_1} = \frac{c_{H^+} \cdot c_{HS^-}}{c_{H_2S}} = 10^{-7}\ mol/l$$

$$HS^- \;\rightarrow\; H^+ + S^{2-} \quad;\quad K_{S_2} = \frac{c_{H^+} \cdot c_{S^{2-}}}{c_{HS^-}} = 10^{-13}\ mol/l$$

$$H_2S \;\rightarrow\; 2\,H^+ + S^{2-} \quad;\quad K_S = K_{S_1} \cdot K_{S_2} = \frac{c_{H^+}^2 \cdot c_{S^{2-}}}{c_{H_2S}} = 10^{-20}\ mol^2/l^2$$

Im salzsauren Medium lösen sich etwa 0,1 mol/l Schwefelwasserstoff. Wenn dieser Zahlenwert und die Protonenkonzentration von 0,1 mol/l (pH = 1) in die Gleichung für K_S eingesetzt wird, erhält man die im System vorliegende Sulfidionen-konzentration: $c_{S^{2-}} = 10^{-20}\ mol^2/l^2 \cdot \dfrac{0,1\,mol/l}{(0,1\,mol/l)^2} = 10^{-19}\ mol/l$

Die Metallsulfidfällungen beginnen, wenn: $c_{M^{2+}} = \dfrac{L}{c_{S^{2-}}}$, also für

Kupfer: $c_{Cu^{2+}} = \dfrac{10^{-42}}{10^{-19}}$ mol/l $= 10^{-23}$ mol/l

Nickel: $c_{Ni^{2+}} = \dfrac{3 \cdot 10^{-21}}{10^{-19}}$ mol/l $= 0{,}03$ mol/l $= 1{,}76$ g/l

Eisen: $c_{Fe^{2+}} = \dfrac{4 \cdot 10^{-19}}{10^{-19}}$ mol/l $= 4$ mol/l $= 223{,}2$ g/l

Kommentar: Selbst Spuren von Kupfer werden im salzsauren Medium mit Schwefelwasserstoff gefällt. Nickelionen werden nicht gefällt, solange man in dem für qualitative Analysen üblichen Konzentrationsbereich von etwa 0,01 mol/l arbeitet. Die errechnete Eisenionenkonzentration ist unrealistisch. Eisen(II)-Ionen werden also in der realen Matrix im salzsauren Medium mit Schwefelwasserstoff nicht ausgefällt.

13. Anhand der Definitionen der Komplexbildungskonstanten

$$K_K = \frac{c_{Komplex}}{c_{M^{n+}} \cdot c_{CN^-}^4}$$

und der Randbedingungen $c_{Komplex} = 0{,}01$ mol/l und $c_{CN^-} = 0{,}1$ mol/l können zunächst die Konzentrationen an noch unkomplexierten Metallionen in Lösung berechnet werden:

$$c_{Cd^{2+}} = \frac{0{,}01}{10^{17} \cdot 0{,}1^4} \text{ mol/l} = 10^{-15} \text{ mol/l}$$

$$c_{Cu^+} = \frac{0{,}01}{10^{27} \cdot 0{,}1^4} \text{ mol/l} = 10^{-25} \text{ mol/l}$$

Zum Fällen von Cadmiumsulfid ist eine Mindest-Sulfidkonzentration erforderlich, die sich folgendermaßen errechnet:

$$c_{S^{2-}} = \frac{L_{CdS}}{c_{Cd^{2+}}} = \frac{10^{-27}}{10^{-15}} \text{ mol/l} = 10^{-12} \text{ mol/l}$$

Im alkalischen Medium, hier pH 12, ist das H_2S/S^{2-}-Dissoziationsgleichgewicht weit nach rechts verschoben, so dass die Konzentration an freiem Sulfid sicherlich ausreicht, um das Cadmium als postkastengelbes Cadmiumsulfid auszufällen. Zum Fällen von Cu_2S ist eine Sulfidionenkonzentration erforderlich, die sich folgendermaßen berechnet:

$$c_{S^{2-}} = \frac{L_{Cu_2S}}{c_{Cu^+}^2} = \frac{10^{-47}}{(10^{-25})^2} \text{ mol/l} = 1000 \text{ mol/l}$$

So viel Sulfid – das wären 32 Kilogramm pro Liter! – ist in Wasser überhaupt nicht löslich, so dass das einwertige, komplexierte Kupfer nicht ausfällt.

14. In reinem Wasser lösen sich $\sqrt{L}$ = 1,04·10^{-5} mol/l Bariumsulfat, in 100 ml Wasser also 1,04·10^{-6} mol oder 0,24 mg. In der Waschsäure ist $c_{SO_4^{2-}}$ = 0,1 mol/l, folglich

$$c_{Ba^{2+}} = \frac{L}{0,1\,mol/l} = 1,08\cdot10^{-9}\ mol/l.$$ In 100 ml 0,1-molarer Schwefelsäure lösen sich

also 1,08·10^{-10} mol Bariumsulfat oder 2,52·10^{-5} mg. Das ist rund 10000mal weniger als im ersten Fall. Der Schluss für das praktische Arbeiten lautet: Um Lösungsverluste beim (immer nötigen) Waschen zu vermeiden, sollte dem Waschwasser Fällungsmittel zugesetzt werden.

15. Nach der Fällungsgleichung: $BaCl_2 + H_2SO_4 \rightarrow BaSO_4 + 2\,HCl$
entstehen aus 244,2 g (1 mol) $BaCl_2$·$2H_2O$ 233,4 g (1 mol) $BaSO_4$, aus 638 mg des eingesetzten Salzhydrates also 609,8 mg Weißpigment.

16. 128,2 mg SnO_2 entsprechen 0,85 mmol SnO_2 bzw. 0,85 mmol Sn oder 101,0 mg Zinn. Die Bronze enthält demnach $\dfrac{101,0\,mg}{531,3\,mg}$ = 19 % Zinn.

17. (30,3429 − 30,0197) g = 323,2 mg Kupfer wurden abgeschieden. Die Legierung enthält folglich $\dfrac{323,2\,mg}{419,4\,mg}$ = 77,1 % Kupfer.

Das Kupfer wird durch Eintauchen der Elektrode in Salpetersäure von dieser abgelöst. Man hat es damit in Form sauberen Kupfernitrats gewonnen.

$3\,Cu + 8\,HNO_3 \rightarrow 3\,Cu(NO_3)_2 + 2\,NO + 4\,H_2O$

Königswasser darf hier nicht verwendet werden, weil es selbst das hoch edle Metall Platin oxidativ auflösen würde!

18. 211,7 mg Fe_2O_3 entsprechen 1,326 mmol Fe_2O_3. Darin sind 2,652 mmol Fe enthalten. Diese entsprechen wiederum 148,1 mg Fe. Folglich enthält der Stahl $\dfrac{148,1\,mg}{202,3\,mg}$ = 73,2 % Eisen.

19. $3\,Ag + 4\,HNO_3 \rightarrow 3\,Cu(NO_2) + 2\,NO + 4\,H_2O$

38,1 mg Silberchlorid entsprechen 0,266 mmol. Darin sind 0,266 mmol bzw. 28,7 mg Ag enthalten. Diese wurden in einem Fünftel der Aufschlusslösung gefunden.

Die Reinheit des Rohsilbers berechnet sich also zu $\dfrac{5\cdot28,7\,mg}{153,4\,mg}$ = 93 %.

Stichwortverzeichnis

Notizen

Notizen

Notizen

Notizen

Notizen

Notizen

Notizen